中国食品工业标准汇编

水果、蔬菜及其制品卷(上)

(第五版)

国家食品安全风险评估中心
中国标准出版社 编

U0341984

中国标准出版社
北 京

图书在版编目(CIP)数据

中国食品工业标准汇编.水果、蔬菜及其制品卷.上/国家食品安全风险评估中心,中国标准出版社编.—5版.—北京:中国标准出版社,2016.1

ISBN 978-7-5066-8097-4

Ⅰ.①中… Ⅱ.①国…②中… Ⅲ.①食品工业-标准-汇编-中国②水果加工-标准-汇编-中国③蔬菜加工-标准-汇编-中国 Ⅳ.①TS207.2

中国版本图书馆 CIP 数据核字(2015)第 253026 号

中国标准出版社出版发行
北京市朝阳区和平里西街甲 2 号(100029)
北京市西城区三里河北街 16 号(100045)

网址 www.spc.net.cn
总编室:(010)68533533 发行中心:(010)51780238
读者服务部:(010)68523946
中国标准出版社秦皇岛印刷厂印刷
各地新华书店经销

＊

开本 880×1230 1/16 印张 42.5 字数 1 306 千字
2016 年 1 月第五版 2016 年 1 月第五次印刷

＊

定价 218.00 元

出 版 说 明

　　《中国食品工业标准汇编》是我国食品标准化方面的一套大型丛书,按行业分类分别立卷,由国家食品安全风险评估中心和中国标准出版社联合编制。本汇编为水果、蔬菜及其制品卷。

　　本汇编是在 2009 年出版的《中国食品工业标准汇编　水果、蔬菜及其制品卷(第四版)》的基础上进行修订的,保留了目前现行有效的标准,同时增加了 2009 年 6 月至 2015 年 9 月底发布的水果、蔬菜及其制品国家标准和部分行业标准,主要内容包括第一部分基础标准,第二部分水果及其制品标准,第三部分蔬菜及其制品标准,第四部分生产技术及流通管理标准,第五部分卫生标准,第六部分试验方法标准。本汇编分为上、中、下三册,本册为上册,内容包括基础标准、水果及其制品标准,共收录国家标准 51 项,指导性技术文件 1 项,行业标准 16 项。

　　本汇编每个部分的标准按国家标准、行业标准依次编排,其中国家标准按标准编号由小到大编排,行业标准按字母顺序编排,相同行业的标准按标准编号由小到大编排。

　　本汇编可供果蔬农产品生产、加工、科研、销售单位的技术人员,各级食品监督、检验机构的人员,各管理部门的相关人员使用,也可供大专院校相关专业的师生参考。

编　　者

2015 年 11 月

目　录

一、基础标准

二、水果及其制品标准

注：本汇编收集的标准的属性已在目录上标明，年号用四位数字表示。鉴于部分国家标准和行业标准是在标准清理整顿前出版的，现尚未修订，故正文部分仍保留原样，读者在使用这些标准时，其属性以目录上标明的为准（标准正文"引用标准"中标准的属性请读者注意查对）。

一、基础标准

中华人民共和国国家标准

UDC 635. 1/. 8
:001. 4

GB 8854—88

蔬 菜 名 称
（一）

Vegetables— Nomenclature— First list

本标准适用于蔬菜生产，流通及有关的科学研究工作，不适用植物分类工作，本标准参照采用 ISO 1991/1— 1982《蔬菜命名—第一表》,1991/2— 1985《蔬菜命名—第二表》。

序号	中文名	植物学名
1	蘑菇	Agricus bisporus sing.
2	洋葱	Allium cepa L.
3	薤头	Allium chinensis G. Don.
4	大葱	Allium fistulosum L. Var. giganteum Makino.
5	大蒜	Allium sativum L.
6	韭菜	Allium tuberosum Rottl. ex spr.
7	苋菜	Amaranthus mangostanus L.
8	魔芋	Amorphophallus rivieri Durieu
9	芹菜	Apium grareolens L.
10	牛蒡	Arctium lappa L.
11	芦笋	Asparagus officinalis L.
12	黑木耳	Auricularia auricula Underw
13	冬瓜	Benicasa hispida Cogn.
14	叶恭菜	Beta vulgaris L. var. cicla L.
15	杷恭菜	Beta vulgaris L. var. rapacea W. D. J. Koch
16	芥蓝	Brassica alboglabra Bailey.
17	菜薹	Brassica campestris L. ssp. chinensis L. var. utilis Tsen et Iee
18	普通白菜	Brassica chinensis L.
19	芜菁甘蓝	Brassica napus L. var. napobrassica(L.)Reichenbach
20	结球甘蓝	Brassica oleracea L. var. capitata L.
21	花椰菜	Brassica oleracea L. var. botrylis L.
22	抱子甘蓝	Brassica oleracea L. var. gemmifera DC.
23	青花菜	Brassica oleracea L. var. italica Plenck.
24	球茎甘蓝	Brassica oleracea L. var. gongylodes L.
25	大白菜	Brassica pekinensis(Loureiro)Rupr.
26	叶用芥菜	Brassica juncea Cosson. var:foliosa Bailey
27	杷芥菜	Brassica juncea Cosson. var. napiformis Pall. et Bols.

中华人民共和国商业部1988-02-29批准 　　　　　　　　　　　　　　　1988-07-01实施

序号	中文名	植物学名
28	茎用芥菜	Brassica juncea Cosson. var. tumida Tsen et Lee
29	荠菜	Capsella bursa-pastoris L.
30	长辣椒	Capsicum frutescens L. var. longum Bailey
31	甜椒	Capsicum frutescens L. var. grussum Bailey
32	香椿	Toona sinensis Roem.
33	茼蒿	Chrysanthemum coronarium L.
34	苦苣	Cichorium endivia L.
35	芋头	Colocasis esculenla Schott.
36	芫荽	Coriandrum sativum L.
37	笋瓜	Cucurbita maxima Duch.
38	南瓜	Cucurbita moschata Duch.
39	西葫芦	Cucurbita pepo L.
40	黄瓜	Cucumis sativus L.
41	朝鲜蓟	Cynara scolymus L.
42	胡萝卜	Daucus carota L.
43	山药	Dioscorea batatas Decne.
44	扁豆	Dolichos lablab L.
45	荸荠	Eleocharis tuberosa Roem.
46	茴香	Foeniculum valgare Mill.
47	毛豆	Glycine max Merr.
48	黄花菜	Hemerocallis citrina Baroni
49	菊芋	Helianthus tuberosus L.
50	猴头蘑	Hericium erinaceus(Pull et Fr.)Pers.
51	蕹菜	Ipomoea aquatica Forsk.
52	莴笋	Lactuca sativa L. var. angustana Irish
53	结球莴苣	Lactuca sativa L. var. capitata L.
54	皱叶莴苣	Lactuca sativa L. var. crispa L.
55	瓠瓜	Lagenaria vulgaris Ser.
56	香菇	Lentinus edodes(Perk)Sing.
57	百合	Lilium davidii Duch.
58	丝瓜	Luffa cylindrica Roem.
59	番茄	Lycopersicon esculentum Miller
60	冬寒菜	Molva verlillala L.
61	苦瓜	Momordica charantia L.
62	藕	Nelumbo nucifera Gaertn.
63	豆薯	Pachyrrizus erosus vrb.
64	菜豆	Phaseolus vulgaris L.
65	毛竹笋	Phyllostachys pubescens Mazel ex H. de Lehaie
66	豌豆	Pisum sativum L.
67	平菇	Pleurotus Ostreatus(Jacq ex Fr.)Quel.
68	葛	Pueraria thomsoni Benth.
69	萝卜	Raphanus sativus L.

序号	中文名	植物学名
70	食用大黄	Rheum rhaponticum L.
71	慈姑	Sagittaria sagittifolia L.
72	马铃薯	Solanum tuberosum L.
73	茄子	Solanum melongena L. melongena L.
74	草石蚕	Stachys sieboldii Miquel
75	菠菜	Spinacia oleracea L.
76	银耳	Tremella fuciformis Berk.
77	蛇瓜	Trichosanthes anguina L.
78	口蘑	Tricholoma mongolicum Imai.
79	蚕豆	Vicia faba L.
80	豇豆	Vigna sesquipedalis W. F Wight
81	草菇	Volvaviella volvacea(Bull ex Fr.)Sing.
82	姜	Zingiber officinale Ros.
83	茭白	Zizania aqualica I.

附　录　A
部分蔬菜食用部分的专用名称
（补充件）

标准名	食用部分商品名
大蒜	大蒜头
	蒜黄
	蒜薹
	青蒜
韭菜	青韭
	韭黄
	韭菜薹
	韭菜花
芹菜	芹菜
	片黄
姜	老姜
	姜芽

附 录 B
蔬菜标准名与地方名对照表
（参考件）

序号	标准名	地方名
1	蘑菇	
2	洋葱	葱头,团葱,球葱,玉葱,圆葱
3	藠头	藠子,薤
4	大葱	胡蒜
5	大蒜	大蒜头
	蒜黄	
	蒜薹	蒜苗,蒜毫
	青蒜	蒜苗
6	韭菜	青韭
	韭黄	
	韭菜薹	
	韭菜花	
7	苋菜	仁汉菜,米苋菜,米苋
8	魔芋	蒟蒻,蒟头,蒟芋,蛇头草
9	芹菜	
	芹黄	
10	牛蒡	黑根,东洋萝卜
11	芦笋	石刁柏,龙须菜
12	黑木耳	
13	冬瓜	
14	叶恭菜	牛皮菜,根刀菜,莙达菜,厚皮菜,光菜
15	根恭菜	紫菜头,红菜头
16	芥蓝	芥菜,白菜芥蓝
17	菜薹	菜头,广东菜薹,菜花,紫菜薹
18	普通白菜	油菜,青菜,小白菜
19	芜菁甘蓝	紫米菜,洋大头菜,葛儿蔓,洋蔓茎
20	结球甘蓝	洋白菜,卷心菜,大头菜,黄花白,柳菜,包菜,莲花白,甘蓝,元白菜
21	花椰菜	菜花,椰花菜,花菜
22	抱子甘蓝	汤菜
23	青花菜	绿花菜
24	球茎甘蓝	芥蓝头,玉头,玉蔓茎,苤蓝,松根
25	大白菜	包心白菜,黄芽白,绍菜,结球白菜
26	叶用芥菜	青菜,包心芥,辣菜,青菜,雪菜,苦菜,石榴红,雪里红
27	根用芥菜	芥菜头,大芥,春头,生芥,辣疙瘩
28	茎用芥菜	青菜头,洋角菜,棒菜,春菜头,槟菜

序号	标准名	地方名
29	荠菜	护生草,地菜,地米菜
30	长辣椒	尖辣椒,海椒,胡椒,羊角椒,辣茄,辣子,线椒,牛角椒
31	甜椒	圆椒,柿子椒,青椒,大椒子,灯笼海椒
32	香椿	香椿芽
33	茼蒿	蒿子杆,塘蒿
34	苦苣	
35	芋头	毛芋,芋艿
36	芫荽	香菜,胡荽
37	笋瓜	白瓜,银瓜,玉瓜,印度南瓜
38	南瓜	番瓜,窝瓜,倭瓜,中国南瓜
39	西葫芦	角瓜,葫芦瓜,美洲南瓜
40	黄瓜	青瓜,胡瓜
41	朝鲜蓟	
42	胡萝卜	红萝卜,黄萝卜,丁香萝卜,甘笋,金参,十香菜,药性萝卜
43	山药	大薯,白苕,脚板苕
44	扁豆	鹊豆,沿篱白豆,蛾眉豆
45	荸荠	马蹄,地栗
46	茴香	
47	毛豆	毛豆角,嫩黄豆,青毛豆
48	黄花菜	金针菜,萱草,宜男
49	菊芋	鬼子姜,洋姜
50	猴头蘑	
51	蕹菜	空心菜,竹叶菜,藤藤菜
52	莴笋	青笋,生笋
53	结球莴苣	团生菜
54	皱叶莴苣	生菜
55	瓠瓜	扁蒲,葫芦,庭开花,瓠子
56	香菇	
57	百合	
58	丝瓜	
59	番茄	西红柿,洋柿子,毛椒角,柿子
60	冬寒菜	冬苋菜,冬葵,葵,滑菜
61	苦瓜	哈哈瓜,凉瓜,癞瓜,锦荔枝
62	藕	莲菜,莲藕
63	豆薯	凉薯,土瓜,沙葛,洋地瓜,地瓜
64	菜豆	豆角,芸豆,架豆,玉豆,刀豆,洋豆,四季豆,菜豆角
65	毛竹笋	
66	豌豆	青豆,小寒豆,荷兰豆

序号	标准名	地方名
67	平菇	
68	葛	葛根,粉葛
69	萝卜	葵,芦菔,菜菔
70	食用大黄	
71	慈菇	剪刀草,燕尾草
72	马铃薯	土豆,洋芋,山药豆,地蛋,洋山芋
73	茄子	茄瓜,吊瓜,矮瓜,落苏
74	草石蚕	甘露,地螺,宝培菜,地黄子,寒豆,地环,螺丝菜
75	菠菜	赤根菜,角菜
76	银耳	白木耳
77	蛇瓜	蛇豆
78	口蘑	
79	蚕豆	胡豆米,大豆,胡豆,罗汉豆
80	豇豆	长豆,龙豆,挂豆角,线豆,带豆,长豇豆
81	草菇	
82	姜	生姜,老姜
	姜芽	嫩姜,子姜
83	茭白	茭瓜,茭笋,菰手

附加说明:

本标准由中华人民共和国商业部付食品局提出。

本标准由中华人民共和国商业部副食品局起草。

本标准主要起草人李春元,汪荣江,宫占平。

ICS 65.020
B 30

中华人民共和国国家标准

GB/T 12728—2006
代替 GB/T 12728—1991

食 用 菌 术 语

Terms of edible mushroom

2006-06-02 发布   2006-12-01 实施

中华人民共和国国家质量监督检验检疫总局
中 国 国 家 标 准 化 管 理 委 员 会   发 布

前　言

本标准根据近年来食用菌科研、生产、贸易发展的需要,对 GB/T 12728—1991《食用菌术语》进行了修订。

本标准与 GB/T 12728—1991 相比主要变化如下:

1) 修订了标准的英文名称,由原名《Terms of edible fungus》改为《Terms of edible mushroom》。

2) 增加了新术语,删除了目前已经不用的技术术语。

3) 将"生产术语"分为"菌种生产"和"栽培"用语两节,因此,第 2 章"术语和定义"由七节增加为八节。

4) 修订了不准确的术语定义。

5) 增加了附录 A《常见食用菌中文、英文、拉丁文名称对照表》。

本标准自实施之日起代替 GB/T 12728—1991。

本标准的附录 A 为资料性附录。

本标准由中华人民共和国农业部提出并归口。

本标准起草单位:中国微生物菌种保藏管理委员会农业微生物中心、中国农业科学院土壤肥料研究所。

本标准主要起草人:张金霞、罗信昌、贾身茂、黄年来、黄晨阳、郑素月。

本标准历次版本的发布情况为:

——GB/T 12728—1991。

食 用 菌 术 语

1 范围

本标准规定了食用菌形态结构、生理生态、遗传育种、菌种生产、栽培、病虫害和保藏加工等方面有关的中英文术语。

本标准适用于食用菌的科研、教学、生产和加工。

2 术语和定义

2.1 基本术语

2.1.1

真菌 fungus

一类营异养生活,不进行光合作用;具有真核细胞;营养体为单细胞或丝状菌丝;细胞壁含有几丁质或纤维素;具有无性和有性繁殖特征的生物。

2.1.2

大型真菌 macrofungus

子实体肉眼可见、徒手可采的真菌。

2.1.3

蘑菇 mushroom

大型真菌的俗称。见大型真菌。按用途分为食用菌、药用菌、有毒菌和用途未知菌四大类。多数为担子菌,少数为子囊菌。

2.1.4

食用菌 edible mushroom

可食用的大型真菌,常包括食药兼用和药用大型真菌。多数为担子菌,如双孢蘑菇、香菇、草菇、牛肝菌等。少数为子囊菌,如羊肚菌、块菌等。

2.1.5

药用菌 medicinal mushroom

特指具药用价值并收入《中国药典》的大型真菌。如灵芝。

2.1.6

担子菌 basidiomycete

有性孢子外生在担子上的真菌。如银耳、香菇等。

2.1.7

子囊菌 ascomycete

有性孢子内生于子囊的真菌。如羊肚菌、块菌、虫草等。

2.1.8

伞菌 agaric

泛指子实体伞状的大型真菌。如牛肝菌、金针菇等。

2.1.9

胶质菌 jelly fungus

泛指子实体胶质的大型真菌。如木耳、银耳等。

2.1.10

霉菌　mould

具管状菌丝营养体并产生大量孢子的小型真菌。

2.1.11

放线菌　actinomycete

分枝丝状的单细胞原核生物。

2.1.12

酵母菌　yeast

营出芽繁殖的单细胞真菌。

2.1.13

细菌　bacterium

以裂殖方式繁殖的单细胞原核生物。

2.1.14

病毒　virus

营专性寄生生活无细胞结构具核酸和蛋白质的生物。完全依靠寄主细胞代谢系统进行繁殖。

2.1.15

类病毒　viroid

营专性寄生生活无细胞结构的核酸大分子。完全依靠寄主细胞代谢系统进行繁殖。

2.1.16

朊病毒　prion

一种只由蛋白质组成的具有传染性的致病因子。

2.1.17

微生物　microorganism

只有借助于显微镜才能观察到个体结构的微小或超微小的生物类群。包括细菌、放线菌、真菌、支原体、病毒、类病毒、朊病毒等。

2.1.18

生物量　biomass

培养基质中所有生长的培养物的总量。也称生质。

2.1.19

培养　culture

在一定环境条件下,用人工培养基使微生物生长繁殖。食用菌生产中特指创造适宜条件使菌丝生长的过程。

2.1.20

纯培养　pure culture

只让单一微生物生长繁殖的培养或只有单一微生物的培养物。

2.1.21

继代培养　subculture

通过移植培养使物种得以延续的方法。

2.1.22

培养基　medium

具有适宜的理化性质,用于微生物培养的基质。

2.1.23

完全培养基 complete medium

添加蛋白胨、酵母膏或马铃薯浸出物等天然物质的培养基。

2.1.24

选择性培养基 selective medium

适合于分离和培养特定微生物的培养基。

2.1.25

合成培养基 synthetic medium

全部由已知化学成分组成的培养基。

2.1.26

转化率 converted efficiency

单位质量培养料的风干物质所培养产生出的子实体或菌丝体风干干重,常用百分数表示。如风干料 100 kg 产生了风干子实体 10 kg,即为转化率 10%。

2.1.27

生物学效率 biological efficiency

单位质量培养料的风干物质所培养产生出的子实体或菌丝体质量(鲜重),常用百分数表示。如风干料 100 kg 产生了新鲜子实体 50 kg,即为生物学效率 50%。

2.2 形态结构

2.2.1

菌丝 hypha

丝状真菌的结构单位,由管状细胞组成,有隔或无隔,是菌丝体的构成单元。

2.2.2

菌丝体 mycelium

菌丝的集合体。

2.2.3

初生菌丝体 primary mycelium

由担孢子萌发形成的菌丝体。多数在每个细胞内含有一个单倍体的核。也常称为单核菌丝。

2.2.4

次生菌丝体 secondary mycelium

初生菌丝经细胞质融合形成的双核菌丝。也常称为双核菌丝。

2.2.5

锁状联合 clamp connection

一种锁状桥接的菌丝结构,是异宗结合担子菌次生菌丝的特征。

2.2.6

假锁状联合 pseudo-clamp connection

四极性异宗结合担子菌中由于 A 基因配套 B 基因不配套形成的锁状细胞,在这种锁状细胞菌丝中,细胞核不能迁移,不能正常出菇。

2.2.7

气生菌丝 aerial hypha

生长在培养基表面空间的菌丝。

2.2.8

基内菌丝 substrate hypha

生长在培养基内的菌丝。

2.2.9

匍匐菌丝　appressed mycelium

贴生在固体培养基表面的菌丝。也称贴生菌丝。

2.2.10

线状贴生菌丝　strandy mycelium

呈线状贴生于固体培养基表面的菌丝。

2.2.11

菌落　colony

在固体培养基上形成的单个生物群体。

2.2.12

菌索　rhizomorph

某些真菌菌丝集结而成的绳索状结构。又称根状菌索、菌丝束。

2.2.13

原基　primordium

尚未分化的原始子实体的组织团。

2.2.14

菇蕾　button

由原基分化的有菌盖和菌柄的幼小子实体。

2.2.15

耳芽　primordium of *Auricularia*

尚未分化子实层的木耳属真菌的幼小子实体。

2.2.16

子实体　fruit body

产生孢子的真菌组织器官。如子囊果、担子果。食用菌中供食用的菇体和耳片都是子实体。

2.2.17

担子果　basidiocarp

产生担子的子实体。

2.2.18

子囊果　ascocarp

产生子囊的子实体。

2.2.19

子囊　ascus

产生子囊孢子的囊状细胞。

2.2.20

担子　basidium

担子菌发生核融合和减数分裂并产生担孢子的细胞结构。

2.2.21

孢子　spore

真菌经无性或有性过程所产生的繁殖单元。

2.2.22

有性孢子　sexual spore

经减数分裂而形成的孢子。如担孢子、子囊孢子。

2.2.23

无性孢子 asexual spore

未经减数分裂形成的孢子。如分生孢子。

2.2.24

子囊孢子 ascospore

产生于子囊中的有性孢子。如羊肚菌的子囊孢子。

2.2.25

担孢子 basidiospore

在担子上产生的有性孢子。如香菇的担孢子。

2.2.26

分生孢子 conidium

一种无性孢子,通常着生于分生孢子梗上。

2.2.27

分生孢子梗 conidiophore

一种着生分生孢子的特化菌丝。

2.2.28

粉孢子 oidium

一种薄壁的无性孢子。通常由营养菌丝直接断裂而成。

2.2.29

芽孢子 blastospore

由出芽方式形成的无性孢子。又称酵母状分生孢子。

2.2.30

厚垣孢子 chlamydospore

具厚壁能抵抗不良环境的无性孢子。

2.2.31

孢子囊 sporangium

包裹无性孢子的囊状细胞。

2.2.32

菌核 sclerotium

由营养菌丝集结成的坚硬的能抵抗不良环境的休眠体。如茯苓、猪苓等菌丝体在地下所形成的块状物。

2.2.33

孢子印 spore print

子实体上孢子散落沉积形成的菌褶或菌管着生模式的图像。也称孢子纹、孢子堆。孢子印及其颜色是伞菌分类依据之一。

2.2.34

菌盖 pileus;cap

伞菌生长在菌柄上产生孢子的组织结构,由菌肉和菌褶或菌管组成,也是多数食用菌的主要食用部分。

2.2.35

菌褶 lamellae;gill

垂直于菌盖下侧呈辐射状排列的片状结构,其上形成担子,产生担孢子。

2.2.36

菌管 tube

子实体上着生孢子的管状结构。

2.2.37

子实层 hymenium

子实体上孕育孢子的层状结构。

2.2.38

囊状体 cystidium

间生在子实层中的囊状不孕细胞。又称隔胞、间胞。

2.2.39

侧丝 paraphysis

生于子实层中的不孕丝状细胞。

2.2.40

菌柄 stipe;stalk

上支持菌盖、下连接基质的子实体上的柱状组织结构。

2.2.41

侧生 lateral

菌柄偏离菌盖中央的着生方式。

2.2.42

中生 central

菌柄着生于菌盖中央的着生方式。

2.2.43

内菌幕 inner veil

某些伞菌菌盖与菌柄相连接覆盖菌褶的菌膜。

2.2.44

外菌幕 universal veil

包裹在整个原基或菌蕾外面的膜状物。

2.2.45

菌环 annulus

某些伞菌菌柄上呈环状的内菌幕残余物。

2.2.46

菌托 volva

位于菌柄基部的外菌幕残留物。也称脚苞。

2.2.47

菌肉 context

菌盖上着生菌褶或菌孔的组织结构。

2.2.48

丝膜 cortina

某些伞菌菌盖边缘垂下的幕状或蛛网状物。

2.2.49

菌髓 trama

一些担子菌组成菌盖或产生子实层组织的中心部分。

2.2.50

菌裙　indusiun

竹荪属真菌中自菌柄上部下垂的裙样网状结构。又称菌膜网。

2.2.51

产孢结构　gleba

担子菌的腹菌和子囊菌的块菌中子实体内部产生孢子的组织。如竹荪的菌盖部分、黑孢块菌包被内的部分。又称造孢组织。

2.3　生理生态

2.3.1

生活史　life cycle

食用菌生活史,一般是指有性孢子→菌丝→子实体→有性孢子的整个生长发育循环周期。

2.3.2

腐生　saprophytism

以死的动植物体或有机质作为营养来源的生存方式。

2.3.3

腐生菌　saprophyte;saprobe

以死的动植物体或有机质为营养的微生物。

2.3.4

寄生　parasitism

一种生物从另一种活的生物体内摄取养分为营养来源的生存方式。

2.3.5

寄生菌　parasite

从活的生物体上摄取养分的微生物。

2.3.6

共生　symbiotism

两种不同的生物共同生活,彼此提供所需营养物质的互惠互利的生存方式。

2.3.7

兼性寄生　facultative parasitism

以寄生为主、兼营腐生的生存方式。

2.3.8

兼性腐生　facultative saprophytism

以腐生为主、兼营寄生的生存方式。

2.3.9

伴生现象　commensalism

两种真菌共同生存在同一基物上,其中一种对另外一种的生长发育有促进作用。

2.3.10

木腐菌　wood rotting mushroom

自然生长在木本植物上可引起木材腐烂的大型真菌。人工栽培的食用菌多数是木腐菌,如香菇、金针菇等。

2.3.11

草腐菌　straw rotting mushroom

自然生长在草本植物残体上的大型真菌。人工栽培的食用菌有的是草腐菌,如草菇、双孢蘑菇。

2.3.12

白腐菌 white rotting mushroom

以分解树木或木材中木质素为主要碳源,引起树木或木材白色腐朽的大型真菌。如平菇。

2.3.13

褐腐菌 brown rotting mushroom

以分解树木或木材中的纤维素和半纤维素为主要碳源,但不利用木质素,引起树木或木材褐色腐朽的真菌。如茯苓。

2.3.14

土生菌 geophilous mushroom

自然生长在富含有机质的土壤中的各类大型真菌。如羊肚菌。

2.3.15

粪生菌 coprophilous mushroom

以腐熟动物粪便为营养源的腐生大型真菌。如粪污鬼伞。

2.3.16

蘑菇圈 fairy ring

蘑菇在地上呈圈状生长的现象。

2.3.17

林地蘑菇 mushroom in forest land

生长在森林落叶层上的大型真菌。也称森林蘑菇。

2.3.18

菌根 mycorrhiza

真菌和植物根系结合形成的共生体。

2.3.19

菌根真菌 mycorrhizal fungus

能与植物根系发生互惠共生关系形成菌根的真菌。如松口蘑与赤松。由于真菌菌丝深入植物根部程度的不同又有外生菌根和内生菌根之分。

2.3.20

代谢产物 metabolite

生物在新陈代谢过程中所产生的物质。

2.3.21

拮抗现象 antagonism

具有不同遗传基因的菌落间互相抑制产生不生长区带或形成不同形式线形边缘的现象。

2.3.22

菌龄 period of spawn running

接种后菌丝在培养基物中生长发育的时间。

2.3.23

营养生长 vegetative growth

食用菌菌丝体在培养基质中吸收营养不断生长的过程。

2.3.24

生殖生长 reproductive growth

食用菌菌丝体扭结形成子实体原基、分化、生长发育的全过程。

2.4 遗传育种

2.4.1

有性繁殖 sexual reproduction

经过核融合和减数分裂的繁殖过程。

2.4.2

无性繁殖 asexual reproduction

没有减数分裂的繁殖过程。

2.4.3

同宗结合 homothallism

同一担孢子萌发的菌丝间细胞可融合并能形成子实体的有性繁殖方式。

2.4.4

初级同宗结合 primary homothallism

单个单核担孢子萌发的菌丝间细胞可融合并能形成子实体的有性繁殖方式。如草菇。

2.4.5

次级同宗结合 secondary homothallism

单个双核担孢子萌发的菌丝间细胞可融合并能形成子实体的有性繁殖方式。如双孢蘑菇。

2.4.6

异宗结合 heterothallism

由两个可亲和性的单核菌丝相结合，产生子实体的有性繁殖方式。

2.4.7

多核菌丝 multinucleate hypha

细胞中含有两个以上细胞核的菌丝。

2.4.8

单核菌丝 monokaryotic hypha

细胞中含有一个细胞核的菌丝。

2.4.9

双核菌丝 dikaryotic hypha

细胞中含有两个不同性遗传特征单倍细胞核的菌丝。

2.4.10

双核化 dikaryotization

异宗结合担子菌中两个可亲和单核体细胞融合形成双核菌丝的过程。

2.4.11

异核现象 heterokaryosis

一个细胞中含有两个或更多不同基因型的细胞核。

2.4.12

单核化 monokaryotization

在原生质体制备中，获得单核原生质体的过程。

2.4.13

准性生殖 parasexual reproduction

一种不经过生殖细胞而在体细胞中发生基因重组的生殖方式。

2.4.14

单、单交配 mon-mon mating

食用菌中两个单核菌丝间的交配。

2.4.15

双、单交配 di-mon mating

食用菌中双核菌丝与单核菌丝间的交配。

2.4.16

亲和性 compatibility

异宗结合高等真菌的带有不同交配因子的单核体杂交可育的特性。

2.4.17

不亲和性 incompatibility

异宗结合高等真菌的单核体间由于交配因子相同不可杂交的特性。

2.4.18

交配型 mating type

根据交配因子的个体间能否完成交配结合而确定的结合类型。

2.4.19

同核体 homokaryon

菌丝或孢子内含有相同基因型的细胞核。

2.4.20

异核体 heterokaryon

菌丝或孢子内含有两个或更多不同基因型的细胞核。

2.4.21

质配 plasmogamy

两个不同性细胞质的融合。

2.4.22

核配 karyogamy

两个不同性细胞核的融合。

2.4.23

极性 polarity

表示遗传因子中"性基因"的性质和数量。

2.4.24

二极性 bipolarity

亲和性由一对独立分离的因子所决定。

2.4.25

四极性 tetrapolarity

亲和性由两对独立分离的因子所决定。

2.4.26

基因 gene

遗传物质的最小功能单位。

2.4.27

基因工程 genetic engineering

对携带遗传信息的分子进行设计和施工的分子工程。又称遗传工程。

2.4.28

基因组 genome

细胞中所有的 DNA,包括所有的基因和基因间隔区。

2.4.29

基因文库 gene library

含有全部基因组 DNA 片段插入克隆载体获得的分子克隆的总和。

2.4.30

转基因菇 gene modified mushroom

带有外源基因的食用菌。

2.4.31

克隆 clone

无性繁殖系。DNA 克隆即将 DNA 的限制性酶切片断插入克隆载体，导入宿主细胞，经过无性繁殖，以获得相同的 DNA 扩增分子。

2.4.32

分子标记 molecular marker

用特异 DNA 片段或蛋白质作为区别特征的遗传标记。

2.4.33

杂种优势 hybrid vigor

杂交子代在诸多性状上表现的优于亲本的现象。

2.4.34

分离 isolation

从基物、子实体、菌丝培养物中取得纯菌种的过程。

2.4.35

孢子分离 spore isolation

从孢子中获得纯培养物的方法。

2.4.36

单孢分离 single spore isolation

分离单个孢子获得纯培养物的方法。

2.4.37

多孢分离 multispore isolation

采用分离多孢子获得纯培养物的方法。

2.4.38

组织分离 tissue isolation

从子实体组织中获得纯培养物的方法。

2.4.39

基质分离 substrate isolation

从食用菌生存的基物中分离获得纯培养物的方法。

2.4.40

移植 transfer

菌种从一种基物移接到另外的基物中培养的过程。

2.4.41

接种 inoculation

菌种移植到培养基物中的操作。

2.4.42

接种物 inoculum

用于开始培养的原始体。

2.4.43

菌种老化　senescence

菌种随着培养时间的增加,生理机能衰退的现象。

2.4.44

菌种退化　degeneration

菌种在生长和栽培过程中,由于遗传变异导致优良性状下降。

2.4.45

菌种复壮　rejuvenation

良种繁育中防止菌种退化的技术措施。

2.4.46

驯化　domestication

将野生种经过分离、培养、选择成为可以进行人工栽培品种的过程。

2.4.47

单孢杂交　monosporous hybridization

利用单孢子分离物(单核菌丝体)进行配对组合,经培养筛选,选育新品种的方法。

2.4.48

多孢杂交　multisporous hybridization

用多孢子随机杂交,选育新品种的方法。

2.4.49

诱变育种　induced breeding

采用紫外线、X 光线、γ 射线照射或采用化学诱变剂处理,诱导 DNA 突变,获得新菌株。

2.4.50

原生质体融合　protoplast fusion

通过理化方法使原生质体融合。

2.4.51

原生质体再生　protoplast regeneration

原生质体重新长出细胞壁,恢复细胞形态的过程。

2.5　菌种生产

2.5.1

品种　variety

经各种方法选育出来的具特异性、一致(均一)性和稳定性可用于商业栽培的食用菌纯培养物。

2.5.2

菌株　strain

种内或变种内在遗传特性上有区别的培养物。

2.5.3

分离物　isolate

未经性状鉴定和性能检验测试的培养物。

2.5.4

种性　characters of variety

食用菌的品种特性。一般包括生理特性、农艺性状和商品性状。

2.5.5

混合培养　mix culture

在同一个培养单元中同时培养两种或多种微生物。

2.5.6

菌种　culture

生长在适宜基质上具结实性的菌丝培养物,包括母种、原种和栽培种。

2.5.7

母种　stock culture

经各种方法选育得到的具有结实性的菌丝体纯培养物及其继代培养物。也称一级种、试管种。

2.5.8

原种　mother spawn

由母种移植、扩大培养而成的菌丝体纯培养物。也称二级种。

2.5.9

栽培种　spawn

由原种移植、扩大培养而成的菌丝体纯培养物。栽培种只能用于栽培,不可再次扩大繁殖菌种。也称三级种。

2.5.10

消毒　disinfection

采用物理或化学方法消除有害微生物的方法。

2.5.11

灭菌　sterilization

采用物理或化学方法杀灭一切微生物的方法。

2.5.12

无菌　sterile

不含活菌体。

2.5.13

冷却　cooling

将刚灭菌完毕的培养料,置于洁净通风的场所使温度下降的过程。

2.5.14

无菌操作　sterile operation

在无菌条件下的操作过程。

2.5.15

萌发　germination

一般指孢子长出菌丝的现象。在食用菌生产中,接种物在培养基质中恢复生长也常称为萌发。

2.5.16

生长速度　growth rate

在一定条件下,单位时间内菌丝体生长的长度。常以长满容器所需的天数表示。

2.5.17

角变　sectoring

因菌丝体局部变异或感染病毒而导致菌丝变细、生长缓慢、菌丝体表面特征成角状异常的现象。

2.5.18

高温圈　high-temperatured line

食用菌菌种在培养过程中受高温和通气不足的不良影响,培养物出现的圈状发黄、发暗或菌丝变稀弱的现象。

2.5.19

木屑培养料 **sawdust substrate**

以阔叶树木屑为主要原料的培养基。

2.5.20

草料培养料 **straw substrate**

以草本植物为主要原料的培养基。

2.5.21

谷粒培养料 **grain substrate**

以禾谷类种籽为主要原料的培养基。

2.5.22

粪草培养料 **compost substrate**

以各种有机肥和草本植物残体为主要原料,经发酵腐熟作原料的培养基。

2.5.23

木塞培养料 **wood-pieces substrate**

以种木为主要原料的培养基。

2.5.24

种木 **wood-pieces**

木塞培养基中具一定形状和大小的木质颗粒。也称种粒。

2.5.25

木屑种 **sawdust spawn**

生长在木屑培养料上的菌种。

2.5.26

草料种 **straw spawn**

生长在草料培养料上的菌种。

2.5.27

谷粒种 **grain spawn**

生长在各种谷粒培养料上的菌种。

2.5.28

粪草种 **compost spawn**

生长在粪草培养料上的菌种。

2.5.29

木塞种 **wood-pieces spawn**

生长在木塞培养料上的菌种。

2.5.30

液体菌种 **liquid spawn**

培养基为液体状态的菌种。

2.5.31

固体菌种 **solid spawn**

生长在固体培养料上的菌种。

2.5.32

菌材 **mycelia colonized wood logs**

以木枝或细小段木为培养基的药用菌栽培种。

2.5.33

菌种保藏 culture preservation

使菌种免受其他微生物污染,保持其固有遗传、生理、形态及其各种有研究和利用价值特性的微生物学技术。

2.5.34

菌种贮藏 spawn storage

菌种放置在洁净、低温、通风、避光的条件下,使其免受其他微生物污染,并保持活力和使用价值的过程。

2.6 栽培

2.6.1

栽培 cultivation

人工培育食(药)用菌子实体或菌核的过程。

2.6.2

菇房 mushroom house

泛指具备栽培菇类条件的各类建筑物。

2.6.3

发菌室 spawn-running room

培养食(药)用菌菌丝体的专用建筑物。

2.6.4

保护地栽培 mushroom growing under protection

在各种园艺设施中食(药)用菌的栽培。

2.6.5

一场制 one zone system

发菌和出菇在同一场地。

2.6.6

二场制 two-zone system

菌丝体培养和子实体培育在两个场地进行。

2.6.7

发菌场 bed-logs laying yard

食用菌段木栽培中,接种后发菌的场地。

2.6.8

产菇(耳)场 raising yard

食用菌段木栽培中,出菇(耳)的场地。

2.6.9

菇(耳)场 mushroom yard

各种食(药)用菌栽培的场所。

2.6.10

天然菇(耳)场 natural mushroom yard

利用自然林木遮荫,或略加人工改造,用于食(药)用菌段木栽培的场地。

2.6.11

荫棚 mushroom shed

具遮阳、防晒、降温效果的菇棚。

2.6.12

生产季节 produce season

按照气候的自然变化和食用菌生长发育对外界条件的要求,安排完成接种、菌丝培养、出菇采收一个完整生产周期的时间。

2.6.13

反季节栽培 off-season cultivation

采取改换品种、调整环境条件、改变栽培方式等多项栽培措施,使自然出菇期外出菇。也称错季栽培。

2.6.14

周年栽培 year-round cultivation

一年四季进行的食用菌栽培。

2.6.15

春季栽培 spring cultivation

食用菌春季接种的栽培。

2.6.16

夏季栽培 summer cultivation

食用菌夏季接种的栽培。

2.6.17

秋季栽培 autumn cultivation

食用菌秋季接种的栽培。

2.6.18

工厂化栽培 factory cultivation

利用微生物技术和现代环境工程技术,在完全人工控制环境条件下食用菌的室内周年栽培。

2.6.19

覆土栽培 casing soil cultivation

完成发菌后覆盖泥炭土或泥土使之出菇。

2.6.20

生料栽培 cultivation on un-sterilized substrate

利用没有经过灭菌处理的培养料进行的栽培。

2.6.21

熟料栽培 cultivation on sterilized substrate

利用经灭菌处理的培养料进行的栽培。

2.6.22

发酵料栽培 cultivation on compost

培养料堆积发酵后,进行食用菌栽培的方法。

2.6.23

段木栽培 cut-log cultivation

利用木段栽培食(药)用菌的方法。

2.6.24

砍花栽培 wood cutting cultivation

在一定季节,将树木砍倒后,用斧在原木上砍出深浅、疏密、排列不同的斜口,以承接飘浮在空中的野生香菇孢子的栽培方法。

2.6.25

代料栽培 substitute cultivation

利用各种农林废弃物代替原木栽培食(药)用菌。

2.6.26

床架式栽培 shelf cultivation

利用搭架分层,铺设菌床的立体栽培方式。

2.6.27

盘式栽培 tray cultivation

利用浅盘作为培养容器,栽培食用菌的方式。

2.6.28

菇树 trees used for mushroom growing

用来栽培食(药)用菌的树木。

2.6.29

段木 log

按一定规格锯断的尚未接种的木段。

2.6.30

菇木 bed-log

接种后的段木。

2.6.31

抽水 water drawing

菇树砍伐后,暂不剔枝,留下枝叶以便蒸发多余的水分促进树体死亡的过程。也称"抽水"干燥。

2.6.32

剔枝 trimming

菇树抽水后,将多余枝条剔除。

2.6.33

截断 cutting

剔枝后将菇木按一定长度截成小段。

2.6.34

树皮盖 bark cover

段木栽培时用来覆盖接种穴的树皮盖子。

2.6.35

上堆发菌 pile up

把接种后的菇(耳)木按一定形式堆叠起来,使尽快发菌。

2.6.36

击木惊蕈 stimulating fruiting by log taping

香菇段木栽培中,起架前敲打菇木以刺激出菇。

2.6.37

起架 staking-up

把长满菌丝的菇(耳)木,按一定形式架起以利出菇(耳)。

2.6.38

主料 main substrate

以满足食用菌生长发育所需要的碳源为主要目的的原料。多为木质纤维素类的农林副产品,如木屑、棉籽壳、麦秸、稻草等。

2.6.39

辅料 supplement

以满足食用菌生长发育所需要的有机氮源为主要目的的原料。多为较主料含氮量高的糠、麸、饼肥、鸡粪、大豆粉、玉米粉等。

2.6.40

消毒剂 disinfectant

用于杀灭介质中有害微生物,使其达到无害化要求的制剂。如甲醛、苯酚等。

2.6.41

化学添加剂 chemical supplement

泛指培养料中的各种化工产品,包括化肥类、无机盐类、植物生长调节剂、杀虫剂、杀菌剂等。

2.6.42

碳氮比 carbon-nitrogen ratio

培养料中碳与氮的含量比。常用英文缩写"C/N"表示。

2.6.43

预湿 preliminarily wet

堆料前将培养料浇湿或浸湿的方法。

2.6.44

培养料 substrate

为食用菌生长繁殖提供营养的物质。如木屑、棉籽壳、麦麸、米糠等。

2.6.45

堆肥 compost

经过堆制发酵的培养料。

2.6.46

粪草料 straw-manure compost

以畜禽粪和秸秆为主要原料的堆肥。

2.6.47

合成料 synthetic compost

以秸秆和化肥为主要原料的堆肥。

2.6.48

堆制 composting

将培养料按一定方法堆制发酵的过程。

2.6.49

发酵 fermentation

培养料在微生物作用下有机质分解,产生二氧化碳、水和热量的过程。

2.6.50

发酵热 fermentation heat

在发菌期间产生的热量。

2.6.51

前发酵 outdoor fermentation;phase Ⅰ

培养料在室外堆制自然发酵的过程。又称室外发酵、一次发酵。

2.6.52

后发酵 indoor fermentation;phase Ⅱ

经一次发酵的培养料,在室内控温条件下进行巴氏消毒的发酵过程。又称室内发酵、二次发酵。

2.6.53

发汗 sweat out

培养料堆制发酵后期或二次发酵期间,自身发热,维持料温,散发热气,在表面出现水珠的现象。

2.6.54

好气发酵 aerobic fermentation

培养料在通气充足状况下的发酵。

2.6.55

厌气发酵 anaerobic fermentation

培养料在通气不良状况下的发酵。

2.6.56

白化现象 albinism

在前发酵期间,产生的白色放线菌群。

2.6.57

堆制过度 over-composting

培养料的堆制发酵时间过长,造成过分腐熟、营养流失的现象。也称发酵过度、发酵过热。

2.6.58

堆制不足 under-composting

培养料的堆制时间不够,未达到腐熟程度。

2.6.59

酸败 spoiling

培养料在堆制发酵或生料栽培过程中,由于环境条件控制不当,产生大量产酸微生物,导致培养料发酵腐败发酸或生料栽培发菌失败的现象。

2.6.60

翻堆 turning

培养料发酵期间或接种后培养物堆叠在一起时,定期翻动调换位置。

2.6.61

进料 filling

培养料前发酵结束后,运进菇房的过程。又称进房。

2.6.62

翻料 turning over and mixing

培养料进房经消毒或后发酵后,将培养料翻动散发游离氨、混匀、铺平的过程。又称翻架。

2.6.63

菌棒 artificial bed-log

特指代料栽培食用菌接种后长有菌丝的棒状菌体。也称菌筒、人造菇木。

2.6.64

播种 spawning

发酵料或生料栽培的接种方式。

2.6.65

穴播 hole spawning;dibble

将菌种播种在培养料的洞穴内。

2.6.66

撒播　broadcast spawning

将菌种均匀撒放在培养料上。

2.6.67

层播　layer spawning

将菌种在培养料内分层播种的方式。

2.6.68

混播　mixed spawning

将菌种与培养料均匀混合的播种方式。

2.6.69

条播　drill spawning

将培养料挖成条形沟将菌种播入的方式。

2.6.70

播种量　spawning quantity

菌种用量(湿重)与培养料干重之比,常用百分数表示。如 100 kg 干培养料用了 10 kg 菌种,即为播种量 10%。又称接种量。

2.6.71

定植　colonization

接种后,接种物菌丝开始向培养料中生长。俗称"吃料"。

2.6.72

覆土　casing

将覆土材料覆盖在已长满菌丝的培养料表面。

2.6.73

爬菌　mycelium growing up to casing

菌丝体向覆土层生长。

2.6.74

搔菌　scratching

搔动培养料表面的菌丝,形成机械损伤,刺激子实体形成的技术措施。

2.6.75

退菌　mycelium atrophy

在不适宜环境条件下或由于病虫害为害,菌丝体在培养基中萎缩、消亡的过程。

2.6.76

调水　watering

向覆土层喷水,调节覆土湿度的操作。

2.6.77

结菇水　cropping water

覆土层内菌丝体完成生长后,间歇向覆土层喷重水,以促进菌丝体扭结形成原基的水分管理。

2.6.78

出菇水　fruiting water

原基发育成至绿豆或黄豆大小的菇蕾时,间歇向覆土层喷重水,以促进子实体发育的水分管理。

2.6.79

出菇部位　fruiting depth in casing layer

子实体在覆土层内着生的深浅。出菇部位适中,利于获得优质高产。

2.6.80

发菌水 mycelium running water

越冬后,向覆土或培养料喷水,促进菌丝恢复生长。

2.6.81

菇潮 flush

在一定时间内子实体较大量集中发生的现象,菇潮在一个生长周期内可间歇发生若干次。

2.6.82

补水 supplementing water

特指子实体发生前或发生间歇期水分不足时,采用注水或浸水方式向基质中补充水分。

2.6.83

催蕾 inducement to primordium

采取控温、控湿、通风、振动及适当光照等方法促进菇蕾形成的技术措施。

2.6.84

养菌 mycelium renewing out of flush

采菇后调控环境条件,使其利于菌丝调整生理代谢、吸收和积累养分、继续生长,以利于下潮菇的发生。

2.6.85

菇床整理 bed clean

采收后将留在菇床上的子实体碎片、异物清理干净,剔除老菌丝束(老根),适当补土等的一系列操作。

2.6.86

最适温度 optimal temperature

最有利于食(药)用菌生长发育的温度。

2.6.87

最低温度 minimal temperature

食(药)用菌生长发育的温度范围的下限。

2.6.88

最高温度 maximal temperature

食(药)用菌生长发育的温度范围的上限。

2.6.89

料温 substrate temperature

培养料内的温度。

2.6.90

温差刺激 stimulating by temperature change

低温和高温相互交替作用对子实体形成的刺激。

2.6.91

菌丝徒长 over growth of hypha

培养基过富或培养温度偏高,使菌丝营养生长过于旺盛的现象。

2.6.92

菌丝结块 clumping of over grown hypha

徒长的菌丝密集成块。

2.6.93

转色　colouring

香菇菌丝在培养料内生长到一定阶段,由代谢产生色素而使表层变为褐色的过程。

2.6.94

菌皮　coat

在菌种生产和代料栽培中,完成培养后或由于培养时间过长菌体表面变成的皮状物。

2.6.95

瘤状突起　tumour outstanding

香菇菌丝生长达到生理成熟后,在菌皮下或菌皮表层密集,结成的瘤状物。

2.6.96

吐黄水　yellow water exudation

菌丝培养期间分泌的液体,常积聚在培养基表面,呈黄色水珠状。

2.6.97

刺孔　holing

在菌袋表面,刺以细孔,以利气体交换、排湿和散热的操作。

2.6.98

蹲菇　mushroom repressing

将幼菇在适宜子实体生长发育温度的下限环境中持续一定时间,使其缓慢生长,以形成菌盖肥厚、菌肉致密、菌柄短粗的优质菇的过程。

2.6.99

桑椹期　mulberry-like phase

米粒状连接成如桑椹的平菇原基期。

2.6.100

珊瑚期　coral-like phase

平菇菌柄已出现,菌盖尚未分化的生长时期。

2.6.101

针头期　pinhead phase

伞菌出菇期在培养料表层出现的白色小点状的原基原始期。

2.6.102

钮扣期　button phase

伞菌的菇蕾生长到钮扣大小的时期。

2.6.103

卵形期　egg phase

有外菌幕的食用菌子实体长到卵形的时期。如草菇、竹荪等。

2.6.104

伸长期　elongation phase

草菇子实体外菌幕破裂,菌盖伸长的时期。

2.6.105

草被　cover-hay

栽培草菇时,覆盖在已接种草堆周围的稻草层。

2.6.106

菇房管理　management of mushroom house

以所栽培食用菌所需环境条件为调控目标,对菇房进行环境调节和控制的技术措施。

2.6.107

商品菇 commercial mushroom

可作为商品准予进入市场的食用菌干、鲜产品。

2.7 病虫害

2.7.1

杂菌 weed mould

食(药)用菌培养中引起污染的微生物。

2.7.2

侵染 infection

培养物受到其他微生物的侵入感染。

2.7.3

损伤 injury

培养物或菇体因受物理、化学、生物等因素的作用,使机体部分或整体受到伤害。

2.7.4

罹病 fall ill

子实体因受其他微生物侵染,使机体呈现病症。

2.7.5

污染 contamination

在培养过程中混有其他微生物。

2.7.6

污染源 source of contamination

带有孳生杂菌、病原菌、害虫及有毒物质的场所或物体。

2.7.7

侵染性病害 infective disease

食用菌受到其他生物的侵染而引起的病害。如双孢蘑菇湿泡病。也称非生理性病害。

2.7.8

生理性病害 physiological disease

食用菌受不良环境条件影响而引起的病害。如高浓度二氧化碳引起的子实体畸形。也称非侵染性病害。

2.7.9

病虫害综合防治 integrated control of disease and insect

以农业防治为主,生物防治、物理防治和化学防治为辅的病虫害防治措施。

2.7.10

真菌病害 fungal disease

由真菌侵染引起的病害。

2.7.11

细菌病害 bacterial disease

由细菌侵染引起的病害。

2.7.12

线虫病害 nematode disease

由线虫侵染引起的病害。

2.7.13

病毒病害 viral disease

由病毒侵染引起的病害。

2.7.14

虫蛀菇 maggot damaged mushroom

带虫或有虫为害过的菇体。

2.7.15

畸形菇 deformed mushroom

因受物理、化学、生物等不良因素影响形成的变形菇。

2.7.16

风斑菇 wind-blown spotted mushroom

食用菌子实体因受干风吹袭,使表面出现褐斑。

2.7.17

霉烂菇 spoiled mushroom

有肉眼可见的霉菌或腐败的菇。

2.7.18

黄斑菇 yellow-spotted mushroom

有肉眼可见黄色病斑的菇。

2.7.19

泡水菇 soaked mushroom

浸水后,使含水量超过规定标准的鲜菇。也称浸水菇。

2.7.20

薄皮开伞 early opening

双孢蘑菇由于高温导致子实体盖薄,未成熟时即开伞的现象。

2.7.21

硬开伞 forced opening

栽培中由于气温骤然降低,双孢蘑菇的菌盖与菌柄间裂开的现象。

2.7.22

空根白心 hollow stipe

双孢蘑菇菌柄内出现白色疏松的"菌髓"或变空的现象。

2.8 保藏加工

2.8.1

保藏 preservation

在一定条件下使产品不腐败不变质的贮藏方式。

2.8.2

冷藏 cold preservation

将产品置于适宜的低温条件下的保藏。

2.8.3

罐藏 canning

把新鲜产品装入密闭容器内,注入适当浓度的液汁,密封后经灭菌处理的保藏。

2.8.4

速冻 quick freezing

使产品在低温条件下迅速冻结,达到长时间冻结保藏的目的。

2.8.5

风干　air drying

在自然条件下,使样品水分去除的方法。

2.8.6

烘干　oven-drying

采用人工加热方法使产品脱水成为干制品。

2.8.7

吸水率　ratio of absorbed water

干食用菌用水浸泡,沥干表面水分后的湿重与干重之比,常用数字表示。如1 kg黑木耳浸水泡发后湿重15 kg,其吸水率为15。也称泡发度、干湿比。

2.8.8

风干率　air dry rate

鲜食用菌自然风干成干品的干鲜百分比。如1 kg鲜香菇自然风干成干香菇100 g,其风干率为10%。

2.8.9

保鲜　fresh-keeping

降低产品的新陈代谢,使之保持新鲜。

2.8.10

保鲜期　shelf life;marketable life

产品保持新鲜的时间范围。也称货架寿命。

2.8.11

真空保鲜　vacuum refreshing

在真空条件下,使产品保持新鲜的方法。

2.8.12

辐射保鲜　radiation fresh-keeping

采用一定剂量的γ、^{60}Co等射线照射产品,降低产品新陈代谢和酶活力的保鲜方法。

2.8.13

罐头菇　canned mushroom

以罐装形式保存和出售的食用菌。

2.8.14

盐水菇　salted mushroom

用盐渍方法保存的食用菌。

2.8.15

醋渍菇　vinegar mushroom

用醋渍方法保存的食用菌。

2.8.16

整菇　whole mushroom

以完整子实体做成的加工菇。

2.8.17

片菇　sliced mushroom

纵切成片状的罐头菇或干菇。

2.8.18

碎菇　pieces mushroom

不规则食用菌碎片(块)的加工菇。

2.8.19

菇粉　mushroom powder

干菇粉碎成的粉状物。有时特指经超细粉碎的食(药)用菌干粉。

2.8.20

鲜菇　fresh mushroom

采收整理后,未经任何保鲜处理直接销售的食用菌。

2.8.21

保鲜菇　fresh-keeping mushroom

特指经脱水和低温技术处理并经冷链运输销售的鲜菇。

2.8.22

干菇　dry mushroom

采用自然干燥或人工干燥方法加工的食用菌。

2.8.23

商品率　economic rate

可上市商品与采收时产品的百分比。如采收产品 100 kg,经修整后可以上市商品 80 kg,商品率为 80%。

2.8.24

吨耗　fresh mushroom per ton

加工 1 t 罐头菇所需要鲜菇的质量。

2.8.25

固形物　solid matter

含有固、液两相物质的罐头产品中的固相物质,常用质量分数表示。

2.8.26

冻害　freezing injury

鲜菇由于冰点或冰点以下的低温引起的组织冻结而无法恢复造成的伤害。

2.8.27

冷害　cooling injury

鲜菇由 0℃以上的低温引起的组织伤害。如草菇和肺形侧耳在低温下出现的组织出水和软化。

附 录 A
（资料性附录）
常见食用菌中文、英文、拉丁文名称对照表

表 A.1 常见食用菌中文、英文、拉丁文名称对照表

中文名称	商品名称或俗称	拉 丁 学 名	英文名称或英文商品名称
双孢蘑菇	白蘑菇、洋蘑菇	*Agaricus bisporus*（Lange）Sing.	White Button Mushroom Common Mushroom Cultivated Mushroom
巴西蘑菇	姬松茸、巴氏蘑菇	*Agaricus blazei* Murr.	Hime Matsutake
柱状田头菇	杨树菇、茶薪菇、柳松菇	*Agrocybe cylindracea*（DC. ex Fr.）R. Maire	Black Poplar Mushroom South Poplar Mushroom
黑木耳	木耳、云耳、光木耳	*Auricularia auricula*（L. ex Hook.）Underw.	Wood Ear Jew's Ear Egypt Ear
毛木耳	黄背木耳、白背木耳、紫木耳	*Auricularia polytricha*（Mont.）Sacc.	Velvet Wood Ear
美味牛肝菌	白牛肝菌	*Boletus edulis* Bull. ex Fr.	Cep King Bolete
鸡油菌		*Cantharellus cibarius* Fr.	Chanterelle
毛头鬼伞	鸡腿菇	*Coprinus comatus*（Müll. ex Fr.）Gray	Shaggy Mane Lawyer's Wig
蛹虫草	北冬虫夏草、北虫草	*Cordyceps militaris*（L.）Link.	Scarlet Caterpillar Fungus
冬虫夏草	虫草	*Cordyceps sinensis*（Berk.）Sacc.	Chinese Caterpillar Fungus
长裙竹荪	竹荪	*Dictyophora indusiata*（Vent. ex Pers.）Fischer	Long Net Stinkhorn
短裙竹荪	竹荪	*Dictyophora duplicata*（Bosc.）Fischer	Netted Stinkhorn
牛舌菌	牛排菌	*Fistulina hepatica*（Schaeff.）Fr.	Beefsteak Fungus Ox-tongue Mushroom
金针菇	冬菇	*Flammulina velutipes*（Curt. ex Fr.）Sing.	Winter Mushroom Golden Mushroom
灵芝	赤芝、红芝	*Ganoderma lucidum*（Leyss. ex Fr.）Karst.	Ling Zhi Reishi
松杉灵芝	韩国灵芝	*Ganoderma tsugae* Murr.	Ling Zhi Reishi
紫芝	中华灵芝	*Ganoderma sinensis* Zhao，Xu et Zhang	Ling Zhi Reishi
猪苓	黑猪苓、粉猪苓、黑猪粪、野猪粪	*Grifola umbellata*（Pers. ex Fr）Pilát.	Zhuling Umbrella Polypore

表 A.1（续）

中文名称	商品名称或俗称	拉 丁 学 名	英文名称或英文商品名称
猴头菌	猴头、猴头蘑	*Hericium erinaceus*（Bull.）Pers.	Monkey Head Mushroom Lion's Mane Hedgehog Mushroom
亚侧耳	元蘑	*Hohenbuehelia serotina*（Schrad. ex Fr.）Sing.	Autumn Oyster Mushroom
斑玉蕈	真姬菇、海鲜菇	*Hypsizygus marmoreus*（Peck）Bigelow	Beech Mushroom Bigelow
香菇	香菇	*Lentinula edodes*（Berk.）Pegler	Oak Mushroom Black Forest Mushroom Shiitake
花脸香蘑	花脸蘑	*Lepista sordida*（Fr.）Sing.	Sordid Blewitt
榆离褶伞	真姬菇	*Lyophyllum ulmarium*（Bull. ex Fr.）Fühn.	Reahead
真姬离褶伞	西麦姬	*Lyophyllum shimeji*（Kawam.）Hongo	Shimeji
羊肚菌	羊肚菌	*Morchella* spp.	Morel
光滑环绣伞	滑菇、珍珠蘑、滑子蘑	*Pholiota nameko*（T. Ito）S. Ito et Imai	Slime Mushroom Viscid Mushroom
鲍鱼侧耳	鲍鱼菇	*Pleurotus abalonus* Han，Chen & Cheng	Abalone Mushroom Maple Oyster Mushroom
金顶侧耳	榆黄菇、榆黄蘑、金顶蘑	*Pleurotus citrinopileatus* Sing.	Golden Oyster Mushroom
白黄侧耳	姬菇、小平菇	*Pleurotus cornucopiae*（Paul. ex Pers.）Roll.	Black Oyster Mushroom
盖囊侧耳	泡囊侧耳、鲍鱼菇	*Pleurotus cystidiosus* O. K. Miller	The Maple Oyster Mushroom Miller's Oyster Mushroom
淡红平菇	红平菇	*Pleurotus djamor*（Fr.）Boedjin	Pink Oyster Mushroom Salmon Oyster Mushroom Straw Berry Oyster Mushroom Flamingo Mushroom
桃红平菇	红平菇	*Pleurotus salmoneostramineus* L. Vass	Pink Oyster Mushroom Salmon Oyster Mushroom Straw Berry Oyster Mushroom The Flamingo Mushroom
刺芹侧耳	杏鲍菇	*Pleurotus eryngii* var. *eryngii*（DC. ex Fr）Quél.	King Oyster Mushroom
阿魏侧耳	阿魏蘑	*Pleurotus eryngii*（DC. ex Fr）Quél. var. *ferulae* Lanzi	Ferule Mushroom
白灵侧耳	白灵菇	*Pleurotus nebrodensis*（Inzenga）Quél.	White Ferula Mushroom
糙皮侧耳	平菇、侧耳	*Pleurotus ostreatus*（Jacq. ex Fr.）Kummer	Oyster Mushroom
佛州侧耳	佛罗里达侧耳、白平菇、平菇	*Pleurotus florida* Eger	Oyster Mushroom

表 A.1（续）

中文名称	商品名称或俗称	拉 丁 学 名	英文名称或英文商品名称
肺形侧耳	凤尾菇、秀珍菇	*Pleurotus pulmonarius*（Fr.）Quél.	Indian Oyster Mushroom Phoenix Mushroom
核侧耳	虎奶菇	*Pleurotus tuber-regium*（Fr.）Sing.	Tiger Milk Mushroom
茯苓	茯苓	*Poria cocos*（Fr.）Wolf	Tuckahoe Hoelen Fuling
绣球菌	绣球花	*Sparassis crispa*（Wulf.）Fr.	Cauliflower Mushroom
皱环球盖菇	大球盖菇	*Stropharia rugoso-annulata* Farlow ex Murr.	Wine Red Stropharia Wine Cap Mushroom
云芝	彩色云芝、杂色云芝	*Trametes versicolor*（L. ex Fr.）Pilat	Many Zoned Polypore
银耳	白木耳	*Tremella fuciformis* Berk.	White Jelly Fungus Silver Ear
大白口蘑	金福菇、洛巴口蘑、巨大口蘑	*Tricholoma giganteum* Massee	Gigant Trich
松口蘑	松茸	*Tricholoma matsutake*（S. Ito et Imai）Sing.	Pine Trich Pine Mushroom
蒙古口蘑	白蘑、口蘑	*Tricholoma mongolicum* Imai	Mongolian Mushroom
块菌	块菌	*Tuber* spp.	Truffle
草菇	麻菇、兰花菇、稻草菇	*Volvariella volvacea*（Bull. ex Fr.）Sing.	Straw Mushroom Paddy Straw Mushroom Chinese Mushroom Nanhua Mushroom

中 文 索 引

英 文 索 引

A

B

N

O

P

Q

R

S

T

U

V

W

ICS 65.020.20
B 31

中华人民共和国国家标准

GB/T 20014.5—2013
代替 GB/T 20014.5—2008

良好农业规范　第5部分：水果和蔬菜控制点与符合性规范

Good agricultural practice—

Part 5：Fruit and vegetable control points and compliance criteria

2013-12-31 发布

2014-06-22 实施

中华人民共和国国家质量监督检验检疫总局
中国国家标准化管理委员会　发布

前　言

GB/T 20014《良好农业规范》分为以下部分：
——第 1 部分：术语；
——第 2 部分：农场基础控制点与符合性规范；
——第 3 部分：作物基础控制点与符合性规范；
——第 4 部分：大田作物控制点与符合性规范；
——第 5 部分：水果和蔬菜控制点与符合性规范；
——第 6 部分：畜禽基础控制点与符合性规范；
——第 7 部分：牛羊控制点与符合性规范；
——第 8 部分：奶牛控制点与符合性规范；
——第 9 部分：猪控制点与符合性规范；
——第 10 部分：家禽控制点与符合性规范；
——第 11 部分：畜禽公路运输控制点与符合性规范；
——第 12 部分：茶叶控制点与符合性规范；
——第 13 部分：水产养殖基础控制点与符合性规范；
——第 14 部分：水产池塘养殖基础控制点与符合性规范；
——第 15 部分：水产工厂化养殖基础控制点与符合性规范；
——第 16 部分：水产网箱养殖基础控制点与符合性规范；
——第 17 部分：水产围拦养殖基础控制点与符合性规范；
——第 18 部分：水产滩涂、吊养、底播养殖基础控制点与符合性规范；
——第 19 部分：罗非鱼池塘养殖控制点与符合性规范；
——第 20 部分：鳗鲡池塘养殖控制点与符合性规范；
——第 21 部分：对虾池塘养殖控制点与符合性规范；
——第 22 部分：鲆鲽工厂化养殖控制点与符合性规范；
——第 23 部分：大黄鱼网箱养殖控制点与符合性规范；
——第 24 部分：中华绒螯蟹围拦养殖控制点与符合性规范；
——第 25 部分：花卉和观赏植物控制点与符合性规范；
——第 26 部分：烟叶控制点与符合性规范；
——第 27 部分：蜜蜂控制点与符合性规范。

本部分为 GB/T 20014 的第 5 部分。本部分与第 2 部分、第 3 部分结合使用。

本部分按照 GB/T 1.1—2009 给出的规则起草。

本部分代替 GB/T 20014.5—2008《良好农业规范　第 5 部分：水果和蔬菜控制点与符合性规范》。
与 GB/T 20014.5—2008 相比主要变化如下：
——增加了 11 个新条款：4.3.2.1、4.3.3.1、4.3.3.2、4.3.4.1、4.4.1.2、4.4.1.11、4.4.1.12、4.5.1.2、
4.5.8.7、4.5.8.8；
——调整了 11 个条款的内容：4.4.1.4(2008 年版的 4.4.1.3)，4.4.1.8(2008 年版的 4.4.1.7)、4.4.1.9
(2008 年版的 4.4.1.8)、4.4.2.1、4.5.2.1、4.5.3.1、4.5.4.3、4.5.4.5、4.5.6、4.5.6.1、4.5.6.4；
——调整了 1 个条款的级别：4.5.1.3(2008 年版的 4.5.1.2)从 2 级升为 1 级。

本标准(部分)由中国国家认证认可监督管理委员会提出并归口。

本标准(部分)起草单位:中国国家认证认可监督管理委员会注册管理部、国家认证认可监督管理委员会认证认可技术研究所、中华人民共和国山东出入境检验检疫局、南京国环有机产品认证中心、中华人民共和国黑龙江出入境检验检疫局、中华人民共和国辽宁沈阳出入境检验检疫局、南京野生植物综合利用研究所、河北农业大学、农业部优质农产品开发服务中心、全国农业技术推广服务中心、中国农业大学、中国质量认证中心、山东鲁花集团有限公司、方圆标志认证集团有限公司。

本标准(部分)主要起草人:赵伯涛、曹克强、邰崇妹、游安君、陈恩成、杨泽慧、胡国瑞、陈冰、侯天亮、孟凡乔、姜宏、段世光、陈蓉、张莉、李建伟、徐亮、宫华。

本部分所代替标准的历次版本发布情况为:

——GB/T 20014.5—2005、GB/T 20014.5—2008。

引　言

食品安全不仅关系到消费者的身体健康和生命安全,而且还直接或间接影响到食品、农产品行业的健康发展。因此,食品安全是对食品链中所有从事食品生产、加工、储运等组织的首要要求。

作为食品链的初端,水果和蔬菜种植过程直接影响农产品及其加工食品的安全水平。为达到符合法律法规、相关标准的要求,满足消费者需求,保证食品安全和促进农业的可持续发展,提出以下要求。

0.1　食品安全危害的管理

本部分采用危害分析与关键控制点(HACCP)方法识别、评价和控制食品安全危害。在水果和蔬菜种植生产过程中,针对不同作物生产特点,对作物管理、土壤肥力保持、田间操作、植物保护组织管理等提出了要求,

0.2　农业可持续发展的环境保护要求

本部分提出了环境保护的要求,通过要求生产者遵守环境保护的法规和标准,营造农产品生产过程的良性生态环境,协调农产品生产和环境保护的关系。

0.3　员工的职业健康、安全和福利要求

本部分提出了员工职业健康、安全和福利的要求。

本部分将内容条款的控制点划分为 3 个等级,并遵循表 1 的原则。

表 1　控制点级别划分原则

等级	级别内容
1 级	基于危害分析与关键控制点(HACCP)的食品安全要求。
2 级	基于 1 级控制点要求的环境保护、员工福利的基本要求。
3 级	基于 1 级和 2 级控制点要求的环境保护、员工福利的持续改善措施要求。

良好农业规范　第5部分：水果和蔬菜控制点与符合性规范

1　范围

GB/T 20014 的本部分规定了水果和蔬菜生产良好农业规范的要求。

本部分适用于对水果和蔬菜生产良好农业规范的符合性判定。

2　规范性引用文件

下列文件对于本文件的应用是必不可少的。凡是注日期的引用文件，仅注日期的版本适用于本文件。凡是不注日期的引用文件，其最新版本（包括所有的修改单）适用于本文件。

GB/T 20014.1　良好农业规范　第1部分：术语

GB/T 20014.3—2013　良好农业规范　第3部分：作物基础控制点与符合性规范

GB/T 27025　检测和校准实验室能力的通用要求

国际农药供销和使用行为守则(FAO,2003)

3　术语和定义

GB/T 20014.1 界定的术语和定义适用于本文件。

4　要求

4.1　繁殖材料

4.1.1　品种或根茎的选择

序号	控制点	符合性要求	等级
4.1.1.1	农业生产经营者宜意识到注册产品"亲本作物"有效管理的重要性（即种子作物）。	对"亲本作物"采用先进的栽培技术和措施，以减少植保产品和肥料在注册产品上的用量。	3级

4.2　土壤和基质的管理

4.2.1　土壤熏蒸（无土壤熏蒸时不适用）

序号	控制点	符合性要求	等级
4.2.1.1	应有土壤熏蒸剂使用的书面记录。	熏蒸记录包括熏蒸地点、日期、活性成分、剂量、使用方法和操作人员。不允许使用溴化钾进行土壤熏蒸。	2级

序号	控 制 点	符合性要求	等级
4.2.1.2	应遵守种植前熏蒸剂使用的时间间隔。	种植前的熏蒸时间间隔应记录。	2 级

4.2.2 基质（无基质使用时不适用）

序号	控 制 点	符合性要求	等级
4.2.2.1	在使用基质时，农业生产经营者可参与基质再循环计划。	农业生产经营者保存包括基质循环数量及日期、收货发票或装载的记录。如果没有参与基质循环计划，应对基质使用作出合理的评估。	3 级
4.2.2.2	使用化学品对基质消毒，应记录消毒地点、消毒日期、所用化学品的类别、消毒方式和操作人员的名字。	在农场进行基质消毒，应记录农田、果园温室的名字或编号；在农场以外进行消毒，应记录委托基质消毒的公司名称及地点。除此以外记录还包括：消毒日期（年/月/日）、化学品名称及有效成分、施用机械类型（如：1 000 立升罐等）、消毒方式（如：浸透、喷雾等）和操作人员（实际使用化学品和实施消毒操作的人员）的姓名等。	1 级
4.2.2.3	天然来源的基质应可溯源，且不宜来自指定的保护区域。	有记录证实正在使用的天然基质的不是源自指定的保护区域。	3 级

4.3 采前

4.3.1 灌溉水质

序号	控 制 点	符合性要求	等级
4.3.1.1	依据 GB/T 20014.3—2013 中 4.6.3.2进行的风险评估应考虑微生物污染 。	依据风险评估结果，对存在微生物污染的风险提供经实验室分析的书面记录。	2 级
4.3.1.2	依据风险评估结果对存在的危害采取相应措施。	有纠正措施或纠偏行动的记录。	2 级

4.3.2 植保产品施用水水质

序号	控 制 点	符合性要求	等级
4.3.2.1	植保产品配制用水的水质应进行风险评估。	风险评估内容应包括水源、植保产品种类（除草剂、除虫剂等）、施用的时机（作物生长阶段）和施用部位（食用部位、其他部位、土地）。	1 级

4.3.3 施肥

序号	控 制 点	符合性要求	等级
4.3.3.1	施肥时应充分考虑产品消费地对注册产品的硝酸盐 MRL 要求。	可通过现行的文件或记录证明。必要时提供注册品种的硝酸盐残留量的检测结果。	2 级
4.3.3.2	有机肥应作为基肥以及催芽肥使用,在发芽后不应使用。	施用与采收间隔以不影响收获物的安全为准。肥料施用以及采收记录能证明该条款要求。	1 级

4.3.4 采前检查

序号	控 制 点	符合性要求	等级
4.3.4.1	应有证据表明动物活动未造成潜在的食品安全危害。	采取适当的措施以减少动物活动可能对种植区域造成的污染。考虑范围应包括田地周围的牲畜、家养动物(自养的动物、看门狗等)。适当时建立缓冲带、物理隔断和围墙。	2 级

4.4 采收

4.4.1 通则

序号	控 制 点	符合性要求	等级
4.4.1.1	应对采收和农场运输整个过程的卫生状况进行风险评估。	应形成书面风险评估材料并每年评审更新,风险评估应包括物理、化学、微生物污染和人类传播的疾病危害,还应包括 4.4.1.2～4.4.1.12 的内容。风险评估应与农场规模、作物类型和种植技术相适应。全部适用。	1 级
4.4.1.2	采收过程应有文件化的卫生程序。	基于风险评估结果形成采收过程卫生程序并文件化。	1 级
4.4.1.3	采收过程应执行卫生规程。	农场管理者或其他管理人员负责监督采收卫生规程执行情况。全部适用。	1 级
4.4.1.4	员工应在处理农产品前,接受基础的卫生培训。	有证据表明员工接受过基于采收过程卫生程序的培训。可制作文字(用适当的语种)或图表形式的卫生操作规程,防止包装过程的物理(如:钉子、石头、昆虫、刀具、水果残渣、手表、手机等)、微生物和化学的危害。	1 级

序号	控 制 点	符合性要求	等级
4.4.1.5	员工应执行产品卫生规程。	有证据表明员工掌握采收卫生操作规程,并遵守了卫生操作规程。	1级
4.4.1.6	应对用于农产品处理的容器和工具进行清洁保养,以避免污染。	制定收获产品被容器、工具污染的清洁和消毒措施,重复使用的采收容器、工具(如:剪子、刀、修枝剪等)和采收用的设备(机械)应得到清洁和维护。清洁、维修记录应保留。	1级
4.4.1.7	用于运输采收后农产品的车辆应保持清洁。	农场运输农产品的车辆,如还用于其他用途时,应彻底清洁,并有防止收获产品被土壤、灰尘、有机肥、泄漏植保产品等污染的措施。	1级
4.4.1.8	采收作业的员工应能在工作地点就近找到洗手设施。	洗手设备设施应清洁卫生以便于员工清洁消毒手部。员工应在便后、接触污染的材料、吸烟/饮食后以及其他使手成为污染源的情况下清洗手部或用含酒精的消毒液处理手部才能重新回到工作岗位。全部适用。	1级
4.4.1.9	采收作业的员工应能在工作地点就近使用清洁的厕所。	田间应有卫生设施且场所的安排尽可能减少污染产品的风险,便于使用。卫生间(包括深坑式)的建筑材料易于清洁,有收集装置避免污染农田,卫生状况良好。卫生间应在作业场所附近(500 m内或 7 min 能达到),也可以在500 m 范围之外,但应给员工提供方便的交通工具。作业场所附近的卫生间数量应满足员工的需求。当采收操作的员工在采收时不接触产品(如机械采收)的情况下则不适用该条款。	2级
4.4.1.10	存放农产品的容器应专用。	存放农产品的容器是专用的(即不存放化学品、润滑油、汽油、清洁剂、其他植物或废弃物、餐盒等)。当使用多用途的拖车、手推车盛放农产品时,应采取措施防止造成的交叉污染。	1级
4.4.1.11	应有针对温室玻璃及透明塑料的书面处理程序。	应有防止温室玻璃或透明塑料碎片造成的收获产品污染的措施,并形成书面程序。	2级

序号	控 制 点	符合性要求	等级
4.4.1.12	采收过程中使用冰的应源自符合生活饮用水标准且在卫生条件下制成的,以免对收获物的污染。	所有在采收点使用的冰应源于饮用水,且在卫生条件下处理,以免农产品受到污染。	1级

4.4.2 在采收点进行农产品最终包装(适用于最终包装和最后一次接触产品发生在采收点)

序号	控 制 点	符合性要求	等级
4.4.2.1	应考虑在农田、果园或温室里直接收获、处理和包装农产品以及农场内的短期存放农产品的整个过程的卫生操作规程。	根据采收过程风险评估结果,所有直接从农田、果园或温室里包装和处理的农产品应当日运出。所有在农田包装的农产品应有遮盖物,以避免包装后受到污染。如产品在农场内短期存放,应有防止农产品遭受污染的相应措施。	1级
4.4.2.2	应有书面的产品检验规程和品质检验记录,保证符合规定的品质标准。	有书面的检验规程和品质检验相关记录,保证包装的产品符合规定的品质标准。	2级
4.4.2.3	包装后产品应能避免污染。	所有在采收点包装后的产品应避免污染。	1级
4.4.2.4	所有直接从采收点里收集、储存和配送的包装农产品,应保持清洁和卫生。	储存在农田、果园或温室区域内包装后的农产品应保持清洁。	1级
4.4.2.5	用于采收点的包装物料的储存应有防护避免污染。	包装物料的储存应有防护避免污染。	1级
4.4.2.6	包装物料碎片和其他非生产性废物应被清理出采收点。	包装物料碎片和其他非生产性废弃物应被清理出采收点。	2级
4.4.2.7	当包装后的农产品储存在农场,(适用时)应有温度和湿度控制并记录。	根据农产品品质要求,储存在农场的农产品应保持适宜的温度和湿度控制并保持记录。	1级

4.5 农产品处理(农产品包装场所未就农产品处理申请良好农业规范认证的则不适用)

4.5.1 卫生评估

序号	控 制 点	符合性要求	等级
4.5.1.1	应对采收后农产品处理的程序,包括操作卫生方面进行风险评估。	应有书面且每年评审更新的风险评估,其中包括可能的物理、化学、微生物污染和人类传播的疾病风险,风险发生的可能性和严重性,针对包装车间的产品和操作流程制定。	1级

序号	控制点	符合性要求	等级
4.5.1.2	应有书面的采后处理卫生规程。	应有基于风险评估的采后处理活动书面卫生规程。	1级
4.5.1.3	采后处理过程应执行书面的卫生规程。	根据采收后农产品处理卫生的风险分析的结论,农场管理者或其他推荐的人员负责执行了卫生规程。	1级

4.5.2 个人卫生

序号	控制点	符合性要求	等级
4.5.2.1	员工应在处理农产品前,接受个人卫生培训。	有证据表明员工接受过个人卫生培训,培训内容包括传播人畜共患的疾病、个人卫生、着装和个人行为等。	1级
4.5.2.2	员工应在处理农产品时,执行农产品处理卫生规程。	有证据表明员工在处理农产品时,执行了农产品处理卫生规程。	2级
4.5.2.3	员工的工作服宜清洁、便于操作并防止污染产品。	所有员工的工作服(包括衣服、围裙、套袖、手套等)保持清洁、便于操作,防止污染产品。	3级
4.5.2.4	吸烟、饮食、嚼口香糖和喝饮料应在特定区域内。	吸烟、饮食、嚼口香糖和喝饮料应在特定区域内,不允许在农产品处理和存放区(喝水除外)。	2级
4.5.2.5	应在包装车间内建立员工和参观者应遵守的卫生规程信息(如图片或文字标示),该信息应清晰可见。	包装车间内建立了员工和参观者应遵守的卫生规程信息,且该信息应清晰可见。	2级

4.5.3 卫生设施

序号	控制点	符合性要求	等级
4.5.3.1	员工在其工作场所附近应有方便使用的清洁厕所和洗手设施。	卫生间的卫生条件良好,若无自动关闭的门则门不能开向农产品处理区域。卫生间周围必要的洗手设施包括无香料的肥皂、清洗和消毒用水和干手设备(尽量接近卫生间,防止潜在的交叉污染)。员工应在工作前、便后、接触过污染的材料、吸烟/饮食后,以及其他使手成为污染源的情况下清洗手部或用含酒精的消毒液处理手部。	1级
4.5.3.2	应有明显标识指示员工洗手后返回工作岗位	标识应清晰可见,指示员工应洗手后才能处理农产品。	1级

序号	控 制 点	符合性要求	等级
4.5.3.3	应为员工准备适当的更衣设施。	更衣间应有适当的更衣设施,应穿着保护性工作服。	3级
4.5.3.4	应为员工准备带锁的储藏柜。	更衣设施应被带锁设施,保障员工个人用品的安全。	3级

4.5.4 包装和储存区域

序号	控 制 点	符合性要求	等级
4.5.4.1	应对农产品处理和储存的设施和设备进行清洁和保养,以避免污染。	为避免污染农产品处理和储存的设施和设备(如:加工流水线和设备、墙、地面、储存区和托盘等),应按照清洁和保养规程制定的频率进行清洁,应有书面的清洁保养记录。	2级
4.5.4.2	清洁剂、润滑剂等应存放在专设区,避免对农产品造成化学污染。	清洁剂、润滑剂等存放在专设区,与农产品包装区隔离,以避免农产品受到化学品污染。	2级
4.5.4.3	可能与农产品接触的清洁剂、润滑剂等应被批准在食品加工使用,标签上的使用说明应得到满足。	有文件(即:特别的标签提示或技术数据表)证实可能与农产品接触的清洁剂、润滑油等被允许用于食品加工。	2级
4.5.4.4	所有的铲车等运输工具应清洁和保养,且型号适合,避免车辆喷出的废气污染产品。	内部运输要保证避免污染产品,应特别关注尾气。铲车和其他驾驶的运输车等应为电动或气动。	3级
4.5.4.5	包装场所的废弃农产品和废弃物应储存于定期清洗消毒的特定区域。	废弃农产品和废弃物储存于避免污染产品的特定区域,按照清洁规程定期清洗和消毒该区域。但只能存放当日的废弃农产品和废弃物。	2级
4.5.4.6	在农产品处理过程如分级、称重和储存区域易碎的照明灯应有保护灯罩。	农产品处理过程中的照明设备和其他用于农产品处理的设备设施及其材料应是安全的,且应有防护或加固措施以防破碎时污染产品。	1级
4.5.4.7	应有玻璃和透明硬塑料的管理规程。	在农产品处理、储存区域,能够清晰看到玻璃和透明硬塑料的破碎处理规程。	2级
4.5.4.8	包装物料应储存于清洁卫生的区域,保持清洁。	包装物料(包括重复使用的周转箱)清洁且储存于清洁卫生的区域,避免使用时污染农产品。	2级
4.5.4.9	应防止动物进入。	有防止动物进入的措施。	2级

4.5.5 品质控制

序号	控 制 点	符合性要求	等级
4.5.5.1	有书面的产品检验规程和品质检验记录,确保产品符合标准的要求。	有书面的产品检验规程和品质检验记录,以保证产品符合确定的品质标准。	2级
4.5.5.2	如果包装后的农产品储存在农场,(适用时)应有温度和湿度控制并保持记录。	包装后的农产品储存在农场时,(适用时)应有温度和湿度控制措施(适用时且包括气调控制),并保持记录。	1级
4.5.5.3	应对光敏感的农产品(如:马铃薯)采取避光措施,防止光照进入长期储存的设施中。	经检查无光线射入。	1级
4.5.5.4	宜考虑轮储。	为最大限度地保证产品品质和安全,宜考虑轮储。	3级
4.5.5.5	应有温度控制设备的检测验证规程。	称重和温度控制设施应定期验证,保证设备良好状态,对设备定期进行校准。	2级

4.5.6 有害生物的控制

序号	控 制 点	符合性要求	等级
4.5.6.1	在包装和储存区域应对有害生物数量进行监控,并对监控措施进行评估以证明对有害生物进行的监控是有效的。	了解相关情况。感官评估。全部适用。	2级
4.5.6.2	应有设置有害生物诱捕点和(或)陷阱点的计划。	应有设置啮齿动物诱捕点的计划,全部适用。产品处理场所未申请注册的除外。	2级
4.5.6.3	诱饵放置的方式应防止非目标生物的进入。	感官评估,诱饵放置的方式考虑了非目标生物的进入,全部适用。产品处理场所未申请注册的除外。	2级
4.5.6.4	应有有害生物控制检查和有害生物处理的详细记录并保存。	有计划地安排对有害生物进行的监控,并应能提供有害生物控制检查及后续处理措施的记录。	2级

4.5.7 采收后的清洗(采收后不清洗的则不适用)

序号	控 制 点	符合性要求	等级
4.5.7.1	清洗农产品的水质应符合国家生活饮用水的相关要求。	在最近12个月内,对清洗农产品的水源进行水质分析。水质分析结果达到国家生活饮用水的要求。	1级

序号	控 制 点	符合性要求	等级
4.5.7.2	当清洗农产品的水是循环使用时,水应过滤,定期监测循环用水 pH 值、纯度和消毒液的暴露水平等。	当清洗农产品的水是循环使用时,应经过过滤和消毒,有记录表明其 pH 值、纯度和消毒液的暴露水平等数据是被经常监测的,过滤时应有效去除固体及悬浮物质,对水的使用情况和用量采取的日常清洁方案有文件记录。	1 级
4.5.7.3	进行水质分析的实验室宜符合有关规定。	对清洗用水进行检验的实验室符合 GB/T 27025 的要求或得到国家认可机构的认可。	3 级

4.5.8　采收后的处理(采收后不处理的则不适用)

序号	控 制 点	符合性要求	等级
4.5.8.1	使用的植保产品应遵守标签中的说明。	植保产品的使用有清晰的规程,并有相应的使用记录,证明植保产品使用严格遵守了标签上的使用说明。	1 级
4.5.8.2	采收后使用的植保产品应经过国家注册。	所有采收后适用的植保产品有官方注册或得到相关的政府机构许可,能用于其标签上标注的农产品类别。在未实施官方注册的地区,使用符合《国际农药供销和使用行为守则》。	1 级
4.5.8.3	销售的农产品不得使用消费地禁用的植保产品。	有文件记录显示,在最近 12 个月中未使用消费地禁用的植保产品。	1 级
4.5.8.4	应保存一份适时更新的在农产品上使用的植保产品清单,清单应考虑产品消费地法律法规最新变化。	在最近 12 个月有一份适时更新当前和以后将被考虑用于处理采后农产品的植保产品清单,清单考虑了产品消费地在植保产品最新变化,列出了所使用的植保产品的商品名和有效成分。全部适用。	2 级
4.5.8.5	农产品处理技术人员应具备使用植保产品的技能。	技术人员应有国家认可的证书或经过正式培训以证明其有能力使用植保产品。	1 级
4.5.8.6	应记录采后植保产品的使用情况,包括农产品的标识[即农产品的批次和(或)批号]。	采后植保产品的使用记录包括了所有经处理的农产品的批次和(或)批号。	1 级
4.5.8.7	清洗最终农产品的水质应符合国家生活饮用水标准要求。	在最近 12 个月内,对清洗农产品的水质进行了分析。水质分析结果达到国家生活饮用水的限量要求。	1 级

序号	控 制 点	符合性要求	等级
4.5.8.8	农产品采后处理使用的植保产品应和其他产品、材料分开存放。	植保产品和其他产品、材料分别存放,以防止产生交叉污染。	1级
4.5.8.9	应记录采后植保产品的使用地点。	记录所有采收后使用植保产品的农场的地理位置、名称、基本情况或农产品处理地点。	1级
4.5.8.10	应记录采后植保产品的使用日期。	记录所有采收后植保产品处理的准确日期。	1级
4.5.8.11	应记录采后所用的植保产品的处理方式。	记录采后植保产品用于农产品的处理方式,如:喷洒、浸透、气体处理等。	1级
4.5.8.12	应记录采后所用的植保产品的商品名。	记录采后植保产品的商品名和有效成分。	1级
4.5.8.13	应记录采后使用的植保产品的用量。	记录使用在农作物上的采后植保产品的用量,如在每升水或其他溶剂中加入的质量或体积。	1级
4.5.8.14	应记录采后使用植保产品的操作人员的姓名。	记录使用植保产品的操作人员姓名。	2级
4.5.8.15	应记录采后使用植保产品的原因。	记录采后植保产品所处理的病、虫害的名称及原因。	2级
4.5.8.16	所有的采收后使用的植保产品应考虑到 GB/T 20014.3—2013 中 4.8.6 的要求。	有记录证明采后所用的植保产品满足了 GB/T 20014.3—2013 中 4.8.6 的要求。	1级

ICS 67.080.10
X 24

中华人民共和国国家标准

GB/T 20398—2006

核桃坚果质量等级

Walnut quality grade

2006-05-25 发布

2006-11-01 实施

中华人民共和国国家质量监督检验检疫总局
中国国家标准化管理委员会　发布

前　言

　　核桃坚果质量的优劣深受生产者、经营者、消费者和外贸部门的关注。不同坚果质量具有不同的价格,划分坚果质量等级,按质取价或不予使用,既体现交易的公平,又能避免经济损失。

　　我国加入 WTO 后人民生活水平不断提高,对核桃产品质量有了新的需求。本标准根据国内外市场变化,兼顾可操作性和超前性等基本原则而制定。

　　本标准的制定,是为了尽可能适应国际贸易和经济交流。

　　本标准由国家林业局提出并归口。

　　本标准起草单位:山西省造林局、山西省林业科学研究院。

　　本标准主要起草人:王文德、王贵、张俊宽、周长东、张建秀、程丽芬、张秀珍、梁燕。

核桃坚果质量等级

1 范围

本标准规定了核桃坚果的术语和定义、要求、试验方法、检验规则、分级、包装、标志、贮藏与运输。

本标准适用于核桃(*Juglans regia* Linne)和铁核桃(*J. sigillata* Dode)坚果的生产和销售。

2 规范性引用文件

下列文件中的条款通过本标准的引用而成为本标准的条款。凡是注日期的引用文件,其随后所有的修改单(不包括勘误内容)或修订版均不适用于本标准,然而,鼓励根据本标准达成协议的各方研究是否可使用这些文件的最新版本。凡是不注日期的引用文件,其最新版本适用于本标准。

GB/T 5009.3—2003 食品中水分的测定

GB/T 5009.5—2003 食品中蛋白质的测定

GB/T 5009.6—2003 食品申脂肪的测定

GB 16325 干果食品卫生标准

GB 16326 坚果食品卫生标准

3 术语和定义

下列术语和定义适用于本标准。

3.1

优种核桃 fine variety walnut

采用优良品种经无性繁殖所生产的核桃坚果。

3.2

实生核桃 seedling walnut

采用种子繁殖所生产的核桃坚果。

3.3

坚果横径 cross diameter of nut

核桃坚果中部缝合线之间的距离。

3.4

平均果重 single nut weight

核桃坚果的平均重量,以克(g)计。

3.5

出仁率 kernel percentage

核仁重占核桃坚果重的比率。

3.6

缝合线紧密度 shell seal scale

核桃坚果缝合线开裂的难易程度。

3.7

出油果率 oil-oozing nut rate

种仁内油脂氧化酸败,挥发出异味,并出现核桃坚果表面油化的果占共测果数的百分率。

3.8

空壳果率　no-kernel nut rate

无仁或种仁干瘪的核桃坚果数占共测果数的百分率。

3.9

破损果率　damaged nut rate

外壳破裂的核桃坚果数占共测果数的百分率。

3.10

黑斑果率　dirty nut rate

核桃坚果外壳上残留青皮或单宁氧化和病虫害造成的黑斑果数占共测果数的百分率。

3.11

含水率　water content rate

核桃坚果中水分占坚果总重量的比率。

4　产品分级

核桃坚果的质量分为四级。分级指标见表1。

表 1　核桃坚果质量分级指标

项　　目		特　　级	Ⅰ　　级	Ⅱ　　级	Ⅲ　　级
基本要求		坚果充分成熟,壳面洁净,缝合线紧密,无露仁、虫蛀、出油、霉变、异味等果。无杂质,未经有害化学漂白处理			
感官指标	果　形	大小均匀, 形状一致	基本一致	基本一致	
	外　壳	自然黄白色	自然黄白色	自然黄白色	自然黄白或黄褐色
	种　仁	饱满,色黄白, 涩味淡	饱满,色黄白, 涩味淡	较饱满,色黄白, 涩味淡	较饱满,色黄白或 浅琥珀色,稍涩
物理指标	横径/mm	≥30.0	≥30.0	≥28.0	≥26.0
	平均果重/g	≥12.0	≥12.0	≥10.0	≥8.0
	取仁难易度	易取整仁	易取整仁	易取半仁	易取四分之一仁
	出仁率/(%)	≥53.0	≥48.0	≥43.0	≥38.0
	空壳果率/(%)	≤1.0	≤2.0	≤2.0	≤3.0
	破损果率/(%)	≤0.1	≤0.1	≤0.2	≤0.3
	黑斑果率/(%)	0	≤0.1	≤0.2	≤0.3
	含水率/(%)	≤8.0	≤8.0	≤8.0	≤8.0
化学指标	脂肪含量/(%)	≥65.0	≥65.0	≥60.0	≥60.0
	蛋白质含量/(%)	≥14.0	≥14.0	≥12.0	≥10.0

5　要求

5.1　卫生指标

按国家食品卫生法规和 GB 16325、GB 16326 的规定执行。对产品检疫,按国家质量监督检验检疫总局有关规定执行。

6 试验方法

6.1 感官指标

在核桃样品中,随机取样 1 000 g($\pm$10 g),铺放在洁净的平面上,目测观察核桃果壳的形状色泽,并砸开取仁,品尝种仁风味,涩味感觉不明显为涩味淡,涩味感觉明显但程度较轻为稍涩。观察记录种仁色泽及饱满程度。

6.2 物理指标

6.2.1 横径

在核桃初样中,按四分法取 500 g($\pm$10 g),用千分卡尺逐个测量横径并进行算术平均,按式(1)计算横径。

$$横径(D) = \sum 样品中每个核桃坚果的横径(D_i) / 样品核桃坚果个数(N) \quad \cdots\cdots\cdots (1)$$

6.2.2 平均果重

在核桃初样中,按四分法取 1 000 g($\pm$10 g),用感量为 1/10 的天平称重,并进行算术平均,按式(2)计算平均果重。

$$平均果重(\overline{G}) = 样品核桃坚果总重量(G) / 样品核桃坚果个数(N) \quad \cdots\cdots\cdots (2)$$

6.2.3 取仁难易度

将抽取核桃砸开取仁,若内褶壁退化、能取整仁的为取仁极易;若内褶壁不发达、可取半仁的为取仁容易;若内褶壁发达,能取 1/4 仁为取仁较难。

6.2.4 出仁率

从核桃初样中,随机抽取样品 1 000 g($\pm$10 g),逐个取仁,用感量为 1/100 的天平称取仁重和坚果重,计算仁重与坚果重之比,换算百分数,精确到为 0.01,修约至一位小数。

$$出仁率(R) = 样品中所取仁重量(G_1) / 样品核桃坚果总重量(G) \times 100\% \quad \cdots\cdots\cdots (3)$$

6.2.5 空壳果率

在核桃样品中,随机取样 1 000 g($\pm$10 g),铺放在洁净的平面上,将空壳果挑出记其数量,按式(4)计算空壳果数占共测果数的百分率。

$$空壳果率(K) = 样品中的空壳果数(N_1) / 样品核桃坚果个数(N) \times 100\% \quad \cdots\cdots\cdots (4)$$

6.2.6 破损果率

在核桃样品中,随机取样 1 000 g($\pm$10 g),铺放在洁净的平面上,将破损果挑出记其数量,按式(5)计算破损果数占共测果数的百分率。

$$破损果率(P) = 样品中的破损果数(N_2) / 样品核桃坚果个数(N) \times 100\% \quad \cdots\cdots\cdots (5)$$

6.2.7 黑斑果率

在核桃样品中,随机取样 1 000 g($\pm$10 g),铺放在洁净的平面上,将黑斑果挑出记其数量,按式(6)计算黑斑果数占共测果数的百分率。

$$黑斑果率(H) = 样品中的黑斑果数(N_3) / 样品核桃坚果个数(N) \times 100\% \quad \cdots\cdots\cdots (6)$$

6.2.8 含水率

在核桃样品中,随机取样 1 000 g($\pm$10 g),按 GB/T 5009.3—2003 中直接干燥法执行。

6.3 化学指标

6.3.1 蛋白质含量

在核桃样品中,随机取样 1 000 g($\pm$10 g),按 GB/T 5009.5—2003 测定蛋白质含量。

6.3.2 脂肪含量

在核桃样品中,随机取样 1 000 g($\pm$10 g),按 GB/T 5009.6—2003 测定脂肪含量。

7 抽样与判定

7.1 组批

同批收购、调运、销售的同品种、同等级核桃坚果,作为同一批产品。

7.2 抽样

同一批产品的包装单位不超过50件时,抽取的包装单位不少于5件。多于50件时,每增加20件时应随机增抽一个包装单位。从包装单位抽取500 g以上,作为初样,总量不小于4 000 g,将所抽取的核桃初样充分混匀,用四分法从中抽取1 000 g作为平均样品,同时抽取备样。

7.3 判定

检验项目有一项不合格时,应加倍抽样进行复检,复检结果仍不合格时,则判定该产品不符合相应等级。

8 包装、标志、贮藏和运输

8.1 包装

核桃坚果一般应用麻袋包装,麻袋要结实、干燥、完整、整洁卫生、无毒、无污染、无异味。壳厚小于1 mm的核桃坚果可用纸箱包装。

8.2 标志

麻袋包装袋上应系挂卡片,纸箱上要贴上标签,均应标明品名、品种、等级、净重、产地、生产单位名称和通讯地址、批次、采收年份、封装人员代号等。

8.3 贮藏

核桃坚果产品贮藏的仓库应干燥、低温(0℃～4℃)、通风,防止受潮。核桃坚果入库后要在库房中加强防霉、防污染、防虫蛀、防出油、防鼠等措施。

8.4 运输

核桃坚果在运输过程中,应防止雨淋、污染和剧烈碰撞。

ICS 67.080.10

B 31

中华人民共和国国家标准

GB/T 20453—2006

柿子产品质量等级

Quality grades on products of persimmon

2006-07-12 发布

2006-12-01 实施

中华人民共和国国家质量监督检验检疫总局
中国国家标准化管理委员会 发布

前　言

本标准的附录 A 为规范性附录。

本标准由国家林业局提出并归口。

本标准由西北农林科技大学园艺学院暨国家柿种质资源圃负责起草。

本标准主要起草人：王仁梓、杨勇、阮小凤、李高潮。

柿子产品质量等级

1 范围

本标准规定了柿主要品种鲜果及柿饼分级的要求。

本标准适用于柿生产、柿饼加工及营销。

2 规范性引用文件

下列文件中的条款通过本标准的引用而成为本标准的条款。凡是注日期的引用文件,其随后所有的修改单(不包括勘误的内容)或修订版均不适用于本标准,然而,鼓励根据本标准达成协议的各方研究是否可使用这些文件的最新版本。凡是不注日期的引用文件,其最新版本适用于本标准。

GB/T 4789.2 食品卫生微生物学检验 菌落总数测定

GB/T 4789.3 食品卫生微生物学检验 大肠菌群测定

GB/T 4789.4 食品卫生微生物学检验 沙门氏菌检验

GB/T 5009.3 食品中水分的测定

GB/T 5009.11 食品中总砷及无机砷的测定

GB/T 5009.12 食品中铅的测定

GB/T 5009.15 食品中镉的测定

GB/T 5009.17 食品中总汞及有机汞的测定

GB/T 5009.20 食品中有机磷农药残留量的测定

GB/T 5009.34 食品中亚硫酸盐的测定

GB/T 5009.38 蔬菜、水果卫生标准的分析方法

GB/T 5009.102 植物性食品中辛硫磷农药残留量的测定

GB/T 5009.146 植物性食品中有机氯和拟除虫菊酯类农药多种残留的测定

GB/T 8855 新鲜水果和蔬菜的取样方法

3 术语和定义

下列术语和定义适用于本标准。

3.1

甜柿 non-astringent persimmon

可在树上自然脱涩,摘下可脆食的柿品种类型。

3.2

涩柿 astringent persimmon

需要用人工方法去除涩味方可脆食的柿品种类型。

3.3

柿饼 dried persimmon

柿果去皮后经自然晾晒或人工烘烤等工艺所形成的具有一定形状及内在品质要求的加工品。

3.4

破饼率 rate of crack on dried persimmon

饼面破裂的柿饼数量占柿饼总量的百分数。

3.5

涩味 astringent

柿果内可溶性单宁刺激味觉,发生收敛作用而产生的感觉。

3.6

柿果病害 disease on fruit

由各种病原菌侵染所造成的果实伤害。如炭疽病、黑星病、青霉病等。

3.7

果实虫伤 insect injury on fruit

受害虫为害所造成的果实伤害。

3.8

果面摩伤 brush-burn on the surface of fruit

果实表面因受枝叶等摩擦所形成的伤痕。

3.9

果实日灼 burn on fruit

果面受阳光灼伤,造成果实外观缺陷的症状。

3.10

分级 grading

根据一定的要求,把产品按不同的外观及内在质量分为相对一致的等级。

3.11

有害杂质 deleterious impurity

各种有害、有毒、有碍食品卫生安全的物质。

3.12

一般杂质 common impurity

混入本品中无害、无毒的非本品物质,包括枝叶、萼片碎屑、散落果核、杂草等。

4 要求

4.1 鲜柿等级规格指标

鲜柿等级规格指标应符合表1的规定。

表 1 鲜柿等级规格指标

项　　目		等　　级		
		特级	一　　级	二　　级
基本要求		具有本品种应有的形状和特征及成熟期应有的色泽		
单果重		柿主要品种的单果重等级要求应符合附录 A 的规定		
果面缺陷	病害	无	无	无
	虫伤(无虫体)	无	总面积不超过 0.6 cm²	总面积不超过 1 cm²
	摩伤	无	总面积不超过 0.5 cm²	总面积不超过 1 cm²
	日灼	无	轻微日灼,果面暗黄,面积不超过 2 cm²	轻度日灼,果面变黑,面积不超过 2 cm²
	压伤碰伤	无	总面积不超过 1 cm²	总面积不超过 2 cm²
	刺伤划伤	无	面积不超过 0.5 cm²	总面积不超过 1 cm²
	锈斑	无	总面积不超过 2 cm²	总面积不超过 3 cm²
	软化	无	面积不超过 1 cm²	面积不超过 2 cm²
	褐变	无	面积不超过 0.5 cm²	总面积不超过 2 cm²
	上述缺陷数	无	不超过两项	不超过三项

4.2 柿饼等级规格指标

柿饼等级规格指标应符合表2的规定。

表 2 柿饼等级规格指标

项 目			等 级		
			特 级	一 级	二 级
基本要求			削皮彻底,允许保留柿蒂外缘0.5 cm宽表皮,其余全部削净,不能有顶皮、花皮,剪除果柄,摘净萼片。干湿均匀,无涩味。无假柿霜。		
外观	形状		有一定形状,柿蒂在饼面中央或位于一端。		
	单饼重		50 g以上	40 g以上	30 g以上
	色泽		棕红色,色泽一致	棕红、棕黄,色泽一致	允许色泽不一致
	干湿		内外一致,无干皮	允许有极薄干皮	允许有轻度干皮,或表面潮湿,但不出水
	杂质		无有害杂质,一般杂质质量不超过0.1%	无有害杂质,一般杂质质量不超过0.2%	无有害杂质,一般杂质质量不超过0.4%
	破损		无	破裂缝长0.5 cm以内,破饼率低于5%	破裂缝长1 cm以内,破饼率低于10%
	柿霜	白饼	柿霜洁白,覆盖面80%以上	柿霜白或灰色,覆盖面50%以上	柿霜白或灰色,覆盖面30%以上
		红饼	无	无	小于5%
品质	核		0~1粒	0~2粒	0~3粒
	含水量		28%~32%	26%~35%	21%~38%
	肉色		红棕色、透亮	红棕、棕黄或棕黑透亮或半透亮	颜色不限,透亮或不透亮
	质地		柔软有弹性	柔软或稍硬,切面颜色一致	柔软或稍硬,切面颜色一致

4.3 柿产品农药残留及卫生指标要求

柿产品农药残留及卫生指标应符合表3的规定。

表 3 柿产品农药残留及卫生指标

项 目	指 标
乐果(dimethoate)/(mg/kg)	≤1
辛硫磷(phoxim)/(mg/kg)	≤0.05
杀螟硫磷(fenitrothion)/(mg/kg)	≤0.5
氰戊菊酯(fenvalerate)/(mg/kg)	≤0.2
多菌灵(carbendazim)/(mg/kg)	≤0.5
百菌清(chlorothalonil)/(mg/kg)	≤1
砷(以As计)/(mg/kg)	≤0.5
汞(以Hg计)/(mg/kg)	≤0.01
铅(以Pb计)/(mg/kg)	≤0.2
镉(以Cd计)/(mg/kg)	≤0.03
二氧化硫残留量(以游离SO_2计)/(g/kg)	≤0.5

表 3（续）

项　　　目		指　　标
菌落总数/（个/g）	出厂	≤750
	销售	≤1 000
大肠菌群/（个/100 mL）		≤30
致病菌（系指肠道致病菌及致病性球菌）		不得检出
霉菌计数/（个/g）		≤50
注：凡国家规定禁用的农药，不得检出。		

5 检验

5.1 检验规则

5.1.1 各等级容许度允许的串等果，只能是邻级果。

5.1.2 鲜柿容许度的测定以抽检包装件的平均数计算。

5.1.3 容许度规定的百分率一般以质量为基准计算，如包装上标有果个数，则应以果个数为基准计算。

5.1.4 验收容许度应符合下列规定：

    a）特等果可有不超过 2% 的一等果。

    b）一等果可有不超过 5% 的果实不符合本等级规定的品质要求，其中串等果不超过 2%，果面有缺陷果不超过 3%。

    c）二等果可有不超过 8% 的果实不符合本等级规定的品质要求，其中串等果不超过 3%，果面有缺陷果不超过 5%。

    d）各等级果不符合单果重规定范围的果实不得超过 5%。

5.1.5 检验批次：同一生产基地、同一品种、同一成熟度、同一包装日期的产品为一个检验批次。

5.1.6 抽样方法：按 GB/T 8855 规定执行。

5.1.7 复检：对检验结果有争议时，应对留存样进行复检，或在同一批产品中按本标准规定加倍抽样，对不合格项目进行复检，以复检结果为准。

5.2 检验方法

5.2.1 感官检验

根据规格要求，采用对比、观察及测量进行感官检测。

5.2.2 水分的测定

按 GB/T 5009.3 方法。

5.2.3 乐果、杀螟硫磷

按 GB/T 5009.20 规定执行。

5.2.4 辛硫磷

按 GB/T 5009.102 规定执行。

5.2.5 氰戊菊酯

按 GB/T 5009.146 规定执行。

5.2.6 多菌灵

按 GB/T 5009.38 规定执行。

5.2.7 砷

按 GB/T 5009.11 规定执行。

5.2.8 汞

按 GB/T 5009.17 规定执行。

5.2.9 铅

按 GB/T 5009.12 规定执行。

5.2.10 镉

按 GB/T 5009.15 规定执行。

5.2.11 柿饼中二氧化硫残留

按 GB/T 5009.34 规定执行。

5.2.12 柿饼表面微生物

按 GB/T 4789.2、GB/T 4789.3、GB/T 4789.4 规定的方法检测。

6 标志、包装

6.1 标志

6.1.1 同批货物的包装标志在形式和内容上应统一。

6.1.2 每一包装上应标明产品名称、产地、采摘或生产日期、生产单位名称,标志上的字迹应清晰、完整、准确。

6.2 包装

6.2.1 包装容器应清洁卫生、干燥、无毒、无不良气味。

6.2.2 柿饼的内包装采用符合食品卫生要求的包装材料。

附　录　A

（规范性附录）

柿主要品种单果重等级

表 A.1　柿主要品种的单果重等级要求

类型	代表品种	等级		
		特级	一级	二级
特大型果（LL）	磨盘柿、高安方柿 安溪油柿、斤柿、鲁山牛心柿	＞300 g	＞250 g～≤300 g	＞200 g～≤250 g
大型果（L）	于都盒柿、灵台水柿、鲁山牛心柿、眉县牛心柿、富平尖柿、诏安元霄柿、干帽盔、贵阳盘柿、富有、次郎、阳丰、恭城水柿、文县馍馍柿	＞200 g	＞170 g～≤200 g	＞150 g～≤170 g
中型果（M）	西村早生、孝义牛心柿、绵瓢柿、荷泽镜面柿、荥阳水柿、摘家烘、新红柿、广东大红柿、南通小方柿、托柿、博爱八月黄、金瓶柿、邢台台柿、千岛无核柿、西昌方柿、小萼子	＞120 g	＞100 g～≤120 g	＞80 g～≤100 g
小型果（S）	火晶、桔蜜柿、暑黄柿、小绵柿	＞90 g	＞70 g～≤90 g	＞50 g～≤70 g
特小型果（SS）	火罐、胎里红	＞55 g	＞45 g～≤55 g	＞35 g～≤45 g
注：上述所列品种仅为以果实大小分类的代表品种。				

参 考 文 献

GB 14884—2003 蜜饯食品卫生标准
NY/T 439—2001 苹果外观等级标准
SN/T 0887—2000 进出口柿饼检验规程
LY/T 1081—1993 柿树优质丰产技术

ICS 67.080.20
X 26

中华人民共和国国家标准化指导性技术文件

GB/Z 21724—2008

出口蔬菜质量安全控制规范

Code on quality and safety control of vegetable for export

2008-05-04 发布

2008-10-01 实施

中华人民共和国国家质量监督检验检疫总局
中国国家标准化管理委员会　发布

前　言

本指导性技术文件参考采用了 CAC/RCP 53—2003《新鲜水果与蔬菜卫生规范》。

本指导性技术文件由中华人民共和国国家质量监督检验检疫总局提出并归口。

本指导性技术文件起草单位:国家质量监督检验检疫总局进出口食品安全局。

本指导性技术文件主要起草人:朱春泗、张明玉、汤德良、张鑫、章红兵、李英强、白章红、王成、蔡宣红、毕克新、徐丽艳、刘环、杨松。

出口蔬菜质量安全控制规范

1 范围

本指导性技术文件规定了出口蔬菜种植、采收、加工、包装、储存运输、检验、追溯、产品召回、记录保持等涉及蔬菜质量安全的技术规范。

本指导性技术文件适用于各种类别的出口蔬菜企业在蔬菜基地种植、采收、加工、包装、储存运输、检验、追溯、产品招回、记录保持等方面的安全质量控制。

2 规范性引用文件

下列文件中的条款通过本指导性技术文件的引用而成为本指导性技术文件的条款。凡是注明日期的引用文件,其随后所有的修改单(不包括勘误的内容)或修订版均不适用于本指导性技术文件,然而,鼓励根据本指导性技术文件达成协议的各方研究是否可使用这些文件的最新版本。凡是不注明日期的引用文件,其最新版本适用于本指导性技术文件。

GB 4285　农药安全使用标准

GB 5749　生活饮用水卫生标准

GB 8321(所有部分)　农药合理使用准则

GB 14881　食品企业通用卫生规范

GB/T 15481　检测和校准实验室能力的通用要求

GB/T 18407.1—2001　农产品安全质量　无公害蔬菜产地环境要求

GB/T 19538　危害分析与关键控制点(HACCP)体系及其应用指南

CAC/RCP 1—1969(Rev.4—2003)　食品卫生通则

出口食品生产企业卫生注册登记管理规定(2002年第20号国家质量监督检验检疫总局令)

出口泡菜生产企业注册卫生规范(国家认证认可监督管理委员会国认注[2005]218号文件)

出口速冻果蔬生产企业注册卫生规范(国家认证认可监督管理委员会国认注[2003]51号文件)

出口脱水果蔬生产企业注册卫生规范(国家认证认可监督管理委员会国认注[2003]51号文件)

出口罐头生产企业注册卫生规范(国家认证认可监督管理委员会国认注[2003]51号文件)

3 术语和定义

CAC/RCP 1—1969(Rev 4—2003)确立的以及下列术语和定义适用于本指导性技术文件。

3.1

农业化学品　agricultural chemicals

任何为生长作物(如新鲜蔬菜)的种植而投入的化学性原材料(如化学肥料、农药等)。

3.2

农业工人　agricultural worker

从事农作物(如蔬菜)种植、收获及包装的人员。

3.3

农药　agricultural chemicals

施用于农田作物和自然植物(如粮食、蔬菜、林木花卉等)、具备杀菌、杀虫、除草等作用的生物制成品或化学制品。

3.4

杀菌剂　bactericide

任何天然、合成或半合成的,能低浓度杀灭或抑制微生物生长而对寄主又很少或无损伤的物质。

3.5

出口蔬菜种植基地(种植基地)　vegetable farm for export

蔬菜出口企业为满足蔬菜原料的要求,用来种植、收获新鲜蔬菜,具有自我管理能力的蔬菜连片种植地。包括企业自行控制(管理)的蔬菜种植基地、出口企业与种植基地管理者签订有关蔬菜安全质量管理合同的种植基地。

3.6

植保员　technician of plant protection

具有农学、植物保护的基本知识,从事蔬菜种植过程病虫害防治、农药安全使用管理、对农业工人的技术培训等项工作的人员。

3.7

出口蔬菜　vegetable for export

按照加工方式划分的出口新鲜蔬菜、保鲜蔬菜、冷冻蔬菜(速冻、慢冻、调理蔬菜)、脱水蔬菜[真空冷冻干燥蔬菜(FD)、热风干燥蔬菜(AD)、风干蔬菜]、水煮蔬菜、腌渍蔬菜(原料性腌渍蔬菜、即食性腌渍蔬菜、泡菜),以及用以上方式加工的食用菌类等产品。

4　原料安全控制

4.1　环境安全卫生

4.1.1　环境空气、灌溉水和土壤

应符合 GB/T 18407.1—2001 的规定要求。

有对蔬菜种植地区的大气、土壤和地表水、地下水的危害评估。若评估得出的结论为危害程度有可能影响作物的安全性,有控制措施可以将危害减少到可接受的水平。对土壤、水和空气的危害评估应有具备相应资格的实验室检测数据作为技术依据。

4.1.2　种植基地周围环境

4.1.2.1　种植基地四周具有足够安全的隔离措施,确保不受周围农田、果园、苗圃等农药使用的污染;不受上游不良地表水的污染。

4.1.2.2　种植基地四周有明显的标识,标识上的信息包括种植基地所在地理位置的名称、面积、种植品种、种植人、播种时间、植保员。

4.1.2.3　种植者应评估种植基地及相临场地以前的使用情况,以确定潜在的有害微生物、化学与物理危害状况,其他种类的污染(如农药、有害废物等)也应考虑在内。评估过程应关注以下内容:

——原料种植区与相邻的场地(如作物种植场、肥育场、动物养殖场、有害废物场、污水处理场、冶炼厂、采矿场等)以往与目前的使用情况,以确定包括粪便污染和有机废物污染在内的潜在微生物危害,以及有可能带入种植场地的潜在环境危害。

——家畜及野生动物接触原料种植区与水源情况,以确定对土壤、水的潜在粪便污染和对农作物污染的可能性。应审查现行的做法,以评估未加控制的动物粪便存积物接触农作物的现况。鉴于这一潜在的污染源,应避免在新鲜蔬菜种植区域受家畜和野生动物的干扰。

——粪肥渗漏、滤出或溢出,以及已污染的地表水泛滥污染田地的潜在因素。

4.1.2.4　若对以前的使用情况不能确定,或对种植基地及相邻场地的审查结论是存在潜在危害,或检

测结果污染物超标,那么,在采取纠正(控制)措施之前就不得使用该场地。

4.2 原料种植

4.2.1 农业化学品投入

4.2.1.1 化学肥料

统一向有资质的化学肥料销售商或生产厂家采购,化学肥料经过有效成分确认。

4.2.1.2 农药

出口蔬菜种植基地使用的农药应符合进口国以及中国有关部门的规定,不使用违禁药物。农药使用应符合 GB 4285、GB 8321 的要求,对农药使用安全性在操作方面给予合理保障,如按照规定的用药量、用药次数、用药方法和安全间隔期施药,防止用药不当造成蔬菜和环境污染等。如输入国有明确规定的,应符合输入国要求;建议其各类农药残留量不超过国际食品法典委员会规定的含量。

农药使用人员应注意以下事项:

——施用农药的农业工人应进行专业培训。

——有农药施用记录。记录应包括施药时间、施用药品名称、喷洒的蔬菜作物名称、所防治的病虫害名称、施用方法及次数,每亩施用量,收获记录,以证明施药与收获之间的间隔时间是恰当的。

——农药喷雾器应按需要予以校准,便于控制施用量。

——配农药应避免周围地段水土的污染;应保护操作人员免受潜在危害。

——喷雾器、配药桶及相关用具在用前和用后应彻底清洗,尤其是在用不同的农药喷洒不同的作物后更应彻底清洗,以避免污染蔬菜。

——所购农药应有标签或者说明书。超过有效期的农药应予废弃。应按需要检测验证农药有效成分,至少需要检测验证有害成分。

——农药应存放在安全、通风良好的地方,并予以妥善保管。废弃农药及废弃农药包装物品应远离生产区、生活区及已收获的蔬菜,并应以安全妥当的方式回收或处置,避免对生长期的蔬菜、居民或加工收购地点构成污染。

4.2.2 生产用水

4.2.2.1 在田间或室内使用水溶性化肥及配制农药所用的水,其微生物污染物含量不得对新鲜蔬菜安全造成不良影响。在接近收获的时间,在施肥、施药(如喷洒)时将新鲜蔬菜的食用部分直接暴露给水时应特别注意水质安全。

4.2.2.2 种植人应确定出口蔬菜种植基地使用的水源(城市用水、重复使用的灌溉用水、水井、明渠、水库、河流、湖泊等等)。应评估其微生物与化学质量及其对出口蔬菜种植基地的适宜性,并确定预防或减少污染(如来自畜牧、污水处理、人类居住等)的必要措施。

4.2.2.3 必要时,种植者应检测他们所使用水的微生物及化学污染物。检测的次数视水源及环境污染的风险状况而定。环境污染包括间歇性或临时性的污染(如大雨、水灾等)。若发现水源被污染,应采取正确的补救措施,保证该水源恢复到合格水平。

在下列情况下应特别注意水质:

——所采用的灌溉技术将新鲜蔬菜的食用部分直接暴露给水(如喷灌),尤其是在接近收获的时间;

——所灌溉的蔬菜叶子及粗糙表面具备能存水等物理特性;

——所灌溉的蔬菜在包装前很少或不进行采收后水洗处理,如田间直接包装的产品。

4.2.3 粪肥和其他非商品肥料

在种植蔬菜过程中如使用粪肥,应设法限制有害微生物、化学及物理污染的可能性。受重金属或其他化学物质污染的粪肥和其他天然肥料,若其含量可能影响蔬菜的安全性,就不应使用。必要时,为减少有害微生物的污染,应考虑以下做法:

——采用合适的处理方法(如堆肥、巴氏消毒、热干燥等,以减少或消除粪肥及其他天然肥料中的病原微生物）。

——未加处理或部分处理的粪肥及其他天然肥料,只有在采取适当的纠正措施减少微生物污染时方可使用,例如,尽量减少粪肥及其他天然肥料与蔬菜之间的直接或间接的接触;尽量拉长施肥与新鲜蔬菜收获的间隔时间。

——尽量采购经过处理减少了微生物或化学污染程度的粪肥所生产的蔬菜原料。若有可能,应从原料产地供货人处索取能证明其产地、处理方法、所作的检测及其结果的相关单证。

——尽量减少来自相邻田地的粪肥及其他天然肥料的污染。如果证实有来自相邻田地污染的可能性,应采取切实的预防措施来减少这一风险。

——避免在蔬菜产区附近安排粪肥存放场。封闭好粪肥及其他天然肥料,防止由雨水径流和渗漏造成的交叉污染。

4.2.4 种植基地基础设施

4.2.4.1 办公、农资存放场所

有管理人员办公、农资存放、农药配制等场所,场所的位置应便于基地的管理,并能够保证存放农药等物资的安全性。

4.2.4.2 卫生清洁设施

具备适宜的人员卫生清洁设施。这些设施尽可能做到:

——靠近田地及室内设施,数量应足够人员使用。

——设计合理,清除废物时避免污染出口蔬菜种植基地、蔬菜或者水源。

——有充足的卫生洗手设备。在清洁条件下维修保养。

4.2.4.3 与种植和收获有关的设备

种植者与收获人员遵守设备生产厂家推荐的关于合理使用设备与维修的各种技术要求,并应采用以下卫生规范:

a) 与新鲜蔬菜接触的设备或容器用由无毒材料制成。其构造应便于清洗、消毒及维修,以防止对蔬菜及制品的污染。

b) 每台所使用的设备,处理不同类别的蔬菜,都应确定专门的卫生清洗与维修保养的要求。

c) 盛放废物、下脚料、非食用品或危险物品的容器应醒目并易于辨认,以防止被用做收获容器或加工器具。部分器具或有关部位应由防渗透材料制造。若情况允许,放置危险物品的容器应带锁,以防止恶意或意外污染。

d) 无法继续维持卫生状态的容器应作为废物处理。

e) 设备、器具应按设计用途使用,保持完好状态,防止造成产品或人员损伤。

4.2.5 种植人员要求

4.2.5.1 人员健康卫生

怀疑患有或者携带疾病可能通过蔬菜作为传染途径的人员,不允许进入任何食品处理区。所有受影响的人员都应立即向管理部门报告病情及症状。

直接接触蔬菜的农业工人和加工人员应保持高度的个人卫生,并应在相关区域穿戴隔离衣与隔离靴。带刀伤或其他外伤的职工若允许继续工作,应用合适的防水敷料包扎伤口。

职工在处理蔬菜及制品时应洗手。职工中间休息、去卫生间、或接触任何可能受污染的物品,每次返回加工区域工作之前应重新洗手。加工过程中根据需要应定期洗手。

4.2.5.2 劳动保护

建立适当劳动保护措施,保证在收获过程中或收获后直接接触蔬菜的农业工人不会受到化学品污染或物理伤害;建立员工岗位伤害补偿制度。

外来人员在相关区域应穿隔离衣,并遵守该蔬菜种植基地的其他个人安全卫生规定。

4.2.5.3 职责

4.2.5.3.1 种植基地配备有与种植范围、规模相适应的植保员。

4.2.5.3.2 植保员应经过专门学习或技术培训，具有满足工作所需要的农学、植物保护的基本知识。

4.2.5.3.3 植保员负责基地病虫害防治、农药安全使用、制定作业指导书、管理农药、农药废弃包装物处理、记录的使用和保管，对农业工人的技术培训。

4.3 收获、存放与运输

4.3.1 防止交叉污染

原料种植生产及收获后操作期间，应采取有效措施防止交叉污染。为预防交叉污染的可能性，种植者、收获人员及他们的雇员应遵守下面所提出的建议：

a) 在收获期间，若出现有可能增加作物污染的因素，如不利的天气状况时，应考虑加强管理工作。

b) 收获期间，不适宜于人类食用的蔬菜应予以隔离。那些通过继续加工也无法使其安全的，应妥善处置，避免进入加工程序。

c) 农业工人不得用收获容器盛放其他物品（如午饭、工具、燃料等）。

d) 曾用于盛放潜在有害物质（如垃圾、粪肥等）的设施及容器未经充分清洗和消毒不得用于盛放新鲜蔬菜或蔬菜包装材料。

e) 在田间包装新鲜蔬菜时，应注意避免因粪肥或动物（人类）大便暴露而造成对包装材料及箱子的污染。

f) 运输车辆不得用于运输有害物质，除非事后对其充分清洗并对必要处进行消毒，以防止交叉污染。

g) 清洗材料与农药等有害物质应易于识别，并分别存放在安全的仓储设施内。

4.3.2 存放与运输安全

新鲜蔬菜的存放与运输应尽量减少有害微生物、化学及物理污染。可采取以下做法：

a) 存放场地尽量减少由玻璃、木头、塑料等物品造成潜在污染的机会。并避免有害生物的进入（虫、鼠、蚊蝇等）。

b) 运输车辆应能尽量减少对新鲜蔬菜的损伤，运输设施应由无毒、便于彻底清洗的材料制成。

c) 在存放与运输前，农业工人应尽可能除去新鲜蔬菜上的泥土。在本工序应注意尽量减少作物的物理损伤。

d) 运输过程应防止不安全产品的掺杂混入。企业应制定相应的运输安全控制程序，确保原料安全进入厂区加工。

5 生产加工

5.1 加工企业质量管理体系

5.1.1 加工企业符合《出口食品生产企业卫生注册登记管理规定》的要求，建立质量管理体系，并保持卫生质量体系的有效运行。应将安全卫生项目的控制作为质量管理体系的核心内容。

5.1.2 出口速冻蔬菜、低温冷冻干燥脱水蔬菜、即食蔬菜制品、水煮蔬菜、直接入口的食用菌产品加工企业，应符合 GB/T 19538 及其他要求，建立并实施 HACCP 体系。

5.1.3 质量管理体系文件应以不脱离并符合本企业实际状况为前提。在借鉴引用的同时，各种质量管理文件和记录应符合各企业实际需要并真实体现体系的运行。

5.2 加工环境和设施

5.2.1 冷冻蔬菜加工企业应符合《出口速冻果蔬生产企业注册卫生规范》。

5.2.2 脱水蔬菜加工企业应符合《出口脱水果蔬生产企业注册卫生规范》。

5.2.3 腌渍蔬菜、泡菜加工企业应符合《出口泡菜生产企业注册卫生规范》。

5.2.4 水煮蔬菜加工企业应符合《出口罐头生产企业注册卫生规范》。

5.2.5 各类蔬菜加工企业应符合 GB 14881 的规定。

另外：

a) 加工区域人员出入口或通道应分别设置。

b) 一切有温度要求的储存和加工场所,应根据需要安装自动温度显示、记录和打印装置。

c) 温度显示装置应醒目、及时校准,并避免采用易碎材料制作。

d) 以上食品卫生注册规范不能够满足其环境和设施要求的蔬菜类加工企业,可以参照检验检疫部门制定的规范性文件。

5.3 加工过程控制

应符合《出口食品生产企业卫生注册登记管理规定》。

另外：

a) 企业有加工设备设施的清洗程序,尤其是固定设备设施及不宜于水洗的设备设施。

b) 在加工过程中应按照生产工艺和安全卫生需要,设置清洁区和非清洁区,并防止人流、物流和气流的交叉污染。

c) 加工过程中产生的不合格品应隔离存放,有明显标志,并在质量管理人员的监督下处置。

d) 加工过程中需要更换水的环节,更换水的频率应足够高,以便预防有机物的累积,并防止交叉污染。

e) 在部分储存区域、加工区域和需要使用杀菌剂的环节,可以使用高效低毒的杀菌剂,以便将储存和加工过程中的交叉污染降至最低。但杀抗菌剂水平应得到监测和控制,以保证将其保持在有效浓度。并保证化学残留不超过危害人类健康的水平。

f) 部分产品在食用之前,消费者很可能不再进行水洗。所以用于最终漂洗的水应达到 GB 5749 的要求。

g) 在部分蔬菜品种加工的每一个加工工序(如保鲜蒜薹、蒜米、泡菜等),从进入加工到运输销售,蔬菜均应保持持续低温,以便将微生物生长降至最低水平。

h) 各个工序之间半成品存留时间应尽可能缩短,避免产品中微生物孳生、物理变化和其他污染的发生。

i) 各食品添加剂的使用品种、使用浓度应符合我国和进口国有关规定。

5.4 包装、储存和运输

5.4.1 包装

应符合《出口食品生产企业卫生注册登记管理规定》。

另外：

a) 包装场地环境与包装间温度应符合产品要求。

b) 内外包装应分开存放;内包装材料应进行卫生检验合格后方可以使用。

c) 包装过程中应防止不清洁的操作和外包装污染产品。如冷库车辆不应进入内包装间。

d) 外包装适合长途运输。纸箱、竹筐、网袋、编织袋等包装容器要求大小一致、无虫蛀、霉变、完整、牢固、干燥、粘封紧密、结实、通风透气、内部无尖突物,外部平整无尖刺、纸箱无受潮,离层现象;疏木箱要求缝宽适度,无凸起的铁钉;草袋要求编织紧密;泡沫箱要求无破损,粘封紧密、不透气;真空包装用塑料袋应厚度适宜,气密性好,无漏气现象。木质包装应符合国家有关检疫法律法规的规定并加贴标识后方可使用。

5.4.2 储存

应符合《出口食品生产企业卫生注册登记管理规定》。

另外：

a) 保鲜仓库、冷库具备的温度显示装置应有多项控制措施,保证显示准确。

b) 干燥蔬菜产品存放库内要保持空气干燥和卫生。

c) 避免使用远离加工车间并易造成产品污染的冷库和仓库存放成品。

d) 避免使用不在本企业管理范围之内的冷库或仓库。

e) 需要进行冷冻条件下短期储存的产品,企业应具备符合卫生要求和温度要求的冷库与仓库。

f) 需要避光保存的产品,应设置必需的避光条件。

5.4.3 运输

应符合《出口食品生产企业卫生注册登记管理规定》。

另外:

a) 不同温度要求的蔬菜不可以混装运输。

b) 有温度要求的产品在运输过程中应确保温度恒定。

c) 企业应有专门人员负责监装货物,做好发货数量、温度、批次等记录。

d) 企业应建立防止产品出厂后被掺假、换货或者其他有可能危害产品安全的运输发货管理程序,确保产品出厂后安全。

5.5 生产管理人员

5.5.1 生产人员健康与卫生

应符合《出口食品生产企业卫生注册登记管理规定》。

5.5.2 生产、管理人员资格与培训

应符合《出口食品生产企业卫生注册登记管理规定》。

企业制定培训计划时应考虑的因素:

——不同加工工序工人拟承担的任务以及与这些任务相关的各类危害与控制。

——所加工产品的商品性质、对产品可造成生物污染的来源以及产品经受病原性微生物滋长的能力。

——员工的更换频率与工艺的改变。

——被培训人员人接受培训的能力。

6 产品检验监控

6.1 安全卫生项目的监控计划

6.1.1 出口蔬菜加工企业应根据企业产品需要,提出本企业的农药残留监控计划、微生物监控计划、有害生物监控计划。这些监控计划应是在风险分析基础上所制定且是动态的。

6.1.2 企业要对监控计划进行有效实施。

6.1.3 在加工企业各类监控计划实施过程中检出农残超标或者阳性结果,要及时报告属地检验检疫机构,以便于检验检疫机构制定或调整本地区的各类监控计划。同时要进行原因分析,提出纠偏措施。

6.1.4 做好相应监控、检测及纠偏记录。

6.1.5 经过产品检验或者监控检测不合格原料、半成品、成品,应按照企业规定的处理程序进行处置,至少保证不影响最终产品的安全。

6.2 检验能力

应符合《出口食品生产企业卫生注册登记管理规定》。

另外:

a) 实验室应配有能满足产品标准所规定检验项目的仪器、设备和器具。

b) 企业自身无法检测的项目可委托有资质的社会实验室承担检测,并制定详细的委托检测计划。

c) 企业自属实验室或委托实验室应定期对生产用水、食品接触面、原料、辅料、半成品、成品等进

行检验,并及时出具相关检验报告。

d) 企业实验室应参照 GB/T 15481,并定期参加检验检疫机构实验室或者进口国家相关实验室组织的检测能力验证。

6.3 检验人员

应符合《出口食品生产企业卫生注册登记管理规定》。

7 产品可追溯性

7.1 溯源图

加工企业建立有效运转的溯源管理系统。溯源管理系统参见图1。

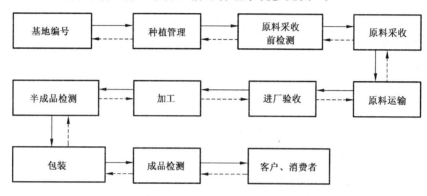

图 1 溯源管理系统

7.2 溯源内容

7.2.1 溯源系统包括蔬菜种植基地信息、收获、运输、进厂验收、加工、贮存、发运、采样检测、客户反馈等全部过程。一般使用原料进厂加工日期+基地编号+产品批次编号+客户编号,作为追溯标识,完成对整个过程的追溯。通过追溯标识可以从最终成品到新鲜原料的每一环节逐一进行反向追溯。通过追溯,分析查找种植、加工过程中的问题,采取有效的控制措施。每个企业的溯源系统有不同,其追溯标识应由企业自己确定,在保证溯源可靠的前提下,追溯标识编号力求简短,并在体系文件中予以说明。

7.2.2 溯源系统还应包括对蔬菜制品中使用的辅料、食品添加剂、内外包装物料等一切所需要的食品材料所进行的追溯。

8 产品召回

8.1 加工企业建立产品召回程序,以保证出厂产品出现安全卫生危害问题后能及时、完全地将其撤回。

8.2 对类似生产条件下生产的带有潜在安全卫生危害的产品进行评定或撤回,同时视情况发布有关信息通报。

8.3 召回的产品应改为人类消费以外的其他用途或销毁,如果确定产品是安全的或再加工之前,要在有效的监督之下进行妥善保管。

9 文件和记录

9.1 文件编制与记录格式设计应规范、适用,有助于对食品安全卫生控制体系的理解执行;便于现场记录人操作;便于被客户、官方机构、认证机构所认可。

9.2 文件和记录应及时发放、收集和归档,有专人和场所保管,宜于检索和保存。

文件与记录基本包括:

a) 种植基地所有农田作业资料,如:农药购入使用清单;有害生物控制记录;肥料使用记录;合同基地证明资料、环境与灌溉水检测资料、农药所用容器的清洗记录等。

  b) 加工过程每批产品的相关资料,如:原料、辅料验收记录;关键控制点监控与纠偏记录;批次管理和产品出入库记录;车间消毒卫生管理记录、装运发货记录等。

  c) 质量管理体系相关资料,如:加工用水检测记录;温度控制、人员健康检查记录;各个层次的质量体系文件;原料、半成品和成品检测报告和记录、安全卫生项目监控计划等。

9.3 企业各类文件和记录保留:记录的保留时间应根据产品需要而确定,一般需要超过产品保质期,以便于应要求进行产品召回和追溯调查;文件的保留时间可依据体系文件规定和更改需要而确定。

ICS 67.080
B 66

中华人民共和国国家标准

GB/T 22345—2008

鲜 枣 质 量 等 级

Grades of fresh Chinese jujube fruit

2008-09-02 发布
2009-03-01 实施

中华人民共和国国家质量监督检验检疫总局
中国国家标准化管理委员会
发 布

前　言

本标准的附录 A 为资料性附录。

本标准由国家林业局提出并归口。

本标准由河北农业大学负责起草。

本标准主要起草人：毛永民、宋仁平、申连英、徐立新、王建学、刘平、刘新云、彭士琪。

鲜 枣 质 量 等 级

1 范围

本标准规定了鲜枣的定义、要求、检验方法、检验规则、标志、标签、包装、运输和贮存。

本标准适用于鲜枣(*Zizyphus jujuba* Mill.)的质量等级划定。

2 规范性引用文件

下列文件中的条款通过本标准的引用而成为本标准的条款。凡是注日期的引用文件,其随后所有的修改单(不包括勘误的内容)或修订版均不适用于本标准,然而,鼓励根据本标准达成协议的各方研究是否可使用这些文件的最新版本。凡是不注日期的引用文件,其最新版本适用于本标准。

GB/T 12295 水果蔬菜制品 可溶性固形物含量的测定 折射仪法

GB/T 13607 苹果、柑桔包装

GB 18406.2 农产品安全质量 无公害水果安全要求

3 术语和定义

下列术语和定义适用于本标准。

3.1

鲜枣 fresh Chinese jujube fruit

白熟期、脆熟期和完熟期的枣果实,因用途不同可在不同时期采收。

3.2

鲜食枣 fruit harvested in crisp maturity for fresh eating

在脆熟期采收的果实。

3.3

成熟期 maturity

果实生长和发育中达到特定用途的最佳时期。按用途枣果的成熟期分为白熟期、脆熟期和完熟期。

3.4

白熟期 white maturity

果皮退绿发白至着色前这一段时期。此期果实已基本长到该品种应有的大小,果皮叶绿素减少,肉质较松,汁液少,含糖量低,适宜加工蜜枣。

3.5

脆熟期 crisp maturity

果实着色至全红这一段时期。此期果实已长到该品种应有的大小,果肉呈绿白色或乳白色,含糖量高,汁液多,质地脆,适宜鲜食。

3.6

完熟期 full maturity

脆熟期之后到生理上完全成熟的一段时期。此期果皮红色加深,果肉变软,果实失水皱缩。此期采收适宜干制红枣。

3.7

品种特征 cultivar characteristics

成熟期果实在果形、色泽、大小、质地等方面表现出的该品种固有特征。

3.8

果形正常 normal fruit shape

果实形状为本品种固有的形状。

3.9

畸形果 abnormal fruit shape

形状明显与本品种正常果形不同的果实。

3.10

色泽 luster

鲜枣果皮的颜色和光亮度。

a) 色泽好 果皮颜色鲜艳光亮。

b) 色泽较好 果皮颜色比较鲜艳,光泽度较好。

c) 色泽一般 果皮颜色较暗,光泽度较差。

d) 色泽差 果皮颜色暗,无光泽。

3.11

自然着色 nature colouring

枣果实在树上发育成熟过程中果面自然变红的现象。

3.12

着色面积 red colour area

枣果实自然着色(红色)面积。

3.13

整齐度 uniformity

果实在形状、大小、色泽方面的一致程度。

3.14

杂质 foreign substance

除枣果外的任何其他物质,如土块、石粒、枝段、碎叶、金属物或其他外来的各种物质。

3.15

浆烂果 decay fruit

有溃疡、腐烂斑块或全部腐烂的枣果。

3.16

残留物 residue

在枣果表面附着的可见外来物质,主要为田间生长过程中喷洒到果面的物质残留。

3.17

裂果 cracking or splitting fruit

果面上有一条以上明显可见、长度超过 3 mm 裂纹的果实。

3.18

机械伤 mechanical injury

受机械外力作用,导致枣果实出现明显划痕或伤口,或虽没明显外伤,但果肉组织受损。

3.19

锈斑 rusted spot

果面黄褐色斑纹或斑块总面积超过果面总面积的 5%。

3.20

黑斑 black spot

枣果表面出现直径大于 1 mm 的黑色斑点。

3.21

虫果 insect fruit

被害虫危害的枣果。

3.22

病果 disease fruit

有明显或较明显病害特征的果实。

3.23

缺陷果 defect fruit

在外观或内在品质等方面有缺陷的果实,如腐烂果、裂果、黑斑果、锈斑果、虫蛀果、病果、畸形果、机械伤及其他伤害果等。

3.24

串等果 mixed fruit

不属于本等级的枣果。

3.25

不正常外来水分 abnormal foreign water

果实经雨淋或用水冲洗后表面残留的水分。但果实从冷库或冷藏车内移出时,允许因温度差异而带轻微凝结水。

3.26

容许度 tolerance

某一等级果中允许其他等级果占有的比率。

4 要求

4.1 质量等级要求

4.1.1 作蜜枣用

作蜜枣用时,鲜枣的采收期为白熟期,等级划分见表1。未列入表1等级的果实为等外果。

表 1 作蜜枣用鲜枣质量等级标准

项目	等级		
	特级	一级	二级
基本要求	白熟期采收。果形完整。果实新鲜,无明显失水。无异味		
品种	品种一致	品种基本一致	果形相似品种可以混合
果个大小ᵃ	果个大,均匀一致	果个较大,均匀一致	果个中等,较均匀
缺陷果	≤3%	≤8%	≤10%
杂质含量	≤0.5%	≤1%	≤2%
ᵃ 品种间果个大小差异很大,每千克果个数不作统一规定,各地可根据品种特性,按等级自行规定。			

4.1.2 鲜食枣

按鲜枣果实大小、色泽等指标将其划分为特级、一级、二级、三级 4 个等级,分级标准见表2。未列入以上等级的果实为等外果。

表 2 鲜食枣质量等级标准

项目	等级			
	特级	一级	二级	三级
基本要求	脆熟期采收。品种纯正,果形完整,果面光洁,无残留物。果肉脆适口,无异味和不良口味。无或几乎无尘土,无不正常的外来水分,基本无完熟期果实。最好带果柄。			
果实色泽	色泽好	色泽好	色泽较好	色泽一般
着色面积占果实表面积的比例	1/3 以上	1/3 以上	1/4 以上	1/5 以上
果个大小ª	果个大,均匀一致	果个较大,均匀一致	果个中等,较均匀	果个较小,较均匀
可溶性固形物	≥27%	≥25%	≥23%	≥20%
缺陷果　浆烂果	无	≤1%	≤3%	≤4%
缺陷果　机械伤	≤3%	≤5%	≤10%	≤10%
缺陷果　裂果	≤2%	≤3%	≤4%	≤5%
缺陷果　病虫果	≤1%	≤2%	≤4%	≤5%
缺陷果　总缺陷果	≤5%	≤10%	≤15%	≤20%
杂质含量	≤0.1%	≤0.3%	≤0.5%	≤0.5%
ª 品种间果个大小差异很大,每千克果个数不作统一规定,各地可根据品种特性,按等级自行规定。冬枣、梨枣的果实大小分级标准参见附录 A。				

4.2 安全卫生要求

按 GB 18406.2 执行。

5 检验方法

5.1 外观和感官特性

通过目测和品尝进行鉴定。

5.1.1 外观特性

将样品放在干净的平面上,在自然光下通过目测观察枣果的形状、颜色、光泽、果个大小的均匀程度、有无外来水分等。

5.1.2 缺陷果

逐个检查样品果有无缺陷,同一果上有两项或两项以上缺陷时,只记录对品质影响最重的一项。根据式(1)计算缺陷果所占比率:

$$Q = \frac{N_1}{N_2} \times 100\% \qquad \cdots\cdots\cdots\cdots\cdots\cdots\cdots(1)$$

式中:

Q——缺陷果百分率,%;

N_1——缺陷果个数,单位为个;

N_2——样品果总数,单位为个。

5.1.3 杂质

取不低于 10 kg 样品,统计尘土、石粒、碎枝烂叶、金属等所有杂质的重量。根据式(2)计算杂质所占比率:

$$Z = \frac{m_1}{m_2} \times 100\% \qquad \qquad \cdots\cdots\cdots\cdots\cdots\cdots\cdots (2)$$

式中：

Z——杂质百分率，%；

m_1——杂质总重量，单位为克(g)；

m_2——样品总重量，单位为克(g)。

5.1.4 异味

将样品取出，或打开包装直接用嗅觉检验是否有异味，通过品尝判断是否有不良口味。

5.1.5 单果重

用天平(感量为0.1 g)准确称取800 g～1 000 g枣果，统计枣果个数，按式(3)计算单果重，重复5次求平均值。

$$S = \frac{m}{N} \qquad \qquad \cdots\cdots\cdots\cdots\cdots\cdots\cdots (3)$$

式中：

S——单果重，单位为克每个(g/个)；

m——果实总重，单位为克(g)；

N——果实数量，单位为个。

5.1.6 串等果及其比率

根据果个大小、着色面积、色泽确定串等果，各级串等果的果重占样品总重的百分率即为该级串等果所占比率。

5.2 内在品质

5.2.1 口感

通过品尝确定果实是否脆甜适口。

5.2.2 可溶性固形物

按GB/T 12295中的方法进行。

5.2.3 安全卫生指标检验

按GB 18406.2规定执行。

6 等级判定规则

6.1 检验批次

同品种、同等级、同一批交货进行销售和调运的鲜枣为一个检验批次。

6.2 抽样方法

在一个检验批次的不同部位按规定数量随机进行抽样，抽取的样品应具有代表性。

6.3 抽样数量

每批次鲜枣的抽样数量见表3。如果在检验中发现问题或遇特殊情况，经交接货双方同意，可适当增加抽样数量。

表3 每批次鲜枣的抽样数量

每批件数/件	抽样件数
≤100	5件
101～500	以100件抽验5件为基数，每增100件增抽2件
501～1 000	以500件抽验13件为基数，每增100件增抽1件
>1 000	以1 000件抽验18件为基数，每增200件增抽1件

6.4 取样

包装抽出后,自每件包装的上中下三个部位提取样品 300 g～500 g,根据检测项目的需要可适当加大样品数量,将所有样品充分混合,按四分法分取所需样品供检验使用。

6.5 容许度

在果形、色泽、大小等指标上允许有串等果,但不包括杂质含量和缺陷果两项指标。各级允许的串等果只能是邻级果。

    a) 特级中允许有 5% 的一级枣果。

    b) 一级中允许有 7% 的串等果(特级和二级)。

    c) 二级中允许有 10% 的串等果(一级和三级)。

    d) 三级中允许有 10% 的二级果和 10% 的等外果。

6.6 判定规则

检验结果全部符合本标准规定的,判定该批产品为合格品。若检验时出现不合格项时,允许加倍抽样复检,如仍有不合格项即判定该批产品不合格。卫生指标有一项不合格即判为不合格,不得复检。

7 包装、标志、运输和贮存

7.1 包装

7.1.1 外包装

包装材料应坚固、干净、无毒、无污染、无异味。包装材料可用瓦楞纸箱(其技术要求应符合 GB/T 13607 的规定)、塑料箱和保温泡沫箱。外包装大小根据需要确定,一般不宜超过 10 kg。

7.1.2 内包装

内包装材料要求清洁、无毒、无污染、无异味、透明、有一定的通气性,不会对枣果造成伤害和污染。包装容器内不得有枝、叶、砂、石、尘土及其他异物。

做蜜枣用的鲜枣只用外包装,包装材料可用编织袋、布袋、尼龙网袋和果筐等大容器。

7.2 标志

在包装上打印或系挂标签卡,标明产品名称、等级、净重、产地、包装日期、包装者或代号、生产单位等。已注册商标的产品,可注明品牌名称及其标志。同一批货物,其包装标志应统一。

作蜜枣用的鲜枣标志可以适当简化。

7.3 运输

运输应采用冷藏车或冷藏集装箱,运输工具应清洁卫生、无异味,不与有毒有害物品混运。装卸时轻拿轻放。

鲜枣做蜜枣用时,在不影响加工蜜枣品质的情况下可常温运输。

7.4 贮存

应在冷库或气调库低温(0±1)℃贮存。不与有毒、有害物品混合存放,不要与其他易释放乙烯的果品如苹果等混放。贮存时需标明贮存期限。贮存过程中要定期检查,以防发生失水、腐烂等现象。

鲜枣做蜜枣用时,在不影响加工蜜枣品质的情况下可常温短期贮藏。

附　录　A

（资料性附录）

冬枣和梨枣果实大小分级标准

表 A.1

品种	单果重/(g/个)			
	特级	一级	二级	三级
冬枣	≥20.1	16.1～20	12.1～16	8～12
梨枣	≥32.1	28.1～32	22.1～28	17～22

ICS 67.080
B 66

中华人民共和国国家标准

GB/T 22346—2008

板 栗 质 量 等 级

Quality grade of Chinese chestnut

2008-09-02 发布

2009-03-01 实施

中华人民共和国国家质量监督检验检疫总局
中国国家标准化管理委员会 发布

前　言

本标准的附录 A 为规范性附录。

本标准由国家林业局提出并归口。

本标准起草单位:河北省农林科学院昌黎果树研究所、河北省林业局、中国科学院南京植物所、北京农学院、中国标准化研究院。

本标准主要起草人:孔德军、刘庆香、王广鹏、封新国、侯聚敏、柳鎏、秦岭、席兴军。

板 栗 质 量 等 级

1 范围

本标准规定了板栗质量等级、检验方法、检验规则、包装、标志、运输和贮藏。

本标准适用于我国板栗的生产、收购和销售。

2 规范性引用文件

下列文件中的条款通过本标准的引用而成为本标准的条款。凡是注日期的引用文件,其随后所有的修改单(不包括勘误的内容)或修订版均不适用于本标准,然而,鼓励根据本标准达成协议的各方研究是否可使用这些文件的最新版本。凡是不注日期的引用文件,其最新版本适用于本标准。

GB/T 191—2008 包装储运图示标志

GB/T 5009.9 食品中淀粉的测定方法

GB/T 6194 水果、蔬菜可溶性糖测定法

GB/T 8855 新鲜水果和蔬菜 取样方法

GB/T 10362—1989 玉米水分测定法

LY/T 1674—2006 板栗贮藏保鲜技术规程

LS/T 3801—1987 粮食包装 麻袋

3 术语和定义

下列术语和定义适用于本标准。

3.1

采收成熟度 ripe level

栗苞在树上自然开裂,坚果丰满并具有本品种成熟时应有的色泽、风味等性状。

3.2

杂质 impurity

产品中出现的对人体健康有害的或不应有之物,如沙粒、土块、毛发等。

3.3

异常气味 off flavor

除板栗特有香味外的气味和味道。

3.4

炒食型 stir-frying species

适合用于炒食用品种,一般具有肉质细糯、含糖量较高,风味香甜,果皮深褐色,茸毛少的特点。

3.5

菜用型 stewing species

适合用于菜用品种,一般具有肉质偏粗粳、含糖量较低,果皮茸毛较多的特点。

3.6

整齐度 uniformity

板栗坚果大小的均匀一致程度。

3.7

缺陷容许度　tolerance of defect fruit

同一检验批次的板栗中,缺陷果允许存在的最大限度,用缺陷坚果个数占坚果总个数的百分比表示。

3.8

霉烂果　decay nut

遭受病原菌的侵染,导致细胞分离、果皮变黑,部分或全部丧失食用价值的坚果。

3.9

虫蛀果　pests nut

遭受虫害侵蚀而影响感官或理化质量,部分或全部丧失食用价值的坚果。

3.10

风干果　air-drying nut

由于风干失水,果仁干缩并与内果皮分离的坚果。

3.11

裂嘴果　top cracking nut

自然生长条件下果皮开裂或由于机械损伤等外力而导致果皮破损的坚果。

3.12

淀粉糊化温度　gelatinization degree

淀粉在一定温度溶液中实现糊化时的临界温度,板栗口感质量(糯性)的量化指标。

4　板栗质量等级

4.1　基本要求

具有本品种达到采收成熟度时的基本特征(果皮颜色、光泽等),果形良好,果面洁净,无杂质,无异常气味。

4.2　感官指标

板栗感官指标应符合表1规定。

表 1　感官指标

类型	等级	每千克坚果数量/（粒/kg）	整齐度/%	缺陷容许度
炒食型	特	80～120	＞90	霉烂果、虫蛀果、风干果、裂嘴果4项之和不超过2%
	1	121～150	＞85	霉烂果、虫蛀果、风干果、裂嘴果4项之和不超过5%
	2	151～180	＞80	霉烂果、虫蛀果、风干果、裂嘴果4项之和不超过8%
菜用型	特	50～70	＞90	霉烂果、虫蛀果、风干果、裂嘴果4项之和不超过2%
	1	71～90	＞85	霉烂果、虫蛀果、风干果、裂嘴果4项之和不超过5%
	2	91～120	＞80	霉烂果、虫蛀果、风干果、裂嘴果4项之和不超过8%

4.3　理化指标

板栗理化指标应符合表2规定。

表 2 理化指标

类型		糊化温度/℃	淀粉含量/%	含水量/%	可溶性糖/%
炒食型	特	<62.0	<45.0	<48.0	>18.0
	1		<50.0	<50.0	>15.0
	2		>50.1	<52.0	>12.0
菜用型	特	<68.0	<50.0	<52.0	>15.0
	1		<55.0	<57.0	>12.0
	2		>55.1	<65.0	>10.0

4.4 卫生指标

板栗卫生指标按国家有关标准或规定执行。

5 检验方法

5.1 感官检验

将样品置于自然光照度下,进行感官检验,对不符合基本要求的样品做各项记录。风味用品尝和嗅的方法检测,其余项目用目测法检测。病虫害症状不明显而有怀疑者,应剖开检测。

5.2 每千克坚果数量检验

将抽取的板栗样品用分析天平(感量 0.1 g)称量,记录坚果总数量和总重量,按式(1)计算,结果取整数。

$$X = N/m \qquad \text{……………………(1)}$$

式中:

X——每千克坚果数量,单位为粒每千克(粒/kg);

N——样品总数量,单位为粒;

m——样品总重量,单位为千克(kg)。

5.3 整齐度检验

将抽取的板栗样品用目测法挑选最大和最小坚果各三分之一,分别称量,按式(2)计算整齐度:

$$CR = m_1/m_2 \times 100\% \qquad \text{……………………(2)}$$

式中:

CR——整齐度,%;

m_1——三分之一最小坚果总重,单位为千克(kg);

m_2——三分之一最大坚果总重,单位为千克(kg)。

5.4 缺陷容许度检验

如果一个坚果同时出现两种以上缺陷,选择影响质量较重的一种缺陷,按一个缺陷计。缺陷容许度按式(3)计算。

$$X = X_1/X_2 \times 100\% \qquad \text{……………………(3)}$$

式中:

X——缺陷容许度,%;

X_1——有缺陷的样品总数量,单位是粒;

X_2——检验样品的总数量,单位是粒。

5.5 糊化温度检验

按本标准附录 A 方法进行。

5.6 淀粉含量检验

按 GB/T 5009.9 的规定测定。

5.7 含水量检验

按 GB/T 10362—1989 的规定测定。

5.8 可溶性糖检验

按 GB/T 6194 的规定测定。

6 检验规则

6.1 组批规则

按 GB/T 8855 的规定执行。

6.2 抽样方法

按 GB/T 8855 的规定执行。

6.3 判定规则

6.3.1 每批受检样品的感官基本要求指标平均不合格率不应超过 5%,其中任一单件样品的不合格率不应超过 10%。

6.3.2 为确保理化、卫生项目检验不受偶然误差影响,凡某项目检验不合格,应另取一份样品复检,若仍不合格,则判该项目不合格,若复检合格,则应再取一份样品做第二次复检,以第二次复检结果为准。

6.3.3 对包装、标志、缺陷容许度不合格的产品,允许生产单位进行整改后申请复检。

7 包装

按 LS/T 3801—1987 的规定执行。

8 标志

按 GB/T 191—2008 的规定执行,标志上应标明产品名称、净含量和包装日期等,要求字迹清晰、完整、准确。

9 运输和贮藏

9.1 运输

9.1.1 板栗采收后应按本标准规定的质量等级分级,尽快装运、交售或贮藏。

9.1.2 板栗待运时,应批次分明、堆码整齐、环境清洁、透气保湿,严禁日晒和雨淋。

9.1.3 运输工具要洁净卫生,不得与有毒、有害、有污染物品混贮混运。

9.2 贮藏

按 LY/T 1674—2006 的规定执行。

附　录　A

（规范性附录）

淀粉糊化温度测定

A.1　原理

淀粉由直链淀粉和支链淀粉组成，淀粉在一定温度下溶于水后，直链淀粉和支链淀粉在总淀粉中比例不同，其淀粉糊化度不同。支链淀粉含量越高，其糊化温度越低，板栗口感质量（糯性）越好。

A.2　试剂

A.2.1　无水乙醚（分析纯）。

A.2.2　无水乙醇（分析纯）。

A.3　操作方法

A.3.1　淀粉的制备

将板栗样品去种皮，研钵或捣碎机中粉碎，烘干机（60 ℃）烘干 38 h，过 60 目筛，用适量无水乙醚脱脂 3 次，去除乙醚，之后用 85％乙醇（无水乙醇用蒸馏水稀释）去除可溶性糖 3 次，再次烘干 5 h，阴凉干燥处保存备用。

A.3.2　淀粉糊化温度测定

在分析天平上称取板栗淀粉 10 mg，置于试管中，量取 10 mL 蒸馏水，先加入试管 4 滴～5 滴，用玻璃棒轻轻将淀粉溶解，然后加入全部蒸馏水，打开水浴锅，待水浴锅温度达到 40 ℃时，将试管置于锅内并固定，用橡皮球往试管中不断打气，使淀粉在管中分散均匀，注意温度上升速度，开始时可稍快，当接近 50 ℃时上升速度要慢（0.5 ℃/min），要等到试管内外温度一致时再逐步提高温度，在此过程中透过试管隔着蓝色滤光片观察灯丝的变化，在淀粉糊化之前可非常清晰地看到灯丝，当形成淀粉糊（凝胶）时灯丝模糊，读取此时的温度。

同一批次用此测定方法重复 5 次，取平均值即为板栗淀粉的糊化温度。

ICS 67.080.01
B 31

中华人民共和国国家标准

GB/T 23351—2009/ISO 7563:1998

新鲜水果和蔬菜 词汇

Fresh fruits and vegetables—Vocabulary

(ISO 7563:1998,IDT)

2009-03-28 发布   2009-08-01 实施

中华人民共和国国家质量监督检验检疫总局
中国国家标准化管理委员会   发布

前　言

本标准等同采用 ISO 7563:1998《新鲜水果和蔬菜　词汇》(英文版)，在技术内容上与之无差异。

本标准等同翻译 ISO 7563:1998。在结构上根据 GB/T 1.1—2000《标准化工作导则　第1部分：标准的结构和编写规则》的规定，本标准将范围列为第1章，将国际标准中的通用术语作为第2章，将技术术语作为第3章，编号层次有所改变。

为便于使用，本标准还做了下列编辑性修改：

a)　删除国际标准的前言。

b)　本标准从英法双语出版的国际标准的版本中删除了法语文本。

c)　本标准增加了中文索引，保留了原有的英文索引。

本标准由中华全国供销合作总社提出。

本标准由中华全国供销合作总社济南果品研究院归口。

本标准起草单位：中华全国供销合作总社济南果品研究院。

本标准主要起草人：丁辰、解维域、宋烨。

新鲜水果和蔬菜　词汇

1　范围

本标准界定了有关新鲜水果和蔬菜最常用的术语和定义。

2　通用术语

2.1

异常外来水分　abnormal external moisture

由于自然因素(例如:下雨)或人工处理(例如:冲洗)而残存于水果或蔬菜表面的水分。

注:从冷藏库中取出后,产品表面出现的冷凝水不视为异常外来水分。

2.2

擦伤　abrasion

由于与植株其他部分或其他个体接触摩擦而在水果或蔬菜表面造成的损伤。有时是在生长过程中造成的,但大多是采后发生的。

2.3

附着物　adherent

附着在水果或蔬菜上的外来物。

2.4

苦味　bitter

由某些物质(例如:奎宁和咖啡因)产生的基本味道。

2.5

苦痘病　bitter pit

果肉中的褐色小点,在表皮上表现为绿色或褐色凹陷区域。

注:这种缺陷应与果锈(2.46)区别开。就苹果而言,可能是由于缺乏硼或钙而造成的。

2.6

果霜　bloom

由植物分泌的、出现在某些水果(例如:李子或葡萄)表面的蜡质薄粉层。

注:果霜轻微地附着在水果表面,略微改变水果的颜色。

2.7

褐心病　brown core

水果(主要是苹果和梨)核心区域褐变。由不适宜的气体调节、急冷(比如某些苹果品种:旭)、水果衰老等原因造成。

2.8

粗糙　brusque

这个术语通常指有损伤的洋蓟,这种损伤是由于苞叶表皮霜冻引起的,可导致分离和褐变。

2.9

冷害　chilling damage

某些水果和蔬菜处于冰点以上的低温时发生的一种伤害。

注:主要影响热带和亚热带水果和蔬菜,也影响一些温带蔬菜(例如:西红柿、辣椒、黄瓜等)。

2.10

清洗　clean

用水等去除杂质、污斑或其他如泥土、虫卵、沙子以及产品处理时造成的可见残留物等外来杂质的操作。

2.11

表面覆蜡　covered with wax

果蔬表面覆有来自本身或人工涂膜的薄层蜡质。

2.12

栽培品种　cultivar

变种　variety

可以通过明显的形态、物理、细胞学、化学或其他特征来定义的栽培植物的种类，经过有性或无性繁殖后，可保持其独特特征。

注1："栽培品种"的概念与"变种"的概念在植物学上是不相同的。

　　——"栽培品种"是人工选择的结果，即使是根据经验来选择。

　　——"变种"是自然选择的结果。

　　"栽培品种"和"变种"在栽培学意义上是相同的，可能会同时使用。

注2：植物品种或种类的名称通常都用拉丁文形式，是按照植物学术语来确定的。

2.13

表皮　cuticle

外壳　shell

外皮　skin

水果或蔬菜的外表部分，其厚度和坚韧程度各不相同，用于保护可食部分。

注："表皮"通常指柔软的薄的外部类脂部分。

　　"外皮"通常指牢固的略厚的部分。

　　"外壳"通常指坚硬的、厚的、纤维质的或木质的部分。

2.14

成熟度　degree of maturity

对水果（或蔬菜）在自然生长和发育过程中所达到的状态定性或定量的评价。

2.15

卸载　depalletize

将货物卸到托盘上。

2.16

变质　deterioration

腐败　spoilage

由于各种原因造成果蔬产品质量下降至无法食用。

2.17

绒毛状　downy

该术语描述的是有柔软的、纤细绒毛的表皮。

2.18

早熟的　early

水果或蔬菜的某些栽培品种达到要求成熟度的时间早于相关水果或蔬菜品种的集中成熟时间。

2.19

果肉　flesh

浆状果肉　pulp

包括内含物在内的薄壁组织。

2.19.1

涩味 astringent

食用含有某些单宁类物质的水果时,口里味觉神经被麻痹所引起的复杂感觉。

2.19.2

坚实的 compact

致密的。

2.19.3

脆的 crunchy

食用时硬而脆。

2.19.4

含纤维的 fibrous

含有纤维或细长的坚实细胞。

2.19.5

坚硬的 firm

有较强的抗压性。

2.19.6

含石细胞的 stony

水果果肉中含有明显坚硬的砂粒状小粒。

2.19.7

玻璃体状的 vitreous

果肉有自然半透明的组织或异常外观。

2.19.8

多水的 watery

有较高含水量。

2.19.9

木质的 woody

有韧性纤维产生的木质结构。

2.20

外来气味 foreign odor and flavor

外来物品产生的气味,影响了原产品的特有气味。

2.21

不含外来杂质 free from extraneous material

果蔬产品中不含叶子、枝条、木屑、泥土、虫卵、昆虫、昆虫残片或其他类似外来物。

注:有利于产品贮存而保留的植物器官不视作外来杂质。

2.22

冻害 freezing damage

由于组织内结冰对活体产品造成的损伤。

2.23

新鲜的 fresh

描述没有干枯或衰老现象的饱满产品,其细胞没有老化。

2.24

生长缺陷 growth defect

水果或蔬菜在生长阶段发生的与该品种特征大小、形状有关的缺陷。

2.25

健康的 healthy

没有因病害侵袭而造成的病理性或生理性疾病和缺陷,不存在可能影响外观、贮存、可食性或商业价值的虫害。

2.26

不成熟的 immature

没有达到生理成熟的果实。

2.27

内部损伤 internal defect

水果或蔬菜沿切线纵向或横向切割后,检查出的果肉损伤。

2.28

多汁的 juicy

达到要求成熟度时,有丰富的细胞汁液,产生适宜的口感。

2.29

耐贮性 keeping quality

在一定持续时间内保持其质量的能力。它取决于其内在品质。

2.30

保质期 keeping time

贮藏期 storage time

贮藏过程中,产品不变质所能持续的时间。

2.31

晚熟的 late

水果或蔬菜的某些栽培品种达到要求成熟度的时间晚于相关水果或蔬菜品种的集中成熟时间。

2.32

机械损伤 mechanical defect

与外界尖锐、钝头或有穿透性的物体接触而导致的损伤。

2.33

失水 moisture loss

在处理、贮藏、运输或市场销售过程中,水果和蔬菜产品的水分蒸发。

2.34

(蔬菜的)过熟 over-mature(of a vegetable)

蔬菜超过最佳食用发育阶段。

2.35

(水果的)过熟 over-ripeness (of a fruit)

水果生理发育过度成熟,导致某些水果果肉变软、产生不正常褐色和香味损失,营养和食用品质下降。

2.36

易腐的 perishable

果蔬容易腐烂、贮藏寿命较短。

2.37

（水果的）生理成熟度　physiological maturity（of a fruit）

水果达到充分发育、内含物富集的状态。如果此时采收，成熟度适宜、品质优异。

2.38

生理紊乱　physiological disorder

由于正常新陈代谢紊乱造成的植物组织损伤。例如：低温伤害、高 CO_2 伤害等。

2.39

萼洼　pistillar cavity

某些水果（例如：苹果和梨）的萼洼由下位子房发育而成，位于花萼连接点凹陷处，与果柄的连接点对生。

2.40

覆有软毛　pubescent

覆盖有纤细、柔软的毛，使水果或蔬菜呈覆有绒毛状。

2.41

质量评价　quality evaluation

通过主观或客观测试的方法对食品的品质进行评价。

2.42

网状表面　reticulated surface

表皮呈线状凸纹，有或多或少的致密网纹。例如：某些品种的甜瓜。

2.43

起棱的　ribbed

有棱线。

2.44

棱线　ribs

a)　明显的凸起或隆起，沿整个或部分经线分布，是某些水果或蔬菜的品种特征。例如：甜瓜和
　　南瓜。

b)　一般对多肉的带叶蔬菜而言，指主要脉纹。例如：芹菜和白甜菜。

2.45

转熟　ripening

水果或蔬菜生理成熟与达到最高食用品质阶段之间的发育过程。

2.46

果锈　russeting

皱纹　rugosity

木栓化　corking

某些水果表皮上可见的木栓化组织，通常是不连续的，并且厚度不同。有些是某些品种的表皮特
征，有些是一种缺陷。例如：波斯科普苹果（表皮特征）；金帅苹果（缺陷）。

2.47

灼伤　scald

表皮灼伤　surface scald

贮藏灼伤　storage scald

某些水果的表皮表面呈褐色，主要是苹果和梨。

2.48

感官特征　sensory properties

人的感觉器官对产品的气味、香味、质地和表面特征的评价。

2.49

　　梗洼　stalk cavity

　　柄洼　stem cavity

　　某些水果和蔬菜果柄附着点处的明显凹陷。

2.50

　　贮藏寿命　storage life

　　保存期限　keeping life

　　特定贮存条件下，从产品进入流通环节开始到产品质量下降至不适宜消费之间的时间。

2.51

　　含糖量　sugar content

　　能分析检测的可溶性糖含量。

2.52

　　甜味　sweet

　　某些水溶性物质(例如:蔗糖)产生的基本味道。

2.53

　　味道　taste

　　a)　味觉器官由于某些水溶性物质刺激而产生的感觉。

　　b)　味道的感觉。

　　c)　产品的属性引起的味觉。

　　注:"味道"这个词如果用于表示味觉、嗅觉和神经的综合感觉,则应与一个限制性词汇连用,例如:霉味、树莓味、软
　　　　木塞味等。

2.54

　　饱满　turgidity

　　有正常水分含量的组织的状态。

2.55

　　叶脉　vein

　　突出于叶片的棱线。通常是有分枝的或平行的。

　　注:这个术语不宜与水果表面相联系。

2.56

　　完整的　whole

　　最初采摘后不经切割("修整"除外)的新鲜水果或蔬菜。

2.57

　　萎蔫　withering

　　产品的细胞逐渐失去正常的饱满度和水分的过程,表现为表面出现皱褶,失去新鲜外观。

3　技术术语

3.1

　　果实的催熟　accelerated ripening of fruits

　　通过物理或化学方法加速果实成熟的过程,比如:加热(保存在温度 20 ℃～28 ℃的房间中)、增加
房间空气中氧气的浓度。

3.2

　　适应　acclimatized

　　在干燥、通风的环境中,水果或蔬菜自然去除冷凝水后的状态。

3.3

换气　air change

用等体积的新鲜空气替代空间中现有的空气。

3.4

空气交换率　air-change rate

换气率　ventilation rate

单位时间内完成的空气交换的体积。

注：单位时间通常指一个小时。

3.5

空气循环　air circulation

在密闭空间中自然或机械强制空气流通。

3.6

空气循环率　air-circulation rate

单位时间内,库房里的循环空气体积除以库房体积。

3.7

环境空气　ambient air

果蔬周围的空气。

注：通常指外部空气或研究用箱体(库房)中的空气。

3.8

环境温度　ambient temperature

一个参考点或果蔬周围的温度,一般指空气温度。

3.9

托箱　box pallet

有或无盖,至少有三个固定的、可移动的或可折叠的垂直面的货箱托盘,有实体的、条板的或网孔的,一般允许堆叠。

3.10

刷洗　brushing

采用人工或机械的方法除去附着在水果或蔬菜表面的外来物的操作。

3.11

商品化处理　camouflage of goods

对大小、形状、颜色、外观、种类、品种与商品平均水平不一致的产品进行处理的过程。

3.12

快速冷却　chilling

将果蔬快速降温至冰点以上的某一温度的过程。

3.13

冷却速度　cooling rate

温度的降低值与降温所需的时间之比。

3.14

损伤　damage

由于机械或物理因素在水果或蔬菜表面、外皮上形成的刺伤、裂纹、擦伤、凹陷、创伤、灼伤或破损,也可能透入果肉中。

3.15

除霜　defrosting

去除沉积在冷却管表面的霜。

3.16

脱绿处理 degreening

去除叶绿素,使表皮由绿色变为黄色或橙色(特别是柑桔类水果)。

注:脱绿处理不一定与成熟有关,但通常用乙烯处理,也可以加速成熟(例如:香蕉)。

3.17

叉车 fork-lift truck

能装载、举高和运输货物的车辆。

3.18

货箱 freight container

运输集装箱 transport container

为商品运输(一般用于联运)而设计的箱体。有相对较大的容积,通常是标准尺寸。

3.19

散装水果和蔬菜 fruits and vegetables in bulk

散放在容器内的水果和蔬菜。比如:未经包装、未按层排放。

3.20

层装水果、蔬菜 fruits and vegetables in layers

分层摆放的水果、蔬菜。可以有或无水平隔板。

3.21

集装 grouping

将发往同一目的地的包装物放在一起,但不必是同一收货人。

3.22

半冷却时间 half-cooling time

降低产品温度,使之达到产品初始温度和最终温度之间的中间温度所需的时间。

3.23

搬运 handing

商品的任何移动。

3.24

隔热 insulate

使用适宜的选择性材料,以减少热量、气体或水分的转移。

3.25

保温车 insulated truck

有保温车体的汽车或火车。

3.26

ISO 货运箱 ISO freight container

符合 ISO 货箱标准的货运箱。

3.27

批 lot

装在同一类型包装中的规定数量的同一种产品。

3.28

上光 lustring

磨光 polishing

涂蜡 waxing

为了改善某些水果的表面感官品质,用涂刷的方法喷涂液体蜡等增光剂的机械操作。

3.29

标志　marking

在包装或标签上给出规定的信息。

3.30

最大堆码密度　maximum stacking density

一种产品能堆码的最大密度。应考虑到特殊商品的要求。

3.31

多功能冷藏库　multipurpose cold store

在不同温度条件下贮藏各种食品的冷库。一般建在距大型销售中心较近的地方。

3.32

包装　packing

为了贮藏、运输或配送的目的,将产品放入包装容器(板条箱、纸箱、盒子等)中的过程。

3.33

包装加工厂　packing station

水果和蔬菜验收、分级、包装、冷却、贮藏和配送中心。

3.34

托盘　pallet

装卸设备(码垛车或叉车及其他合适的装卸车辆)装卸最小重量货物的平台,是货物装配、贮藏、装卸和运输的基本单元。

3.35

托盘码垛　palletize

将货物摞放到托盘上,以便于装卸、运输、堆放。

3.36

码垛车　pallet truck

用于搬运货物的升降叉车。

3.37

去皮　peeling

去除水果或蔬菜的外表面物(表皮、外皮、外壳等)。

3.38

预冷　precooling

产品在运输或进入冷库之前的快速冷却。

3.39

预包装　prepacking

包装成零售包装。

3.40

质量保证　quality assurance

确保达到要求质量的操作。

3.41

质量控制　quality control

对加工或配送阶段中的产品进行质量评价的操作。

3.42

呼吸强度　rate of respiration

对于植物,指单位时间内单位质量所消耗氧气(O_2)或放出二氧化碳(CO_2)的体积。

3.43

制冷 refrigeration

用某些方法去除物品或空间中多余热量的过程。

3.44

制冷能力 refrigerating capacity

单位时间内致冷机械从物品或空间转移的热量。

3.45

冷藏运输 refrigerated transport

将产品保持在冰点以上某一低温下的运输过程。

3.46

冷藏车 refrigerated vehicle

装备有制冷设备或有其他制冷方法的保温车辆。

3.47

升温 reheating

在冷库中贮存的货物被送往零售点之前逐步升温的过程。

3.48

修整 scissoring

用剪刀去除葡萄串上未发育的、损坏的或影响商业销售的葡萄或小葡萄串的操作。

3.49

分级 size grading

水果和蔬菜按照大小或质量分级的操作过程。

3.50

分类 sorting

按类别选择或按不同标准分选的过程,主要使产品符合标准要求。

3.51

专用冷藏库 specialized cold store

用于特殊食品的贮藏库。

3.52

堆码 stack

把包装物一个摞放在另一个上面。

3.52.1

堆码高度 stack height

允许的最大堆码高度。

3.52.2

堆垛 stacking

堆码形成的堆积物。

3.52.3

堆码密度 stacking density

产品可堆放的密度,应考虑在产品周围留有足够的自由空间以利于冷空气循环。

3.53

贮藏系数 storage factor

某种特定产品贮存到最大量时,数量和体积的比值。应考虑此种产品的订货要求。

3.54

散装贮藏　storage in bulk

未包装食品的贮藏。

3.55

气调贮藏　storage in controlled atmosphere

CA 贮藏　CA storage

在低氧、高二氧化碳、高氮气浓度和适宜的温度条件下贮存产品。

3.56

贮藏库　store

商品存放或贮藏一段时间的地方。

注：可以被冷藏，也可以室温保存。

3.57

贮藏量　store contents

堆放在一个仓库中的食品的数量。

3.58

容许度　tolerance

达不到规定质量等级或尺寸等级要求的产品的百分数。

3.59

气调运输　transport under controlled atmosphere

产品在适宜的氧气、二氧化碳和氮气浓度以及一定的温度和相对湿度条件下的运输。

3.60

控温运输　transport under controlled temperature

产品保持在预定温度范围内的运输。

3.61

卸货　ungrouping

在不同目的地，从运输工具上卸下商品。

3.62

通风车辆　ventilated vehicle

有通风口或装有风扇的封闭式车辆。

3.63

升温间　warming room

用于从冷库取出的食品升温的房间。这种方法能避免在产品表面出现冷凝水。

中 文 索 引

英 文 索 引

ICS 67.080.10
B 31

中华人民共和国国家标准

GB/T 23616—2009

加工用苹果分级

Grades of apples for processing

2009-04-27 发布
2009-11-01 实施

中华人民共和国国家质量监督检验检疫总局
中国国家标准化管理委员会 发布

前　言

本标准由中国标准化研究院提出。

本标准由中华全国供销合作总社归口。

本标准主要起草单位：中国标准化研究院、中华全国供销合作总社济南果品研究院。

本标准主要起草人：刘俊华、朱风涛、刘文、杨丽、解维域、丁辰、席兴军、张瑶。

GBT 23616—2009

加 工 用 苹 果 分 级

1 范围

本标准规定了加工用苹果的术语和定义、分级规定及检验方法。

本标准适用于加工苹果汁、果酱、罐头用苹果的等级划分,加工其他产品用苹果的等级划分可参照本标准。

2 规范性引用文件

下列文件中的条款通过本标准的引用而成为本标准的条款。凡是注日期的引用文件,其随后所有的修改单(不包括勘误的内容)或修订版均不适用于本标准,然而,鼓励根据本标准达成协议的各方研究是否可使用这些文件的最新版本。凡是不注日期的引用文件,其最新版本适用于本标准。

GB/T 8855 新鲜水果和蔬菜 取样方法

3 术语和定义

下列术语和定义适用于本标准。

3.1

成熟度 degrees of ripe

果实发育到可供加工用的成熟程度。

3.2

同一品种 one variety

某一特定品种或特定品种的所有品系。

3.3

缺陷 defects

果实在生长发育、采摘和贮运过程中,受物理、化学和生物等作用影响,对果实果形和品质造成的伤害,如腐烂、虫伤、冻伤、腐心(果面正常、果心朽腐)、机械伤等。

3.4

损失率 damnify rate

由于缺陷造成不能用于加工的部分占单个苹果重量的百分比。

3.5

容许度 tolerance

果品允许低于本等级质量要求的限度。

4 分级规定

4.1 基本要求

果实的成熟度一致,除指定为混合品种外,应为同一品种。成熟度和品种应与加工用果的要求相一致。果实无杂质、无异味,不含非正常外来水分。

4.2 分级要求

4.2.1 加工用苹果分为一级、二级和三级。

4.2.2 一级:损失率小于5%。

4.2.3 二级:损失率小于12%。

4.2.4 三级:损失率小于 15%。

4.3 规格要求

对各级加工用苹果的最小和最大尺寸/重量的要求由交易双方协商确定。

4.4 容许度

每批各等级允许有一定数量的串等果,只能是邻级果,且符合下列要求:

——缺陷方面:允许每批达不到相应等级要求的苹果个数少于该批次的 10%,且缺陷苹果的个数符合下列要求:腐烂的苹果个数少于该批次的 2%,霉心的苹果个数少于该批次的 2%,有虫眼的苹果个数少于该批次的 5%。

——尺寸/重量方面:小于最小尺寸/重量苹果的个数不超过 5%,大于最大尺寸/重量苹果的个数不超过 10%。

5 检验方法

5.1 取样

按 GB/T 8855 规定的方法取样。

5.2 损失率的计算

损失率按式(1)计算:

$$DR = \frac{m_1}{m} \times 100\% \qquad\qquad \cdots\cdots\cdots\cdots\cdots(1)$$

式中:

DR——损失率;

m_1——单个苹果中由于缺陷造成不能用于加工部分的重量,单位为克(g);

m——单个苹果重量,单位为克(g)。

计算结果保留小数点后 1 位。

ICS 67.080.20
B 31

中华人民共和国国家标准

GB/T 26430—2010/ISO 1956-2：1989

水果和蔬菜 形态学和结构学术语

Fruits and vegetables—Morphological and structural terminology

(ISO 1956-2：1989，IDT)

2011-01-14 发布　　　　　　　　　　　　　　　　2011-06-01 实施

中华人民共和国国家质量监督检验检疫总局
中国国家标准化管理委员会　发布

前　言

本标准按照 GB/T 1.1—2009 给出的规则起草。

本标准等同采用 ISO 1956-2：1989《水果和蔬菜　形态学和结构学术语　第 2 部分》(英文版)，内容与 ISO 1956-2：1989 一致，章条编号略有调整，并做了下列编辑性修改：

——"本国际标准"一词改为"本标准"；

——删除了 ISO 1956-2：1989 的引言；

——删除了 ISO 1956-2：1989 中的法语和俄语的内容，增加了相应的中文名称。

本标准由中国商业联合会提出并归口。

本标准由中国商业联合会商业标准中心起草。

本标准主要起草人：李祥波、刘振宇、靳晓蕾。

水果和蔬菜 形态学和结构学术语

1 范围

本标准界定了凤梨、芹菜、辣根、芜菁甘蓝、青花菜、花椰菜、孢子甘蓝、球茎甘蓝、辣椒、菊苣、西瓜、榛子、甜瓜、西葫芦、朝鲜蓟、胡桃、结球生菜、香蕉、菜豆、豌豆、萝卜（原变种）、菊牛蒡、茄子、菠菜、婆罗门参、蚕豆、玉米的形态学和结构学术语。

2 形态学和结构学术语

2.1

植物学名称：*Ananas comosus*（**Linnaeus**）**Merrill**
英文名称：pineapple
中文名称：凤梨

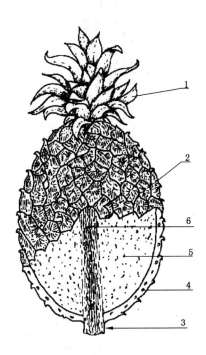

序号	英文名称	中文
1	crown	冠部
2	eye	芽眼
3	peduncle	梗
4	skin,shell	壳
5	flesh	果肉
6	core	果核

2.2

植物学名称:*Apium graveolens* Linnaeus var. *dulce*（Miller）Person
英文名称:celery
中文名称:芹菜

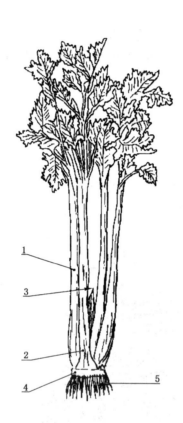

序号	英文	中文
1	leaf stalk	叶柄
2	vein,main vein	叶脉
3	flower stem	花茎
4	neck	颈
5	roots	根

2.3

植物学名称:*Armoracia rusticana* P. Gaertner, B. Meyer et Scherbius

英文名称:horseradish, horse-radish

中文名称:辣根

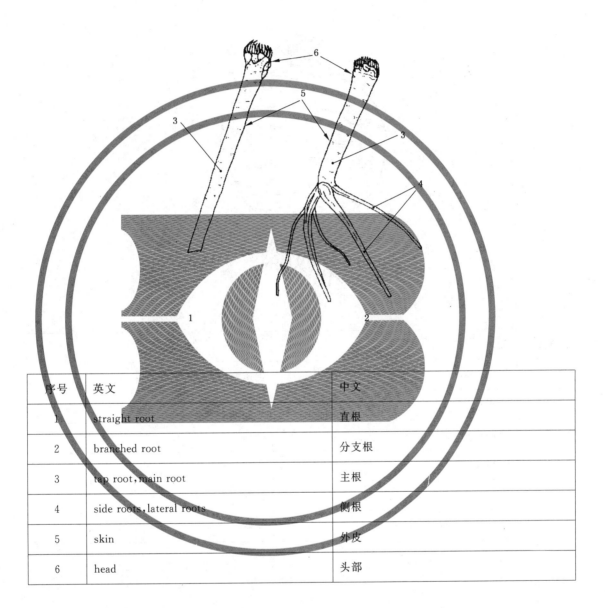

序号	英文	中文
1	straight root	直根
2	branched root	分支根
3	tap root, main root	主根
4	side roots, lateral roots	侧根
5	skin	外皮
6	head	头部

2.4

植物学名称:*Brassica napus* Linnaeus var. *napobrassica*(Linnaeus)Reichenbach

英文名称:swede,rutabaga[1]

中文名称:芜菁甘蓝

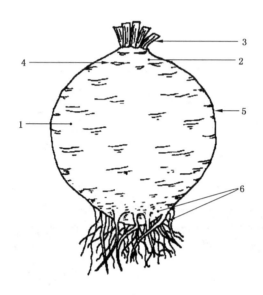

序号	英文	中文
1	fleshy root	肉质根
2	crown	冠部
3	leaf stalk	叶柄
4	leaf scar	瘢痕
5	skin,peel	外皮
6	lateral roots,feeder roots	支根

---

[1] 北美用法。

2.5

植物学名称：*Brassica oleracea* Linnaeus[2]

英文名称：sprouting broccoli，green sprouting broccoli

中文名称：青花菜

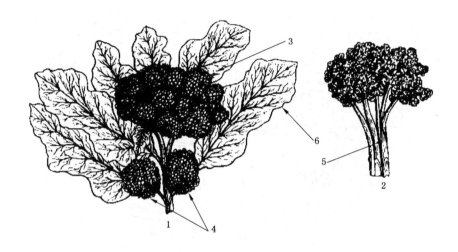

序号	英文	中文
1	compact	紧密的
2	spread head	分散的头部
3	central head	主花球
4	lateral heads	侧花球
5	stem	茎
6	leaf	叶子

---

[2] 植物学名称仍在讨论中。

2.6

植物学名称:*Brassica oleracea* **Linnaeus var.** *botrytis* **Linnaeus subvar. Cauliflora A. P. de Candolle**

英文名称:cauliflower

中文名称:花椰菜

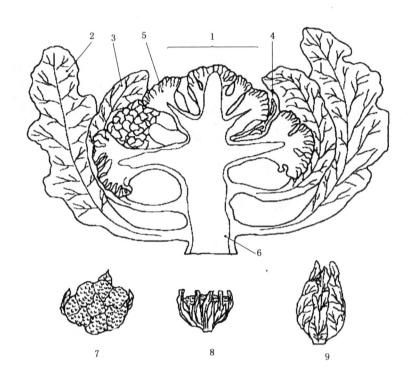

序号	英文	中文
1	head,curd	头部
2	outer leaves	外叶
3	inner leaves	内叶
2,3	protective leaves	保护叶
4	protruding leaves	凸叶
5	flower stalk	花枝
6	stem	茎
7	head without leaves	无叶头部
8	head with cut leaves	有切割叶的头部
9	head with leaves	有叶头部

2.7

植物学名称:*Brassica oleracea* **Linnaeus var.** *gemmifera* **A. P. de Candolle**
英文名称:brussels sprouts
中文名称:孢子甘蓝

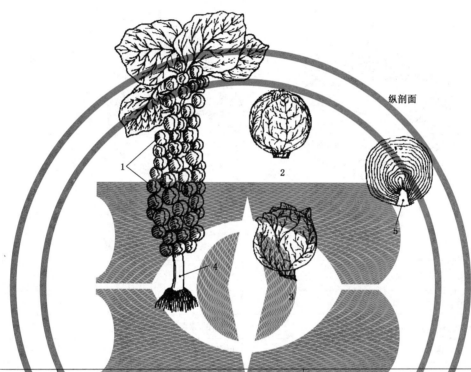

序号	英文	中文
1	sprout,button	叶球
2	closed sprout（cut）	抱合的叶球
3	open sprout（uncut）	松散的叶球
4	stem,stalk	茎
5	stump	短缩茎

2.8

植物学名称: *Brassica oleracea* **Linnaeus var.** *gongyloides* **Linnaeus**
英文名称:kohlrabi,kohl-rabi
中文名称:球茎甘蓝,茎蓝

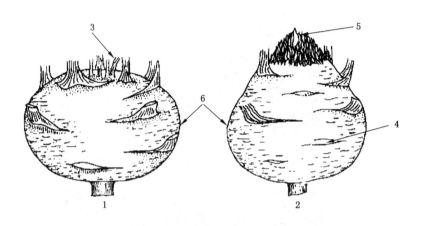

序号	英文	中文
1	good-shaped,mature,kohlrabi	商品成熟的球茎甘蓝
2	bad-shaped,over-mature,kohlrabi	过熟的球茎甘蓝
3	leaf stalk	叶柄
4	leaf scar	瘢痕
5	floral stem	花茎
6	skin, peel	外皮

2.9

植物学名称:*Capsicum annuum* Linnaeus
英文名称:pepper
中文名称:辣椒

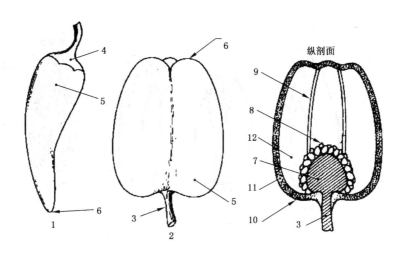

纵剖面

序号	英文	中文
1	long pepper	长椒
2	bell pepper	灯笼形椒
3	stalk,pedicel	果柄
4	calyx	萼片
5	base of the fruit	果实的肩部
6	apex	果脐
7	placenta	胎座
8	seeds	种子
9	venation,septal wall	隔膜
10	skin	外皮
11	flesh	果肉
12	cavity (loculus)	心腔

2.10

植物学名称:*Cichorium intybus* Linnaeus var. *foliosum* Hegv

英文名称:witloof chicory,french endive

中文名称:菊苣,苣荬菜

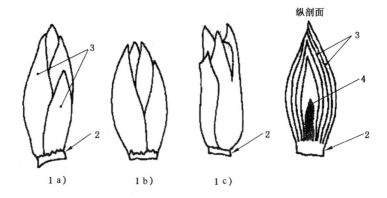

序号	英文	中文
1	head a)　completely closed b)　partially open c)　open	头部 a)　抱合的 b)　半抱合的 c)　松散的
2	neck	颈
3	leaves	叶子
4	stem,floral stem	花茎

2.11

植物学名称:*Citrullus lanatus（Thunberg）Matsumura et Nakai syn.Citrullus vulgaris Schrader*
英文名称:watermelon,water-melon
中文名称:西瓜

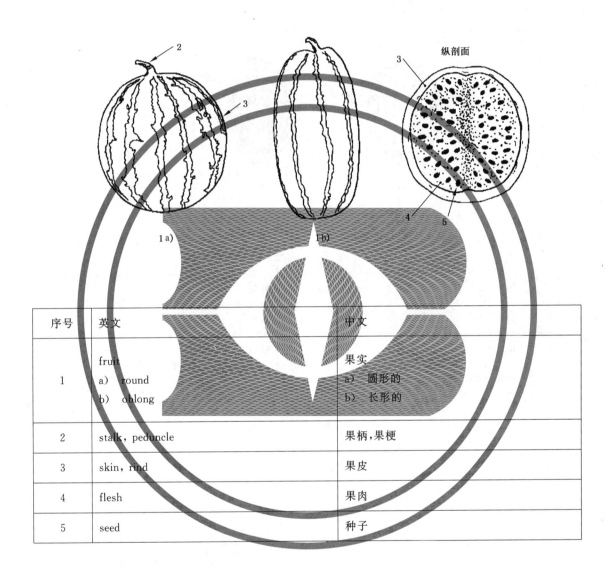

纵剖面

序号	英文	中文
1	fruit a) round b) oblong	果实 a) 圆形的 b) 长形的
2	stalk, peduncle	果柄,果梗
3	skin, rind	果皮
4	flesh	果肉
5	seed	种子

2. 12

植物学名称:*Corylus avellana* **Linnaeus**;*Corylus maxima* **Miller**

英文名称:hazelnut，hazel-nut，cob-nut

中文名称:榛子

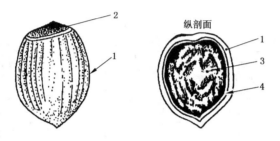

纵剖面

序号	英文	中文
1	hard shell,pericarp	外壳
2	basal scar	基痕
3	kernel	核,仁
4	skin,pellicle	薄皮

2.13

植物学名称:*Cucumis melo* Linnaeus

英文名称:melon

中文名称:甜瓜

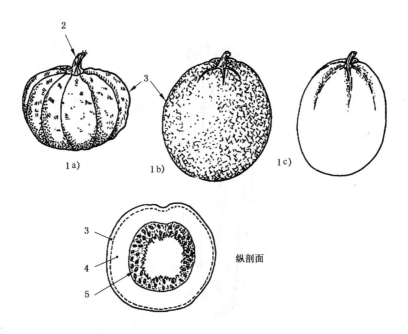

1a)   1b)   1c)

纵剖面

序号	英文	中文
1	fruit a) ribbed b) netted c) smooth	果实 a) 肋状的 b) 网状的 c) 光滑的
2	stalk,peduncle	果梗
3	skin,rind,peel	果皮
4	flesh	果肉
5	seed	种子

2.14

植物学名称:*Cucurbita pepo* Linnaeus

英文名称:vegetable marrow,courgette

中文名称:西葫芦

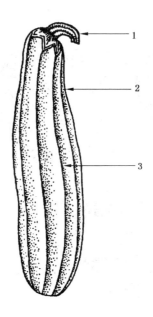

序号	英文	中文
1	stalk,peduncle	果梗
2	skin	果皮
3	rib	肋

2.15

植物学名称:*Cynara scolymus* Linnaeus
英文名称:globe artichoke,artichoke
中文名称:朝鲜蓟

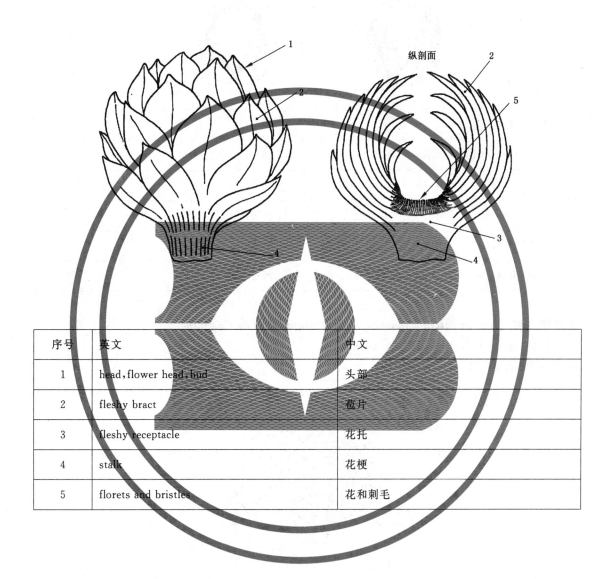

纵剖面

序号	英文	中文
1	head,flower head,bud	头部
2	fleshy bract	苞片
3	fleshy receptacle	花托
4	stalk	花梗
5	florets and bristles	花和刺毛

2.16

植物学名称:*Juglans regia* Linnaeus

英文名称:walnut

中文名称:胡桃

纵剖面

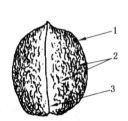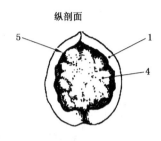

序号	英文	中文
1	hard shell,pericarp	硬壳
2	grooves	凹槽
3	suture	接缝
4	kernel	果仁
5	skin, pellicle	薄皮

2.17

植物学名称:*Lactuca sativa* Linnaeus var. *capitata* A. P. de Candolle

英文名称:cabbage lettuce,head lettuce

中文名称:结球生菜

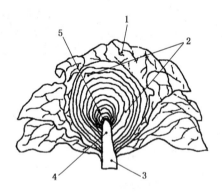

序号	英文	中文
1	outer leaf,wrapper leaf	外叶
2	head	叶球
3	stem	茎
4	stump	短缩茎
5	growing point	生长点

2.18

植物学名称：*Musa species*

英文名称：banana

中文名称：香蕉

一串　　　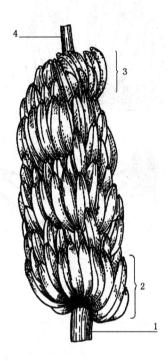

序号	英文	中文
1	stalk，bunch stalk-large end	梗
2	first hand	第一串
3	last hand	最后一串
4	flower or blossom end，bunch stalk-small end	花尾

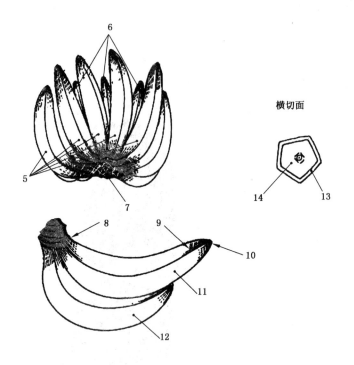

横切面

序号	英文	中文
5	inner row，inner whorl	内排
6	outer row，outer whorl	外排
7	crown	冠部
8	pedicel	茎
9	apex，flower end	顶点
10	floral scar，flower scar	花痕
11	inner finger fruit	内侧果实
12	outer finger fruit	外侧果实
13	peel，skin	外皮
14	pulp，flesh	果肉

2.19

植物学名称:*Phaseolus vulgaris* Linnaeus
英文名称:common bean,french bean,kidney bean
中文名称:菜豆

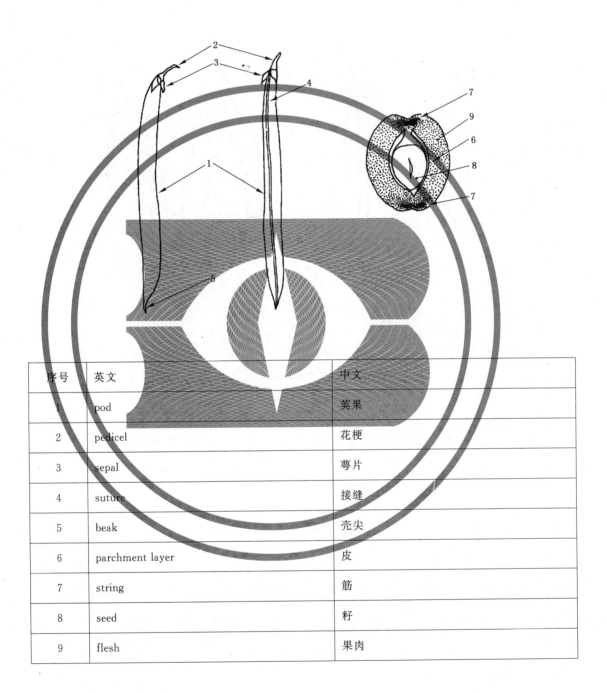

序号	英文	中文
1	pod	荚果
2	pedicel	花梗
3	sepal	萼片
4	suture	接缝
5	beak	壳尖
6	parchment layer	皮
7	string	筋
8	seed	籽
9	flesh	果肉

2.20

植物学名称:*Pisum sativum* Linnaeus

英文名称:pea,garden pea

中文名称:豌豆

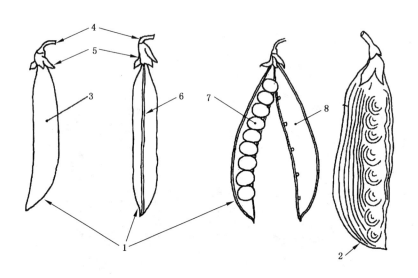

序号	英文	中文
1	shelling pea	去壳豆
2	sugar pea,sweet pea	甜豆
3	pod	豆荚
4	pedicel	茎
5	sepal	萼片
6	suture	接缝
7	pea,seed	豆,籽
8	parchment layer	皮

2.21

植物学名称:*Raphanus sativus* Linnaeus var. *sativus*

英文名称:small radish

中文名称:萝卜(原变种)

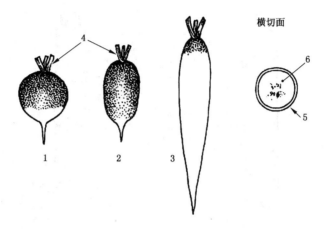

序号	英文	中文
1	round	球形
2	cylindrical	圆锥形
3	long	长圆形
4	leaf stalk	叶茎
5	skin,peel	外皮
6	flesh	木质部

2.22

植物学名称：*scorzonera hispanica* Linnaeus

英文名称：scorzonera，black salsify

中文名称：菊牛蒡、鸦葱

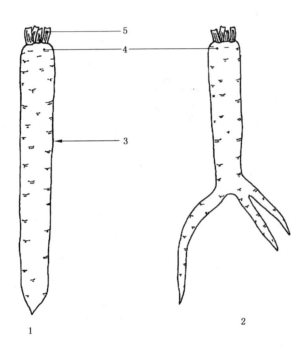

序号	英文	中文
1	straight root	直根
2	branched root	分叉根
3	skin,peel	外皮
4	crown	冠部
5	leaf stalk	叶柄

2.23

植物学名称:*Solanum melongena* **Linnaeus**

英文名称:eggplant,aubergine

中文名称:茄子

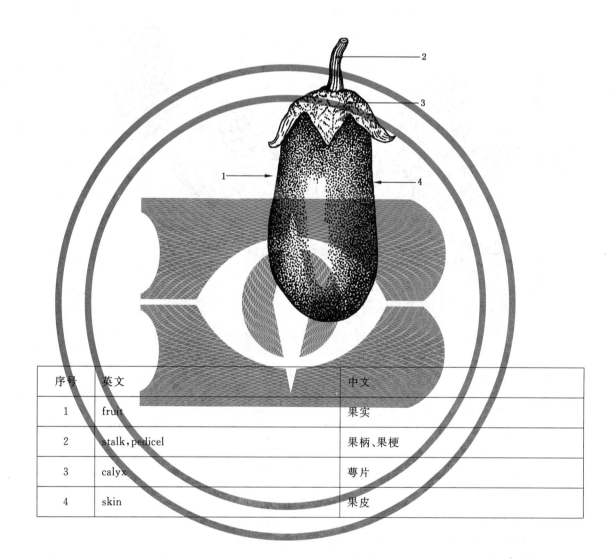

序号	英文	中文
1	fruit	果实
2	stalk,pedicel	果柄、果梗
3	calyx	萼片
4	skin	果皮

2.24

植物学名称:*Spinacia oleracea* Linnaeus
英文名称:spinach
中文名称:菠菜

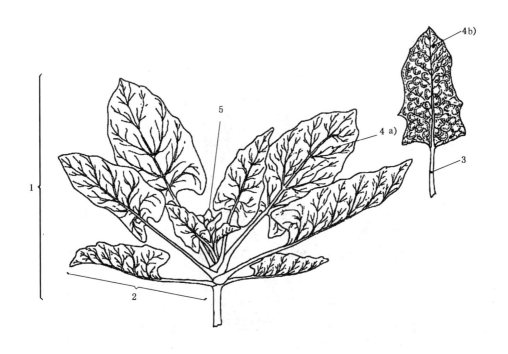

序号	英文	中文
1	head, rosette	叶簇
2	leaf	叶子
3	leaf stalk	叶梗
4	blade a) smooth b) crinkled	叶片 a) 平叶 b) 皱叶
5	floral stem	花茎

2.25

植物学名称：*Tragopogon porrifolius* Linnaeus

英文名称：salsify

中文名称：婆罗门参

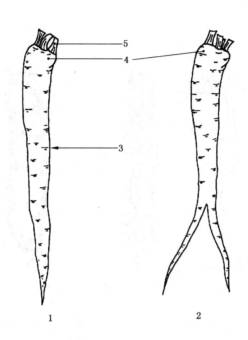

序号	英文	中文
1	straight root	直根
2	branched root	分叉根
3	skin,peel	外皮
4	crown	冠部
5	leaf stalk	叶梗

2.26

植物学名称:*Vicia faba* Linnaeus

英文名称:broad bean,field bean,horse bean

中文名称:蚕豆

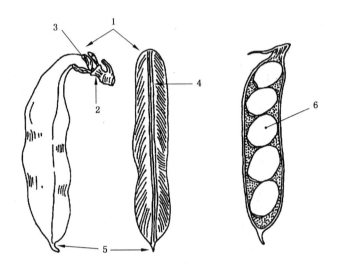

序号	英文	中文
1	pod	荚果
2	peduncle,pedicel	小柄
3	sepal	萼片
4	suture	接缝
5	beak	壳尖
6	seed,bean	籽,豆

2.27

植物学名称:*Zea mays* **Linnaeus**,var. *saccharata*（**Sturtevant**）**L. H. Bailey**
英文名称:sweet corn,maize
中文名称:玉米

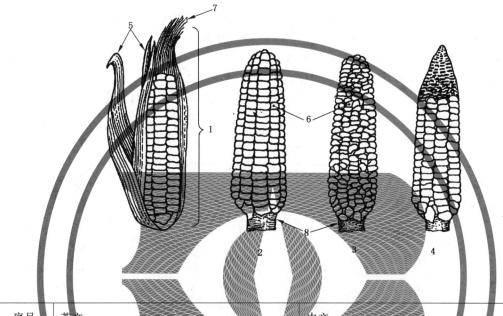

序号	英文	中文
1	ear,cob	玉米穗
2	uniform setting of kernels	谷粒形状标准的玉米
3	irregular setting of kernels	谷粒形状不标准的玉米
4	empty top of the ear or cob	顶部空的玉米
5	husks	外皮
6	kernel	去皮谷粒
7	silks	须
8	stalk	梗

中 文 索 引

英 文 索 引

ICS 67.040
X 00

中华人民共和国国家标准

GB/T 27307—2008

食品安全管理体系
速冻果蔬生产企业要求

Food safety management system—
Requirements for quick frozen fruits and vegetable product establishments

2008-10-22 发布

2009-05-01 实施

中华人民共和国国家质量监督检验检疫总局
中国国家标准化管理委员会　发布

前　言

本标准的附录 A、附录 B、附录 C 为资料性附录。

本标准由中国合格评定国家认可中心和中华人民共和国济南出入境检验检疫局提出。

本标准由全国认证认可标准化技术委员会归口。

本标准起草单位：中国合格评定国家认可中心、中华人民共和国济南出入境检验检疫局、国家认监委注册管理部、上海质量体系认证中心、中国农业大学食品学院、莱阳龙大食品有限公司、莱阳恒润食品有限公司。

本标准主要起草人：姜铁白、宫君秋、周文权、李燕、吴广枫、谭平、杨志刚、章红兵、孔德峰、王子扬。

引　言

　　本标准从我国速冻果蔬安全存在的关键问题入手,采取自主创新和积极引进并重的原则,结合速冻果蔬企业生产特点,针对企业卫生安全生产环境和条件、关键过程控制、检验等,提出了建立速冻果蔬企业食品安全管理体系的特定要求。

　　本标准的编制基础为"十五"国家重大科技专项"食品企业和餐饮业 HACCP 体系的建立和实施"科研成果之一"食品安全管理体系　速冻果蔬生产企业要求"。

　　GB/T 22000—2006《食品安全管理体系　食品链中各类组织的要求》为食品链中的各类组织提供了通用要求。速冻果蔬生产企业及相关方在使用 GB/T 22000 中,根据本类型食品企业生产特点,提出了对通用要求进一步细化的需求。

　　鉴于速冻果蔬生产企业在生产加工过程方面的差异,为确保产品安全,除应关注的一些通用要求外,本标准提出了针对本类产品特点的"关键过程控制"要求,主要包括原辅料控制和加工过程控制,重点提出对果蔬的漂烫处理、金属异物的检测,确保消费者食用安全。

食品安全管理体系
速冻果蔬生产企业要求

1 范围

本标准规定了速冻果蔬生产企业建立实施食品安全管理体系的特定要求,包括人力资源、前提方案、关键过程控制、检验以及产品追溯和撤回。

本标准配合 GB/T 22000 以适用于速冻果蔬生产企业建立、实施与自我评价其食品安全管理体系,也适用于对此类食品生产企业食品安全管理体系的外部评价和认证。

本标准用于认证目的时,应与 GB/T 22000 一起使用。本标准与 GB/T 22000 的对应关系参见附录 A,与速冻果蔬生产企业相关的法规和标准清单参见附录 B,有关速冻果蔬生产企业良好操作规范的要点参见附录 C。

2 规范性引用文件

下列文件中的条款通过本标准的引用而成为本标准的条款。凡是注日期的引用文件,其随后所有的修改单(不包括勘误的内容)或修订版均不适用于本标准,然而,鼓励根据本标准达成协议的各方研究是否可使用这些文件的最新版本。凡是不注日期的引用文件,其最新版本适用于本标准。

GB 5749—2006 生活饮用水卫生标准

GB 14881—1994 食品企业通用卫生规范

GB/T 18517—2001 制冷术语

GB/T 22000—2006 食品安全管理体系 食品链中各类组织的要求（ISO 22000:2005,IDT）

3 术语和定义

GB/T 22000—2006 和 GB/T 18517—2001 确立的以及下列术语和定义适用于本标准。

3.1

原料 raw material

用于加工的无毒、无害、新鲜的蔬菜水果。

3.2

漂烫 blanching

为抑制果蔬中酶的活性而用沸水或蒸汽进行适宜的加热处理,并杀死表面微生物的过程。

3.3

金属异物 metal foreign body

原料采收过程或加工过程中由于加工机械的金属碎屑脱落或其他途径而导致混入的金属碎片类异物。

3.4

果蔬基地 fruit and vegetable base

被适当隔离的,具备一定规模并实行统一管理的水果、蔬菜种植场地。

3.5

清洗 wash

用水除去尘土、残屑、污物或其他可能污染食品之不良物质的操作。

3.6

速冻 quick frozen

将预处理后的食品在最短时间内通过最大冰晶生成带温度,并使其中心温度达到−18℃或以下的过程。

4 人力资源

4.1 食品安全小组的组成

食品安全小组应由具有相关专业知识和经验的人员组成,通常包括从事食品卫生、质量控制、生产加工、工艺制定、检验、设备维护、原辅料采购、仓储管理和销售等工作的人员。

4.2 能力、意识和培训

4.2.1 食品安全小组成员应理解危害分析与关键控制点(hazard analysis and critical control point, HACCP)原理和食品安全管理体系的标准。

4.2.2 食品安全小组应具有熟悉速冻果蔬生产基本知识及加工工艺的人员。

4.2.3 从事工艺制定、卫生质量控制、检验及从事漂烫、金属检测等关键工序操作的人员应当经过相关知识培训,具备上岗条件。

4.2.4 生产人员应熟悉卫生标准操作程序,遵守前提方案的相关规范要求。

5 前提方案

5.1 总则

从事速冻果蔬生产的企业,根据 GB/T 22000—2006 建立食品安全管理体系时,应符合 GB 14881—1994的要求。

5.2 基础设施和维护

5.2.1 应具有符合速冻果蔬专业要求和生产安全产品必需的生产厂房、卫生设施、储存、运输、检验等基础设施。加工场地应远离有害场所,至少符合 GB 14881—1994 和国家质检总局 2002 年第 20 号令《出口食品生产企业卫生注册登记管理规定》的要求。

5.2.2 应具备符合速冻果蔬生产技术要求的原料存放、清洗、漂烫、冷却、速冻、包装、冷藏、运输和防止虫害及鼠害的设备和设施。

5.2.3 应具备与生产能力相适应的水、电、气等能源供给及废弃物处理设施。

5.2.4 采购原料的运输工具与原料仓库不应增加对产品的污染。

5.2.5 原料入口和加工废弃物出口有效分离,标志明确,加工废弃物集中存放处远离加工间,并应有密闭装置,废弃物集中存放处应及时清理。

5.2.6 加工间输水管道、蒸汽管道、冷库蒸发排管、排风机等不宜存在内部和外部锈蚀;水循环和污水排放系统设计合理,对不同用途管道进行编号并标记清晰,易于辨认和抽查。

5.2.7 能源供应和废水、废气排放应符合当地环保要求。锅炉用煤和运送垃圾的途径不应对加工区造成污染。

5.2.8 车间与外界相通的门窗、人员出入口、下水道出口、包装物料间及排气扇等空气出口设置有良好的防蚊蝇设施。

5.2.9 各加工间设计、卫生设施设计、工艺设计和设备材料能够满足产品安全卫生的需要。设备维修所用油和器械不应污染产品。

5.2.10 应建立必要的设施设备维护保养计划。明确规定对加工设备进行维护保养的频率,对关键工序的设备要及时进行检查、校准,并形成相应的记录。设备的维护保养应确保生产中加工设备不会对食品造成不安全隐患。

5.3 卫生标准操作程序

5.3.1 接触食品(包括原料、半成品、成品)的水和(或)冰应当符合 GB 5749—2006。

5.3.2 接触食品的器具、手套和内外包装材料等应清洁、卫生和安全。

5.3.3 确保食品免受交叉污染。

5.3.4 保证操作人员手的清洗消毒,保持洗手间设施的清洁。

5.3.5 防止润滑剂、燃料、清洗消毒用品、冷凝水及其他化学、物理和生物等污染物对食品造成安全危害。

5.3.6 正确标注、存放和使用各类有毒化学物质。

5.3.7 清除和预防鼠害、虫害。

5.3.8 对包装、储运的卫生进行控制,必要时应控制包装、储运时的温度。

5.4 人员健康和卫生

5.4.1 从事食品生产、质量管理的人员应符合《中华人民共和国食品卫生法》关于从事食品加工人员的卫生要求和健康检查的规定。与生产有接触的生产、检验、维修及质量管理人员每年应进行一次健康检查,必要时做临时健康检查,体检合格后方可上岗。

5.4.2 直接从事食品生产加工的人员,凡患有病毒性肝炎、活动性肺结核、肠道传染病及肠道传染病带菌者、化脓性或渗出性皮肤病、疥疮、手部有外伤者及其他有碍食品卫生安全的患病人员应调离食品生产、检验岗位。

5.4.3 生产、质量管理人员应保持个人清洁卫生,不得将与生产无关的物品带入车间;工作时不得戴首饰、手表,不得化妆;进入车间时应洗手、消毒并穿着工作服、帽、鞋,离开车间时换下工作服、帽、鞋;不同清洁区加工及质量管理人员的工作帽、服应用不同颜色或标识加以区分,工作服、帽应集中管理,统一清洗、消毒,统一发放;不同区域人员不应串岗。

6 关键过程控制

6.1 总则

企业根据 GB/T 22000—2006 进行危害分析时应关注关键过程,并选择适宜的控制措施组合对危害实施控制。

6.2 基地管理

应建立文件化的基地管理程序,基地应提供基地环境检测报告和基地备案资料,包括基地备案号、基地性质、面积、植保员、土壤检测报告、灌溉用水检测报告、农药管理制度等,以有效控制化学危害。

6.3 原辅料验收

应编制文件化的原辅材料控制程序,明确原辅料标准和采购与验收要求,并形成记录,定期复核。

果蔬原料应在满足产品特性的温度下储存和运输。新鲜、易腐烂变质、有特殊加工时间要求的原料,应明确从采摘、收购到进厂加工的时限。

应制定选择、评价和重新评价供方的准则,对原料、辅料、容器、包装材料的供方进行评价、选择。企业应建立合格供应方名录。

企业应按 GB/T 22000—2006 中 7.3.3.1 的要求制定原料、辅料验收规则。

6.4 加工过程控制

6.4.1 对于漂烫类产品,加工车间应有符合加工技术要求的热处理设备,确保对果蔬原料进行热处理时杀死表面的微生物。热处理设备配有必要的监控仪器,该仪器能够对热处理的时间、温度等参数进行描述并保留记录。监控仪器应定期进行校准,确保其处于持续有效监控状态。每种产品加工前均需做漂烫时间和温度关键限值的确定试验,并保持记录。生产企业应对漂烫后的产品进行抽样检测,以验证漂烫的效果,确保最终产品的安全。

6.4.2 对于非漂烫类产品,生产企业可根据工艺要求进行相应的生物危害控制。

6.4.3 生产车间应对金属及其他恶性杂质制定控制措施,并定期对控制措施的有效性进行评价。

7 检验

7.1 检验能力

7.1.1 实验室各工作间应具备与工作需要相适应的场地、仪器和设备、检测方法标准。应具备醒目的操作规程与标识。

7.1.2 实验室应分别设置保存样品和标准品的专用场所。样品的抽取、处置、传送和贮存应制定相应的规范。

7.1.3 实验室所用化学药品、仪器和设备应有合格的采购渠道、存放地点、标记标签和使用说明,要保存仪器和设备的校准记录及维护记录,保存化学药品、仪器和设备的使用记录。

7.1.4 实验室应配备足够的人员,这些人员应经受过与其承担任务相适应的教育和培训,并具备相应的技术知识和经验。速冻果蔬生产企业应保存技术人员培训、技能、经历和资格等技术业绩档案。

7.1.5 实验室应有独立的、与实际工作相符合的文件化的实验室管理程序。

7.1.6 实验室应保存检验数据的原始记录。

7.1.7 检验仪器的计量应符合 GB/T 22000—2006 中 8.3 的要求。

7.1.8 速冻果蔬生产企业委托外部检验机构开展检验工作的,应签订委托合同。

7.1.9 受委托的社会实验室应当具有相应的资质,具备完成委托检验项目的实际检测能力。

7.1.10 生产过程中直接关系到安全卫生质量控制等时效性较强的检验项目,如感官、微生物等项目,应由企业设立的实验室自行完成检验,不得对外委托。

7.2 检验要求

抽样应按照规定的程序和方法执行。抽样方案应科学,确保抽样工作的公正性和样品的代表性、真实性。抽样人员应接受过专门的培训,具备相应资质。

产品检测方法应满足现行的国家标准和行业标准的要求。农残等项目的检测,按现行的国家标准执行。出口产品按进口国法律法规、合同及信用证规定的方法执行。

8 产品追溯和撤回

8.1 产品追溯

应建立和实施产品追溯系统,以确保从产品的初次分销追踪到所使用原料的种植基地。

对反映产品卫生质量情况的有关记录,应制定其标识、收集、编目、归档、存储、保管和处理的程序,并贯彻执行。所有质量记录应真实、准确、规范,冷冻产品的记录应至少在产品保质期满后再保存 12 个月。

8.2 撤回

应建立不安全批次产品的撤回方案,应能够追溯到销售批次和客户。应采用模拟撤回、实际撤回或其他方式来验证产品撤回方案的有效性。

附　录　A

（资料性附录）

GB/T 22000—2006 与 GB/T 27307—2008 之间的对应关系

表 A.1　GB/T 22000—2006 与 GB/T 27307—2008 之间的对应关系

GB/T 22000—2006			GB/T 27307—2008
引言			引言
范围	1	1	范围
规范性引用文件	2	2	规范性引用文件
术语和定义	3	3	术语和定义
食品安全管理体系	4		
总要求	4.1		
文件要求	4.2		
总则	4.2.1		
文件控制	4.2.2		
记录控制	4.2.3	8.1	产品追溯
管理职责	5		
管理承诺	5.1		
食品安全方针	5.2		
食品安全管理体系策划	5.3		
职责和权限	5.4		
食品安全小组组长	5.5		
沟通	5.6		
外部沟通	5.6.1		
内部沟通	5.6.2		
应急准备和响应	5.7		
管理评审	5.8		
总则	5.8.1		
评审输入	5.8.2		
评审输出	5.8.3		
资源管理	6		
资源提供	6.1	7.1	检验
人力资源	6.2	4	人力资源
总则	6.2.1	4.1	食品安全小组的组成
能力、意识和培训	6.2.2	4.2	能力、意识和培训
基础设施	6.3	5	前提方案

GB/T 27307—2008

表 A.1（续）

GB/T 22000—2006		GB/T 27307—2008	
工作环境	6.4	5	前提方案
安全产品的策划和实现	7	6	关键过程控制
总则	7.1		
前提方案（PRPs）	7.2	5	前提方案
	7.2.1		
	7.2.2		
	7.2.3	5.2	基础设施和维护
		5.3	卫生标准操作程序
		5.4	人员健康和卫生要求
实施危害分析的预备步骤	7.3		
总则	7.3.1		
食品安全小组	7.3.2	4.1	食品安全小组的组成
产品特性	7.3.3		
预期用途	7.3.4		
流程图、过程步骤和控制措施	7.3.5		
危害分析	7.4	6.2	基地管理
总则	7.4.1	6.3	原辅料验收
危害识别和可接受水平的确定	7.4.2	6.4	加工过程控制
危害评估	7.4.3		
控制措施的选择和评估	7.4.4		
操作性前提方案（PRPs）的建立	7.5		
HACCP 计划的建立	7.6		
HACCP 计划	7.6.1		
关键控制点（CCPs）的确定	7.6.2		
关键控制点的关键限值的确定	7.6.3		
关键控制点的监视系统	7.6.4		
监视结果超出关键限值时采取的措施	7.6.5		
预备信息的更新、规定前提方案和HACCP计划文件的更新	7.7		
验证策划	7.8	7	检验
可追溯性系统	7.9	8.1	产品追溯
不符合控制	7.10		
纠正	7.10.1		撤回
纠正措施	7.10.2		

182

表 A.1（续）

GB/T 22000—2006		GB/T 27307—2008	
潜在不安全产品的处置	7.10.3		
撤回	7.10.4	8.2	撤回
食品安全管理体系的确认、验证和改进	8		
总则	8.1		
控制措施组合的确认	8.2		
监视和测量的控制	8.3	7	检验
食品安全管理体系的验证	8.4		
内部审核	8.4.1		
单项验证结果的评价	8.4.2		
验证活动结果的分析	8.4.3		
改进	8.5		
持续改进	8.5.1		
食品安全管理体系的更新	8.5.2		

附　录　B

（资料性附录）

相关法规和标准清单

国家认证认可监督管理委员会 2002 年第 3 号公告　食品生产企业危害分析与关键控制点（HAC-CP）管理体系认证管理规定

GB 2760　食品添加剂使用卫生标准

GB 2762　食品中污染物限量

GB 2763　食品中农药最大残留限量

GB 7718　预包装食品标签通则

GB 9687　食品包装用聚乙烯成型品卫生标准

GB 9693　食品包装用聚丙烯树脂卫生标准

GB 14930.1　食品工具、设备用洗涤剂卫生标准

GB 14930.2　食品工具、设备用洗涤消毒剂卫生标准

GB 15204　食品容器、包装材料用偏氯乙烯-氯乙烯共聚树脂卫生标准

GB 16331　食品包装材料用尼龙 6 树脂卫生标准

GB 16332　食品包装材料用尼龙成型品卫生标准

GB 18406.1　农产品安全质量　无公害蔬菜安全要求

GB 18406.2　农产品安全质量　无公害水果安全要求

GB/T 18407.1　农产品安全质量　无公害蔬菜产地环境要求

GB/T 5009.38　蔬菜、水果卫生标准的分析方法

GB/T 10470　速冻水果和蔬菜　矿物杂质测定方法

GB/T 10471　速冻水果和蔬菜　净重测定方法

GB/T 19537　蔬菜加工企业 HACCP 体系审核指南

CAC/RCP 1—1969　［Rev.4(2003),Amd.1(1999)］食品卫生通则

CAC/RCP 5—1971　脱水干果和蔬菜（包括食用菌）卫生操作规范

CAC/RCP 8—1976，Rev.2(1983)　速冻食品加工处理卫生操作规范

CAC/RCP 46—1999　延长货架期的冷藏包装食品卫生操作规范

CAC/RCP 53—2003　新鲜水果和蔬菜卫生操作规范

附　录　C
（资料性附录）
速冻果蔬生产企业良好操作规范要点

速冻果蔬生产企业良好操作规范（good manufacturing practice,GMP）要点如下：

1)　卫生质量方针和卫生质量目标。

2)　组织机构及其职责。

3)　生产、检验人员的管理（按食品企业 GMP 和 GB 14881—1994 的相关规定）。

4)　环境卫生的要求。

5)　车间及设施卫生的要求；

——地面、墙壁、天花板、门窗、管道等；

——通风设施；

——供水设施；

——更衣设施；

——洗手消毒设施；

——冷库设施；

——卫生间设施。

6)　原料、辅料卫生质量的控制。

7)　生产卫生质量的控制。

8)　包装、储存、运输卫生的控制。

9)　检验的要求。

10)　质量记录的控制。

11)　质量体系的内部审核。

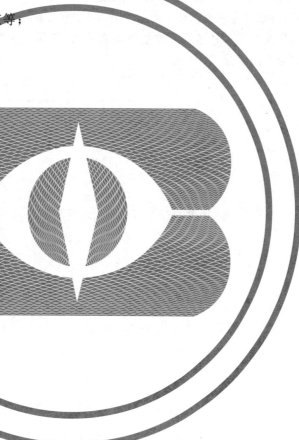

参 考 文 献

[1] 国家质量监督检验检疫总局.出口食品生产企业卫生注册登记管理规定.2002年第20号令.

[2] 国家认证认可监督管理委员会.食品生产企业危害分析与关键控制点(HACCP)管理体系认证管理规定.2002年第3号公告.

[3] 国家认证认可监督管理委员会.食品安全管理体系认证实施规则.2007年第3号公告.

[4] 宫君秋.出口蔬菜质量控制.山东:山东科技出版社,2000.

[5] NORMAN N P, JOSEPH H H. 王璋,等,译.食品科学.5版.北京:中国轻工业出版社,2001.

[6] 出口速冻果蔬生产企业注册卫生规范

[7] 中国合格评定国家认可中心."十五"国家重大科技专项"食品安全关键技术"课题成果,中国食品企业和餐饮业HACCP体系的建立和实施丛书:食品安全管理体系评价准则,认证制度和认可制度.北京:中国标准出版社.2006.

ICS 67.040
X 00

中华人民共和国国家标准

GB/T 29373—2012

农产品追溯要求　果蔬

Traceability requirements for agricultural products—Fruits and vegetables

2012-12-31 发布

2013-07-01 实施

中华人民共和国国家质量监督检验检疫总局
中国国家标准化管理委员会　发布

前　言

本标准按照 GB/T 1.1—2009 给出的规则起草。

本标准由中国标准化研究院归口。

本标准起草单位:山东省标准化研究院、烟台北方安德利果汁股份有限公司、上海天际条码技术有限公司、山东省肥城桃业开发总公司、青岛市华测检测技术有限公司、山东省射频识别应用工程技术研究中心有限公司、厦门青田食品工业有限公司。

本标准主要起草人:钱恒、刘丽梅、王慧涛、王玎、高永超、杨作明、王云争、曲昆生、孙大鹏、陶城、乔善晶、陈晋、钱峰、孙华山、康江河。

农产品追溯要求 果蔬

1 范围

本标准规定了果蔬供应链可追溯体系的构建和追溯信息的记录要求。

本标准适用于果蔬供应链中各组织可追溯体系的设计和实施。

2 规范性引用文件

下列文件对于本文件的应用是必不可少的。凡是注日期的引用文件,仅注日期的版本适用于本文件。凡是不注日期的引用文件,其最新版本(包括所有的修改单)适用于本文件。

GB/Z 25008—2010 饲料和食品链的可追溯性 体系设计与实施指南

3 术语和定义

GB/Z 25008—2010 界定的以及下列术语和定义适用于本文件。

3.1

接收信息 received data

供应链上的组织在接收追溯单元时从其上游组织获得的信息以及交易本身产生的信息。

3.2

处理信息 processed data

供应链上的组织接收追溯单元后,到将追溯单元输出给下游组织前,对追溯单元进行加工处理过程中产生的信息。

3.3

输出信息 outputed data

供应链上的组织在输出追溯单元时向其下游组织输出的信息以及交易本身产生的信息。

4 追溯体系构建

4.1 果蔬供应链上的组织应明确追溯目标(如:确保果蔬质量安全),了解相关法规和政策要求,设计和实施可追溯体系,形成文件加以实施和保持,必要时进行更新。

4.2 果蔬可追溯体系的设计应符合 GB/Z 25008—2010 中第 5 章的要求。

4.3 果蔬可追溯体系的实施应符合 GB/Z 25008—2010 中第 6 章的要求。

4.4 应建立果蔬可追溯体系的内部审核程序,必要时采取适当的纠正措施和(或)预防措施,以保证体系的持续改进。具体应符合 GB/Z 25008—2010 中第 7 章和第 8 章的要求。

5 追溯信息记录

5.1 总要求

5.1.1 组织应确保追溯范围内上、下游组织间信息的有效传递和沟通。

5.1.2 组织应记录基本追溯信息。

5.1.3 组织间应对需要记录的追溯信息达成共识,在实现追溯目标的基础上,宜加强扩展追溯信息的交流与共享。

5.1.4 直接或间接介入果蔬供应链中的一个或多个环节的组织应明确记录本环节产生的接收信息、处理信息和输出信息,并保证信息间的有效链接。

5.1.5 组织间应就追溯信息保存期限达成一致,数据文件的保存期应符合法律法规要求并长于果蔬的保质期。

5.1.6 若产品涉及流程少于所列环节,组织可依据自身需要,记录所历经环节的追溯信息。若产品涉及流程多于所列环节,需要按照追溯信息不间断原则,将新增流程中的追溯信息予以记录。

5.2 信息划分

5.2.1 当追溯单元由一个组织转移到另一个组织时产生外部追溯信息,外部追溯信息包括接收信息和输出信息。

5.2.2 若追溯单元仅在组织内部各部门之间流动,产生内部追溯信息即处理信息。

5.3 信息记录

5.3.1 外部追溯信息记录要求

接收信息和输出信息记录要求见表1和表2。

表 1 接收信息记录要求

外部追溯信息		描述	信息类型	
			基本追溯信息	扩展追溯信息
接收信息	产品来源	追溯单元及本阶段添加物、包装物等供应商名称、地址等联系方式或厂商识别代码	★	
		产品和企业认证情况		★
	产品标识	追溯单元及本阶段添加物、包装物等名称、批号、数量和规格	★	
	质量信息	追溯单元及本阶段添加物、包装物等描述、入库验收检验信息、温度等关键控制点要求、包装类型		★
	交易信息	交易时间、地点	★	
	附加信息	涉及的其他信息		★
注:★代表该行信息所属类型。				

表 2 输出信息记录要求

外部追溯信息		描述	信息类型	
			基本追溯信息	扩展追溯信息
输出信息	产品去向	追溯单元接收方的名称、地址等联系方式或厂商识别代码	★	
		产品和企业认证情况		★
	产品标识	追溯单元名称、批号、数量和规格	★	
	质量信息	追溯单元描述、出库验收检验信息、温度等关键控制点要求、包装类型		★
	交易信息	交易时间、地点	★	
	附加信息	涉及的其他信息		★

5.3.2 果蔬供应链各环节处理信息记录要求

5.3.2.1 品种繁育环节

品种繁育环节处理信息记录要求见表3。

表 3 品种繁育环节处理信息记录要求

内部追溯信息		描述	信息类型	
			基本追溯信息	扩展追溯信息
处理信息	种子和（或）根茎标识	名称、批号、数量和规格	★	
	亲本标识	品种、批号、数量和规格	★	
	品种或根茎的选择	对"亲本"的栽培技术和措施记录		★
	种子和（或）根茎的质量	种子质量保证文件（如：无病虫害、病毒等）和品种纯度记录		★
	繁殖材料质量信息	国家认可的植物检疫证明、质量保证书或生产合格证明书		★
	植保信息	病发名称、时间、植保产品名称、施用时间、剂量、作业人员等		★
	繁殖信息	繁殖时间、品种、数量	★	
		种属、重量、苗龄、温度记录、密度记录、育苗过程管理记录、作业人员		★
	附加信息	涉及的其他信息		★

5.3.2.2 种植环节

种植环节处理信息记录要求见表4。

表 4　种植环节处理信息记录要求

内部追溯信息		描述	信息类型	
			基本追溯信息	扩展追溯信息
处理信息	并批、分批信息	种苗名称、原批号、产地、数量与规格、新产生的批号	★	
	产品标识	名称、批号、数量和规格	★	
	种植基地	生态环境信息、土壤信息、温度信息、水质信息、检验信息		★
	施肥灌溉信息	施肥品种、时间、数量、次数、人员 灌溉次数、时间、方式		★
	病虫草害防治信息	病虫草害名称、发病时间,用药名称、剂量、次数、类型、时间、作业人员		★
	采收信息	采收日期、采收基地编号、采收数量和规格	★	
		采收方式、作业人员、容器		★
	附加信息	涉及的其他信息		★

5.3.2.3　加工环节

加工环节处理信息记录要求见表5。

表 5　加工环节处理信息记录要求

内部追溯信息		描述	信息类型	
			基本追溯信息	扩展追溯信息
处理信息	并批、分批信息	名称、原批号、数量与规格、新产生的批号	★	
	加工产品标识	名称、批号、数量与规格	★	
	清洗信息	水质信息、消毒剂浓度		★
	加工设施设备信息	清洁消毒记录		★
	添加物信息	添加方式		★
	加工信息	车间、生产线编号、生产日期和时间	★	
		卫生控制与检查记录、加工温度记录、加工过程控制记录、加工人员、班组		★
	附加信息	涉及的其他信息		★

5.3.2.4　仓储物流环节

仓储物流环节处理信息记录要求见表6。

表 6 仓储物流环节处理信息记录要求

内部追溯信息		描述	信息类型	
			基本追溯信息	扩展追溯信息
处理信息	仓储物流信息	仓库编号、出入库数量、时间、运输工具编号、运输时间	★	
		温度记录、检验信息、运输人员		★
	附加信息	涉及的其他信息		★

5.3.2.5 批发环节

批发环节处理信息记录要求见表7。

表 7 批发环节处理信息记录要求

内部追溯信息		描述	信息类型	
			基本追溯信息	扩展追溯信息
处理信息	质量信息	温度记录、存储时间记录、质量检验信息		★
	附加信息	涉及的其他信息		★

5.3.2.6 零售和餐饮环节

零售和餐饮环节处理信息记录要求见表8。

表 8 零售和餐饮环节处理信息记录要求

内部追溯信息		描述	信息类型	
			基本追溯信息	扩展追溯信息
处理信息	质量信息	温度记录、存储时间记录、质量检验信息		★
	附加信息	涉及的其他信息		★

参 考 文 献

[1]　GB/T 19538—2004　危害分析与关键控制点(HACCP)体系及其应用指南

[2]　GB/T 20014.5—2005　良好农业规范　第5部分:水果和蔬菜控制点与符合性规范

[3]　GB/T 22000—2006　食品安全管理体系　食品链中各类组织的要求

[4]　GB/T 22005—2009　饲料和食品链的可追溯性　体系设计与实施的通用原则和基本要求

[5]　Traceability for fresh fruits and vegetables—Implementation guide. GS1. July 2009.

[6]　GS1 Global traceability standard. GS1. February 2009.

ICS 67.080.01
B 31
备案号：38535—2013

中华人民共和国国内贸易行业标准

SB/T 10029—2012
代替 SB/T 10029—1992

新鲜蔬菜分类与代码

Classification and code for fresh vegetables

2013-01-04 发布

2013-07-01 实施

中华人民共和国商务部   发 布

前　言

本标准按照 GB/T 1.1—2009 给出的规则起草。

本标准代替 SB/T 10029—1992《蔬菜计算机编码　蔬菜商品分类和代码》。

本标准与 SB/T 10029—1992 相比,除编辑性修改外主要技术变化如下:

——对蔬菜的分类及代码作了调整;

——增加了蔬菜的数量;

——增设了"术语和定义"和"蔬菜分类及编码原则"两章。

本标准由中华人民共和国商务部提出并归口。

本标准主要起草单位:全国城市农贸中心联合会。

本标准主要起草人:陈存坤、马增俊、纳绍平、李响、张敏、侯仰标、王晓燕。

新鲜蔬菜分类与代码

1 范围

本标准规定了国内市场主要蔬菜的分类与代码。

本标准适用于各类新鲜蔬菜的信息处理与信息交换,可为我国新鲜蔬菜流通的可追溯提供技术支持。

2 规范性引用文件

下列文件对于本文件的应用是必不可少的。凡是注日期的引用文件,仅注日期的版本适用于本文件。凡是不注日期的引用文件,其最新版本(包括所有的修改单)适用于本文件。

GB/T 2260 中华人民共和国行政区划代码

3 术语和定义

下列术语和定义适用于本文件。

3.1

蔬菜 vegetables

可作副食品的草本植物及少数可作副食品的木本植物和菌类植物。

3.2

新鲜 fresh

蔬菜叶片或其他可食用部位具有一定的光泽和水分,没有发生萎蔫现象。

3.3

新鲜蔬菜 fresh vegetables

新鲜且经过一定加工或保鲜处理的蔬菜。

4 蔬菜分类原则与方法

4.1 分类原则

本标准依据蔬菜植物的生物学特性和栽培技术特点进行分类。

4.2 分类方法

本标准采用线分类法,共分为四层。

5 代码结构及编码方法

5.1 代码结构

本标准采用层次代码,代码分为四个层次,代码结构见图1。

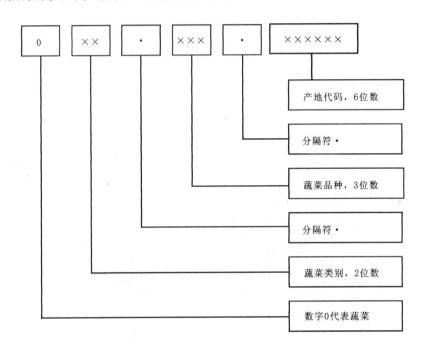

图 1 代码结构

5.2 编码方法

5.2.1 蔬菜分类编码体系为层次结构,由4层12位数字码组成:第一层为蔬菜代码,用数字0表示;第二层为蔬菜类别代码,用2位数字表示,代码为01～14;第三层为蔬菜品种代码,用3位数字表示,代码为001～099;第四层为蔬菜的产地代码,采用GB/T 2260中的6位地区代码,用于区分同一种蔬菜的不同产地;其中第一层、第二层和第三层为必备代码,第四层在实际生产、流通过程中根据需要添加,也可不添加。第二层和第三层之间、第三层和第四层之间用圆点(·)隔开,信息处理时应省略圆点(·)。

5.2.2 本标准的表1中包含了市场上流通的主要新鲜蔬菜品种,代码仅表示该品种蔬菜在本分类体系中的位置和代号,不表示其他含义,产品的排列次序与其重要性无关。本编码体系是开放体系,给新品种的蔬菜留有充分的位置。

5.2.3 蔬菜代码第四层主要用于区分同一品种的蔬菜来源,便于在流通等过程中对蔬菜进行安全追溯,以菠菜为例,在实际生产流通过程中如果只有一种菠菜,则菠菜代码是001·001。如果同时有北京怀柔和天津西青产的菠菜,则怀柔产菠菜代码为:001·001·110116,西青产菠菜代码为:001·001·120111。

6 分类与代码表

表 1 分类与代码表

代码	商品名称	别名
0	蔬菜	
001·000·××××××	**绿叶菜类蔬菜**	
001·001·	菠菜	
001·002·	芹菜	
001·003·	香芹	
001·004·	叶用莴苣	生菜
001·005·	花叶生菜	
001·006·	莴苣	莴笋
001·007·	蕹菜	空心菜
001·008·	茴香(菜)	
001·009·	苋菜	
001·010·	芫荽	香菜
001·011·	叶菾菜	牛皮菜
001·012·	茼蒿	
001·013·	荠菜	
001·014·	冬寒菜	冬苋菜
001·015·	落葵	木耳菜
001·016·	番杏	新西兰菠菜
001·017·	金花菜	黄花苜蓿
001·018·	紫背天葵	血皮菜
001·019·	罗勒	兰香
001·020·	榆钱菠菜	洋菠菜
001·021·	薄荷尖	蕃荷菜
001·022·	菊苣	
001·023·	鸭儿芹	三叶芹
001·024·	紫苏	
001·025·	苦苣	
001·026·	菊花脑	
001·027·	莳萝	土茴香
001·028·	甜菜菜	
001·029·	苦荬菜	山苦荬、苦菜

表 1（续）

代码	商品名称	别名
001·030·	油麦菜	莜麦菜
001·031·～001·099·	其他绿叶蔬菜	
002·000·××××××	**白菜类蔬菜**	
002·001·	大白菜	
002·002·	小白菜	
002·003·	乌塌菜	塌菜、油塌菜
002·004·	紫菜薹	红薹菜
002·005·	菜薹	菜心、薹心菜
002·006·	球茎甘蓝	
002·007·	结球甘蓝	圆白菜
002·008·	紫甘蓝	
002·009·	花椰菜	白菜花
002·010·	西兰花	青花菜
002·011·	芥蓝	
002·012·	孢子甘蓝	芽甘蓝
002·013·	叶用芥菜	
002·014·	薹菜	青菜
002·015·	盖菜	
002·016·	油菜	
002·017·	快菜	
002·018·～002·099·	其他白菜类蔬菜	
003·000·××××××	**根菜类蔬菜**	
003·001·	萝卜	
003·002·	青萝卜	
003·003·	胡萝卜	
003·004·	芜青	
003·005·	芜青甘蓝	
003·006·	根芹菜	
003·007·	美洲防风	芹菜萝卜
003·008·	根菾菜	紫菜头
003·009·	婆罗门参	

表 1（续）

代码	商品名称	别名
003·010·	牛蒡	
003·011·	黑婆罗门参	
003·012·	根用芥菜	
003·013·	茎芥菜	青菜头
003·014·	薹芥菜	
003·015·	子芥菜	
003·016·	芽芥菜	
003·017·	雪菜	雪里蕻
003·018·	根用甜菜	
003·019·～003·099·	其他根菜类蔬菜	
004·000·××××××	**豆类蔬菜**	
004·001·	刺槐豆荚	角豆荚
004·002·	菜用大豆	毛豆
004·003·	蚕豆	胡豆、罗汉豆
004·004·	豌豆	
004·005·	长豇豆	长豆角
004·006·	菜豆	四季豆
004·007·	扁豆	蛾眉豆、眉豆
004·008·	黎豆	狸豆、胡豆、狗爪豆
004·009·	红花菜豆	龙爪豆
004·010·	刀豆	
004·011·	四棱豆	翼豆
004·012·	豆王	
004·013·	白不老	
004·014·	紫芸豆	
004·015·	白芸豆	
004·016·	油豆角	
004·017·～004·099·	其他豆类蔬菜	
005·000·××××××	**瓜类蔬菜**	
005·001·	黄瓜	
005·002·	冬瓜	

表 1（续）

代码	商品名称	别名
005·003·	南瓜	
005·004·	笋瓜	
005·005·	西葫芦	
005·006·	越瓜	脆瓜、梢瓜
005·007·	菜瓜	蛇甜瓜
005·008·	丝瓜	
005·009·	棱丝瓜	
005·010·	苦瓜	
005·011·	瓠瓜	瓠子
005·012·	节瓜	毛瓜
005·013·	蛇瓜	蛇丝瓜
005·014·	佛手瓜	
005·015·～005·099·	其他瓜类蔬菜	
006·000·××××××	**葱蒜类蔬菜**	
006·001·	韭菜	青韭
006·002·	韭菜花	
006·003·	韭菜薹	
006·004·	韭黄	
006·005·	洋葱	葱头、圆葱
006·006·	藠头	
006·007·	大葱	
006·008·	韭葱	扁葱、洋大蒜
006·009·	细香葱	
006·010·	分葱	四季葱、菜葱
006·011·	胡葱	火葱、葱头蒜
006·012·	楼葱	龙爪葱
006·013·	沙葱	
006·014·	大蒜	
006·015·	蒜薹	蒜苔
006·016·	青蒜	蒜苗
006·017·	蒜黄	
006·018·～006·099·	其他葱蒜类蔬菜	

表 1（续）

代码	商品名称	别名
007·000·××××××	**茄果类蔬菜**	
007·001·	番茄	西红柿
007·002·	圆茄子	
007·003·	长茄子	
007·004·	辣椒	
007·005·	甜椒	柿子椒
007·006·	彩椒	
007·007·	酸浆	灯笼草、红菇娘
007·008·～007·099·	其他茄果类蔬菜	
008·000·××××××	**薯芋类蔬菜**	
008·001·	马铃薯	土豆
008·002·	甘薯	山芋、地瓜、红薯
008·003·	紫薯	
008·004·	木薯	
008·005·	山药	
008·006·	豆薯	沙葛、凉薯、土瓜
008·007·	草石蚕	宝塔菜、地蚕
008·008·	葛	葛根、粉葛
008·009·	香芋	
008·010·	蕉芋	蕉藕、姜芋
008·011·	菱角	
008·012·	芋头	
008·013·	魔芋	
008·014·	菊芋	洋姜、鬼子姜
008·015·	姜	
008·016·～008·099·	其他薯芋类蔬菜	
009·000·××××××	**多年生蔬菜**	
009·001·	竹笋	
009·002·	鲜百合	
009·003·	枸杞尖	
009·004·	芦笋	石刁柏

表 1（续）

代码	商品名称	别名
009·005·	辣根	
009·006·	朝鲜蓟	法国百合
009·007·	襄荷	
009·008·	霸王花	
009·009·	食用菊	甘菊、臭菊
009·010·～009·099·	其他多年生蔬菜	
010·000·××××××	**水生蔬菜**	
010·001·	莲藕	藕
010·002·	茭白	茭瓜
010·003·	慈菇	茨菰
010·004·	豆瓣菜	西洋菜、水芥菜
010·005·	莼菜	马蹄草、水莲叶
010·006·	水芹	楚葵
010·007·	蒲菜	香蒲、蒲儿菜
010·008·	芡实	
010·009·	菱角	
010·010·	荸荠	
010·011·～010·099·	其他水生蔬菜	
011·000·××××××	**芽菜类蔬菜**	
011·001·	绿豆芽	
011·002·	黄豆芽	
011·003·	萝卜苗	娃娃萝卜菜
011·004·	芽豆	
011·005·	姜芽	嫩姜、子姜
011·006·	豌豆尖	
011·007·	豌豆苗	
011·008·	豌豆芽	
011·009·	香椿芽	
011·010·	香椿苗	
011·011·	花生芽	
011·012·	荞麦芽	
011·013·	苜蓿芽	

表 1（续）

代码	商品名称	别名
011·014·～011·099·	其他芽菜类蔬菜	
012·000·××××××	**野生蔬菜类**	
012·001·	鲜蕨菜	龙头菜
012·002·	野生木耳	
012·003·	野生荠菜	
012·004·	野生蘑菇	
012·005·	发菜	
012·006·	鲜薇菜	扫帚菜、地肤
012·007·	完达蜂斗菜	黑瞎子菜
012·008·	马齿苋	长命菜、五行草
012·009·	蔊菜	野油菜
012·010·	鲜车前草	
012·011·	蒌蒿	芦蒿
012·012·	沙芥	山萝卜
012·013·	马兰	马兰头、鸡儿肠
012·014·	鱼腥草	
012·015·	苦苣菜	
012·016·～012·099·	其他类野生蔬菜	
013·000·××××××	**食用菌类蔬菜**	
013·001·	双孢菇	
013·002·	滑菇	
013·003·	棒蘑	
013·004·	榆蘑	
013·005·	香菇	
013·006·	平菇	
013·007·	草菇	
013·008·	乳菇	
013·009·	金针菇	
013·010·	柳钉菇	
013·011·	茶树菇	
013·012·	白灵菇	

表 1（续）

代码	商品名称	别名
013·013·	杏鲍菇	
013·014·	凤尾菇	
013·015·	黑木耳	
013·016·	银耳	
013·017·	金耳	
013·018·	地耳	
013·019·	血耳	
013·020·	鸡棕	
013·021·	竹荪	
013·022·	猴头菌	
013·023·	牛肝菌	
013·024·	牛舌菌	
013·025·	羊肚菌	
013·026·	多孔菌	
013·027·	鸡油菌	
013·028·	马鞍菌	
013·029·～013·099·	其他食用菌类蔬菜	
014·000·××××××	**其他类**	
014·001·	甜玉米	
014·002·	黏玉米	
014·003·	黄秋葵	
014·004·～014·099·	其他	

ICS 67.080
B 31
备案号：22443—2008

中华人民共和国国内贸易行业标准

SB/T 10450—2007

胡萝卜购销等级要求

Grading of purchase and sale of carrot

2007-12-28 发布
2008-05-01 实施

中华人民共和国商务部 发布

前　言

　　本标准由中华人民共和国商务部提出并归口。

　　本标准起草单位:深圳市福田农产品批发市场有限公司、深圳市质量技术监督局、深圳市无公害农产品质量监督检验站。

　　本标准主要起草人:刘敬之、马增海、周鹏、周向阳、于桂虹、金肇熙、江民、陈文杰、肖敏。

胡萝卜购销等级要求

1 范围

本标准规定了胡萝卜购销的术语和定义、基本要求、卫生要求、等级划分、试验方法、检验规则、加工、包装、标志、贮存和运输。

本标准适用于生鲜胡萝卜购销。

2 规范性引用文件

下列文件中的条款通过本标准的引用而成为本标准的条款。凡是注日期的引用文件,其随后所有的修改单(不包括勘误的内容)或修订版均不适用于本标准,然而,鼓励根据本标准达成协议的各方研究是否可使用这些文件的最新版本。凡是不注日期的引用文件,其最新版本适用于本标准。

GB 2762 食品中污染物限量

GB 2763 食品中农药最大残留限量

GB/T 8855 新鲜水果和蔬菜的取样方法

3 术语和定义

下列术语和定义适用于本标准。

3.1

成熟度 mature degree

块根自然生长发育的程度。

3.2

整齐度 uniformity

同批次产品块根的形状、大小、色泽一致的程度。

3.3

抽芽 pullulation

块根顶部发出的芽。

3.4

糠心 hollowing

由于块根组织内水分和养分大量消耗,出现的细胞间隙增大、组织疏松和木质化现象。

3.5

青头 green-shoulder

块根顶部周围呈青绿色或紫色的现象。

3.6

平均长度 average length

对同批次产品抽检的平均长度值。

4 基本要求

4.1 具有同一品种特征,适于食用。

4.2 块根新鲜洁净,发育成熟,根形完整良好。

4.3 无异味,无异常水分。

4.4 具有适于市场购销和贮存要求的新鲜度和成熟度。

4.5 无抽芽、糠心、腐烂、冻伤等缺陷。

4.6 块根顶切平,表面干净,无须根。

5 卫生要求

应符合 GB 2762、GB 2763 的规定。

6 等级

胡萝卜购销等级应符合表 1 规定。

表 1 胡萝卜购销等级

等级指标	一 级	二 级	三 级
色泽	保持块根固有色泽,自然鲜亮,颜色均匀	保持块根固有色泽,自然鲜亮,颜色较均匀	保持块根固有色泽,颜色略有差异
形状	保持块根固有形状,形状均匀,无歪扭、弯曲、开裂或凸起,无青头	保持块根固有形状,略有歪扭、弯曲、开裂或凸起,无明显青头	保持块根固有形状,有明显歪扭、弯曲、开裂或凸起,略有青头
伤害	无机械伤及病虫伤块根	有轻微机械伤及病虫伤	有较明显机械伤及病虫伤
整齐度	与平均长度的误差≤±5%	与平均长度的误差≤±7.5%	与平均长度的误差≤±10%
限度	同批次不合格品率低于 10%	同批次不合格品率低于 12%	同批次不合格品率低于 15%

注:色泽、形状、伤害、整齐度为单体判定;限度为批次判定。

7 试验方法

7.1 块根色泽形状、伤害、成熟度、新鲜度及清洁程度用目测。

7.2 异味用鼻嗅。

7.3 糠心用刀剖和目测。

7.4 整齐度用直尺测量及目测。

7.5 卫生指标按照 GB 2762、GB 2763 规定执行。

8 检验规则

8.1 组批规则

同产地、同品种、同等级、同货主的胡萝卜为一个检验批次。

8.2 抽样方法

抽样方法按 GB/T 8855 中的有关规定执行。取样数量见表 2。

表 2 取样数量

批量/件	抽样数/件
≤100	5
101~300	7
301~500	9
501~1 000	10
>1 000	15(最低限度)

8.3 判定规则

8.3.1 不合格品率的判定

对不符合该等级要求的样品根数做记录。不合格品率按式(1)计算,计算结果保留一位小数。

$$X = \frac{m}{M} \times 100 \qquad \cdots\cdots\cdots\cdots\cdots\cdots\cdots\cdots\cdots\cdots\cdots(1)$$

式中:

X——该等级不合格品率,%;

m——该等级不合格样品数量,单位为根;

M——检验样品数量,单位为根。

8.3.2 卫生指标的判定

卫生要求有一项不合格,该批次产品为不合格。

9 加工、包装、标志、贮存和运输

9.1 加工

胡萝卜应在采收后进行分选、清洗,清理须根,块根顶切平。

9.2 包装

9.2.1 应按等级包装,单件的净含量不低于标示净含量。

9.2.2 可选用瓦楞纸箱、塑料周转箱或网袋等包装。包装容器应干燥、清洁、无污染。

9.3 标志

包装容器上应标明品名、等级、净含量、产地、运销商的名称、地址和联系电话。

9.4 贮存和运输

9.4.1 应在清洁、阴凉、通风、卫生的条件下贮存。

9.4.2 应防止曝晒、雨淋、高温、冻害、有毒物质污染及病虫鼠害。

9.4.3 应分品种、分批次、分等级堆放。堆码整齐,便于通风散热。堆放或装卸时要轻搬轻放。

9.4.4 不得与有毒、有害物质混运。运输工具应清洁卫生,有防晒、防雨和通风设施。

9.4.5 贮存、运输宜保持相对湿度80%～90%,温度0℃～5℃。

ICS 67.080
B 31
备案号：22444—2008

中华人民共和国国内贸易行业标准

SB/T 10451—2007

苦瓜购销等级要求

Grading of purchase and sale of balsam pear

2007-12-28 发布

2008-05-01 实施

中华人民共和国商务部　　发布

前　言

本标准由中华人民共和国商务部提出并归口。

本标准起草单位:深圳市福田农产品批发市场有限公司、深圳市质量技术监督局、深圳市无公害农产品质量监督检验站。

本标准主要起草人:刘敬之、马增海、周鹏、周向阳、于桂虹、金肇熙、江民、陈文杰、肖敏。

苦瓜购销等级要求

1 范围

本标准规定了苦瓜购销的术语和定义、基本要求、卫生要求、等级划分、试验方法、检验规则、加工、包装、标志、贮存和运输。

本标准适用于生鲜苦瓜购销。

2 规范性引用文件

下列文件中的条款通过本标准的引用而成为本标准的条款。凡是注日期的引用文件,其随后所有的修改单(不包括勘误的内容)或修订版均不适用于本标准,然而,鼓励根据本标准达成协议的各方研究是否可使用这些文件的最新版本。凡是不注日期的引用文件,其最新版本适用于本标准。

GB 2762　食品中污染物限量

GB 2763　食品中农药最大残留限量

GB/T 8855　新鲜水果和蔬菜的取样方法

3 术语和定义

下列术语和定义适用于本标准。

3.1

新鲜度　**fresh degree**

果实具有的自然色泽、肉质脆嫩等特征的程度。

3.2

成熟度　**mature degree**

果实自然生长发育的程度。

3.3

整齐度　**uniformity**

同批次产品果实的形状、大小、色泽一致的程度。

3.4

灼伤　**burn**

果实在生长发育过程中受到的日光晒伤现象。

3.5

平均长度　**average length**

对同批次产品抽检的平均长度值。

4 基本要求

4.1　具有同一品种特征,适于食用。

4.2　果实新鲜洁净,发育成熟,果形完整,果蒂完好。

4.3　无异味,无异常水分。

4.4　具有适于市场或贮存要求的成熟度和新鲜度。

4.5　无腐烂、雹伤、灼伤及冻伤等缺陷。

5 卫生要求

应符合 GB 2762、GB 2763 的规定。

6 等级

苦瓜购销等级应符合表 1 规定。

表 1 苦瓜购销等级

等级指标	一 级	二 级	三 级
色泽	具有果实固有色泽,自然鲜亮,颜色均匀,果柄新鲜	具有果实固有色泽,较鲜亮,颜色较均匀,果柄较新鲜	具有果实固有色泽,不够鲜亮,果蒂无脱落
形状	具有果实固有形状,无明显歪扭、弯曲、畸形和开裂	具有果实固有形状,略有歪扭、弯曲,无畸形和开裂	具有果实固有形状,有明显歪扭、弯曲,略有畸形和开裂
新鲜度	果实鲜亮,硬实,不萎蔫	果实鲜亮,硬实,不萎蔫	果实鲜亮,硬实,不萎蔫
伤害	无机械伤及病虫伤	有轻微机械伤及病虫伤	有较明显机械伤及病虫伤
整齐度	与平均长度的误差≤±5%	与平均长度的误差≤±7.5%	与平均长度的误差≤±10%
限度	同批次不合格品率低于10%	同批次不合格品率低于12%	同批次不合格品率低于15%
注:色泽、形状、伤害、整齐度为单体判定,限度为批次判定。			

7 试验方法

7.1 形状、清洁程度、成熟度、新鲜度及伤害用目测。

7.2 异味用鼻嗅。

7.3 整齐度用直尺测量及目测。

7.4 卫生指标按照 GB 2762、GB 2763 规定执行。

8 检验规则

8.1 组批规则

同产地、同品种、同等级、同货主的苦瓜为一个检验批次。

8.2 抽样方法

抽样方法按 GB/T 8855 中的有关规定执行。取样数量见表 2。

表 2 取样数量

批量/件	抽样数/件
≤100	5
101～300	7
301～500	9
501～1 000	10
>1 000	15(最低限度)

8.3 判定规则

8.3.1 不合格品率的判定

对不符合该等级要求的样品根数做记录。不合格品率按式(1)计算,计算结果保留一位小数。

$$X = \frac{m}{M} \times 100 \qquad \cdots\cdots\cdots\cdots\cdots\cdots\cdots\cdots\cdots (1)$$

式中:

X——该等级不合格品率,%;

m——该等级不合格样品数量,单位为根;

M——检验样品数量,单位为根。

8.3.2 卫生指标的判定

卫生要求有一项不合格,该批次产品为不合格。

9 加工、包装、标志、贮存和运输

9.1 加工

宜在七成熟左右采收。采收后清理果面,保留果柄 2 cm 左右,按等级分选。

9.2 包装

9.2.1 按等级包装,单件的净含量不低于标示净含量。

9.2.2 可选用瓦楞纸箱、塑料周转箱、塑料泡沫箱、网袋、筐等包装。包装容器应干燥、清洁、无污染。

9.3 标志

包装容器上应标明品名、等级、净含量、产地、运销商的名称、地址和联系电话。

9.4 贮存和运输

9.4.1 应在清洁、阴凉、通风、卫生的条件下贮存。

9.4.2 应防止曝晒、雨淋、高温、冻害、有毒物质污染及病虫鼠害。

9.4.3 应分品种、分批次、分等级堆放。堆码整齐,便于通风散热。堆放或装卸时要轻搬轻放。

9.4.4 不得与有毒、有害物质混运。运输工具应清洁卫生,有防晒、防雨和通风设施。

9.4.5 中长途运输的苦瓜,需在塑料泡沫箱内加冰,或用冷藏车运输。

ICS 67.080
B 31
备案号：22445—2008

中华人民共和国国内贸易行业标准

SB/T 10452—2007

长辣椒购销等级要求

Grading of purchase and sale of long pepper

2007-12-28 发布
2008-05-01 实施

中华人民共和国商务部　　发 布

前　言

本标准由中华人民共和国商务部提出并归口。

本标准起草单位:深圳市福田农产品批发市场有限公司、深圳市质量技术监督局、深圳市无公害农产品质量监督检验站。

本标准主要起草人:刘敬之、马增海、周鹏、周向阳、于桂虹、金肇熙、江民、陈文杰、肖敏。

长辣椒购销等级要求

1 范围

本标准规定了长辣椒购销的术语和定义、基本要求、卫生要求、等级划分、试验方法、检验规则、包装、标志、贮存和运输。

本标准适用于尖形生鲜长辣椒购销。

2 规范性引用文件

下列文件中的条款通过本标准的引用而成为本标准的条款。凡是注日期的引用文件,其随后所有的修改单(不包括勘误的内容)或修订版均不适用于本标准,然而,鼓励根据本标准达成协议的各方研究是否可使用这些文件的最新版本。凡是不注日期的引用文件,其最新版本适用于本标准。

GB 2762 食品中污染物限量

GB 2763 食品中农药最大残留限量

GB/T 8855 新鲜水果和蔬菜的取样方法

3 术语和定义

下列术语和定义适用于本标准。

3.1

新鲜度 fresh degree

果实具有的自然色泽、肉质脆嫩等特征的程度。

3.2

成熟度 mature degree

果实自然生长发育的程度。

3.3

整齐度 uniformity

同批次产品果实的形状、大小、色泽一致的程度。

3.4

平均长度 average length

对同批次产品抽检的平均长度值。

4 基本要求

4.1 具有同一品种特征,适于食用。

4.2 果实新鲜洁净,发育成熟,果形完整,果柄完好,不留叶片,果面平滑。

4.3 无异味,无异常水分。

4.4 具有适于市场购销和贮存要求的新鲜度和成熟度。

4.5 无腐烂、雹伤及冻伤等缺陷。

5 卫生要求

应符合 GB 2762、GB 2763 的规定。

6 等级

长辣椒购销等级应符合表1规定。

表 1 长辣椒购销等级

等级指标	一 级	二 级	三 级
色泽	具有果实固有色泽,自然鲜亮,颜色均匀	具有果实固有色泽,较鲜亮,颜色较均匀	具有果实固有色泽,不够鲜亮,略有杂色
形状	具有果实固有形状,弯曲度在15°以下	具有果实固有形状,弯曲度15°~20°	具有果实固有形状,弯曲度20°~30°
新鲜度	果实丰实,不萎蔫,果柄鲜嫩	果实丰实,不萎蔫,果柄较鲜嫩,略皱	果实较丰实,无明显萎蔫,果柄不够鲜嫩,出现较明显的萎皱现象
伤害	无机械伤及病虫伤	有轻微机械伤及病虫伤	有较明显机械伤及病虫伤
整齐度	与平均长度的误差≤±5%	与平均长度的误差≤±7.5%	与平均长度的误差≤±10%
限度	同批次不合格品率不超过10%	同批次不合格品率不超过10%	同批次不合格品率不超过15%

注:色泽、形状、新鲜度、伤害、整齐度为单体判定;限度为批次判定。

7 试验方法

7.1 果实色泽形状、新鲜度、伤害、清洁程度及成熟度用目测。

7.2 异味用鼻嗅。

7.3 弯曲度用角度规测量。

7.4 整齐度用直尺测量及目测。

7.5 卫生指标按照 GB 2762、GB 2763 规定执行。

8 检验规则

8.1 组批规则

同产地、同品种、同等级、同货主的长辣椒作为一个检验批次。

8.2 抽样方法

抽样方法按 GB/T 8855 中的有关规定执行。取样数量见表2。

表 2 取样数量

批量/件	抽样数/件
≤100	5
101~300	7
301~500	9
501~1 000	10
>1 000	15(最低限度)

8.3 判定规则

8.3.1 不合格品率的判定

对不符合该等级要求的样品根数做记录。不合格品率按式(1)计算,计算结果保留一位小数。

$$X=\frac{m}{M}\times 100 \qquad\qquad\qquad \cdots\cdots\cdots\cdots\cdots\cdots\cdots (1)$$

式中：

X——该等级不合格品率，%；

m——该等级不合格样品数量，单位为根；

M——检验样品数量，单位为根。

8.3.2 卫生指标的判定

卫生要求有一项不合格，该批次产品为不合格。

9 包装、标志、贮存和运输

9.1 包装

9.1.1 宜七到八成熟时采收。采收后应按等级包装，单件的净含量不低于标示净含量。

9.1.2 可选用瓦楞纸箱、塑料周转箱、网袋、筐等包装。包装容器应干燥、清洁、无污染。

9.2 标志

包装容器上应标明品名、等级、净含量、产地、运销商的名称、地址和联系电话。

9.3 贮存和运输

9.3.1 应在清洁、阴凉、通风、卫生的条件下贮存。

9.3.2 应防止曝晒、雨淋、高温、冻害、有毒物质污染及病虫鼠害。

9.3.3 应分品种、分批次、分等级堆放。堆码整齐，便于通风散热。堆放或装卸时要轻搬轻放。

9.3.4 不得与有毒、有害物质混运。运输工具应清洁卫生，有防晒、防雨和通风设施。

9.3.5 贮存、运输宜保持温度 8℃～12℃。

ICS 67.080.01
B 31
备案号：41103—2013

中华人民共和国国内贸易行业标准

SB/T 11024—2013

新鲜水果分类与代码

Classification & code for fresh fruits

2013-06-14 发布 2014-03-01 实施

中华人民共和国商务部   发布

前　言

本标准按照 GB/T 1.1—2009 给出的规则起草。

本标准由全国农产品购销标准化技术委员会(SAC/TC 517)提出并归口。

本标准主要起草单位:国富通信息技术发展有限公司、全国城市农贸中心联合会、西华大学。

本标准主要起草人:邢亚阁、禹泓、马增俊、纳绍平、罗颖、张敏、王晓燕、陈存坤。

新鲜水果分类与代码

1 范围

本标准规定了新鲜水果的分类原则与方法、代码结构及编码原则与方法和分类代码表。
本标准适用于市场上流通的各类新鲜水果的信息处理与信息交换。

2 规范性引用文件

下列文件对于本文件的应用是必不可少的。凡是注日期的引用文件,仅注日期的版本适用于本文件。凡是不注日期的引用文件,其最新版本(包括所有的修改单)适用于本文件。
GB/T 2260—2007 中华人民共和国行政区划代码
GB/T 7027 信息分类和编码的基本原则与方法

3 术语和定义

下列术语和定义适用于本文件。

3.1

线分类法 method of linear classificatin
将分类对象按选定的若干属性(或特征),逐次地分为若干层级,每个层级又分为若干类目。同一分支的同层级类目之间构成并列关系,不同层级类目之间构成隶属关系。
[GB/T 10113—2003,定义 2.1.5]

3.2

编码 coding
给事物或概念赋予代码的过程。
[GB/T 10113—2003,定义 2.2.1]

3.3

代码 code
表示特定事物或概念的一个或一组字符。
注:这些字符可以是阿拉伯数字、拉丁字母或便于人和机器识别与处理的其他符号。
[GB/T 10113—2003,定义 2.2.5]

3.4

层次码 layer code
能反映编码对象为隶属关系的代码。
[GB/T 10113—2003,定义 2.2.22]

4 分类原则与方法

4.1 分类原则

4.1.1 分类应遵循科学性、系统性、可扩展性、兼容性、综合实用性的基本原则,应符合 GB/T 7027 的要求。

4.1.2 根据果树的生物学特性并结合果实构造和特征,对新鲜水果进行分类,共分为11类。

4.2 分类方法

应采用 GB/T 7027 中规定的线分类法,共分为四层。

5 代码结构及编码原则与方法

5.1 代码结构

本标准采用层次代码,代码分为四个层次,代码结构见图1。

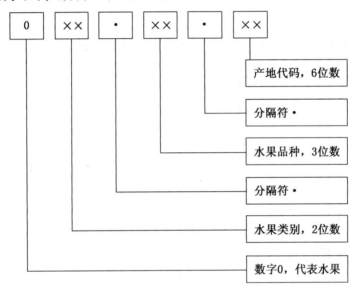

图 1 代码结构示意图

5.2 编码原则与方法

5.2.1 水果分类编码体系为层次结构,由4层12位数字码组成。第一层为水果代码,用数字 0 表示;第二层为水果类别代码,用 2 位阿拉伯数字表示,代码为 01~11;第三层为水果品种代码,用 3 位阿拉伯数字表示,代码为 001~099;第四层为水果的产地代码,采用 GB/T 2260—2007 中的 6 位地区代码,用于区分同一种水果的不同产地。其中第一层、第二层和第三层为必备代码,第四层在实际生产、流通过程中根据需要添加,也可不添加。第二层和第三层之间、第三层和第四层之间用圆点(·)隔开,信息处理时应省略圆点(·)。

5.2.2 本编码包含了市场上流通的主要新鲜水果品种,代码仅表示该品种水果在本分类体系中的位置和代号,不表示其他含义,产品的排列次序与其重要性无关。本编码是开放体系,给新品种的水果留有充分的位置。

5.2.3 水果代码第四层主要用于区分同一品种的来源,便于在流通等过程中对水果进行安全追溯。以香蕉为例,在实际生产流通过程中如果只有一种香蕉,则香蕉代码是 001001,如果同时有广州番禺和深圳龙岗的香蕉,则广州番禺产的香蕉代码为 001·001·440113,深圳龙岗产的香蕉代码为 001·001·440307。

6 分类代码表

市场上流通的主要新鲜水果的分类代码表见表1。

表 1 分类代码表

代码	商品名称	别名
0	水果	
001·000·××	**香蕉类**	
001·001·	香蕉	甘蕉
001·002·	大蕉	绿天、扇仙、板蕉
001·003·	金香蕉	贡蕉、皇帝蕉
001·004·	粉蕉	糯米蕉、美蕉
001·005·～001·099·	其他香蕉类水果	
002·000·××	**荔枝类**	
002·001·	龙眼	桂圆
002·002·	荔枝	离枝
002·003·	红毛丹	毛荔枝
002·004·～002·099·	其他荔枝类水果	
003·000·××	**果蔗类**	
003·001·	果蔗	薯蔗、甘蔗
003·002·～003·099·	其他果蔗类水果	
004·000·××	**荚果类**	
004·001·	苹婆	凤眼果、七姐果、富贵子
004·002·	酸豆	酸角、罗望子
004·003·～004·099·	其他荚果类水果	
005·000·××	**柑果类**	
005·001·	甜橙	橙、广柑
005·002·	柠檬	柠果、洋柠檬、益母国
005·003·	柚	气柑、文旦
005·004·	柑橘	桔子、橘子、柑桔
005·005·～005·099·	其他柑果类水果	

表 1（续）

代码	商品名称	别名
006·000·××	**聚复果类**	
006·001·	菠萝	凤梨、黄梨
006·002·	榴莲	韶子、流莲
006·003·	番荔枝	林檎、佛头果、释迦
006·004·	菠萝蜜	木菠萝、树菠萝
006·005·	面包果	面包树
006·006·～006·099·	其他聚复果类水果	
007·000·××	**落叶浆果类**	
007·001·	果桑	桑葚
007·002·	无花果	映日果、奶浆果、蜜果
007·003·～007·099·	其他落叶浆果类水果	
008·000·××	**常绿果树核果类**	
008·001·	苹果	频婆、平波
008·002·	油梨	鳄梨、牛油果
008·003·	橄榄（白榄和乌榄）	青果、山榄、黑榄
008·004·	洋梨	五月鲜、六月梨
008·005·	毛叶枣	印度枣、缅枣
008·006·	芒果	檬果、杧果
008·007·	杨梅	树莓
008·008·	余甘子	油甘子、圆橄榄
008·009·	山楂	红果、山里红
008·010·	柿子	米果、猴枣、镇头迦
008·011·	银杏	公孙果、银杏核、白果
008·012·	枣	大枣、大红枣
008·013·	李子	麦李、脆李、金沙李
008·014·	槟榔	椰玉、宾门、橄榄子、青仔、国马
008·015·～008·099·	其他常绿果树核果类水果	
009·000·××	**常绿果树浆果类**	
009·001·	人心果	吴凤柿、人参、赤铁果
009·002·	杨桃	杨桃、五敛子
009·003·	番石榴	鸡矢果、拔子

表 1（续）

代码	商品名称	别名
009·004·	蒲桃	香果、响鼓
009·005·	莲雾	洋蒲桃、水翁果
009·006·	枇杷	卢桔
009·007·	西番莲	鸡蛋果、百香果、
009·008·	蛋黄果	蛋果、狮头果、桃榄
009·009·	火龙果	红龙果、仙蜜果
009·010·	番木瓜	木瓜、万寿果、乳瓜
009·011·	葡萄	草龙珠、蒲桃、山葫芦
009·012·	提子	美国葡萄、美国提子
009·013·	葡萄柚	西柚、血橙、朱栾
009·014·	油桃	
009·015·	猕猴桃	毛桃、白毛桃、毛梨
009·016·	樱桃	莺桃、含桃、荆桃
009·017·	胡桃	羌桃
009·018·	草莓	红莓、洋莓、地莓
009·019·	黑莓	
009·020·	鹅莓	灯笼果
009·021·	树莓	覆盆子
009·022·	蓝莓	越橘果
009·023·	蔓越橘	小红莓、蔓越莓、酸果蔓
009·023·～009·099·	其他常绿果树浆果类水果	
010·000·××	**常绿果树坚（壳）果类**	
010·001·	腰果	胥余
010·002·	椰子	槚如树
010·003·	山竹	山竹子、莽吉柿、凤果、倒捻子
010·004·	蛇皮果	沙拉、沙律
010·005·	澳洲坚果	夏威夷果、昆士兰果、澳洲胡桃
010·006·	栗子	板栗、栗果、大栗
010·007·	榛子	山板栗、尖栗
010·008·～010·099·	其他常绿果树坚（壳）果类水果	
011·000·××	**西甜瓜类**	
011·001·	甜瓜	甘瓜、果瓜、香瓜、甘瓜

表 1（续）

代码	商品名称	别名
011·002·	西瓜	寒瓜、夏瓜、水瓜
011·003·～011·099·	其他瓜类水果	
012·000·××	**其他类**	
012·001·～012·099·	其他类水果	

参 考 文 献

[1]　GB/T 10113—2003　分类与编码通用术语

二、水果及其制品标准

ICS 67.080.10
B 31

中华人民共和国国家标准

GB/T 5835—2009
代替 GB/T 5835—1986

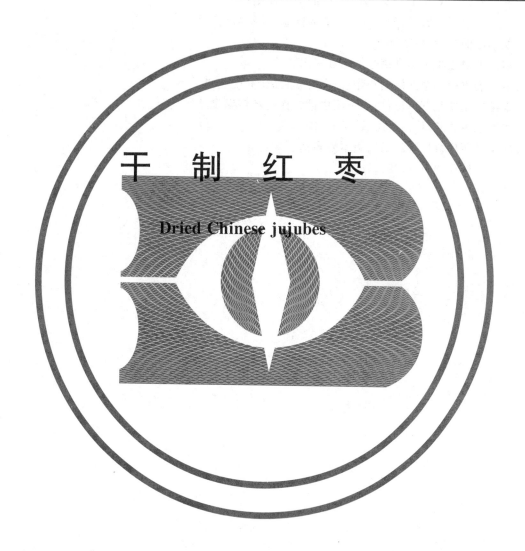

干 制 红 枣

Dried Chinese jujubes

2009-03-28 发布

2009-08-01 实施

中华人民共和国国家质量监督检验检疫总局
中国国家标准化管理委员会 发布

前　言

本标准代替 GB/T 5835—1986《红枣》。

本标准与 GB/T 5835—1986 相比主要变化如下：

——修改了 GB/T 5835—1986 中的术语；

——修改了 GB/T 5835—1986 中的检验规则；

——修改了 GB/T 5835—1986 中的标志、标签与包装。

本标准的附录 A 为资料性附录。

本标准由中华全国供销合作总社提出。

本标准由中华全国供销合作总社济南果品研究院归口。

本标准主要起草单位：中华全国供销合作总社济南果品研究院。

本标准主要起草人：解维域、丁辰、宋烨。

本标准所代替标准的历次版本发布情况为：

——GB/T 5835—1986。

干 制 红 枣

1 范围

本标准规定了干制红枣的相关术语和定义、分类、技术要求、检验方法、检验规则、包装、标志、标签、运输和贮存。

本标准适用于干制红枣的外观质量分级、检验、包装和贮运。

2 规范性引用文件

下列文件中的条款通过本标准的引用而成为本标准的条款。凡是注日期的引用文件,其随后所有的修改单(不包括勘误的内容)或修订版均不适用于本标准,然而,鼓励根据本标准达成协议的各方研究是否可使用这些文件的最新版本。凡是不注日期的引用文件,其最新版本适用于本标准。

GB/T 191　包装储运图示标志(GB/T 191—2008,ISO 780:1997,MOD)

GB 2762　食品中污染物限量

GB 2763　食品中农药最大残留限量

GB/T 5009.3　食品中水分的测定

GB/T 8855　新鲜水果和蔬菜　取样方法

GB/T 10782　蜜饯通则

SB/T 10093　红枣贮存

3 术语和定义

下列术语和定义适用于本标准。

3.1

干制红枣　dried Chinese jujubes

用充分成熟的鲜枣,经晾干、晒干或烘烤干制而成,果皮红色至紫红色。

3.2 外观质量

3.2.1

品种特征　cultivar characters

不同品种的红枣干制后的外观特征,如果实形状、果实大小、色泽浓淡、果皮厚薄、皱纹深浅、果肉和果核的比例以及肉质风味等。

3.2.2

果实大小均匀　fruit uniform size

同一批次、同一等级规格的干制红枣果实大小基本一致。

3.2.3

肉质肥厚　plump flesh

干制红枣可食部分的百分率超过一定的数值为肉质肥厚。鸡心枣可食部分不低于84%为肉质肥厚,其他品种可食部分达到90%以上者为肉质肥厚。

3.2.4

身干　dryness

干制红枣果肉的干燥程度。以红枣含水率的高低表示。

3.2.5

色泽　colour and lustre

干制红枣果皮颜色深浅和光泽。

3.3　杂质

3.3.1

一般杂质　general impurity

混入干制红枣中的枣枝、叶、微量泥沙及灰尘。

3.3.2

有害杂质　harmful impurity

混入干制红枣中的各种有毒、有害及其他有碍食品卫生安全的物质。如玻璃碎片、瓷片、沥青、水泥块、煤屑、毛发、昆虫尸体、塑料及其他有害杂质。

3.4

缺陷果　defect fruit

鲜枣在生长发育和采摘过程中受病虫危害、机械损伤和化学品作用造成损伤的果实。

3.5

干条　dried immature fruit

由不成熟的鲜枣干制而成,果实干硬瘦小,果肉不饱满,质地坚硬,果皮颜色淡偏黄,无光泽。

3.6

浆头果　starch head fruit

红枣在生长期或干制过程中因受雨水影响,枣的两头或局部未达到适当干燥,含水率高,色泽灰暗,进一步发展即成霉烂枣。浆头枣已裂口属于烂枣,不作浆头果处理。

3.7

破头果　skin crack fruit

破损果

红枣在生长期间因自然裂果或机械损伤而造成果皮出现长达 1/10 以上的破口,且破口不变色、不霉烂的果实。

3.8

油头果　dark or oiled skin spot fruit

鲜枣在干制过程中翻动不匀,枣上有的部位受温过高,引起多酚类物质氧化,使外皮变黑,肉色加深的果实。

3.9

病果　diseased fruit

带有病斑的干制红枣。

3.10

虫蛀果　wormy fruit

果实受害虫危害,伤及果肉,或在果核外围留有虫絮、虫体、排泄物的果实。

3.11

霉变果　mildewed fruit

果实受微生物侵害,果肉部分变色变质,或果皮表面留有明显发霉危害痕迹的果实。

3.12　内在品质

3.12.1

含水量　moisture content

干制红枣中水分的含量,以百分率表示。

3.12.2

总糖 total sugar

干制红枣中总糖的含量,以百分率表示。

3.12.3

可食率 edible rate

可食用部分重量与整果重之比,以百分率表示。

3.13

容许度 tolerance

某一等级果中允许不符合本等级要求的干制红枣所占的比例。

4 分类

干制红枣分为干制小红枣和干制大红枣两类。

4.1 干制小红枣

用金丝小枣、鸡心枣、无核小枣等品种和类似品种干制而成。

4.2 干制大红枣

用灰枣、板枣、郎枣、圆铃枣(核桃纹枣、紫枣)、长红枣、赞皇大枣、灵宝大枣(屯屯枣)、壶瓶枣、相枣、骏枣、扁核酸枣、婆枣、山西(陕西)木枣、大荔圆枣、晋枣、油枣、大马牙、圆木枣等品种和类似品种干制而成。

5 技术要求

5.1 干制小红枣等级规格要求

干制小红枣分为特等果、一等果、二等果和三等果(见表1)。

表 1 干制小红枣等级规格要求

项目	果形和果实大小	品　　质	损伤和缺陷	含水率/%	容许度/%	总不合格果百分率/%
特等	果形饱满,具有本品种应有的特征,果大均匀	肉质肥厚,具有本品种应有的色泽,身干,手握不粘个,总糖含量≥75%,一般杂质不超过0.5%	无霉变、浆头、不熟果和病虫果。允许破头、油头果两项不超过3%	不高于28	不超过5	不超过3
一等	果形饱满,具有本品种应有的特征,果实大小均匀	肉质肥厚,具有本品种应有的色泽,身干,手握不粘个,总糖含量≥70%,一般杂质不超过0.5%,鸡心枣允许肉质肥厚度较低	无霉变、浆头、不熟果和病果。允许虫果、破头、油头果三项不超过5%	不高于28	不超过5	不超过5
二等	果形良好,具有本品种应有的特征,果实大小均匀	肉质较肥厚,具有本品种应有的色泽,身干,手握不粘个,总糖含量≥65%,一般杂质不超过0.5%	无霉变、浆头果。允许病虫果、破头、油头果和干条四项不超过10%(其中病虫果不得超过5%)	不高于28	不超过10	不超过10

表 1（续）

项目	果形和果实大小	品质	损伤和缺陷	含水率/%	容许度/%	总不合格果百分率/%
三等	果形正常，具有本品种应有的特征，果实大小较均匀	肉质肥瘦不均，允许有不超过10%的果实色泽稍浅，身干，手握不粘个，总糖含量≥60%，一般杂质不超过0.5%	无霉变果。允许浆头、病虫果、破头、油头果和干条五项不超过15%（其中病虫果不得超过5%）	不高于28	不超过15	不超过15

5.2 干制大红枣等级规格要求

干制大红枣分为一等果、二等果和三等果（见表2）。

表 2　干制大红枣等级规格要求

项目	果形和果实大小	品质	损伤和缺陷	含水率/%	容许度/%	总不合格果百分率/%
一等	果形饱满，具有本品种应有的特征，果大均匀	肉质肥厚，具有本品种应有的色泽，身干，手握不粘个，总糖含量≥70%，一般杂质不超过0.5%	无霉变、浆头、不熟果和病果。虫果、破头果两项不超过5%	不高于25	不超过5	不超过5
二等	果形良好，具有本品种应有的特征，果实大小均匀	肉质较肥厚，具有本品种应有的色泽，身干，手握不粘个，总糖含量≥65%，一般杂质不超过0.5%	无霉变果。允许浆头不超过2%，不熟果不超过3%，病虫果、破头果两项不超过5%	不高于25	不超过10	不超过10
三等	果形正常，果实大小较均匀	肉质肥瘦不均，允许有不超过10%的果实色泽稍浅，身干，手握不粘个，总糖含量≥60%，一般杂质不超过0.5%	无霉变果。允许浆头不超过5%，不熟果不超过5%，病虫果、破头果两项不超过10%（其中病虫果不得超过5%）	不高于25	不超过15	不超过20

注：干制红枣品种繁多，各品种果实大小差异较大，本标准对干制红枣每千克果数不作统一规定，产地可根据当地品种特性，按等级要求自行规定。主要品种干制红枣的果实大小分级标准可参见附录A。

5.3 卫生指标

按照 GB 2762 和 GB 2763 有关规定执行。

6 检验方法

6.1 取样方法

按 GB/T 8855 规定执行。

6.2 等级规格检验

6.2.1 标准样品的制备

干制红枣产地在开始收购以前，可根据本标准规定的等级质量指标制备各品种干制红枣等级规格标准样品,以便于市场交易的直观判断。

6.2.2 果形及色泽

将抽取的样枣,铺放在洁净的平面上,对照标准样品,按标准规定目测观察样枣的形状和色泽,记录观察结果。

6.2.3 果实大小

样枣按四分法取样 1 000 g,观察枣粒大小及其均匀程度。

6.2.4 肉质

以制备的标准样品为比照依据,确定干制红枣果肉的干湿和肥瘦程度。如双方对检验结果存在分歧时,可按本标准规定的含水率和可食率指标实际测定。

6.2.5 杂质

原包装检验,检验时将干制红枣倒在洁净的板或布上,用目测检查杂质,连同袋底存有的沙土一起称重。按式(1)计算其百分率,结果保留一位小数。

$$杂质 = (杂质重量 / 样枣重量) \times 100\% \quad\cdots\cdots\cdots\cdots\cdots\cdots\cdots(1)$$

6.2.6 不合格果

将干制红枣样品混合均匀,随机取样 1 000 g,用目测检查,依据标准规定分别拣出不熟果、病虫果、霉变及浆头果、破头果、油头果以及其他损伤果并称重。按式(2)计算各项不合格果的百分率,结果保留一位小数。

$$单项不合格果百分率 = (单项不合格果重量 / 试样重量) \times 100\% \quad\cdots\cdots\cdots\cdots(2)$$

同一果实有多项缺陷时,只记录其中最主要的一项缺陷。

各单项不合格果百分率的总和即为该批干制红枣的总不合格果百分率。

6.3 理化检验

6.3.1 含水率测定

6.3.1.1 样品制备

称取去核干制红枣 250 g,带果皮纵切成条,然后横切成碎片(每片厚约 0.5 mm),混合均匀,放入磨口瓶中,作为含水率的测试样品。

6.3.1.2 测定

按 GB/T 5009.3 中蒸馏法的规定测定含水率。

6.3.2 总糖测定

按 GB/T 10782 中总糖的规定执行。

6.3.3 可食率测定

称取具有代表性的样枣 200 g～300 g,逐个切开将枣肉与枣核分离,称量果肉重量,然后按式(3)计算。

$$可食率 = (果肉重量 / 全果重量) \times 100\% \quad\cdots\cdots\cdots\cdots\cdots(3)$$

6.4 卫生指标检测

污染物、农药残留量分别按 GB 2762 和 GB 2763 规定的相应检验方法和标准执行。

7 检验规则

7.1 组批规则

同一生产单位、同品种、同等级、同一贮运条件、同一包装日期的干制红枣作为一个检验批次。

7.2 型式检验

型式检验是对第 5 章技术要求规定的全部指标进行检验。有下列情形之一者,应进行型式检验:

a) 前后两次检验,结果差异较大;

b) 生产或贮藏环境发生较大变化;

c) 国家质量监督机构或主管部门提出型式检验要求。

7.3 交收检验

7.3.1 每批产品交收前,生产单位都应进行交收检验,其内容包括等级规格、容许度、净含量、包装、标志的检验。检验的期限,货到产地站台 24 h 内检验,货到目的地 48 h 内检验。检验合格并附合格证的产品方可交收。

7.3.2 双方交接时,每个包装件的净重应和规定重量相符。

7.4 判定规则

7.4.1 等级规格要求的总不合格果百分率符合等级要求,理化指标和卫生指标均为合格,则该批产品判为合格。

7.4.2 当一个果实的等级规格质量要求有多项不合格时,只记录其中最主要的一项。

7.4.3 等级规格要求的总不合格果百分率不符合等级要求,或有一项理化指标不合格,或卫生指标有一项不合格,或标志不合格,则该批产品判为不合格。

7.4.4 卫生指标出现不合格时,允许另取一份样品复检,若仍不合格,则判该项指标不合格;若复检合格,则需再取一份样品作第二次复检,以第二次复检结果为准。

7.4.5 在取样的同时对包装进行检查,不符合规定的包装容器和包装方法,应局部或全部予以整理。不合格的产品,允许生产单位进行整改后申请复检。

8 包装与标志、标签

8.1 包装

8.1.1 每一包装容器只能装同一品种、同一等级的干制红枣,不得混淆不清。

8.1.2 麻袋、尼龙袋装果后,应用拉力强的麻绳或其他封包绳封合严密,搬动时不能使红枣从缝隙中漏出。

8.1.3 包装容器和材料

8.1.3.1 干制红枣可用麻袋、尼龙袋、纸箱或塑料箱等包装。麻袋、尼龙袋应编织紧密,纸箱或塑料箱应具有较强的抗压强度。同一批货物各件包装的净重应完全一致。

8.1.3.2 麻袋、尼龙袋的封包绳可用麻绳等,封包绳应具有较强拉力。

8.1.3.3 包装干制红枣的容器和材料,要求清洁卫生、干燥完整、无毒性、无异味、无虫蛀、无腐蚀、无霉变等现象。

8.2 标志、标签

8.2.1 包装容器上应系挂或粘贴标有品名、品种、等级、产地、执行标准编号、毛重(kg)、净含量(kg)、包装日期、封装人员或代号的标签和符合 GB/T 191 规定的防雨、防压等相关储运图示的标记,标志字迹应清晰无误。

8.2.2 采用不同颜色的标识或封包绳作为等级的辨识标志,特等为蓝色、一等为红色、二等为绿色、三等为白色。

9 运输与贮存

9.1 运输

9.1.1 不同型号包装容器分开装运。运输工具应清洁、干燥。

9.1.2 装卸、搬运时要轻拿轻放,严禁乱丢乱掷。堆码高度应充分考虑干制红枣和容器的抗压能力。

9.1.3 交运手续力求简便、迅速,运输时严禁日晒、雨淋。不得与有毒有害物品混运。

9.2 贮存

9.2.1 红枣干制后应挑选分级,按品种、等级分别包装、分别堆存。批次应分明,堆码整齐。

9.2.2 干制红枣在存放过程中,严禁与其他有毒、有异味、发霉以及其他易于传播病虫的物品混合存放。严禁雨淋,注意防潮、防虫、防鼠。

9.2.3 堆放干制红枣的仓库地面应铺设木条或格板,使通风良好。

9.2.4 贮存技术:按 SB/T 10093 规定执行。

附　录　A

（资料性附录）

干制红枣主要品种果实大小分级标准

干制红枣主要品种各等级果实大小分级标准见表A.1。

表 A.1　干制红枣主要品种果实大小分级标准

品　种	每千克果粒数/（个/千克）				
	特级	一级	二级	三级	等外果
金丝小枣	＜260	260～300	301～350	351～420	＞420
无核小枣	＜400	400～510	511～670	671～900	＞900
婆　　枣	＜125	125～140	141～165	166～190	＞190
圆铃枣	＜120	120～140	141～160	161～180	＞180
扁核酸	＜180	180～240	241～300	301～360	＞360
灰　　枣	＜120	120～145	146～170	171～200	＞200
赞皇大枣	＜100	100～110	111～130	131～150	＞150

中华人民共和国国家标准

香　蕉

Banana

GB 9827—88

1　主题内容与适用范围

本标准规定了香蕉收购的等级规格、质量指标、检验规则、方法及包装要求。

本标准适用于香蕉果品的条蕉、梳蕉的收购质量规格。

2　引用标准

GB 2762　食品中汞允许量标准

GB 2763　粮食、蔬菜等食品中六六六、滴滴涕残留量标准

3　术语

3.1　条蕉：指果穗（串蕉）。

3.2　梳蕉：指果手（果段）。

3.3　果指：指每只果实。

3.4　同一类品种特征：指香蕉的形状、色泽相似之性状。

3.5　果实长度：指自果柄基部沿果身外弧线到果顶的长度。

3.6　中间一梳：指整条蕉奇数的中间一梳或偶数中间的两梳平均数。

3.7　形状完整：指香蕉果实排列紧密有规律、果实大小基本一致，不缺果指，无连体蕉和扭曲等畸形蕉。

3.8　皮色青绿：指果实色泽保持香蕉自然青绿色。

3.9　成熟适当：指各个不同季节的蕉已达到适当成熟阶段。

3.10　饱满度标准：果身微凹，棱角明显，其饱满度为75％以下，果身圆满，尚见棱角为75％～80％；果身圆满无棱者为过熟现象。

3.11　腐烂：指任何腐败损及果轴、果柄以及果实部分者。

3.12　裂果：指果皮破裂，露出果肉。

3.13　断果：指果实折断为两段或多段。

3.14　裂轴：指果轴因割切不当或指座不坚实而受外力破裂者。

3.15　折柄：指果柄受损面流乳汁。

3.16　轻度损害

3.16.1　压伤、擦伤：指果实被压或磨擦而损伤，但不明显。

3.16.2　日灼：指果实被曝日灼伤，使果皮失去正常色泽。

3.16.3　疤痕

　a.　水锈：指香蕉果实表皮部发生之锈迹。一梳蕉中按只数计，不得超过10％。

　b.　伤痕：指被风伤害或鸟、昆虫等动物咬伤，抓伤果皮而形成的疤。一梳蕉中按只数计，不得超过5％。

3.16.4　黑星病：果皮被害部分呈黑斑点。平均每平方厘米不得超过1点。

3.17　一般损害

国家技术监督局1988-09-20批准　　　　　　　　　　　　　　　　1989-03-01实施

247

3.17.1 压伤、擦伤：一梳蕉中平均不得超过 2 cm²。

3.17.2 日灼：一梳蕉中按只数计，不得超过 5 %。

3.17.3 疤痕

   a. 水锈：一梳蕉中按只数计，不得超过20 %。

   b. 伤疤：一梳蕉中按只数计，不得超过10 %。

3.17.4 黑星病平均每平方厘米不得超过 3 点。

3.18 重损害

3.18.1 压伤、擦伤：一梳蕉中平均不得超过 4 cm²。

3.18.2 日灼：一梳蕉中按只数计，不得超过10 %。

3.18.3 疤痕

   a. 水锈：一梳蕉中按只数计，不得超过30 %。

   b. 伤疤：一梳蕉中按只数计，不得超过20 %。

3.18.4 黑星病平均每平方厘米不得超过 6 点。

3.19 清洁：指果实无尘土、农药残留或任何其他物质污染。

4 质量指标

4.1 规格质量

4.1.1 条蕉分级：条蕉依品质分为优等品、一等品和合格品三个等级，应符合表1的各项指标规定。

表 1 条蕉规格质量

等级指标	优 等 品	一 等 品	合 格 品
特征色泽	香蕉须具有同一类品种的特征。果实新鲜，形状完整，皮色青绿，有光泽，清洁	香蕉须具有同一类品种的特征。果实新鲜，形状完整，皮色青绿，清洁	香蕉须具有同一类品种的特征。果实新鲜，形状尚完整，皮色青绿，尚清洁
成熟度	成熟适当，饱满度为75 %～80 %	成熟适当，饱满度为75 %～80 %	成熟适当，饱满度为75 %～80 %
重量、梳数、长度	每一条香蕉重量在18 kg以上，不少于七梳，中间一梳每只长度不低于23 cm	每一条香蕉重量在14kg以上，不少于六梳，中间一梳每只长度不低于20 cm	每一条香蕉重量在11 kg以上，不少于五梳，中间一梳每只长度不低于18 cm
每千克只数	尾梳蕉每千克不得超过12只。每批中不合格者以条蕉计算，不得超过总条数的3 %	尾梳蕉每千克不得超过16只。每批中不合格者以条蕉计算，不得超过总条数的5 %	尾梳蕉每千克不得超过20只。每批中不合格者以条蕉计算，不得超过总条数的10 %
伤病害	无腐烂、裂果、断果。裂轴、压伤、擦伤、日灼、疤痕、黑星病及其他病虫害不得超过轻度损害。果轴头必须留有头梳蕉果顶1～3 cm	无腐烂、裂果、断果。裂轴、压伤、擦伤、日灼、疤痕、黑星病及其他病虫害不得超过一般损害。果轴头必须留有头梳蕉果顶1～3 cm	无腐烂、裂果、断果。裂轴、压伤、擦伤、日灼、疤痕、黑星病及其他病虫害不得超过重损害。果轴头必须留有头梳蕉果顶1～3 cm

4.1.2 梳蕉分级：梳蕉依品质分为优等品、一等品和合格品三个等级，应符合表2的各项指标规定。

表 2　梳蕉规格质量

等级指标	优 等 品	一 等 品	合 格 品
特征色泽	香蕉须具有同一类品种特征。果实新鲜，形状完整、皮色青绿、有光泽、清洁	香蕉须具有同一类品种特征。果实新鲜，形状完整、皮色青绿、有光泽、清洁	香蕉须具有同一类品种特征。果实新鲜、形状尚完整、皮色青绿，尚清洁
成熟度	成熟适当，饱满度为75%～80%	成熟适当，饱满度为75%～80%	成熟适当，饱满度为75%～80%
每千克只数	梳型完整，每千克不得超过8只。果实长度22cm以上。每批中不合格者，以梳数计算，不得超过总梳数的5%	梳型完整，每千克不得超过11只。果实长度19cm以上。每批中不合格者，以梳数计算，不得超过总梳数的10%	梳型完整，每千克不得超过14只。果实长度16cm以上。每批中不合格者，以梳数计算，不得超过总梳数的10%
伤病害	不得有腐烂、裂果、断果。允许有压伤、擦伤、折柄、日灼、疤痕、黑星病及其他病虫害所引起的轻度损害	不得有腐烂、裂果、断果。允许有压伤、擦伤、日灼、疤痕、黑星病及其他病虫害所引起的一般损害	不得有腐烂、裂果、断果。允许有压伤、擦伤、日灼、疤痕、黑星病及其他病虫害所引起的重损害
果轴	去轴，切口光滑。果柄不得软弱或折损	去轴，切口光滑。果柄不得软弱或折损	去轴，切口光滑。果柄不得软弱或折损

4.2 卫生指标

按GB 2762～2763及有关食品卫生的国家规定执行。对产品的检疫，按国家植物检疫有关规定执行。

5 检验规则与方法

5.1 每一等级的果实必须符合该等级标准。其中任何一项不符合规定者，降为下等级，不合格者为等外品。凡是药害、冻、黄熟蕉、浸水蕉一律不收购。

5.2 条蕉收购后，须要竖直，轴尾向上，轴头向下，只准放一层，不允许叠堆乱放，并及时加工、包装。

5.3 成件商品送到收购站，应按规定的堆码方法，存放于指定的地方。点清件数，并进行外包装和标志检验。

5.4 取样：取条蕉或每批件数的10%，必要时酌情增加或减少取样比例。所取样品仅供重量和质量检验。

5.5 重量检验：条蕉以缺（片）称重，求计重量。成件样品检验净重。

5.6 感观检验：对样果逐条逐梳进行检查，按照本标准规定将果实形状、皮色、长度及伤病害等逐一检验。

6 包装要求

6.1 包装：盛香蕉的容器纸箱、竹篓必须清洁、无异味，内部无尖突物，无虫孔及霉变现象，牢固美观。

6.1.1 纸箱：用牛皮纸板或瓦楞原纸加工制成，容量净重12kg或18kg。

6.1.2 竹篓：用青白篾片制成，容量净重20kg或25kg。

6.1.3 装箱方法：用纸箱盛装香蕉，箱内套装薄膜袋，蕉果弓形背部不得向下，只装同等级果实。

6.1.4 装篓方法：篓内壁用草纸垫一层或多层，蕉果弓形背部不得向下，只装同等级果实。篓盖用铁丝拴牢。

6.2 标志：包装上应标明品名、等级、毛重、净重、包装日期、产地以及收购站检查人员姓名。

附 件 A

香蕉主要理化成分参考指标及检查方法

（补充件）

A1 主要理化成分指标

A1.1 果实硬度：$15\sim16\,kg/cm$

A1.2 可食部分：$\geqslant57\%$

A1.3 果肉淀粉：$\geqslant19.5\%$

A1.4 总可溶性糖：$0.1\%\sim0.4\%$

A1.5 含水量：$\leqslant75\%$

A1.6 可滴定酸含量：$0.2\%\sim0.5\%$

A2 理化检验方法

A2.1 取样：取代表条蕉各部位香蕉 5 梳，从每梳蕉中间部位取果 2 个（共10个）为检验样品。

A2.2 可食部分的检测

方法：果实去除果柄后称重，然后将果肉和果皮仔细分开，称果皮重量。

结果计算，按式（A1）：

$$可食部分占整果的百分率（\%）=\frac{W_0-W_1}{W_0}\times100 \quad\cdots\cdots\cdots\cdots\cdots\cdots\cdots（A1）$$

式中：W_0——果实重量，g；

W_1——果皮重量，g。

A2.3 硬度检测

a. 仪器：TG-2型水果硬度计。

b. 方法：取10个样果，在果实背中处，用硬度计测硬度。

A2.4 含水量检测

a. 原理：香蕉所含水分能在一定温度下蒸发掉。

b. 仪器：分析天平，烘箱，50mL烧杯。

c. 方法：准确称量已于105℃烘至恒重的烧杯，切取香蕉果实的中间部分若干果肉薄片（约0.1cm）于已知重的烧杯中，称重（准确到0.001g），放于105℃烘箱烘30min，然后于80℃下烘至恒重并称重。

结果计算，按式（A2）：

$$含水量（\%）=\frac{W_2-W_3}{W_2-W_1}\times100 \quad\cdots\cdots\cdots\cdots\cdots\cdots\cdots（A2）$$

式中：W_1——烧杯重，g；

W_2——烧杯+样品鲜重，g；

W_3——烧杯+样品干重，g。

A2.5 总可溶性糖的检验

a. 原理：糖和硫酸作用生成糠醛，糠醛和蒽酮作用生成蓝绿色络合物，这种络合物颜色的深浅和糖含量成正比。

b. 仪器：72型分光光度计，恒温水浴锅，带直玻管的锥形瓶，布氏漏斗及抽滤瓶，15mL玻璃试管。

c. 试剂：85%乙醇，0.2%蒽酮硫酸溶液（0.2g蒽酮加入5mL蒸馏水中，再加$1.18g/cm^3$的浓硫酸至100 mL，用时新配），100 μg／mL葡萄糖标准溶液。

d. 标准曲线的绘制：分别取葡萄糖标准溶液0.2、0.6、1.0、1.4、1.8 mL于玻璃试管中，并加蒸馏水至2 mL，空白加2 mL蒸馏水，然后于冰浴中各加6 mL 0.2％蒽酮试剂，摇匀，于沸水中煮10 min，迅速以自来水冷却后，倒入1 cm比色杯，于620 nm波长处测吸光度，以吸光度为纵坐标，糖浓度为横坐标，绘出标准曲线。

e. 提取方法：5 g果肉磨成糊状，加40 mL 85％乙醇移入锥形瓶中，80℃水浴提取30 min，稍冷后抽滤，残渣再加30 mL乙醇，继续提取30 min，再抽滤，滤液倒入蒸发皿，85℃蒸去乙醇，用蒸馏水定容至100 mL，残渣待测淀粉用。

f. 取样液1 mL，加蒸馏水至2 mL，再按制作标准曲线的方法测定其吸光度。

结果计算，按式（A3）：

$$总可溶性糖含量（\%）=\frac{V_0/V_1 \times C}{W \times 10^6} \times 100 \quad\cdots\cdots\cdots\cdots\cdots（A3）$$

式中：V_0——样品稀释后的总体积，mL；

V_1——测定用样品体积，mL；

C——从标准曲线上查得的糖浓度，μg／mL；

W——样品组织鲜重，g。

A2.6 淀粉含量的检测

a. 原理：淀粉酸解转化成葡萄糖，测其葡萄糖含量，然后换算成淀粉含量。

b. 试剂：5％盐酸，10％氢氧化钠，碘－碘化钾溶液（碘：碘化钾＝0.3 g：1.3 g／100 mL），0.15 mol／L氢氧化钡，5％硫酸锌。

c. 提取方法：将提取糖的残渣烘干，集于带玻管的锥形瓶内，加30 mL 5％盐酸，沸水浴中使淀粉完全水解（用碘－碘化钾试剂检测至不产生蓝色）。冷却后加适量的10％氢氧化钠中和残余的酸，并加5％硫酸锌和0.15 mol／L氢氧化钡溶液各5 mL，去除干扰物，过滤定容至100 mL。

d. 检测和计算：用测可溶性糖的方法测定粗淀粉含量。

结果计算，按式（A4）：

$$粗淀粉含量（\%）=水解后可溶性糖含量\% \times 0.9 \quad\cdots\cdots\cdots\cdots\cdots（A4）$$

式中：0.9——由葡萄糖换算成淀粉的因数。

A2.7 可滴定酸的检测

a. 原理：根据可滴定酸在水中的易溶性，用酸碱中和法测定可滴定酸的含量。

b. 仪器：离心机。

c. 试剂：0.001 g／L酚酞溶液，约0.1 mol／L氢氧化钠标准滴定溶液。

结果计算，按式（A5）：

$$氢氧化钠标准滴定溶液浓度（mol／L）=\frac{W}{45 \times V} \quad\cdots\cdots\cdots\cdots\cdots（A5）$$

式中：W——用于标定的草酸量，g；

V——滴定时消耗的氢氧化钠标准滴定溶液体积，mL；

45——与1 mL氢氧化钠标准滴定溶液〔$NaOH \doteq 0.001$ mol／L〕相当的$\frac{1}{2}$ mol草酸的质量，g。

d. 提取及检测：5 g果肉研磨，加25 mL蒸馏水，50℃水浴提取30 min，然后以4 000 r／min离心15 min，留上清液，沉淀用25 mL蒸馏水搅匀后，再离心，重复2次，合并上清液定容至100 mL，取25 mL，以氢氧化钠溶液滴定，加2滴0.001 g／L酚酞作指示剂。

结果计算（以100 g鲜重中含苹果酸的量来表示），按式（A6）：

$$苹果酸 g/100 g 鲜重 = V \times K \times 0.0067 \times 20 \times 4 \quad\cdots\cdots\cdots\cdots\cdots\cdots \quad (A6)$$

式中： V —— 滴定 25 mL 样液所用的氢氧化钠体积，mL ；

K —— 滴定的氢氧化钠浓度与 0.1 mol/L 氢氧化钠的校正值 $\left(K = \dfrac{c}{0.1} \right)$ ；

c —— 滴定的氢氧化钠溶液浓度，mol/L ；

0.0067 —— 与 1 mL 氢氧化钠标准滴定溶液〔NaOH = 0.1 mol/L〕相当的苹果酸的质量，g ；

20 —— 样品重量换算成 100 g 的比例；

4 —— 总提取液与样液的体积比。

附加说明：
本标准由中华人民共和国商业部提出。
本标准由《香蕉》制标小组起草。
本标准主要起草人张友平、姚楚兰。

ICS 67.080.10
B 31

中华人民共和国国家标准

GB/T 10650—2008
代替 GB/T 10650—1989

鲜　　梨

Fresh pears

2008-08-07 发布　　　　　　　　　　　　2008-12-01 实施

中华人民共和国国家质量监督检验检疫总局
中国国家标准化管理委员会　发布

前　言

本标准代替 GB/T 10650—1989《鲜梨》。

本标准与 GB/T 10650—1989 相比主要变化如下：

——增加了原标准适用范围的具体主要品种；

——删除了原标准中的分类和品种部分；

——对部分术语进行了增减和修改；

——删除了各等级果实横径之间的具体尺寸差异规定,增加了大小整齐度要求；

——根据当前我国鲜梨质量有较大提高的生产实际,提高了对果实表面缺陷的总体要求；

——删除鲜梨质量理化指标中的总酸量和固酸比,添加了新增品种鲜梨的果实硬度和可溶性固形
　　物含量的参考指标；

——把容许度单独作为一章,并且从文字到内容都作了简化；

——删除了运输与保管部分。

本标准的附录 A 和附录 B 均为资料性附录。

本标准由中华全国供销合作总社提出。

本标准由中华全国供销合作总社济南果品研究院归口。

本标准起草单位:中华全国供销合作总社济南果品研究院。

本标准主要起草人:冯建华、徐新明、季向阳、郁网庆、姜桂传。

本标准所代替标准的历次版本发布情况为:

——GB/T 10650—1989。

鲜　　梨

1　范围

本标准规定了收购鲜梨的质量要求、检验方法、检验规则、容许度、包装、标志和标签等内容。

本标准适用于鸭梨、雪花梨、酥梨、长把梨、大香水梨、茌梨、苹果梨、早酥梨、大冬果梨、巴梨、晚三吉梨、秋白梨、南果梨、库尔勒香梨、新世纪梨、黄金梨、丰水梨、爱宕梨、新高梨等主要鲜梨品种的商品收购。其他未列入的品种可参照执行。

2　规范性引用文件

下列文件中的条款通过本标准的引用而成为本标准的条款。凡是注日期的引用文件,其随后所有的修改单(不包括勘误的内容)或修订版均不适用于本标准,然而,鼓励根据本标准达成协议的各方研究是否可使用这些文件的最新版本。凡是不注日期的引用文件,其最新版本适用于本标准。

GB 2762　食品中污染物限量

GB 2763　食品中农药最大残留限量

GB/T 5009.38　蔬菜、水果卫生标准的分析方法

GB 7718　预包装食品标签通则

GB/T 8855　新鲜水果和蔬菜　取样方法

3　术语和定义

下列术语和定义适用于本标准。

3.1

品种特征　characteristics of the variety

不同品种的梨成熟时具有的本品种的各项特征。包括:果实形状、果径大小;果面色泽和果点的大小、疏密、果皮厚薄、果梗粗细长短、萼洼深浅、果肉和果核的比例以及肉质风味等。

3.2

成熟　mature

果实完成生长发育,呈现出固有的色泽、风味等基本特征。

3.3

成熟度　degrees of ripe

表示梨果实成熟的不同程度,一般分为可采成熟度、食用成熟度、生理成熟度。

可采成熟度是果实完成了生长和化学物质的积累过程,果实体积不再增大且已经达到最佳贮运阶段,但未达到最佳食用阶段,该阶段呈现本品种特有的色、香、味等主要特征,果肉开始由硬变脆。

食用成熟度是果实已具备该品种固有的色泽、风味并达到适合食用的阶段。

生理成熟度是果实在生理上已达到成熟时的状态。

3.4

刺伤　puncture

果实采摘时或采后果皮被刺破或划破,伤及果肉而造成的损伤。

3.5

碰压伤　bruising

果实由于碰撞或受压而造成的损伤。轻微碰压伤是指果皮未破,伤面轻微凹陷,色稍变暗,无汁液

外溢现象。

3.6

磨伤 rubbing

由于枝、叶磨擦而形成的果皮损伤。伤处呈块状或网状,严重者磨伤处呈深褐色或黑色。块状按占有面积计算,网状按分布面积计算。

3.7

药害 chemicals injury

喷洒的农药在果面上留下的药斑,轻微者是指细小而稀疏的斑点和变色不明显的网状薄层。

3.8

日灼 sun burn

果面上因受强烈日光照射而形成的变色斑块,轻微者晒伤部分多数呈浅褐色,重者灼伤部位变软。

3.9

雹伤 hail damage

果实在生长期间被冰雹击伤。轻微者是指伤处已经愈合,形成褐色小块斑痕,或果皮未破,伤处略现凹陷。伤部面积大以及未愈合良好者为重度雹伤。

3.10

病害 diseases

果实遭受的生理性和侵染性伤害。果实的病害分为生理性病害和浸染性病害。

3.10.1

生理性病害 physiological disorde

由于不良环境因素、自身生理代谢失调或遗传因素引起的病害,又叫生理失调。主要有斑点病、黑心(黑肉)病、果肉变褐、黑皮病、糠心、冷害、二氧化碳中毒等。

3.10.2

侵染性病害 infectious diseases

由病原微生物引起的传染病害。主要有轮纹病、青绿霉病、黑星病、黑腐病、炭疽病等。

3.11

虫伤 insect bites

梨黄粉虫、卷叶娥、梨果象甲(梨象虫、梨虎)、食皮螟、椿象、梨园介壳虫等危害果实的害虫蛀食果皮和果肉引起的损伤,虫伤面积包括伤口周围已木栓化面积。

3.12

虫果 maggoty fruit

被梨小、苹小、桃小等食心虫危害的果实,果面上有虫眼,周围变色,入果后蛀食果肉或果心,虫眼周围或虫道中留有虫粪,影响食用。

3.13

外来水分 abnormal external moisture

果实经雨淋或用水冲洗后在梨果表面留下的水分,不包括由于温度变化产生的轻微凝结水。

3.14

容许度 tolerances

人为规定的对某项要求的允许限度。

4 要求

4.1 质量等级要求

鲜梨质量分三个等级,各质量等级见表 1。凡不符合表 1 质量等级规定的均视为等外品。

表 1　鲜梨质量等级要求

项目指标	优等品	一等品	二等品
基本要求	具有本品种固有的特征和风味;具有适于市场销售或贮藏要求的成熟度;果实完整良好;新鲜洁净,无异味或非正常风味;无外来水分		
果　形	果形端正,具有本品种固有的特征	果形正常,允许有轻微缺陷,具有本品种应有的特征	果形允许有缺陷,但仍保持本品种应有的特征,不得有偏缺过大的畸形果
色　泽	具有本品种成熟时应有的色泽	具有本品种成熟时应有的色泽	具有本品种应有的色泽,允许色泽较差
果　梗	果梗完整(不包括商品化处理造成的果梗缺省)	果梗完整(不包括商品化处理造成的果梗缺省)	允许果梗轻微损伤
大小整齐度	各等级果的大小尺寸不作具体规定,可根据收购商要求操作,但要求应具有本品种基本的大小。而大小整齐度应有硬性规定,要求果实横径差异<5 mm		
果面缺陷	允许下列规定的缺陷不超过 1 项:	允许下列规定的缺陷不超过 2 项:	允许下列规定的缺陷不超过 3 项:
①刺伤、破皮划伤	不允许	不允许	不允许
②碰压伤	不允许	不允许	允许轻微碰压伤,总面积不超过 0.5 cm²,其中最大处面积不得超过 0.3 cm²,伤处不得变褐,对果肉无明显伤害
③磨伤(枝磨、叶磨)	不允许	不允许	允许不严重影响果实外观的轻微磨伤,总面积不超过 1.0 cm²
④水锈、药斑	允许轻微薄层总面积不超过果面的1/20	允许轻微薄层总面积不超过果面的1/10	允许轻微薄层,总面积不超过果面的1/5
⑤日灼	不允许	允许轻微的日灼伤害,总面积不超过 0.5 cm²。但不得有伤部果肉变软	允许轻微的日灼伤害,总面积不超过 1.0 cm²。但不得有伤部果肉变软
⑥雹伤	不允许	不允许	允许轻微者2处,每处面积不超过 1.0 cm²
⑦虫伤	不允许	允许干枯虫伤2处,总面积不超过 0.2 cm²	干枯虫伤处不限,总面积不超过 1.0 cm²
⑧病害	不允许	不允许	不允许
⑨虫果	不允许	不允许	不允许

4.2　理化指标

果实硬度和可溶性固形物理化指标暂不作为鲜梨收购的质量指标。具体规定参见附录 A。

4.3 卫生指标

按 GB 2762、GB 2763 水果类规定指标执行。

5 试验方法

5.1 质量等级要求检验

5.1.1 检验程序

将检验样品逐件铺放在检验台上,按标准规定检验项目检出不合格果,在同一果实上兼有两项及其以上不同缺陷与损伤项目者,可只记录其中对品质影响较重的一项。以件为计算单位分项记录,每批样果检验完后,计算检验结果,评定该批果品的等级品质。

5.1.2 评定方法

5.1.2.1 果实的基本要求、果形、色泽、成熟度、果梗均由感官鉴定。

5.1.2.2 果面缺陷和损伤由目测结合测量确定。

5.1.2.3 果实大小整齐度用分级标准果板测量确定。

5.1.2.4 病虫害用肉眼或用放大镜检查果实的外表征状,如发现有病虫害症状,或对果实内部有怀疑者,应检取样果用小刀进行切剖检验,如发现有内部病变时,应扩大切剖数量,进行严格检查。

5.1.3 不合格果率的计算

检验时,将各种不符合规定的果实检出分项计数(果重或果数),并在检验单上正确记录,以果重或果数为基准计算其百分率,如包装上标有果数时,则百分率应以果数为基准计算,算至小数点后一位。

计算见式(1):

$$单项不合格果率(\%) = \frac{单项不合格果重量(或个数)}{检验总重量(或总果数)} \times 100 \quad\cdots\cdots\cdots\cdots\cdots\cdots (1)$$

各单项不合格果百分率的总和即为该批鲜梨不合格果总数的百分率。

5.2 理化指标检验

参照附录 B 检验。

5.3 卫生指标检验

按 GB/T 5009.38 规定执行。

6 检验规则

6.1 收购检验以感官鉴定为主,按 4.1 条所列各项对样果逐个进行检查,根据检验结果评定质量和等级。理化、卫生检验分析果实的内在质量,作为评定的科学数据。

6.2 同品种、同等级、同一批收购的鲜梨作为一个检验批次。

6.3 生产单位或生产户在交售产品时,应分清品种、等级,自行定量包装,写明交售件数和重量。凡与货单不符、品种和等级混淆不清,数量错乱,包装不符合规定者,应由生产单位或生产户重新整理后再进行验收。

6.4 分散零担收购的梨,也应分清品种、等级,按规定的质量指标分等验收。验收后由收购单位按规定要求重新包装。

6.5 抽样

6.5.1 抽取样品应具有代表性,应参照包装日期在全批货物的不同部位按 6.5.2 规定数量抽样,样品的检验结果适用于整个抽验批。

6.5.2 抽样数量:每批在 50 件以内的抽取 2 件,51 件~100 件抽取 3 件,100 件以上的以 100 件抽取 3 件为基数,每增 100 件增抽 1 件,不足 100 件者以 100 件计。分散零担收购时,取样果数不少于 100 个。

6.5.3 在检验中如果发现问题,可以酌情增加抽样数量。

6.5.4 理化检验取样:按 GB/T 8855 取样,在检验大样中选取该批梨果具有成熟度代表性的样果

30 个~40 个,供理化和卫生指标检验用。

6.6 检重:在验收时,每件包装内的果实应符合规定重量和数量,如有短缺,应按规定补足。

6.7 经检验评定不符合本等级规定品质条件的梨,应按其实际规格品质定级验收。如交售一方不同意变更等级时,应进行加工整理后再重新抽样检验,以重验的检验结果为评定等级的根据,重验以一次为限。

7 容许度

7.1 质量容许度

7.1.1 优等品允许 3% 的果实不符合本等级规定的质量要求,其中,虫伤果不得超过 1%。

7.1.2 一等品允许 5% 的果实不符合本等级规定的质量要求,其中,轻微碰压伤、虫伤果不得超过 2%,长果梗型品种梨应带有果梗。

7.1.3 二等品允许 8% 的果实不符合本等级规定的质量要求,其中,虫果和轻微虫伤果、刺伤果、病害果不得超过 5%,不得有严重碰压伤、裂口未愈合、病果和烂果,另外,允许果梗损伤果不超过 20%,长果梗型品种梨应带有果梗。

7.2 大小容许度

各等级允许有 5% 的果实不符合本等级规定的大小整齐度规定要求。

7.3 各等级鲜梨容许度规定允许的不合格果,应符合下一相邻等级的质量要求,不得有隔等果。

7.4 容许度的测定是抽检每一个包装件后,按抽检数综合计算的平均数,以果实的重量或个数加以确定。

8 包装、标志和标签

8.1 包装

8.1.1 包装容器应采用纸箱、塑料箱、木箱进行分层包装,应坚实、牢固、干燥、清洁卫生,无不良气味,对产品应具充分的保护性能。内外包装材料及制备标记所用的印色与胶水应无毒性。

8.1.2 同一批货物应包装一致(有专门要求者除外),每一包装件内应是同一产地、同一批采收、同一品种、同一等级规格、同等成熟度的鲜梨。

8.1.3 包装时切勿将树叶、枝条、纸袋、尘土、石砾等杂物或污染物带入容器,避免污染果实,影响外观。

8.1.4 用于冷藏的鲜梨,可根据冷库的具体情况选择采用适宜的贮藏容器,出库后再按规定进行分级包装。

8.2 标志

同一批货物的包装标志,在形式上和内容上应完全统一。每一外包装应印有鲜梨的标志文字和图案,对标志文字和图案暂无统一规定,但标志文字和图案应清晰、完整,不能擦涂,集中在包装的固定部位。

8.3 标签

按 GB 7718 执行。如有按照果数规定者,也应标明装果数量。标签上的字迹应清晰、完整、准确。

附　录　A

（资料性附录）

鲜梨各主要品种的理化指标参考值

表 A.1　鲜梨各主要品种的理化指标参考值

品　　种	项　目　指　标	
	果实硬度/(kg/cm²)	可溶性固形物/% ≥
鸭梨	4.0～5.5	10.0
酥梨	4.0～5.5	11.0
茌梨	6.5～9.0	11.0
雪花梨	7.0～9.0	11.0
香水梨	6.0～7.5	12.0
长把梨	7.0～9.0	10.5
秋白梨	11.0～12.0	11.2
新世纪梨	5.5～7.0	11.5
库尔勒香梨	5.5～7.5	11.5
黄金梨	5.0～8.0	12.0
丰水梨	4.0～6.5	12.0
爱宕梨	6.0～9.0	11.5
新高梨	5.5～7.5	11.5

附　录　B
（资料性附录）
鲜梨理化检验方法

B.1　果实硬度

B.1.1　仪器

果实硬度计（须经计量部门检定）。

B.1.2　测试方法

检取果实 15 个～20 个，逐个在果实相对两面的胴部，用小刀削去直径约为 12 mm 的薄薄果皮，尽可能少损及果肉。持果实硬度计垂直地对准果面测试处，缓慢施加压力，使测头压入果肉至规定标线为止，从指示器所指处直接读数，即为果实硬度，统一规定以"kg/cm²"表示测试结果，取其平均值，计算至小数点后一位。

B.2　可溶性固形物

B.2.1　仪器

手持糖量计（手持折光仪）。

B.2.2　测定方法

校正好仪器标尺的焦距和位置，打开辅助棱镜，从果样中挤滤出汁液 1 滴～2 滴，仔细滴在棱镜平面中央，迅速关合辅助棱镜，静置 1 min，朝向光源或明亮处，调节消色环，使视野内出现清晰的分界线与分界线相应的读数，即试液在 20 ℃下所含可溶性固形物的百分率。当环境不是 20 ℃时，可根据仪器所附补偿温度计表示的加减数进行校正。每批试验不得少于 10 个果样，每一试样应重复 2 次～3 次，求其平均值。使用仪器连续测定不同试样时，应在使用后用清水将镜面冲洗洁净，并用干燥镜纸擦干以后，再继续进行测试。

ICS 67.080.10
B 31

中华人民共和国国家标准

GB/T 10651—2008
代替 GB/T 10651—1989

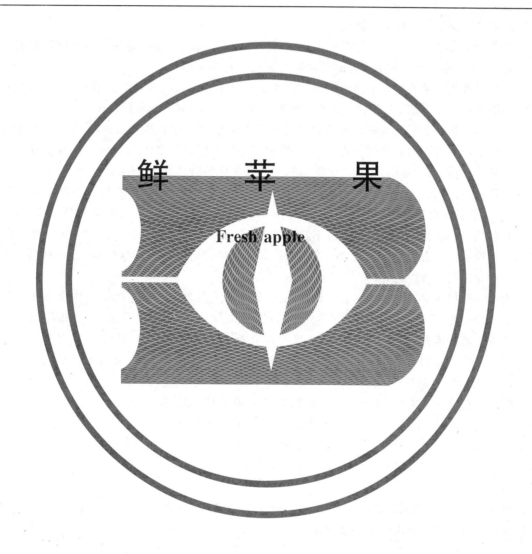

鲜 苹 果

Fresh apple

2008-05-04 发布

2008-10-01 实施

中华人民共和国国家质量监督检验检疫总局
中国国家标准化管理委员会 发布

前　　言

本标准是对 GB/T 10651—1989《鲜苹果》的修订。与 GB/T 10651—1989 相比,主要变化如下:

——修改了原标准的适用品种范围,增添当前主栽的华夏、粉红女士、嘎拉系、珊夏、乔纳金等新品种;

——对部分术语进行了增减和修改;

——将苹果主栽品种各等级的色泽要求(详见附录 A)做了较大改动,提高了对果面最小着色比例的要求,补充了新增加的品种的果面最小着色比例要求;

——提高了各级苹果的最小果径的规定。对各品种可按大型果品种优等果和一等果≥70 mm,二等果≥65 mm 分级;中小型果按优等果和一等果≥60 mm,二等果≥55 mm;

——根据当前我国苹果质量有较大提高的生产实际,提高了对苹果表面缺陷的总体要求,包括:①对果锈在各级的要求作了适当调减,删去了原标准对水锈的单独规定。②果面缺陷中对二等品的刺伤规定修订为无。③优等品和一等品允许的碰压伤规定修订为无,二等品修订为总面积不超过 1.0 cm²,最大面积不超过 0.3 cm²。④优等品和一等品的磨伤缺陷规定修订为无,二等品修订为 1.0 cm²。⑤优等品和一等品的日灼、药害、雹伤缺陷规定修订为无,二等品的日灼、药害、雹伤的总面积均由不超过 2.0 cm² 修订为 1.0 cm²。⑥一等品和二等品的裂果缺陷规定修订为无。优等品和一等品虫伤缺陷规定修订为无。⑦增加对裂纹的限制,删去了对重锈斑的单独规定等;

——为进一步提高苹果质量规格的一致性,对一等品苹果在产地验收质量的容许度修订为 5%,二等品修订为 8%。在自起运点至港站验收的质量容许度规定中一等品苹果修订为 8%。苹果大小的容许度规定中,允许有高于或低于规定果径差别的范围的比例修订为 5%;

——删去苹果质量的理化指标的酸度,添加了新增加的品种的最低果实硬度和可溶性固形物含量的要求。删去了卫生限量的具体规定及相关检测方法方面的内容;

——运输和贮藏不是本标准的重点,因此删去"8 运输与贮存"部分。

本标准的附录 A 和附录 C 为规范性附录,附录 B 为资料性附录。

本标准主要起草单位:中华全国供销合作总社济南果品研究院、中国标准化研究院食品与农业标准化研究所、陕西省果业管理局、中国农业科学院果树研究所、北京市林果研究所、山东省果茶站、西北农林科技大学。

本标准主要起草人:杜卫东、席兴军、郭民主、聂继云、魏钦平、刘俊华、孔庆信、徐凌飞。

本标准所代替标准的历次版本发布情况为:

——GB/T 10651—1989。

鲜 苹 果

1 范围

本标准规定了鲜苹果各等级的质量要求、容许度、包装和外观及标识等内容。

本标准适用于富士系、元帅系、金冠系、嘎拉系、藤牧 1 号、华夏、粉红女士、澳洲青苹、乔纳金、秦冠、国光、华冠、红将军、珊夏、王林等以鲜果供给消费者的苹果（*Malus domestica* Borkh.），用于加工的苹果除外。其他未列入的品种也可参照使用。

2 规范性引用文件

下列文件中的条款通过本标准的引用而成为本标准的条款。凡是注日期的引用文件，其随后所有的修改单（不包括勘误的内容）或修订版均不适用于本标准，然而，鼓励根据本标准达成协议的各方研究是否可使用这些文件的最新版本。凡是不注日期的引用文件，其最新版本适用于本标准。

GB 2762 食品中污染物限量

GB 2763 食品中农药最大残留限量

3 术语和定义

下列术语和定义适用于本标准。

3.1

不正常的外来水分 abnormal external moisture

果实经雨淋或用水冲洗后在苹果表面留下的水分，不包括由于温度变化产生的轻微凝结水。

3.2

成熟 mature

果实完成生长发育阶段，体现出果实的色泽、风味等固有基本特征。

3.3

成熟度 maturity

苹果果实成熟的不同程度，一般分为可采成熟度、食用成熟度和生理成熟度。

3.3.1

可采成熟度 harvest maturity

果实完成了生长和化学物质的积累过程，果实体积不再增大且已经达到最佳贮运阶段但未达到最佳食用阶段，该阶段呈现本品种特有的色、香、味等主要特征，果肉开始由硬变脆。

3.3.2

食用成熟度 eatable maturity

果实已具备该品种固有的色泽、风味和芳香，营养价值较高并达到适合食用的阶段，此时采收的果实可当地销售和短途运输。

3.3.3

生理成熟度 physiological maturity

果实在生理上已达到充分成熟的状态，果肉开始变软变绵不适宜作贮藏运输的阶段。

3.4

果锈 russeting

由于外部环境或药害导致果皮细胞的不正常分裂产生木栓形成层，使角质层龟裂剥落形成的无光泽的暗褐色木栓化薄层或点状物的一种生理性病害。

> 注:果锈主要分为片状锈斑和网状浅层锈斑。片状锈斑是指果面上形成的大小不等、形状不规整的浅褐色轻微粗
> 糙的连片锈斑;网状浅层锈斑是指在果面上分布的平滑的网状浅层锈斑。

3.5

果面缺陷　skin defects

对果实表皮造成的各种损伤。

3.6

刺伤　skin puncture

果皮被刺破或划破,伤及果肉而造成的损伤。

3.7

碰压伤　bruising

受碰击或外界压力而对果皮造成的人为损伤。

> 注:轻微碰压伤系指果实受碰压以后,果皮未破,伤面稍微凹陷,变色不明显,无汁液外溢现象。

3.8

磨伤　rubbing

由于果皮表面受枝、叶摩擦而形成的褐色或黑色伤痕。

> 注:磨伤可分为块状磨伤和网状磨伤,块状磨伤按合并面积计算,网状磨伤按分布面积计算。轻微磨伤系指细小色
> 浅不变黑的瑕疵或轻微薄层,十分细小浅色的痕迹可作果锈处理。

3.9

日灼　sun burn

果实表面因受强烈日光照射形成变色的斑块。晒伤部分轻微者呈桃红色或稍微发白,严重者变成黄褐色。

3.10

药害　spray burn

因喷洒农药在果面上残留的药斑或伤害,轻微药斑是指点粒细小、稀疏的斑点和不明显的轻微网状薄层。

3.11

雹伤　hail damage

果实在生长期间受冰雹击伤,果皮被击破及果肉伤者为重度雹伤。果皮未破,伤处略显凹陷,皮下果肉受伤较浅,而且愈合良好者为轻微雹伤。

3.12

裂果　cracky fruit

表皮上开裂并深达果肉组织的果实。

3.13

裂纹　little cracks

表皮上开裂形成未深达果肉组织的细小裂痕。

3.14

病果　diseased fruit

遭受生理性病害和侵染性病害的侵害的果实。

3.14.1

生理性病害　physiological diseases

由不适宜的环境因素或有害物质危害或自身遗传因素引起的病害。主要有褐烫病(虎皮病)、苦痘病、红玉斑点病、褐心病、水心病(蜜果病)、缺硼缩果病、冷害、二氧化碳中毒等。

3.14.2

侵染性病害 infectious diseases

由病原生物引起的可传染病害。主要有炭疽病、轮纹病、褐腐病、青霉病、绿霉病、红、黑点病等。

3.15

虫果 maggoty fruit

受苹小、梨小、桃小等食心虫危害的果实。

注：虫果果面上有虫眼，周围变色，幼虫入果后蛀食果肉或果心，虫眼周围或虫道中留有虫粪，影响食用。

3.16

虫伤 insect bites

危害果实的卷叶蛾、椿象、金龟子等蛀食果皮和果肉的虫伤。

注：虫害面积的计算，应包括伤口周围的已木栓化部分。

3.17

容许度 tolerances

人为规定的一个低于本等级质量要求的允许限度。

3.18

等外果 cullage

品质低于二等果规定指标及容许度的果实。

3.19

大型果 large-sized fruit

果径相对较大的苹果品种，如富士系、元帅系及乔纳金等品种。

3.20

中小型果 medium-sized and small-sized fruit

除大型果品种以外的其他苹果品种，如华冠和粉红女士等品种。

4 质量要求

4.1 基本要求

4.1.1 具有本品种固有的特征和风味。

4.1.2 具有适于市场销售或贮存要求的成熟度。

4.1.3 果实保持完整良好。

4.1.4 新鲜洁净，无异味或非正常风味。

4.1.5 不带非正常的外来水分。

4.2 质量等级要求

鲜苹果质量分为三个等级，各质量等级要求见表1。

表 1 鲜苹果质量等级要求

项　　目	等　　级		
	优等品	一等品	二等品
果形	具有本品种应有的特征	允许果形有轻微缺点	果形有缺点，但仍保持本品基本特征，不得有畸形果
色泽	红色品种的果面着色比例的具体规定参照附录A；其他品种应具有本品种成熟时应有的色泽		
果梗	果梗完整（不包括商品化处理造成的果梗缺省）	果梗完整（不包括商品化处理造成的果梗缺省）	允许果梗轻微损伤

表 1（续）

项目		等级		
		优等品	一等品	二等品
果面缺陷		无缺陷	无缺陷	允许下列对果肉无重大伤害的果皮损伤不超过4项
① 刺伤（包括破皮划伤）		无	无	无
② 碰压伤		无	无	允许轻微碰压伤,总面积不超过1.0 cm²,其中最大处面积不得超过0.3 cm²,伤处不得变褐,对果肉无明显伤害
③ 磨伤（枝磨、叶磨）		无	无	允许不严重影响果实外观的磨伤,面积不超过1.0 cm²
④ 日灼		无	无	允许浅褐色或褐色,面积不超过1.0 cm²
⑤ 药害		无	无	允许果皮浅层伤害,总面积不超过1.0 cm²
⑥ 雹伤		无	无	允许果皮愈合良好的轻微雹伤,总面积不超过1.0 cm²
⑦ 裂果		无	无	无
⑧ 裂纹		无	允许梗洼或萼洼内有微小裂纹	允许有不超出梗洼或萼洼的微小裂纹
⑨ 病虫果		无	无	无
⑩ 虫伤		无	允许不超过2处0.1 cm²的虫伤	允许干枯虫伤,总面积不超过1.0 cm²
⑪ 其他小疵点		无	允许不超过5个	允许不超过10个
果锈		各本品种果锈应符合下列限制规定		
① 褐色片锈		无	不超出梗洼的轻微锈斑	轻微超出梗洼或萼洼之外的锈斑
② 网状浅层锈斑		允许轻微而分离的平滑网状不明显锈痕,总面积不超过果面的1/20	允许平滑网状薄层,总面积不超过果面的1/10	允许轻度粗糙的网状果锈,总面积不超过果面的1/5
果径（最大横切面直径）/mm	大型果	≥70		≥65
	中小型果	≥60		≥55

注：苹果达到成熟时,应符合基本的内在质量要求,本标准给出了当前商品量较大的11个品种的果实硬度和可溶性固形物的质量指标供参考,详见附录B。

5 容许度要求

5.1 质量容许度

5.1.1 产地验收的质量容许度

a) 优等品苹果允许有3%的果实不符合本等级规定的质量要求。其中磨伤、碰压伤、刺伤不合格果之和不得超过1%。

  b) 一等品苹果允许有5%的果实不符合本等级规定的质量要求。其中磨伤、碰压伤、刺伤不合格果之和不得超过1%。

  c) 二等品苹果允许有8%的果实不符合本等级规定的质量要求。其中磨伤、碰压伤、刺伤不合格果之和不得超过5%,下列缺陷的果实合计不得超过1%:

    1) 食心虫果及为害果肉的苦痘病等生理病害;

    2) 未愈合的轻微损伤。

5.1.2 自起运点至港站验收的质量容许度

  a) 优等品苹果允许有5%的果实不符合本等级规定的质量要求。其中磨伤、碰压伤、刺伤不合格果之和不得超过2%。

  b) 一等品苹果允许8%的果实不符合本等级规定的质量要求。其中磨伤、碰压伤、刺伤不合格果之和不得超过5%。

  c) 二等品苹果允许10%的果实不符合本等级规定的质量要求。其中磨伤、碰压伤、刺伤不合格果之和不得超过7%,下列缺陷的果实合计不得超过2%:

    1) 食心虫果及为害果肉的苦痘病等生理病害;

    2) 未愈合的轻微损伤。

5.2 大小的容许度

  各等级对果径有规定的苹果,允许有5%高于或低于规定果径差别的范围,但在全批货物中果实大小差异不宜过于显著。

5.3 各级苹果容许度规定允许的不合格果,只能是邻级果,不允许隔级果。

5.4 容许度的测定以检验全部抽检包装件的平均数计算。容许度规定的百分率一般以重量或果数计算。

  注:试验方法和检验规则见附录C。

6 卫生要求

  鲜苹果中农药和污染物限量卫生指标应符合GB 2762和GB 2763及相关标准的规定。

7 包装和外观要求

7.1 包装容器应采用纸箱、塑料箱、木箱进行分层包装,应坚实、牢固、干燥、清洁卫生,无不良气味,对产品应具充分的保护性能。内外包装材料及制备标记所用的印色与胶水应无毒性,无害于人类食用。

7.2 产品应按同一产地、同一批采收、同一品种、同一等级规格进行包装。

7.3 分层包装的苹果,果径大小的差别为同一等级苹果之间相差不超过5 mm。

7.4 包装时切勿将树叶、枝条、纸袋、尘土、石砾等杂物或污染物带入容器,避免污染果品,影响外观。

8 标识规定

8.1 标志

  同一批货物的包装标志,在形式上和内容上应完全统一。每一外包装应印有鲜苹果的标志文字和图案,对标志文字和图案暂无统一规定的,标志文字和图案应清晰、完整,集中在包装的固定部位,不能擦涂。

8.2 标签

  应标明产品名称、品种、商标、等级规格、净重、生产单位名称、产地、检验人姓名和包装日期等,如有按照果数规定者,应标明装果数量。标签上的字迹应清晰、完整、准确。

附　录　A

（规范性附录）

苹果各主要品种和等级的色泽要求

表 A.1　苹果各主要品种和等级的色泽要求

品种	等级		
	优等品	一等品	二等品
富士系	红或条红 90％以上	红或条红 80％以上	红或条红 55％以上
嘎拉系	红 80％以上	红 70％以上	红 50％以上
藤牧 1 号	红 70％以上	红 60％以上	红 50％以上
元帅系	红 95％以上	红 85％以上	红 60％以上
华夏	红 80％以上	红 70％以上	红 55％以上
粉红女士	红 90％以上	红 80％以上	红 60％以上
乔纳金	红 80％以上	红 70％以上	红 50％以上
秦冠	红 90％以上	红 80％以上	红 55％以上
国光	红或条红 80％以上	红或条红 60％以上	红或条红 50％以上
华冠	红或条红 85％以上	红或条红 70％以上	红或条红 50％以上
红将军	红 85％以上	红 75％以上	红 50％以上
珊夏	红 75％以上	红 60％以上	红 50％以上
金冠系	金黄色	黄、绿黄色	黄、绿黄、黄绿色
王林	黄绿或绿黄	黄绿或绿黄	黄绿或绿黄

附　录　B

（资料性附录）

苹果各主要品种的参考理化指标

表 B.1　苹果主要品种的理化指标参考值

品　　种	指　　标	
	果实硬度/(N/cm²) ≥	可溶性固形物/% ≥
富士系	7	13
嘎拉系	6.5	12
藤牧1号	5.5	11
元帅系	6.8	11.5
华夏	6.0	11.5
粉红女士	7.5	13
澳洲青苹	7.0	12
乔纳金	6.5	13
秦冠	7.0	13
国光	7.0	13
华冠	6.5	13
红将军	6.5	13
珊夏	6.0	12
金冠系	6.5	13
王林	6.5	13
注：未列入的其他品种，可根据品种特性参照表内近似品种的规定掌握。		

附　录　C
（规范性附录）
试验方法和检验规则

C.1　试验方法

C.1.1　等级规格检验

C.1.1.1　检验程序

将抽取样品称重后，逐件铺放在检验台上，按标准规定项目检出不合格果和腐烂果，以件为单位分项记录，每批样果检验完毕后，计算检验结果，判定该批苹果的等级品质。

C.1.1.2　操作和评定

C.1.1.2.1　果实的外观指标和成熟程度由感官鉴定。

C.1.1.2.2　果实横径用标准分级果板测量确定。

C.1.1.2.3　果实单果重用电子秤称量确定。

C.1.1.2.4　果实果面的机械和自然损伤由目测或用量具测量确定。

C.1.1.2.5　果实色泽的测量由目测或用量具测量确定。全红品种的着色百分比，应以该品种特有的着色良好的全红色泽覆盖的果皮面积计算，其中色泽较该品种特有的良好的全红色或条红色浅的苹果，应该归入满足其最小着色百分比的等级，并且应与该等级规定的果实具有同样良好的外观。条红品种的着色百分比应以有条红果皮面积计算，其中该品种特有色泽条纹应比淡红、青色及黄色条纹占绝对的优势，但着色浅于该品种特有色泽的果实，亦可划为某一等级，条件是：其着色面积超出这一等级所要求的特有色泽最低百分比，并足以使其与该品种特有的良好条红最低百分比的果实同样美观。淡褐色条纹不作着色计算。

C.1.1.2.6　对果实外部表现有病虫害症状，或外观尚未发现变异而对果实内部有怀疑者，都应检取样果用小刀进行切剖检验，如发现有内部病变时，可扩大检果切剖数量，进行严格检查。

C.1.1.2.7　在同一个果实上兼有两项或两项以上不同缺陷与损伤项目者，可只记录其中对品质影响较重的一项。

C.1.1.2.8　检出的不合格果，按记录单分项以果重为基准计算其百分率，如包装上标有果数时，则百分比应以果数为基准计算，精确到小数点后一位。

计算见式（C.1）：

$$单项不合格果(\%) = \frac{单项不合格果重（或果数）}{检验批总果重（或总果数）} \times 100 \quad\cdots\cdots\cdots（C.1）$$

各单项不合格果百分率的总和，即该批苹果不合格果总数的百分率。

C.1.2　理化检验

C.1.2.1　试样制备

于每批大样中选取成熟度适中的苹果 3 kg～5 kg，将果实洗净晾干后，从中选取中等大小具有代表性的苹果 20 个，作为测定果实硬度的样果。硬度测定后的苹果逐个纵向切成 8 瓣，每一果实取 2 瓣，一瓣作为测定可溶性固形物的试样，另一瓣去皮和剃去果心不可食部分后，将可食部分用不锈钢小刀切成 1 cm×1 cm 的小块或擦成细丝，以四分法取试样 100 g，加 1∶1 蒸馏水置入高速组织捣碎机中，或用研钵迅速研磨成浆，装入洁净的磨口玻璃广口瓶内，作为测试总酸量的试样，制备的样品应在当天进行测试。

C.1.2.2　果实硬度的测定

C.1.2.2.1　仪器：硬度压力计（须经计量部门检定）。

C.1.2.2.2 测定方法:将样果在果实胴部中央阴阳两面的预测部位削去薄薄的一层果皮,尽量少损及果肉,削部略大于压力计测头的面积,将压力计测头垂直地对准果面的测试部位,徐徐施加压力,使测头压入果肉至规定标线为止,从指示器所示处直接读数,即为果实硬度,统一规定以"N/cm²"表示测试结果。每批试验不得少于 10 个样果,求其平均值,计算至小数点后一位。

C.1.2.3　可溶性固形物的测定

C.1.2.3.1 仪器:手持糖量计(手持折光仪)。

C.1.2.3.2 测定方法:校正好仪器标尺的焦距和位置,打开辅助棱镜,从果样中挤滤出汁液 1 滴～2 滴,仔细滴在棱镜平面中央,迅速关合辅助棱镜,静置 1 min,朝向光源或明亮处,调节消色环,使视野内出现清晰的分界线,与分界线相应的读数,即试液在 20℃ 下所含可溶性固形物的百分率。当环境不是 20℃ 时,可根据仪器所附补偿温度计表示的加减数进行校正。每批试验不得少于 10 个果样,每一试样应重复 2 次～3 次,求其平均值。使用仪器连续测定不同试样时,应在使用后用清水将镜面冲洗洁净,并用干燥镜纸擦干以后,再继续进行测试。

C.2　检验规则

C.2.1 产地收购新鲜苹果时按本标准规定进行检验,凡同品种、同等级、一次收购的苹果作为一个检验批次。

C.2.2 生产单位或果农户交售产品时,应分清品种、等级,自行定量包装,写明交售件数和重量。凡与货单不符、品种等级混淆不清、件数错乱、包装不符合规定者,应由生产单位或生产户重新整理后,经销商再予验收。

C.2.3 对于产地分散或小生产户生产的苹果,允许零担收购,但应分清品种、等级,按规定的质量指标分等验收。验收后由经销商按规定要求重新包装。

C.2.4　抽样

C.2.4.1 以一个检验批次作为相应的抽样批次。抽取样品应具有代表性,应在全批货物的不同部位,按 C.2.4.2 规定的数量抽取,样品的检验结果适用于整个抽验批。

C.2.4.2 抽样数量:50 件以内的抽取 1 件,51 件～100 件的抽取 2 件,101 件以上者以 100 件抽取 2 件为基数,每增 100 件增抽 1 件,不足 100 件者以 100 件计。分散零担收购的苹果,可在装果容器的上、中、下各部位随机抽取,样果数量不得少于 100 个。

C.2.4.3 在检验中如发现苹果质量问题,需要扩大检验范围时,可以增加抽样数量。

C.2.4.4 抽样人员在抽样同时进行检重,每件包装内的果重应符合规定重量,如重量不足应予添补。并同时按包装技术要求进行包装检查。

C.2.5 苹果收购检验以感官鉴定为主,按本标准等级规格规定的各项技术要求,对样果进行精密检查,根据检验结果评定质量和等级。

C.2.6 经检验不符合本等级质量条件,并超出容许度规定范围的苹果,应按其实际质量定级验收。如交售一方不同意变更等级时,可经加工整理后再申请经销商抽样重验,以重验结果为准,重验以一次为限。

ICS 67.080
X 24

中华人民共和国国家标准

GB/T 10782—2006
代替 GB/T 10782—1989,GB/T 11860—1989

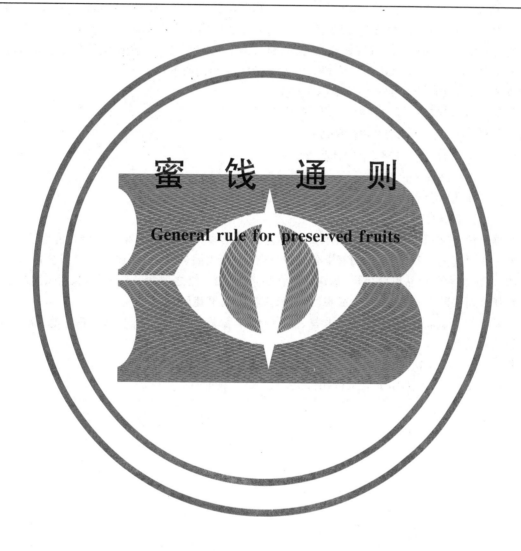

蜜 饯 通 则

General rule for preserved fruits

2006-09-18 发布

2007-01-01 实施

中华人民共和国国家质量监督检验检疫总局
中国国家标准化管理委员会 发布

前　言

本标准参考了 SB/T 10051—1992《丁香榄》、SB/T 10052—1992《雪花应子》、SB/T 10053—1992《桃脯》、SB/T 10054—1992《梨脯》、SB/T 10055—1992《海棠脯》、SB/T 10056—1992《糖桔饼》、SB/T 10057—1992《山楂糕、条、片》、SB/T 10085—1992《苹果脯》、SB/T 10086—1992《杏脯》、SB/T 10087—1992《话梅(类)技术条件》行业标准,并将其主要内容纳入了本标准。

本标准代替 GB/T 10782—1989《蜜饯产品通则》和 GB/T 11860—1989《蜜饯食品理化检验方法》。本标准与 GB/T 10782—1989 和 GB/T 11860—1989 相比主要变化如下:

——修改了 GB/T 10782—1989 中的术语和定义;

——修改了 GB/T 10782—1989 中的产品分类;

——删去了 GB/T 10782—1989 中的等级;

——修改了 GB/T 11860—1989 中的试验方法;

——增加了各类产品的理化要求。

本标准由中国商业联合会和中国焙烤食品糖制品工业协会共同提出。

本标准由中国商业联合会归口。

本标准起草单位:中国商业联合会商业标准中心、中国焙烤食品糖制品工业协会蜜饯专业委员会、中国食品发酵工业研究院、广东佳宝集团有限公司、广东雅士利集团(广东好味佳食品有限公司)、北京红螺食品集团、北京御食园食品有限公司、福建东方食品集团、山西维之王食品有限公司、山东滕州市荆河酒业有限责任公司果脯厂、河北怡达食品集团、石家庄市永兴果脯厂。

本标准主要起草人:陈岩、赵燕萍、林木材、杨应林、李孟春、肖金芳、郅文菊、王龙池、宋永祥、孙广东、王树林、齐胜利。

本标准所代替标准的历次版本发布情况为:

——GB/T 10782—1989、GB/T 11860—1989。

蜜 饯 通 则

1 范围

本标准规定了蜜饯的产品分类、技术要求、试验方法、检验规则和标签要求等内容。

本标准适用于蜜饯的生产和销售。

2 规范性引用文件

下列文件中的条款通过本标准的引用而成为本标准的条款。凡是注日期的引用文件,其随后所有的修改单(不包括勘误的内容)或修订版均不适用于本标准,然而,鼓励根据本标准达成协议的各方研究是否可使用这些文件的最新版本。凡是不注日期的引用文件,其最新版本适用于本标准。

GB 2760 食品添加剂使用卫生标准

GB/T 5009.3 食品中水分的测定

GB 7718 预包装食品标签通则

GB 14884 蜜饯卫生标准

国家质量监督检验检疫总局第 75 号令《定量包装商品计量监督管理办法》

3 术语和定义

下列术语和定义适用于本标准。

3.1

蜜饯 preserved fruit

以果蔬等为主要原料,添加(或不添加)食品添加剂和其他辅料,经糖或蜂蜜或食盐腌制(或不腌制)等工艺制成的制品。

4 产品分类

4.1 糖渍类

原料经糖(或蜂蜜)熬煮或浸渍、干燥(或不干燥)等工艺制成的带有湿润糖液面或浸渍在浓糖液中的制品,如糖青梅、蜜樱桃、蜜金橘、红绿瓜、糖桂花、糖玫瑰、炒红果等。

4.2 糖霜类

原料经加糖熬煮、干燥等工艺制成的表面附有白色糖霜的制品,如糖冬瓜条、糖橘饼、红绿丝、金橘饼、姜片等。

4.3 果脯类

原料经糖渍、干燥等工艺制成的略有透明感,表面无糖霜析出的制品,如杏脯、桃脯、苹果脯、梨脯、枣脯、海棠脯、地瓜脯、胡萝卜脯、番茄脯等。

4.4 凉果类

原料经盐渍、糖渍、干燥等工艺制成的半干态制品,如加应子、西梅、黄梅、雪花梅、陈皮梅、八珍梅、丁香榄、福果、丁香李等。

4.5 话化类

原料经盐渍、糖渍(或不糖渍)、干燥等工艺制成的制品,分为不加糖和加糖两类,如话梅、话李、话杏、九制陈皮、甘草榄、甘草金橘、相思梅、杨梅干、佛手果、芒果干、陈皮丹、盐津葡萄等。

4.6 果糕类

原料加工成酱状,经成型、干燥(或不干燥)等工艺制成的制品,分为糕类、条类和片类,如山楂糕、山楂条、果丹皮、山楂片、陈皮糕、酸枣糕等。

4.7 其他类

上述六类以外的蜜饯产品。

5 技术要求

5.1 原料

采用的原辅材料及食品添加剂应符合相应的标准要求,不应使用腐烂变质的果蔬原料。

5.2 感官

具有品种应有的形态、色泽、组织、滋味和气味,无异味,无霉变,无杂质。

5.3 净含量

参见国家质量监督检验检疫总局第75号令《定量包装商品计量监督管理办法》。

5.4 理化指标

5.4.1 糖渍类

水分≤35%,总糖(以葡萄糖计)≤70%,氯化钠≤4%。

5.4.2 糖霜类

水分≤20%,总糖(以葡萄糖计)≤85%。

5.4.3 果脯类

水分≤35%,总糖(以葡萄糖计)≤85%。

5.4.4 凉果类

水分≤35%,总糖(以葡萄糖计)≤70%,氯化钠≤8%。

5.4.5 话化类

5.4.5.1 不加糖类

水分≤30%,总糖(以葡萄糖计)≤6%,氯化钠≤35%。

5.4.5.2 加糖类

水分≤35%,总糖(以葡萄糖计)≤60%,氯化钠≤15%。

5.4.6 果糕类

5.4.6.1 糕类

水分≤55%,总糖(以葡萄糖计)≤75%。

5.4.6.2 条(果丹皮)类

水分≤30%,总糖(以葡萄糖计)≤70%。

5.4.6.3 片类

水分≤20%,总糖(以葡萄糖计)≤80%。

5.5 卫生指标

应符合 GB 14884 的规定。

5.6 食品添加剂

食品添加剂的使用应符合 GB 2760 的规定。

6 试验方法

6.1 样品处理

称取 200 g 可食部分样品,剪碎、切碎或捣碎,充分混匀,装入干燥的磨口样品瓶内。糖渍类样品在称取样品前应先沥干糖液(沥卤断线 1 min);糖霜类样品应连同附着的糖霜一起称样。

6.2 感官检验

6.2.1 色泽、形态、杂质

将试样放在白搪瓷盘中,在自然光下用肉眼直接观察。

6.2.2 组织

用不锈钢刀将样品切开,用目测、手感、口尝检验内部组织结构。

6.2.3 滋味与气味

嗅其气味,品尝其滋味。

6.3 净含量

用感量为 0.1 g 的天平称其质量。

6.4 水分

按 GB/T 5009.3 规定的方法测定。

6.5 总糖

6.5.1 原理

样品中原有的和水解后产生的糖具有还原性,它可以还原斐林氏试剂而生成红色氧化亚铜。

6.5.2 试剂

　　a) 浓盐酸:(体积分数为 37%,密度为 1.19 g/cm³)。

　　b) 氢氧化钠溶液(0.3 g/mL)。

　　c) 甲基红指示剂(0.001 g/mL)。

　　d) 斐林氏试剂:

　　甲液:溶解 15 g 硫酸铜(化学纯)及 0.05 g 次甲基蓝于 1 000 mL 容量瓶中,加蒸馏水至刻度摇匀,过滤备用。

　　乙液:溶解 50 g 酒石酸钾钠(化学纯),75 g 氢氧化钠(化学纯)及 4 g 亚铁氰化钾于蒸馏水中定容至 1 000 mL,摇匀,过滤备用。

　　e) 葡萄糖标准滴定溶液:准确称取 0.2 g(精确至 0.000 1 g),经过 98℃～100℃ 干燥至恒重的葡萄糖,加水溶解后置于 250 mL 的容量瓶中,然后加入 5 mL 盐酸,并以水稀释至 250 mL,摇匀,定容备用。

　　f) 斐林氏溶液的标定:准确吸取斐林氏甲液和乙液各 5.00 mL 于 150 mL 锥形瓶中,加水 10 mL,玻璃珠数粒,从滴定管滴加约 10 mL 葡萄糖标准溶液,控制在 2 min 内加热至沸,趁沸以每 2 s 1 滴的速度滴加葡萄糖标准溶液,滴定至蓝色退尽为终点。记录消耗葡萄糖标准溶液的体积。同时平行操作三次,取其平均值,计算每 10.00 mL(甲、乙液各 5.00 mL)斐林氏混合液相当于葡萄糖的质量。

计算方法见式(1)。

$$A = \frac{m \times V}{250} \quad \cdots\cdots\cdots\cdots\cdots\cdots\cdots(1)$$

式中:

A——相当于 10 mL 斐林氏甲及乙混合液的葡萄糖的质量,单位为克(g);

m——葡萄糖的质量,单位为克(g);

V——滴定时所消耗葡萄糖溶液的体积,单位为毫升(mL);

250——葡萄糖稀释液的总体积,单位为毫升(mL)。

6.5.3 仪器

　　a) 高速组织捣碎机;

　　b) 恒温水浴锅;

　　c) 调温电炉。

6.5.4 试样的制备

称取处理好的试样(6.1)10 g(精确至 0.001 g),加水浸泡 1 h～2 h,放入高速组织捣碎机中,加少量水捣碎,全部转移到 250 mL 容量瓶中,用水定容至刻度,摇匀,过滤,滤液备用。

6.5.5 分析步骤

准确吸取 10.00 mL 滤液于 250 mL 三角瓶中,加水 30 mL,加入盐酸 5 mL,置于水浴锅中,待温度升至 68℃～70℃时,计算时间共转化 10 min,然后用流水冷却至室温,全部转移到 250 mL 容量瓶中,加 0.001 g/mL 甲基红指示剂 2 滴,再用 0.3 g/mL 氢氧化钠溶液中和至中性,用水稀释至刻度,摇匀,注入滴定管中备用。

预备试验:用移液管吸取斐林氏甲、乙液各 5.00 mL 于 150 mL 三角瓶中,在电炉上加热至沸,从滴定管中滴入转化好的试液至蓝色变为浅黄色,即为终点,记下滴定所消耗试液的体积。

正式试验:取斐林氏甲、乙液各 5.00 mL 于三角瓶中,滴入转化好的试液,较预备试验少 1 mL,加热沸腾 1 min,再以每 min30 滴的速度滴入试液至终点,记下所消耗试液的体积,同时平行操作两次。

6.5.6 结果计算

试样中总糖(以葡萄糖计)含量的计算方法见式(2)。

$$X_1 = \frac{A \times 6\,250}{m \times V} \times 100 \quad\cdots\cdots\cdots\cdots\cdots\cdots\cdots\cdots\cdots\cdots\cdots\cdots (2)$$

式中:

X_1——试样中总糖(以葡萄糖计)含量,单位为克每百克(g/100 g);

A——10 mL 斐林氏混合液相当于葡萄糖的质量,单位为克(g);

m——试样的质量,单位为克(g);

V——滴定时消耗试液的体积,单位为毫升(mL);

6 250——稀释倍数。

6.5.7 允许差

在重复性条件下获得的两次独立测定结果的绝对差值不得超过算术平均值的 2%。

6.6 氯化钠

6.6.1 原理

用已知浓度的硝酸银溶液,滴定试样中的氯化钠,生成氯化银沉淀后,过量的硝酸银与铬酸钾指示剂生成铬酸银,使溶液呈橘红色,即为终点,由硝酸银溶液消耗量计算氯化钠的含量。

6.6.2 试剂

a) 铬酸钾溶液(50 g/L)。

b) 硝酸银标准滴定液:0.1 mol/L 或 0.05 mol/L。

配制:称取硝酸银 17.5 g 加适量水溶解并稀释至 1 000 mL,此硝酸银溶液浓度约为 0.1 mol/L,用此液稀释 1 倍为 0.05 mol/L 的硝酸银溶液,备用。

标定:准确称取 500℃～600℃干燥至恒重的基准氯化钠 0.2 g(精确到 0.000 1 g),加入 50 mL 蒸馏水使之溶解,加入 1 mL 50 g/L 铬酸钾溶液,边摇边用硝酸银溶液滴定至初显红色,记下消耗硝酸银溶液的体积。平行操作三次。同时,量取 50.00 mL 水作空白试验。

计算:

硝酸银标准滴定液的实际浓度的计算方法见式(3)。

$$c = \frac{m}{(V_1 - V_2) \times 0.058\,4} \quad\cdots\cdots\cdots\cdots\cdots (3)$$

式中:

c——硝酸银标准滴定液的实际浓度,单位为摩尔每升(mol/L);

m——氯化钠的质量,单位为克(g);

V_1——氯化钠消耗硝酸银标准滴定液的体积,单位为毫升(mL);

V_2——空白滴定消耗硝酸银标准滴定溶液的体积,单位为毫升(mL);

0.058 4——与1.00 mL硝酸银标准滴定溶液[$c(AgNO_3)=1.000$ mol/L]相当的以克表示的氯化钠的质量。结果保留四位小数。

6.6.3 仪器

a) 高速组织捣碎机;

b) 可调电炉。

6.6.4 试样的制备

称取处理好的试样(6.1)5 g~10 g(精确至0.001 g),加水浸泡1 h~2 h,放入高速组织捣碎机中捣碎。然后转移到烧杯中,放在电炉上小火煮沸0.5 h,冷却。全部转移到250 mL容量瓶中,定容至刻度。过滤液备用。

6.6.5 分析步骤

吸取5.00 mL~10.00 mL滤液置于三角瓶中,加50 mL水及1 mL铬酸钾溶液,用硝酸银标准溶液滴定至初显橘红色,记录消耗硝酸银的体积,平行操作二次。同时,量取5.00 mL水作空白试验。

6.6.6 结果计算

氯化钠含量的计算方法见式(4)。

$$X_3 = \frac{c(V_1-V_2) \times 0.058\,4}{m} \times 100 \quad\cdots\cdots(4)$$

式中:

X_3——试样中氯化钠的含量,单位为克每百克(g/100 g);

c——硝酸银标准滴定溶液的实际浓度,单位为摩尔每升(mol/L);

V_1——试样消耗硝酸银标准滴定溶液的体积,单位为毫升(mL);

V_2——空白滴定消耗硝酸银标准滴定溶液的体积,单位为毫升(mL);

m——试样的质量,单位为克(g);

0.058 4——与1.00 mL硝酸银标准滴定溶液[$c(AgNO_3)=1.000$ mol/L]相当的以克表示的氯化钠的质量。结果保留两位小数。

6.6.7 允许差

在重复性条件下获得的两次独立测定结果的绝对差值不得超过算术平均值的2%。

6.7 卫生指标

按GB 14884规定的方法检验。

7 检验规则

7.1 批

同品种、同一批投料生产的产品为一检验批次。

7.2 抽样方法和抽样量

7.2.1 抽样应具有代表性,在整批产品的不同部位,按规定件数随机抽取样品。

7.2.2 每批产品在100件以下时,抽样数量按3%抽取;超过100件时,每增加100件增抽1件,增加部分不足100件时按100件计算。

7.2.3 瓶装及其他小包装产品,同一批次取样件数,250 g以上的包装,每件不得少于3个,250 g以下的包装,每件不得少于6个。

7.2.4 从每个产品的上、中、下三部分分别取样,每个取样数量应基本一致,将全部样品充分混匀后,以四分法抽取1.5 kg供作试样。

7.2.5 所取样品装入清洁干燥的容器内供检验,用作微生物检验的样品应按无菌操作程序进行取样。

7.3 出厂检验

7.3.1 出厂检验的项目包括感官、净含量、水分、总糖、氯化钠、菌落总数和大肠菌群。

7.3.2 每批产品应经生产厂检验部门按本标准的规定进行检验,并出具产品合格证后方可出厂。

7.4 型式检验

7.4.1 型式检验项目包括本标准中规定的全部项目。

7.4.2 每半年应对产品进行一次型式检验。

7.4.3 发生下列情况之一时亦应进行型式检验:

——更改原料;

——更改工艺;

——长期停产后恢复生产时;

——出厂检验与上次型式检验有较大差异时;

——国家质量监督机构提出进行型式检验的要求时。

7.5 判定规则

7.5.1 检验结果全部项目符合本标准规定时,判该批产品为合格品。

7.5.2 检验结果中微生物指标有一项不符合本标准规定时,判该批产品为不合格品。

7.5.3 检验结果中除微生物指标外,其他项目不符合本标准规定时,可以在原批次产品中双倍抽样复验一次,复检结果全部符合本标准规定时,判该批产品为合格品;复检结果中如仍有一项指标不合格,判该批产品为不合格品。

8 标签

预包装食品的标签应符合 GB 7718 的规定。

ICS 67.080.10
B 31

中华人民共和国国家标准

GB/T 12947—2008
代替 GB/T 12947—1991

鲜 柑 橘

Fresh citrus

2008-08-07 发布　　　　　　　　　　2008-12-01 实施

中华人民共和国国家质量监督检验检疫总局
中国国家标准化管理委员会　　发布

前　言

本标准代替 GB/T 12947—1991《鲜柑橘》。

本标准与 GB/T 12947—1991 相比主要变化如下：

——修改了原标准中的术语；

——修改了原标准中分等分级方法；

——修改了原标准中的检验规则；

——修改了原标准中的标志、标签与包装。

本标准由中华全国供销合作总社提出。

本标准由中华全国供销合作总社济南果品研究院归口。

本标准主要起草单位：中华全国供销合作总社济南果品研究院。

本标准主要起草人：解维域、丁辰、宋烨。

本标准所代替标准的历次版本发布情况为：

——GB/T 12947—1991。

鲜柑橘

1 范围

本标准规定了甜橙类和宽皮柑橘类相关的术语和定义、要求、检验方法、检验规则、标志、标签与包装、贮存与运输及销售。

本标准适用于甜橙类、宽皮柑橘类鲜果的生产、收购和销售。

2 规范性引用文件

下列文件中的条款通过本标准的引用而成为本标准的条款。凡是注日期的引用文件,其随后所有的修改单(不包括勘误的内容)或修订版均不适用于本标准,然而,鼓励根据本标准达成协议的各方研究是否可使用这些文件的最新版本。凡是不注日期的引用文件,其最新版本适用于本标准。

GB/T 191 包装储运图示标志

GB 2762 食品中污染物限量

GB 2763 食品中农药最大残留限量

GB/T 8210 出口柑桔鲜果检验方法

GB/T 8855 新鲜水果和蔬菜 取样方法

GB/T 13607 苹果、柑桔包装

NY/T 1189 柑桔贮藏

3 术语和定义

下列术语和定义适用于本标准。

3.1 基本要求

3.1.1

成熟度 degrees of ripe

果实发育到可供食用的适当成熟程度。

3.1.2

合理采摘 reasonable picking

按采摘技术与注意事项进行的果实采摘。如轻采轻放,不允许攀枝拉果;果梗齐果肩处剪平;雨天、刮风天和叶面水未干时不采摘。

3.1.3

脱绿处理 degreening treatment

着色度低的果实,经自控温湿度的专门装置与专用催熟剂加以催熟转色,提高果实内质与外观质量的处理。

3.1.4

果实完整新鲜 intact and fresh fruit

果实无裂口、无重伤、无畸形,油胞饱满,有光泽,果蒂青绿色,完好。

3.1.5

果面洁净　fruit surface clean

果面无药迹、泥沙、灰尘等污物。

3.1.6

风味正常　normal flavour

具有果实成熟后固有的滋味与香气。

3.2　外观质量

3.2.1

果形　fruit shape

果实品种固有的形状和特征。

3.2.1.1

品种典型特征　typical cultivar characters

果实品种固有的形状、色泽和内质。

3.2.1.2

品种类似特征　similar cultivar characters

果实有类似品种的形状和色泽。

3.2.2

果面光洁　smooth and bright surface

果面光滑清洁程度。

3.2.3

色泽　colour and lustre

果实具有成熟后固有的颜色和光泽。

3.2.4

缺陷　defects

果实在生长发育和采摘过程中受病虫危害、机械作用和化学作用造成的伤害。

3.2.5

损伤　injury

机械作用对果实造成的创伤,分重伤、轻伤、愈合伤三种。

　　a)　重伤:伤及果实白皮层的创伤;

　　b)　轻伤:仅伤及果实表皮的创伤;

　　c)　愈合伤:已愈合的果面创伤。

3.2.6

腐烂果　decay fruit

已经局部腐烂或有腐烂迹象的果实。

3.2.7

油斑　oil spot

果面的油胞病变。有绿色、黄色、褐色油斑等。

3.2.8

褐斑　brown spot

果实表皮层呈褐色凹陷的干缩斑痕。又称干疤。

3.2.9

枯水 granulation

果实囊瓣皱缩、汁胞粗硬、果汁干枯,影响食用。

3.2.10

水肿 edema

果实处于通风不良或受冷害的影响,导致生理代谢失调,果皮褐变甚至组织软溃,有浓烈异味,部分或全部失去食用价值。

3.2.11

浮皮 puffiness

包裹果肉的囊瓣与果皮分离后浮起,果皮与囊瓣膜之间产生空隙分离的状况。

3.3 内在品质

3.3.1

可溶性固形物 total soluble solid;TSS

果汁中能溶于水的糖、酸、维生素、矿物质等,以百分率表示。

3.3.2

总酸 total acid;TA

果汁中所含有的可滴定酸总量,以柠檬酸计。

3.3.3

固酸比 TSS/TA

果汁固形物含量与果汁总酸量之比值。

3.3.4

可食率 edible rate

可供食用的部分与整果重之比,以百分率表示。

3.4

果实大小 fruit size

果实横径(果实赤道线横切面直径)的大小,以毫米(mm)计。

3.5

容许度 tolerance

人为规定的对某项要求的允许限度。

3.6

串级果 neighbor grade fruit

邻级相互混杂,不含隔级的鲜柑橘果。

4 要求

4.1 基本要求

果实达到适当成熟度采摘,成熟状况应与市场要求一致(采摘初期允许果实有绿色面积,甜橙类≤1/3、宽皮柑橘类≤1/2、早熟品种≤7/10),必要时允许脱绿处理;合理采摘,果实完整新鲜;果面洁净;风味正常。

4.2 分等

在符合基本要求的前提下,按感官要求分为优等果、一等果和二等果,见表1。

表 1 柑橘鲜果等级要求

项　目	优　等　果	一　等　果	二　等　果
果形	有该品种典型特征,果形端正、整齐	有该品种典型特征,果形端正、较整齐	有该品种典型特征,无明显畸形果
果面及缺陷	果面洁净,果皮光滑。无雹伤、日灼、干疤;允许单果有极轻微的油斑、网纹、病虫斑、药迹等缺陷。但单果斑点不超过 2 个,小果型品种每个斑点直径≤1.0 mm;其他果型品种每个斑点直径≤1.5 mm。无水肿、枯水和浮皮果	果面洁净,果皮较光滑。允许单果有较轻微的日灼、干疤、油斑、网纹、病虫斑、药迹等缺陷。但单果斑点不超过 4 个,小果型品种每个斑点直径≤1.5 mm;其他果型品种每个斑点直径≤2.5 mm。无水肿、枯水果,允许有极轻微浮皮果	果面较光洁。允许单果有轻微的雹伤、日灼、干疤、油斑、网纹、病虫斑、药迹等缺陷。但单果斑点不超过 6 个,小果型品种每个斑点直径≤2.0 mm;其他果型品种每个斑点直径≤3.0 mm。无水肿果,允许有轻微枯水、浮皮果
色泽　红皮品种	橙红色或橘红色,着色均匀	浅橙红色或淡红色,着色均匀	淡橙黄色,着色较均匀
色泽　黄皮品种	深橙黄色或橙黄色,着色均匀	淡橙黄色,着色均匀	淡黄色或黄绿色,着色较均匀

4.3 理化指标

各等级果应符合表 2 规定。

表 2 理化指标

项　目		优　等　果		一　等　果		二　等　果	
		甜橙类	宽皮橘类	甜橙类	宽皮橘类	甜橙类	宽皮橘类
可溶性固形物/%	≥	10.5	10.0	10.0	9.5	9.5	9.0
总酸量/%	≤	0.9	0.95	0.9	1.0	1.0	1.0
固酸比	≥	11.6∶1	10.0∶1	11.1∶1	9.5∶1	9.5∶1	9.0∶1
可食率/%	≥	70	75	65	70	65	70

4.4 分级

同等别果依据果实横径大小分为六个级别,分别为 3L、2L、L、M、S、2S,大于 3L 或小于 2S 级均视为等外级果品,见表 3。

表 3 柑橘鲜果级别要求

单位为毫米

品种类型		级　别					
		3L	2L	L	M	S	2S
甜橙类	脐橙、锦橙	85.0≤φ<95.0	80.0≤φ<85.0	75.0≤φ<80.0	70.0≤φ<75.0	65.0≤φ<70.0	60.0≤φ<65.0
	其他甜橙	80.0≤φ<85.0	75.0≤φ<80.0	70.0≤φ<75.0	65.0≤φ<70.0	60.0≤φ<65.0	55.0≤φ<60.0
宽皮柑橘类	椪柑类、橘橙类等	80.0≤φ<85.0	75.0≤φ<80.0	70.0≤φ<75.0	65.0≤φ<70.0	60.0≤φ<65.0	55.0≤φ<60.0
	温州蜜柑类、红橘、蕉柑、早橘等	75.0≤φ<80.0	70.0≤φ<75.0	65.0≤φ<70.0	60.0≤φ<65.0	55.0≤φ<60.0	50.0≤φ<55.0
	朱红橘、本地早、南丰蜜橘、砂糖橘等	65.0≤φ<70.0	60.0≤φ<65.0	55.0≤φ<60.0	50.0≤φ<55.0	40.0≤φ<50.0	25.0≤φ<40.0
注:φ 为果实横径。							

4.5 卫生指标

按照 GB 2762、GB 2763 有关规定执行。

4.6 保鲜处理

需经长途调运、贮藏之果实,要通过保鲜药物处理,处理药剂与方法参照 NY/T 1189 规定。果实打蜡须在药剂处理之后进行。采后即销或用于加工之果,可不进行保鲜处理。

4.7 容许度

等级质量之间出现的差异性,其允许差异限制在下述范围之内。

4.7.1 重量差异

产地站台交接,每件净重不低于标示重量的 99%。目的地站台交接,每件净重不得低于标示重量的 95%。

4.7.2 大小差异

每个包装内的串级果以个计算,优等果允许混有的串级果不得超过总个数的 5%,一等果、二等果允许混有的串级果不得超过总个数的 10%。

4.7.3 腐烂果

起运点不允许有腐烂果和重伤果,到达目的地后腐烂果不超过 3%,重伤果不超过 1%。

4.7.4 果面缺陷

带有病虫、伤痕、伤迹等附着物的果实,按重量计,优等果不超过 1%,一等果、二等果不超过 3%。

5 检验方法

5.1 取样方法

按 GB/T 8855 规定执行。

5.2 外观质量和分等分级检验

按 GB/T 8210 规定执行。

5.3 理化检验

5.3.1 可溶性固形物测定

按 GB/T 8210 规定的方法执行。

5.3.2 总酸量测定

按 GB/T 8210 中可滴定酸含量测定方法执行。

5.3.3 固酸比

按式(1)计算:

$$固酸比 = \frac{可溶性固形物含量}{可滴定酸含量} \quad\cdots\cdots\cdots\cdots\cdots\cdots (1)$$

5.3.4 可食率测定

分别称出全果重量、果皮及种子的重量,然后按式(2)计算。

$$可食率(\%) = \frac{全果重量 - (果皮重量 + 种子重量)}{全果重量} \times 100 \quad\cdots\cdots\cdots\cdots (2)$$

5.4 卫生指标检测

污染物、农药残留量分别按 GB 2762、GB 2763 规定的相应检验方法和标准执行。

6 检验规则

6.1 组批规则

同一生产单位、同品种、同等级、同一贮运条件、同一包装日期的柑橘作为一个检验批次。

6.2 型式检验

型式检验是对产品进行全面考核,即对本标准规定的全部要求(指标)进行检验。有下列情形之一者,应进行型式检验:

a) 前后两次检验,结果差异较大;

b) 因人为或自然因素使生产或贮藏环境发生较大变化;

c) 国家质量监督机构或主管部门提出型式检验要求。

6.3 交收检验

6.3.1 每批产品交收前,生产单位都应进行交收检验,其内容包括感官、净含量、包装、标志的检验。检验的期限为货到产地站台 24 h 内检验,货到目的地 48 h 内检验。检验合格并附合格证的产品方可交收。

6.3.2 检验等级差异:优等果允许混有的串级果不得超过总个数的 5%;一等果、二等果允许混有的串级果不得超过总个数的 10%。

6.3.3 伤腐果:起运点无伤腐果,到达目的地不超过 3%。

6.4 判定规则

6.4.1 感官要求的总不合格品百分率不超过 7%,理化指标和安全卫生指标均为合格,则该批产品判为合格。

6.4.2 当一个果实的感官质量要求有多项不合格时,只记录其中最主要的一项。

单项不合格果的百分率按式(3)计算,结果保留一位小数。

$$单项不合格果百分率(\%) = \frac{单项不合格果的果数}{检验样本果的总个数} \times 100 \quad\cdots\cdots\cdots\cdots\cdots (3)$$

单项不合格果的百分率之和为总不合格果百分率。

6.4.3 感官要求的总不合格品超过 7%,或理化指标不合格项超过两项,或安全卫生指标有一项不合格,或标志不合格,则该批产品判为不合格。

6.4.4 安全卫生指标出现不合格时,允许另取一份样品复检,若仍不合格,则判该项指标不合格;若复检合格,则需再取一份样品作第二次复检,以第二次复检结果为准。

6.4.5 对包装、缺陷果允许度检验不合格的产品,允许生产单位进行整改后申请复检。

7 标志、标签与包装

7.1 标志、标签

包装箱上应标明品名、品种、产地、执行标准编号、果品质量等级(×等×级)、毛重(kg)、个数或净含量(kg)、装箱日期、体积。小心轻放、防雨、防压等相关储运图示标记应符合 GB/T 191 规定。

7.2 包装

7.2.1 包装箱

果箱要求清洁、干燥、牢固、无毒、无害。其他应符合 GB/T 13607 之规定。

7.2.2 捆扎材料

选用宽度≥60 mm 的无水胶带。

7.2.3 包装物要求

7.2.3.1 装箱果品应排列整齐。衬垫材料要求柔软、干净、无污染,轻便,有一定缓冲性。

7.2.3.2 纸箱应留有若干个 φ≥2 cm 小通风孔,通风孔的总面积不大于纸箱侧面的 10%。

8 运输与贮存

8.1 运输

8.1.1 不同型号包装箱分开装运。运输工具应清洁、干燥。

8.1.2 装卸、搬运时要轻拿轻放,严禁乱丢乱掷。堆码高度应控制在 6 层以内。

8.1.3 交运手续力求简便、迅速,运输时严禁日晒、雨淋,注意防冻。不得与有毒有害物品混运。

8.2 贮存

8.2.1 常温贮存

按 NY/T 1189 规定执行。

8.2.2 冷库贮存

应经 2 d～3 d 预冷后达到最终冷藏温度方可入库冷藏,冷藏库内适宜温度为 4 ℃～8 ℃,适宜的相对湿度为 85%～95%。

8.2.3 应分等级、包装规格堆放,批次应分明,堆码整齐,堆放和装卸时要轻搬轻放。

9 销售

9.1 销售等级

批发环节的销售等级划分应符合本标准等级之规定。

9.2 销售质量

应标明名称、品种、等级和产地,不准使用虚假信息和假冒品名,不得混杂销售。

9.3 销售卫生

销售场地应干净、卫生。禁止与有毒、有异味物品混放。

中华人民共和国国家标准

GB/T 13867—92

鲜 枇 杷 果

Fresh loquat fruits

1 主题内容与适用范围

本标准规定了枇杷鲜果的质量规格和检验方法。

本标准适用于全国范围的枇杷收购和销售。

2 引用标准

GB 5009.38 蔬菜、水果卫生标准的分析方法

GB 5127 食品中敌敌畏、乐果、马拉硫磷、对硫磷允许残留量标准

3 术语

3.1 正常的风味及质地

指该品种成熟期本来的气味、口味及肉质的粗细、软硬、松紧。

3.2 果梗完整

指采果剪截后,一般留在果实上的果梗长度应保留 15±2 mm。

3.3 外物污染

指有毒物、不洁物或有恶劣气味的物品污染了果实。

3.4 品种特征

指该品种成熟期所具有的果形如长卵形、卵圆形、圆球形、扁圆形等以及果顶、果基的特殊形状。

3.5 着色

指果皮绿色消退后固有色泽的形成。

3.6 锈斑

指自然存在于果皮上的锈色斑点或斑块及因日晒、霜害、雪害、药害、虫害等引起的果实表面数层细胞坏死而造成的栓皮现象。

3.7 萎蔫

指因失水而产生的果皮皱缩现象。

3.8 日烧

指果皮因日光直射造成的疤痕或腐烂。

3.9 裂果

指果面的明显开裂。

3.10 果肉颜色

分为红肉及白肉两大类。红肉类包括红橙、黄橙。白肉类则包括黄白、乳白等色泽。

3.11 无袋栽培

指栽培过程中,果实不进行套袋保护的栽培方式。

3.12 次等次级果

国家技术监督局 1992-11-12 批准

1993-06-01 实施

一等果中含有的二等果,二等果中含有的三等果,三等果中含有的等外果算次等果。重量级别算法类推。

3.13 隔等隔级果

一等果中含有的三等果,二等果中含有的等外果算隔等果,重量级别算法类推。

3.14 重伤果

指深及果肉的机械伤或挤压使果皮破裂的挤压伤。

3.15 轻伤果

指果皮未明显变色的挤压伤及其他低于 3.14 的肉眼可见明显伤害。

3.16 保鲜袋

指具有自动吸附乙烯,自动调节袋内气体成分功能,及采用充氮、真空等封装,具有保持植物鲜度功能,经正式批准生产的食品用塑料薄膜袋。

4 分类和品种

主要生产品种分为白肉枇杷和红肉枇杷两类。

本标准所列系全国产量较大,具有区域性或代表性的主要优良品种,本标准未列品种及新选育的品种、品系,各地可根据本标准原则,制定适合该地区的果实大小级别,其规格不能低于本标准的规定。

4.1 白肉枇杷类

软条白沙、照种白沙、白玉、青种、白梨、乌躬白。

4.2 红肉枇杷类

大红袍(浙江)、夹脚、洛阳青、富阳种、光荣种、大红袍(安徽)、太城四号、长红三号、解放钟。

5 技术要求

5.1 质量分等

5.1.1 总体要求

各类枇杷必须品种纯正,果实新鲜;具有该品种成熟时固有的色泽,正常的风味及质地;果梗完整青鲜;果面洁净,不得沾染泥土或为外物污染;果汁丰富,不得有青粒、僵粒、落地果、腐烂果和显腐烂象征的果实以及病虫严重危害。

5.1.2 分等规格

鲜枇杷果在上述总体要求范围内,按表 1 规格,质量分为一等、二等、三等共三个等级,其中二等果所允许的缺陷,总共不超过三项。

表 1 枇杷果实质量分等规格

项 目	一 等	二 等	三 等
果 形	整齐端正丰满、具该品种特征,大小均匀一致	尚正常、无影响外观的畸形果	次于二等果者
果 面色 泽	着色良好,鲜艳,无锈斑或锈斑面积不超过5%	着色较好,锈斑面积不超过10%	
毛 茸	基本完整	部分保留	
生 理障 碍	不得有萎蔫、日烧、裂果及其他生理障碍	允许褐色及绿色部分不超过100 mm,裂果允许风干一处,其长度不超过5 mm,不得有其他严重生理障碍	
病虫害	无	不得侵入果肉	
损 伤	无刺伤、划伤、压伤、擦伤等机械损伤	无刺伤、划伤、压伤,无严重擦伤等机械损伤	
果 肉颜 色	具有该品种最佳肉色	基本具有该品种肉色	
可溶性固形物	白肉类:不低于11%红肉类:不低于9%		
总酸量	白肉类:不高于0.6 g/100 mL 果汁红肉类:不高于0.7 g/100 mL 果汁		
固酸比	白肉类:不低于20:1红肉类:不低于16:1		

5.2 果实大小级别

同等枇杷果实依据单果重量,按照表2标准,分为特级(特大果,2L),一级(大果,L),二级(中果,M),三级(小果,S)四个级别。

表 2 枇杷果实大小分级规格   g

项别	品 种	特 级	一 级	二 级	三 级
白肉枇杷类	软条白沙	≥30	25～30[1]	20～25	16～20
	照种白沙	≥30	25～30	20～25	16～20
	白 玉	≥35	30～35	25～30	20～25
	青 种	≥35	30～35	25～30	20～25
	白 梨	≥40	35～40	25～35	20～25
	乌躬白	≥45	35～45	25～35	20～25

续表 2　　　　　　　　　　　　　　　　　　　　　　　　　　　　　　　　　　g

项别	品　种	特　级	一　级	二　级	三　级
红肉枇杷类	大红袍(浙江)	≥35	30～35	25～30	20～25
	夹　脚	≥35	30～35	25～30	20～25
	洛阳青	≥40	35～40	25～35	20～25
	富阳种	≥40	35～40	25～35	20～25
	光荣种	≥40	35～40	25～35	20～25
	大红袍(安徽)	≥45	35～45	25～35	20～25
	太城四号	≥50	40～50	30～40	25～30
	长红三号	≥50	40～50	30～40	25～30
	解放钟2)	≥70	60～70	50～60	40～50
可食部分	福建红肉品种	≥68%	≥66%	≥64%	≥62%
	其他品种	≥66%	≥64%	≥62%	≥60%

注：1) 25～30 表示单果重量达 25 g 及 25 g 以上至不满 30 g，其余类推。

　　2) 解放钟可将单果重量达 80 g 以上者，列为超大果(3L)，将 30～40 g 者，列为特小果(2S)。

5.3　容许度

5.3.1　果面色泽

加工、远运和贮藏用的鲜枇杷果，其成熟度允许 8 成熟以上，果面色泽要求稍低。无袋栽培的枇杷果实，果面锈斑一等果容许 10%，二等果允许 20%。

5.3.2　果梗长度

二、三等果的果梗长度允许 10～20 mm。

5.3.3　毛茸

无袋栽培时，一等果要求毛茸大部分保留，二、三等果不作要求。

5.3.4　可溶性固形物

果实成熟期多雨年份，可溶性固形物含量允许降低 1 个百分点。

5.3.5　大小分级

大小分级时，三等果可分为两级，即将 L 及 2L 作为大果，M 及 S 作为小果。

6　散果收购评等分级和成件商品验收

6.1　散果收购评等分级

按品种、等级、级别验收，称重后，分别仔细地拣入收购专用的果箱(筐)中，再行取样，评等分级。

6.1.1　取样

当全部果实拣入果箱后，分别按所分等级，在置信度达 95% 的条件下，随机抽取一定数量的果实，或随机抽取样果数不少于 100 个或全部果数的 5%。

6.1.2　评等分级

取出的样品果，按照本标准所列条件，逐个进行检验，依等级与级别分开，凡果形、果面色泽、毛茸、生理障碍、病虫害、损伤与果肉颜色中任何一项不符合该等规定的，降为相适合的等级。不够三等的果品为等外级。每一级别果实必须符合该级重量的规定。检验完毕后,清点各个等级的个数,计算各等级果实所占百分比。

6.1.3 取化验样

可在评等分级样果中分取 20 至 40 个果实供理化和卫生指标检测。

6.2 成件商品收购验收

已完成包装的成件商品,在双方交接时,应点清件数,先进行外包装和标志检验,在外包装合格的基础上,再进行质量和重量验收检测。同品种,同质量等级,同大小级别,同一批交售、调运的枇杷果实,作为一个检验批次。其取样方法和以检验批次为单位的质量检验幅度规定如下。

6.2.1 取样

取样件数为总件数的 3% 至 5%,最少不得少于 3 件。500 件以上者,以 15 件为基数,每增 100 件,增抽 1 件。

6.2.2 重量检验

样件取出后,称计毛重,而后将检出果实平摊在检验盘上,检测净果,求出净重。

6.2.3 等级检验

同 6.1.2 评等分级。

6.2.4 取化验样

同 6.1.3 取化验样。

6.2.5 质量检验幅度

a. 腐烂果:不得有;

b. 次等次级果:重量、品质低于本等级的果实不超过 5%;

c. 隔等隔级果:不得有;

d. 重伤果:不得有;

e. 轻伤果:不超过 3%。

7 检验与检测方法

7.1 感官检验

果形、果梗、色泽、伤害等外观性状,果肉色泽和风味及质地均以感官检验为准。要求参与检验的人感官正常和具有相当的鉴评经验,参与品味的人数应不少于三人,其中至少一人为专业人员。

7.2 单果重量检测

7.2.1 主要设备

感量 0.1 g,载重 1 000 g 的托盘天平。

7.2.2 方法

将检测样果(至少 20 个),称出总重,计算平均单果重,并称量最大果重与最小果重。

7.3 可食部分检测

7.3.1 主要设备

同 7.2.1 主要设备

7.3.2 方法

取样(至少 20 个)将果梗剪去后,称量全果重,并将果实各部分分开,称量果皮、种子、心皮、萼筒等全部不可食部分的重量,按公式计算可食部分百分率:

$$枇杷可食部分(\%) = \frac{全果重 - 不可食部分}{全果重} \times 100$$

7.4 可溶性固形物的检测

7.4.1 主要仪器设备

阿贝折光仪或精度达1%的手持测糖仪。

7.4.2 样液制备

将检验样果洗净擦干,剥去果皮,切取果肉或以洁净干纱布包裹挤压出果汁。并过滤于烧杯中待用。此样液亦可供测定总酸用。

7.4.3 检测

折光仪或手持测糖仪在使用前须经校正。用皮头吸管吸取样液少许以折光仪或手持测糖仪仔细检测,至少检测三次。求平均值。并将折光度统一换算至20℃标准。

7.5 总酸量的检测

应用酸碱滴定中和法,酚酞作指示剂,照滴定所消耗的碱液毫升数计算总酸量。用苹果酸表示。

8 标志、包装、运输、贮存

8.1 标志

8.1.1 基本要求

枇杷果实的包装外部都应有标志(含标签、卡片等)。标志内容应容易理解,文字应通俗精炼,图案应醒目清晰、易于识别并符合有关标准的规定,标志必须耐久。

8.1.2 基本内容

枇杷标志的基本内容包括:

a. 品种名称;

b. 商标;

c. 质量等级;

d. 大小级别;

e. 果实净重;

f. 产地及生产者(法人)名称;

g. 包装日期;

h. 封装人员。

可根据具体情况对上述内容适当增减,但a、c、d、e、f、g六项必须标出。

8.2 包装

8.2.1 内包装

8.2.1.1 容器要求

直接盛装枇杷果实的内包装容器,如保鲜袋、果盒、果箱、果篓、果筐等应质地坚实、清洁干燥、无毒性、无异味、无虫蛀、无腐蚀、无霉变等现象,内部无可能刺伤果实的毛刺等,并衬以洁净的软纸或发泡塑料等软质衬垫物类,箱盒类包装容器,应开有相当其表面积5%左右的通气孔。

8.2.1.2 净重

应积极推广应用保鲜袋及小盒等小包装,每件小包装容器内,果实净重以0.5~1.5 kg为宜,并将盒袋放入外包装箱内。不分内外包装时,每件净重不得超过15 kg。

8.2.1.3 标志

小包装外应印刷或贴有符合规定的标签,小篓包装及不分内外包装时,必须系挂卡片,并将同一内容的卡片一张装入容器内。

8.2.2 外包装

8.2.2.1 容器要求

枇杷果实的外包装一般采用木箱、瓦楞纸箱和钙塑箱。要求清洁,无异味,包装牢固,坚实耐用,并开有相当其表面积5%左右的通气孔。

8.2.2.2 净重

完成外包装后,每件外包装内果实净重不得超过 15 kg。

8.2.2.3 标志

外包装箱外必须印刷或贴有符合规定的标签。

8.2.3 包装容器的强度

外包装箱及不分内外包装时的包装容器,其机械强度要求负压 200 kg,12 h 无明显变形和下塌。

8.2.4 包装的其他要求

每一包装容器内只能装同一品种、同一等级、同一级别的果实,不得混淆不清,同一批货物各件包装的净重应完全一致。

8.3 运输

枇杷果实柔嫩多汁,皮薄易损,装卸中要求轻拿轻放,不得摔跌,运输中应尽量减少颠簸。运输车船要求遮篷,有条件的尽可能采用低温(10±3 ℃)运输。

8.4 贮存

枇杷鲜果不耐久贮,一般应及时销售或加工。若需中期贮存,应采用保鲜袋包装或经 500 ppm 托布津等安全、有效的杀菌剂浸果处理后,置 7±3 ℃冷库中贮存 20 日以内。

9 卫生标准

按 GB 5009.38,GB 5127 等有关国家规定执行。

10 加工原料

加工罐头用的枇杷果实,其技术要求一般质量规格不能低于三等果,单果重不能低于 20 g。

附加说明:

本标准由中华人民共和国农业部提出。

本标准由华中农业大学园艺系负责,江苏省太湖常绿果树技术推广中心,福建省农业科学院果树研究所,浙江省黄岩市柑桔一品化建设委员会,浙江省余杭县农业局等单位参加起草。

本标准主要起草人蔡礼鸿、杨家驷、唐自法、王沛霖、何富泉。

ICS 67.080.10
B 31

中华人民共和国国家标准

GB/T 18740—2008
代替 GB 18740—2002

地理标志产品　黄骅冬枣

Product of geographical indication—
Huanghua Dong jujube

2008-05-05 发布

2008-10-01 实施

中华人民共和国国家质量监督检验检疫总局
中国国家标准化管理委员会　发布

前　言

本标准代替 GB 18740—2002《黄骅冬枣》。

本标准与 GB 18740—2002 相比主要变化如下：

——将强制性标准修订为推荐性标准；

——根据国家质量监督检验检疫总局颁布的《地理标志产品保护规定》，修改相关名称内容；

——调整了部分理化指标（2002 年版的 5.6；本版的 6.6）；

——卫生指标采用了国家新发布的食品方面的强制性标准（2002 年版的 5.7；本版的 6.7）。

本标准的附录 A 为规范性附录。

本标准由全国原产地域产品标准化工作组提出并归口。

本标准起草单位：黄骅市质量技术监督局、河北省黄骅市华夏冬枣开发有限公司。

本标准主要起草人：李岩、王金庭、赵连峰、刘贤召、高增海、刘玉君、李义福、孔德路、杨骁钰、马振军、姚桂霞。

本标准所代替标准的历次版本发布情况为：

——GB 18740—2002。

地理标志产品 黄骅冬枣

1 范围

本标准规定了黄骅冬枣的术语和定义、地理标志产品保护范围、种植技术、质量要求、试验方法、检验规则及包装、标签、运输和贮存。

本标准适用于国家质量监督检验检疫行政主管部门根据《地理标志产品保护规定》批准的黄骅冬枣。

2 规范性引用文件

下列文件中的条款通过本标准的引用而成为本标准的条款。凡是注日期的引用文件,其随后所有的修改单(不包括勘误的内容)或修订版均不适用于本标准,然而,鼓励根据本标准达成协议的各方研究是否可使用这些文件的最新版本。凡是不注日期的引用文件,其最新版本适用于本标准。

GB 2762 食品中污染物限量

GB 2763 食品中农药残留最大限量

GB/T 5009.8 食品中蔗糖的测定

GB/T 5009.10 植物类食品中粗纤维的测定

GB/T 5009.14 食品中锌的测定

GB/T 5009.83 食品中胡萝卜素测定

GB/T 5009.85 食品中核黄素测定

GB/T 5009.90 食品中铁、镁、锰的测定

GB/T 5009.124 食品中氨基酸的测定

GB/T 6195 水果、蔬菜维生素C含量测定法(2,6-二氯靛酚滴定法)

GB 7718 预包装食品标签通则

GB/T 10651 鲜苹果

GB/T 12456 食品中总酸的测定方法

3 术语和定义

下列术语和定义适用于本标准。

3.1

黄骅冬枣 Huanghua Dong jujube

在地理标志保护范围黄骅境内栽培、生产的冬枣。

3.2

着色比例 colouring proportion

冬枣果实成熟时表面着赭红色的面积占整个冬枣表面的比例。

3.3

可食部分 eatable part

除去枣核以外的果肉部分。

3.4

浆头 serous part

枣的两头或局部出现浆包,色泽发暗,进一步发展即成霉烂果。

4 地理标志产品保护范围

黄骅冬枣的产地保护范围限于国家质量监督检验检疫行政主管部门根据《地理标志产品保护规定》批准的范围,见附录 A。

5 种植技术

5.1 品种

5.1.1 品名

黄骅冬枣。

5.1.2 果实特征

果实近圆形,果顶较平,果实赭红色,皮薄,肉质细嫩酥脆,核小肉厚,含糖量高。

5.1.3 果树特性

5.1.3.1 树体:乔木型,树姿较开张,干性强,分枝多。

5.1.3.2 枝条:多年生枝条,座果率高,负载量大,枝条较脆、易劈裂。嫩梢,前期为浅绿色,后期为紫红色。

5.1.3.3 枣吊:枣吊 10 cm～28 cm,15 节左右,旺树吊长达 30 cm 以上。

5.1.3.4 叶:叶狭长形,长 4 cm～6 cm,宽 2 cm～3 cm,叶尖渐尖,叶缘整齐。

5.1.3.5 花:花冠直径 0.5 cm 左右,雄蕊高出雌蕊,柱头分泌粘液多。

5.1.3.6 生育期:4 月初开始萌动,5 月下旬始花,6 月中旬盛花,10 月上中旬果实成熟,11 月上旬落叶,逐渐进入休眠。

5.1.3.7 抗逆性:耐旱、耐盐碱、耐瘠薄,抗病虫能力较强。

5.2 苗木繁育

5.2.1 砧木苗培养

5.2.1.1 选种和播种:选优良的酸枣种仁,3 月中旬至 5 月下旬播种。

5.2.1.2 苗圃管理:苗高 10 cm 时定苗,株距 15 cm～20 cm。适时中耕除草、病虫害防治,8 月中旬摘心。

5.2.1.3 在 2 月至 3 月 25 日,选择 0.3 cm～0.6 cm 一年生优质枣头或二次枝冬枣树接穗封蜡,4 月至 5 月进行劈接或插皮接。

5.2.2 嫁接苗培育

及时进行抹芽、肥水管理及病虫害防治。

5.2.3 苗木出圃要求

嫁接苗木达到表 1 规定时出圃。

表 1 苗木规格

级　别	苗高/cm	基茎粗/cm ≥	根　系		成熟度
			侧根数量/条 ≥	平均长/cm ≥	
一级	≥120	1.0	5	15	根茎至苗高 2/3 处为灰白或褐红色
二级	80～<120	0.8	4	12	
三级	60～<80	0.6	3	10	

5.3 栽培技术

5.3.1 主要栽培管理技术措施

5.3.1.1 栽植

选择轻壤质体粘潮土(含盐量不超过 0.3%),小冠密植,春栽为宜,秋栽亦可。

5.3.1.2 修剪

修剪时以通风透光为原则。依其枝芽特性培养骨干枝,使各级枝组交替排列,培养成纺锤形、圆柱形树形。运用抹芽、摘心、拉枝、开甲、疏枝、短截、回缩等管理措施。

5.3.1.3 土肥水管理

春秋两季进行土壤翻耕,枣树生长期及时中耕锄草。秋施有机肥,每株 20 kg～40 kg,盛果期树要以磷、钾肥为主,氮肥适量。浇好封冻水、花前水、果实膨大水和果实采前水,并结合浇水及时施肥。

5.3.1.4 保花保果

5.3.1.4.1 开甲:栽植第二年环割,第三年环剥,在盛花期进行,环剥宽度 0.3 cm～0.8 cm。

5.3.1.4.2 施用微肥、菌肥,增强树势,提高座果率。

5.3.1.4.3 摘心:利用枣头摘心和二次枝摘心,提高座果率,摘心时间为 5 月上中旬。

5.3.2 病虫害防治

病虫防治采取预防为主,综合防治的原则。春季枣芽萌动时,主要防治食芽象甲、枣缨蚊、枣粘虫等害虫;5 月底至 7 月中旬注意红蜘蛛的防治;7 月初至 8 月底是桃小食心虫的危害高峰期,应根据预测预报及时防治;雨季注意枣锈病、炭疽病的发生防治。在病虫害防治中宜使用物理方式杀虫和生物农药。采摘前 40 d 禁止使用农药。

6 质量要求

6.1 质量等级

6.1.1 等级

分为特级、一级、二级。

6.1.2 等级质量

各等级质量见表 2。

表 2 等级质量要求

等级	粒　　数	着色比例	损伤和缺陷
特级	1 kg 冬枣不超过 50 粒	每个冬枣着色比例≥1/2	无病虫果、无浆头、无裂口
一级	1 kg 冬枣为 51 粒～65 粒	每个冬枣着色比例≥1/2	无病虫果、无浆头、无裂口
二级	1 kg 冬枣 66 粒～100 粒	每个冬枣着色比例≥1/2	病虫果不超 3％、浆头果不超 4％、裂口果不超 5％

6.2 感官指标

果实近圆形,果顶较平,果粒均匀,果肉酥脆、甜酸可口,果实阳面为赭红色,有光泽。

6.3 理化指标

理化指标应符合表 3 规定。

表 3 理化指标

项　　目		指　　标
可食部分(以质量计)/％	≥	90
总糖(可食部分,以蔗糖计)/％	≥	25
总酸(以苹果酸计)/(g/kg)		0.5～2.5
维生素 C(可食部分)/(mg/100 g)	≥	320
可溶性固形物/％	≥	27
粗纤维/％	≤	7
氨基酸总量/％	≥	2.5

表 3（续）

项　目		指　标
核黄素/(mg/kg)	≥	0.9
铁（以 Fe 计）/(mg/kg)	≥	0.2
锌（以 Zn 计）/(mg/kg)	≥	2.6
胡萝卜素/(mg/kg)	≥	80

6.4　卫生指标

卫生指标应符合 GB 2762 和 GB 2763 的规定。

7　试验方法

7.1　质量等级

用肉眼观察样枣的着色面积和有无病虫果、浆头及裂口果,计算其占总数的比例,并对样枣进行称量和查点枣粒数量,归等分级。

7.2　感官特性

将样品放于洁净的瓷盘中,在自然光下用肉眼观察样枣的形状、颜色、光泽和果粒的均匀程度,并品尝。

7.3　理化指标

7.3.1　可食部分的测定

称取具有代表性的样枣 200 g～300 g,逐个切开,将枣肉与核分离,分别称量,然后按式(1)计算:

$$A = \frac{m_2 - m_1}{m_2} \times 100 \quad\quad\quad\quad\cdots\cdots\cdots\cdots\cdots\cdots\cdots\cdots\cdots(1)$$

式中:

A——可食部分,%;

m_1——核质量,单位为克(g);

m_2——全果质量,单位为克(g)。

7.3.2　总糖的测定

按 GB/T 5009.8 规定的方法进行。

7.3.3　总酸的测定

按 GB/T 12456 规定的方法进行。

7.3.4　维生素 C 的测定

按 GB/T 6195 规定的方法进行。

7.3.5　可溶性固形物的测定

按 GB/T 10651 规定的方法进行。

7.3.6　粗纤维的测定

按 GB/T 5009.10 规定的方法进行。

7.6.7　氨基酸的测定

按 GB/T 5009.124 规定的方法进行。

7.3.8　核黄素的测定

按 GB/T 5009.85 规定的方法进行。

7.3.9　铁的测定

按 GB/T 5009.90 规定的方法进行。

7.3.10　锌的测定

按 GB/T 5009.14 规定的方法进行。

7.3.11 胡萝卜素的测定

按 GB/T 5009.83 规定的方法进行。

7.4 卫生指标

按 GB 2762 和 GB 2763 规定的方法进行。

8 检验规则

8.1 组批

同样等级、包装及贮存条件下存放的枣品为一批。

8.2 抽样

8.2.1 抽样方法

抽取样品应具有代表性,应在同批货物的不同部位按 8.2.2 的要求进行抽取,每件抽取样品 500 g,放置于洁净的铺垫上,将全部样品充分混合,以四分法取样,待检。

8.2.2 抽样数量

抽样数量见表 4。

表 4 抽样数量

每批数量	抽 样 件 数
100	每 100 件抽取 2 件,不足 100 件按 100 件计
101～600	以 100 件抽取 2 件为基数,每增加 100 件增抽 1 件
601～1 200	以 600 件抽取 7 件为基数,每增加 200 件增抽 1 件
1 200 以上	以 1 200 件抽取 10 件为基数,每增加 300 件增抽 1 件,不足 300 件按 300 件计

8.3 交收检验

产品交收前应按照本标准要求进行质量等级和感官检验,合格的按等级要求分别包装,并将合格证附于包装上。

8.4 型式检验

8.4.1 有下列情况之一时应进行型式检验:

    a) 每年采摘初期;

    b) 同一批枣品保存达三个月时;

    c) 贮存条件发生变化时;

    d) 国家质量监督机构提出型式检验时。

8.4.2 型式检验项目为本标准全部质量要求。

8.5 判定规则

检验时出现不合格项,允许加倍抽样复检,如仍有不合格项即判为该批产品不合格。卫生指标有一项不合格即判为不合格品,不得复检。

9 包装、标签、运输和贮存

9.1 包装

采用符合卫生要求的包装材料。

9.2 标签

产品标签应符合 GB 7718 和《地理标志产品保护规定》的要求。

9.3 运输和贮存

采用冷藏车运输,贮存时采用气调冷藏保鲜库贮藏。

附　录　A

（规范性附录）

黄骅冬枣地理标志产品保护范围图

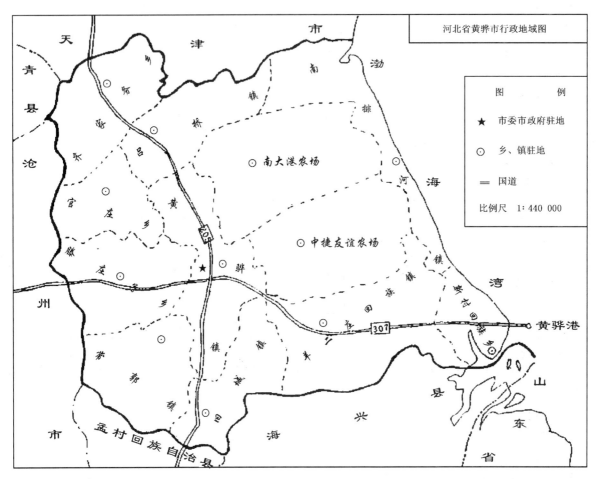

注：黄骅市地理位置为东经 117°19′，北纬 38°38′。

图 A.1　黄骅冬枣地理标志产品保护范围图

ICS 67.080
B 66

中华人民共和国国家标准

GB/T 18846—2008
代替 GB 18846—2002

地理标志产品 沾化冬枣

Product of geographical indication—
Zhanhua Dong jujube

2008-06-03 发布

2008-12-01 实施

中华人民共和国国家质量监督检验检疫总局
中国国家标准化管理委员会 发布

前　言

本标准根据《地理标志产品保护规定》及 GB 17924—1999《原产地域产品通用要求》制定。

本标准代替 GB 18846—2002《原产地域产品　沾化冬枣》。

本标准与 GB 18846—2002 相比主要变化如下：

——将标准由强制性改为推荐性；

——根据国家质量监督检验检疫总局颁布的《地理标志产品保护规定》，修改相关名称内容；

——修改了术语和定义，使之表述更准确；并增加了"脆熟期"的定义（本版的 4.7）；

——修改了"苗木繁育"和"栽培技术"（本版的 5.3、5.4）；

——根据生产实际情况调整了"质量等级"中"单果重"指标（本版的 5.6）。

本标准的附录 A 为规范性附录。

本标准由全国原产地域产品标准化工作组提出并归口。

本标准起草单位：沾化县质量技术监督局。

本标准主要起草人：郭艳灵、贾善银、张建新、樊玉东、刘云富、邢利民、郭增禄、王信锋、巴明华。

本标准所代替标准的历次版本发布情况为：

——GB 18846—2002。

地理标志产品　沾化冬枣

1　范围

本标准规定了沾化冬枣的地理标志产品保护范围、术语和定义、要求、试验方法、检验规则及标志、标签、包装、运输和贮存。

本标准适用于国家质量监督检验检疫行政主管部门根据《地理标志产品保护规定》批准保护的沾化冬枣。

2　规范性引用文件

下列文件中的条款通过本标准的引用而成为本标准的条款。凡是注日期的引用文件,其随后所有的修改单(不包括勘误的内容)或修订版均不适用于本标准,然而,鼓励根据本标准达成协议的各方研究是否可使用这些文件的最新版本。凡是不注日期的引用文件,其最新版本适用于本标准。

GB/T 5009.8　食品中蔗糖的测定

GB/T 5009.10　植物类食品中粗纤维的测定

GB/T 6195　水果、蔬菜维生素 C 含量测定法(2,6-二氯靛酚滴定法)

GB 7718　预包装食品标签通则

GB/T 10651　鲜苹果

GB/T 12456　食品中总酸的测定方法(GB/T 12456—1990,neq ISO 750:1981)

3　地理标志产品保护范围

沾化冬枣的地理标志产品保护范围限于国家质量监督检验检疫行政主管部门根据《地理标志产品保护规定》批准保护的范围,见附录 A。

4　术语和定义

下列术语和定义适用于本标准。

4.1

沾化冬枣　Zhanhua Dong jujube

在本标准第 3 章规定的范围内栽植冬枣苗木,以本标准栽培技术进行管理,果品质量符合本标准要求的冬枣。

4.2

着色面积　coloring area

单个枣果表面着红色的面积。

4.3

可食率　edible proportion

取出枣核以外的果肉部分占整个枣质量的比例。

4.4

浆头　serous part

枣的两头或局部出现浆包,色泽发暗。

注:进一步发展即成霉烂果。

4.5

果实硬度　fruit firmness

果实胴部单位面积去皮后所承受的试验压力,检测时应用果实硬度计测试,以牛顿每平方厘米（N/cm²）计。

4.6

可溶性固形物　soluble solids

果实汁液中所含能溶于水的糖类、有机酸、维生素、可溶性蛋白、色素和矿物质等。

4.7

脆熟期　crisp ripe time

果皮褪绿,并出现红色,富光泽,果肉绿白或乳白色,浓甜微酸,啖食无渣。

5　要求

5.1　自然环境

5.1.1　环境特征

本区域地处黄河三角洲腹地,北濒渤海湾,南靠黄河（北纬37°34′～38°11′,东经117°45′～118°21′）,气候四季分明,冬枣生长季节日照充足,属于北温带大陆性季风气候,冬季多偏北风,夏季多偏南风,春秋风向多变,形成相对独立的小气候。

5.1.2　日照

年平均日照时数2 627.3 h;年平均日照百分率61%;年平均太阳辐射总量5.29×10⁵ J/cm²,平均生理辐射总量2.65×10⁵ J/cm²。

5.1.3　气温

年平均气温12.5℃,平均无霜期203 d。

5.1.4　降水

降水主要靠夏季风带来的水气,雨季的起止和冬、夏季风交汇形成的锋面进退一致,年平均降水量544.3 mm（季平均降水量为第一季度21.6 mm,第二季度129.9 mm,第三季度341.3 mm,第四季度51.5 mm）,生长期平均降水量488.2 mm。

5.1.5　土壤

土壤系黄河冲积平原,土体厚,养分含量高,其中有机质含量7.55 g/kg～12.75 g/kg,平均含量10.25 g/kg;全氮含量0.461 g/kg～0.815 g/kg,平均含量0.668 g/kg;全磷含量1.123 g/kg～1.449 g/kg,平均含量1.298 g/kg;碱解氮含量29.04 mg/kg～53.89 mg/kg,平均含量38.74 mg/kg;速效磷含量4.64 mg/kg～14.56 mg/kg,平均含量8.46 mg/kg;速效钾含量137.18 mg/kg～263.71 mg/kg,平均含量185.22 mg/kg;土壤pH值7.2～7.8,呈中性至微碱性。

5.2　特性

5.2.1　果实特性

果实近圆形或扁圆形,果顶较平,平均单果重14.6 g,最大单果重60.8 g,果面平整,果皮薄,赭红色,富光泽,果肉乳白色,质脆且肉质细嫩多汁,啖食无渣,含糖量高,富含维生素等多种营养物质。

5.2.2　果树特性

5.2.2.1　树体:乔木型,树势及发枝力很强,分枝多,干性强。

5.2.2.2　枝条:多年生枝条,坐果率高,负载量大,枝条较脆易劈裂。嫩梢前期为浅绿色,后期为紫红色。

5.2.2.3　枣吊:枣吊12 cm～30 cm,13节左右,旺树吊长达41 cm以上。

5.2.2.4　叶:叶长圆形,两侧略向叶面褶起。

5.2.2.5　花:花冠直径0.6 cm左右,雄蕊高出雌蕊,柱头分泌粘液多。

5.2.2.6 物候期:4月初开始萌动,5月下旬始花,6月中旬盛花,10月上中旬果实成熟,11月上旬落叶,逐渐进入休眠。

5.2.2.7 抗逆性:耐干旱、耐涝、耐盐碱、耐贫瘠、抗病虫能力较强。

5.3 苗木繁育

5.3.1 砧木苗培养

5.3.1.1 酸枣砧木苗的培养:选优良的酸枣种仁,3月中旬至5月下旬播种,行距40 cm～100 cm宽窄行,苗高10 cm时定苗,株距15 cm～20 cm。适时中耕除草、病虫害防治,8月中旬摘心。

5.3.1.2 普通枣砧木苗的培养:春季发芽前或秋季落叶后,将田间散生的根蘖苗收集入圃,每公顷栽植90 000株～120 000株(每亩栽植6 000株～8 000株),适时进行土肥水管理和病虫害防治。

5.3.2 嫁接苗培育

5.3.2.1 砧木选择生长健壮的根茎不小于0.8 cm的普通枣苗或酸枣苗,接穗选择沾化冬枣接穗直径大于0.6 cm的充实健壮的发育枝或二次枝,在4月至5月进行劈接和插皮接。

5.3.2.2 抹芽:将嫁接部位(或口)以下的萌芽全部抹去。

5.3.2.3 适时进行中耕除草、土肥水管理和病虫害防治。

5.3.3 苗木出圃要求

嫁接苗木出圃规格见表1。

表1 苗木规格

| 级别 | 苗高/cm | 根茎(嫁接口以上5 cm)/cm ≥ | 根 系 | | 成熟度 |
			侧根数量/条 ≥	根幅/cm ≥	
一级	≥100	1.2	5	30	
二级	≥80～<100	1.0	4	25	根茎至苗高2/3处为灰白或褐红色
三级	≥60～<80	0.8	3	25	

5.4 栽培技术

5.4.1 主要栽培管理技术措施

5.4.1.1 栽植

选择土层深厚、土质疏松、排灌条件良好的沙质壤土,土壤含盐量小于3‰,其中氯化钠含量小于1.50‰,小冠密植,春栽为宜,秋栽亦可。

5.4.1.2 修剪

修剪时以通风透光为原则,采用以下修剪方式:

a) 整形修剪:运用抹芽、摘心、拉枝、开甲、疏枝、短截等技术,培养成小冠疏层形、自由纺锤形、多主枝自然圆头形。

b) 幼龄树修剪:培养骨干枝、培养结果枝组、利用辅养枝。

c) 结果树修剪:清除徒长枝、处理竞争枝、回缩伸长枝、疏截过密枝和细弱枝、清除损伤枝和病虫枝。

d) 老树更新复壮:疏截结果枝组、回缩骨干枝、停甲养树。

5.4.1.3 土肥水管理

5.4.1.3.1 松土除草:春秋两季进行土壤翻耕,枣树生长期及时中耕除草。

5.4.1.3.2 施肥:秋施基肥在冬枣采收后至落叶前进行,以有机肥为主,化肥为辅,采用放射状沟施或条状沟施法;追肥每年三次,分别在萌芽前(4月上旬)、花前(5月中旬)、幼果期(7月上旬果实膨大期)追肥,施肥量及种类依树龄、树势、结果情况、土壤肥力确定。

5.4.1.3.3 灌水与排水:冬枣发芽期、花前期、幼果期、封冻前应视土壤情况及时补水,雨季注意排水防涝。

5.4.1.4 保花保果

5.4.1.4.1 开甲:3年生以上枣树可在盛花期进行开甲,甲口宽度为树干直径的十分之一,最宽不大于2 cm;开甲时留总枝量的12%～18%为辅养枝;开甲宽度和留辅枝数量应视树势强弱而定。

5.4.1.4.2 摘心:利用枣头摘心和二次枝摘心,提高坐果率,摘心时间为5月下旬至6月上旬。

5.4.1.4.3 花期喷水:盛花期每隔2 d～3 d傍晚叶面喷清水,保持空气相对湿度75%～85%之间。

5.4.1.4.4 喷肥和植物生长素:盛花期喷10 mg/kg～15 mg/kg的赤霉素或0.3%～0.5%尿素溶液或0.3%的硼砂稀释液,可交替使用。

5.4.1.4.5 花期放蜂:初花期将蜂箱放入园内,每0.67 hm²(10亩)放1箱蜂,放蜂期枣园内禁止喷药。

5.4.2 病虫害防治

病虫害防治以预防为主,综合防治为原则。主要防治龟蜡蚧、枣缨蚊、红蜘蛛、绿盲蝽象、枣锈病、轮纹病、斑点病、细菌性疮痂病等病虫害。在病虫害防治中宜使用物理与生物防治。

5.5 采收

5.5.1 采收时间:10月上中旬,冬枣脆熟期。

5.5.2 采收要求:成熟一批,采收一批。

5.5.3 采收方法:一手抓好枣吊,一手拿好枣果,拇指掐住果柄,向上用力,保证每枣带柄,并轻拿轻放。不得用杆震落后拾捡。

5.6 质量等级

质量等级见表2。

表2 质量等级要求

项 目	要 求		
	特级	一级	二级
单果重/g	17～20	14～16	12～13
果形	近圆形或扁圆形	近圆形或扁圆形	近圆形或扁圆形
机械伤、病虫害	无	无病虫果,裂口果不超过3%	无病虫果,裂口果不超过5%
色泽	果皮赭红光亮,着色50%以上	果皮赭红光亮,着色50%以上	果皮赭红光亮,着色30%以上
口感	皮薄肉脆,细嫩多汁,浓甜微酸爽口,啖食无渣		皮薄肉脆,浓甜微酸爽口,啖食无渣

5.7 感官指标

果实近圆形或扁圆形,果顶较平,果粒均匀,果实阳面赭红色,富光泽,皮薄肉脆,细嫩多汁,浓甜微酸爽口,啖食无渣。

5.8 理化指标

理化指标应符合表3规定。

表3 理化指标

项 目	指 标		
	特级	一级	二级
可食率(以质量计)/% ≥	90.0		
硬度/(N/cm²) ≥	35.0		
可溶性固形物/% ≥	25.0		
总糖(以蔗糖计)/% ≥	30	30	25.0
总酸(以苹果酸计)/(mg/100 g)	0.3～1.0		
维生素C/(mg/100 g) ≥	250.0		
膳食纤维/% ≤	5.0		
总黄酮/(μg/100 g) ≥	0.2		

5.9 卫生指标

按 GB/T 10651 规定执行。

6 试验方法

6.1 感官指标

将样品放于洁净的瓷盘中,在自然光下用肉眼观察样枣的形状、颜色、光泽和果粒的均匀程度,并品尝。

6.2 质量等级

对样枣进行单果称量,用肉眼观察样枣的形状和着色面积,有无病虫果、浆头及裂果,计算其占总数的比例,归等分级。

6.3 理化指标

6.3.1 可食率的测定

称取样枣 200 g～300 g,逐个切开,将枣肉与核分离,分别称量,按式(1)计算:

$$A = \frac{m_2 - m_1}{m_2} \times 100\% \qquad \cdots\cdots\cdots\cdots\cdots\cdots\cdots\cdots\cdots\cdots\cdots\cdots (1)$$

式中:

A——可食率,%;

m_1——果核质量,单位为克(g);

m_2——全果质量,单位为克(g)。

6.3.2 硬度的测定

6.3.2.1 仪器:硬度压力计。

6.3.2.2 测定方法:将样果在果实胴部中央阴阳两面的预测部位削去薄薄的一层果皮,尽量少损及果肉,梢部略大于压力计测头的面积,将压力计测头垂直地对准果实的测试部位,徐徐施加压力,使测头压入果肉至规定标线为止,从指示器所示处直接读数,即为果实硬度。每批试验不得少于 10 个样果,求其平均值,计算至小数点后一位。

6.3.3 总糖的测定

按 GB/T 5009.8 规定执行。

6.3.4 总酸的测定

按 GB/T 12456 规定执行。

6.3.5 维生素 C 的测定

按 GB/T 6195 规定执行。

6.3.6 膳食纤维的测定

按 GB/T 5009.10 规定执行。

6.3.7 总黄酮的测定

6.3.7.1 试剂

6.3.7.1.1 聚酰胺粉。

6.3.7.1.2 芦丁标准溶液:称取 5.0 mg 芦丁,加甲醇溶解并定容至 100 mL,即得 50 μg/mL 芦丁标准溶液。

6.3.7.1.3 乙醇:分析纯。

6.3.7.1.4 甲醇:分析纯。

6.3.7.1.5 苯:分析纯。

6.3.7.2 分析步骤

6.3.7.2.1 样品处理

称取一定量的样品,加乙醇定容至 25 mL。摇匀后超声提取 20 min 放置,吸取上清液 1.0 mL 于蒸发皿中,加 1 g 聚酰胺粉吸附,于水浴上挥发去乙醇,然后转入层析柱。先用 20 mL 苯洗,苯液弃去,然后用甲醇洗脱黄酮,定容至 25 mL,此液于波长 360 nm 测定吸收值,同时以芦丁为标准,测定标准曲线,求回归方程,计算样品中总黄酮含量。

6.3.7.2.2 芦丁标准曲线

吸取芦丁标准溶液 0 mL、1.0 mL、2.0 mL、3.0 mL、4.0 mL、5.0 mL 于 10 mL 比色管中,加甲醇至刻度,摇匀,于波长 360 nm 比色,计算样品中总黄酮含量。

6.3.7.2.3 计算和结果表示

样品中总黄酮含量按式(2)计算:

$$X = \frac{A \times V_2}{V_1 \times m \times 1\,000} \quad \cdots\cdots\cdots\cdots\cdots\cdots\cdots\cdots\cdots\cdots\cdots\cdots\cdots\cdots (2)$$

式中:

X——样品中总黄酮含量,单位为微克每百克(μg/100 g);

A——由标准曲线算得被测液中总黄酮含量,单位为微克(μg);

m——样品质量,单位为克(g);

V_1——测定用样品体积,单位为毫升(mL);

V_2——样品定容总体积,单位为毫升(mL)。

6.3.8 可溶性固形物的测定

按 GB/T 10651 规定执行。

6.4 卫生指标

按 GB/T 10651 规定执行。

7 检验规则

7.1 检验分类

7.1.1 交收检验

产品交收前应按照本标准要求进行质量等级检验,按等级要求分别包装,并将合格证附于包装箱内。

7.1.2 型式检验

7.1.2.1 有下列情况之一时应进行型式检验:

a) 每年采摘初期;

b) 国家质量监督机构提出进行型式检验时。

7.1.2.2 型式检验项目

型式检验项目为本标准全部要求。

7.2 组批

同一等级、同样包装、同一贮存条件下存放的枣品为一批。

7.3 抽样方法

抽取样品应在同批货物中按表 4 规定的数量抽取,然后每件抽取样品 500 g,并置于洁净的铺垫上,将全部样品充分混合,以四分法取样,待检。

表 4 抽样数量

每批数量/件	抽样件数
≤200	抽取 6 件,但最终样本质量≥1 kg
201~600	以 200 件抽取 8 件为基数,每增加 100 件增抽 1 件
601~1 200	以 600 件抽取 8 件为基数,每增加 200 件增抽 1 件
1 200 以上	以 1 200 件抽取 10 件为基数,每增加 300 件增抽 1 件,不足 300 件按 300 件计

7.4 判定规则

检验结果应符合相应等级的规定,当单果重、着色面积、病虫果机械伤出现不合格项时,允许降等或重新分级。理化指标和卫生指标有一项不合格时,允许加倍抽样复检,如仍有不合格项即判为该批产品不合格。

8 标志、标签、包装、运输和贮存

8.1 标志、标签

产品标签应按 GB 7718 规定执行,并按规定使用地理标志产品专用标志。

8.2 包装

8.2.1 外包装

包装材料应轻质牢固,不变形,无污染,对冬枣有一定的保护作用,通常可采用纸箱和瓦楞纸箱。

8.2.2 内包装

包装材料应清洁、无毒、无污染、透明,具有一定的透气性,与冬枣接触不易产生摩擦伤。

8.3 运输和贮存

运输应采用冷藏车或冷藏集装箱,贮存时应采用冷藏或气调贮藏。

附　录　A
（规范性附录）
沾化冬枣地理标志产品保护范围图

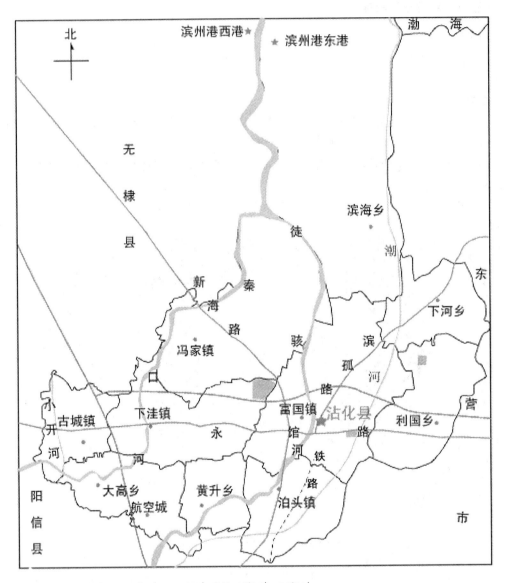

注：沾化县地理位置为东经 117°45′～118°21′、北纬 37°34′～38°11′。

图 A.1　沾化冬枣地理标志产品保护范围图

ICS 67.080.10
B 31

中华人民共和国国家标准

GB/T 18965—2008
代替 GB 18965—2003

地理标志产品　烟台苹果

Product of geographical indication—Yantai apple

2008-06-25 发布

2008-10-01 实施

中华人民共和国国家质量监督检验检疫总局
中国国家标准化管理委员会　发布

前　言

本标准根据国家质量监督检验检疫总局颁布的 2005 第 78 号令《地理标志产品保护规定》及 GB 17924—1999《原产地域产品通用要求》制定。

本标准代替 GB 18965—2003《原产地域产品　烟台苹果》。

本标准与 GB 18965—2003 相比主要变化如下：

——标准属性由强制性国家标准改为推荐性国家标准；

——根据国家质量监督检验检疫总局颁布的《地理标志产品保护规定》，将标准名称改为《地理标志产品　烟台苹果》；

——更改了卫生指标的执行标准，由 GB/T 10651—1989 改为 NY/T 1075—2006(见 5.7)；

——修改了自然环境中有关气温、光照和降水量的数值，增加了土壤的 pH 值(见 5.1.1、5.1.2、5.1.3、5.1.4)；

——修改了对套用纸袋的要求，同时增加不套用纸袋的要求(见 5.2.2.5、5.2.2.7)。

本标准的附录 A 为规范性附录。

本标准由全国原产地域产品标准化工作组提出并归口。

本标准起草单位：烟台市农业局、烟台市质量技术监督局、烟台市苹果协会。

本标准主要起草人：王忠和、吕琦昌、刘世果、刘祥、李福玉、李慧、赵培策、马德功、刘宝革。

本标准所代替标准的历次版本发布情况为：

——GB 18965—2003。

地理标志产品 烟台苹果

1 范围

本标准规定了烟台苹果的地理标志产品保护范围、术语和定义、要求、试验方法、检验规则及标志、包装、运输、贮存。

本标准适用于国家质量监督检验检疫总局根据《地理标志产品保护规定》批准保护的地理标志产品烟台苹果。

2 规范性引用文件

下列文件中的条款通过本标准的引用而成为本标准的条款。凡是注日期的引用文件,其随后所有的修改单(不包括勘误的内容)或修订版均不适用于本标准,然而,鼓励根据本标准达成协议的各方研究是否可使用这些文件的最新版本。凡是不注日期的引用文件,其最新版本适用于本标准。

GB/T 8559 苹果冷藏技术

GB/T 8855 新鲜水果和蔬菜的取样方法

GB/T 10651 鲜苹果

GB/T 13607 苹果、柑桔包装

NY/T 1075 红富士苹果

ISO 8682 苹果气调贮藏

3 术语和定义

GB/T 10651 确立的以及下列术语和定义适用于本标准。

3.1

烟台苹果 Yantai apple

在本标准第 3 章规定的范围内生产,符合本标准的苹果。

4 地理标志产品保护范围

烟台苹果的地理标志产品保护范围限于国家质量监督检验检疫行政主管部门根据《地理标志产品保护规定》批准的范围,即山东省烟台市现辖行政区域内,见附录 A。

5 要求

5.1 自然环境

本区域地处山东半岛东部,西、北靠渤海,东、南临黄海,东南连威海,西南接潍坊和青岛。境内多山或丘陵,属于暖温带大陆性季风气候,四季分明,气候温和,日照充足,雨量适中,空气湿润。

5.1.1 气温

年平均气温 12.0 ℃~13.4 ℃,年平均无霜期为 210 d~231 d。

5.1.2 光照

年平均日照时数 2 419 h~2 630 h。

5.1.3 降水量

年平均降水 505 mm~864 mm。降水集中在 6 月~8 月,正值烟台苹果果实生长发育需水量较大时期。

5.1.4 土壤

棕壤土占总土地面积的 80% 左右,土质较细而松软,耕性良好,保水力强。土壤中有机质含量 0.90% 以上,pH 值 5.5～7.0。

5.2 果园管理

5.2.1 土肥水管理

5.2.1.1 土肥

果园土地平整,土层深厚,活土层 60 cm 以上,每公顷施无害化处理的有机肥料 45 000 kg 以上,其他用有机复混肥补充。以秋施基肥为主,结合花前、花后、幼果膨大期等物候期灌水时适量追肥,氮、磷、钾比例按每生产 100 kg 苹果,施氮为 1.0 kg～1.2 kg、五氧化二磷为 0.5 kg～0.75 kg,氧化钾为 1.0 kg～1.2 kg。根据树体营养诊断适量施用微量元素。

5.2.1.2 果园生草

提倡行间种植三叶草、苜蓿草或燕麦草等提高土壤有机质。

5.2.1.3 水分

采用滴灌、微喷灌等灌溉技术,使果园土壤相对含水量保持在 60%～80%。禁止使用污染水。

5.2.2 花果管理

5.2.2.1 花前复剪

对花芽多的树进行花前复剪,调节花、叶芽的比例至(1:3)～(1:4)。

5.2.2.2 人工疏花

从花序分离期始,每间隔 20 cm 左右,选留一个健壮花序,其他多余的花序全部疏掉。

5.2.2.3 授粉

花期采用蜜蜂、壁蜂和人工授粉。

5.2.2.4 疏果

谢花后 10 d 开始疏果,一个月内结束。根据树势强弱、果实大小、坐果多少确定适宜的留果间距,一般为 20 cm～25 cm,选留一个坐果的壮花序,留一个中心果,把多余的幼果全部疏除。

5.2.2.5 果实套袋

5.2.2.5.1 育果纸袋要求优质结实,透气性良好,洁净卫生。

5.2.2.5.2 苹果谢花后 30 d～40 d 开始套用纸袋,6 月中下旬至 7 月上旬结束。套袋前进行疏果,并至少喷一次农药,防治病虫害。果实采收前 20 d～30 d 去袋。

5.2.2.6 摘叶、转果、铺设反光膜

摘袋后立即在树冠下铺设反光膜,增加冠内下层反射光照,提高果实着色度。对影响果实上色的枝、叶全部剪除,待果实向阳面着色,进行转果,使果实背阴面全部上色。

5.2.2.7 无袋栽培

无袋栽培不采取果实套袋及其配套技术。

5.2.3 病虫害防治

病虫害以预防为主、综合防治为原则,应根据预测、预报及时防治。主要防治腐烂病、早期落叶病、轮纹病、桃小食心虫等病虫害。不得使用国家禁用农药。

5.2.4 整形修剪

5.2.4.1 主要树形

自由纺锤形:树高 3 m 左右,冠径 2 m～3 m,主枝 12 个～15 个,适用于株距 2 m～3 m 的果园。

小冠疏层形:树高 3 m～3.5 m 左右,冠径 3 m～4 m,主枝 5 个～7 个,树冠扁圆形,适用于株距 3 m～4 m 果园。

5.2.4.2 树体结构

纺锤形的主枝角度 80°左右,小冠疏层形主枝角度 70°左右。采取以疏剪为主,缓、疏、缩相结合的

修剪方法,纺锤形主枝过长的适时缩剪,小冠疏层形树头过高的及时落头。盛果期每公顷枝量105万条~120万条,内膛枝叶透光率30%。

5.3 采摘

适期采收,采摘时轻拿轻放,避免碰伤、刺伤。

5.4 等级规格指标

等级规格指标见表1。

表 1 等级规格

项 目		等 级		
		特级果	一级果	二级果
品质基本要求 (适用于全部等级)		各品种、各等级的苹果,都应果实完整良好、新鲜,无病虫害;具有本品种的特有风味;色泽纯正、果面光洁;发育充分,具有适于市场或贮存要求的成熟度;果形端正或较端正,果个整齐;果梗完整或统一剪除		
色泽	红色品种	着色面≥90%	着色面≥80%	着色面≥60%
	其他品种	具有本品种成熟时应有的色泽		
果径(最大横切面直径)/mm	大型果 ≥	75	75	70
	中型果 ≥	70	65	60
	小型果 ≥	65	60	55
果面缺陷	碰压伤	无	无	轻微碰压伤,表皮不变色,面积不超过 0.5 cm²
	磨伤	无	无	轻微磨擦伤1处,表皮不变色,面积不超过 0.5 cm²
	果锈	无	无	允许轻微果锈,面积不超过 1.0 cm²
	水锈	无	无	允许轻微薄层,面积不超过 1.0 cm²
	药害	无	无	允许轻微薄层,面积不超过 1.0 cm²
	日灼	无	无	允许轻微日灼,面积不超过 1.0 cm²
	雹伤	无	无	允许轻微雹伤,面积不超过 0.4 cm²
	虫伤	无	无	允许轻微表皮虫伤,面积不超过 0.5 cm²

5.5 感官特征

具有典型的环渤海湾地区苹果的特征,果个大,果形指数高,色泽鲜艳,表皮薄,果肉脆、嫩、汁液多,酸甜适度,硬度适中,清香可口。

5.6 理化指标

按 GB/T 10651 执行。

5.7 卫生指标

按 NY/T 1075 执行。

6 试验方法

6.1 等级规格、理化指标

按 GB/T 10651 执行。

6.2 卫生指标

按 NY/T 1075 执行。

6.3 感官特征

形状、色泽由目测确定。口感由品尝确定。

7 检验规则

7.1 检验批次

同一生产基地、同一品种、同一成熟度、同一包装日期的苹果为一个批次。

7.2 抽样方法

按 GB/T 8855 执行。

7.3 检验分类

7.3.1 型式检验

7.3.1.1 有下列情形之一者应进行型式检验：

　　a) 每年采摘初期；

　　b) 国家质量监督管理部门提出型式检验要求时。

7.3.1.2 型式检验为本标准规定的全部要求。

7.3.1.3 判定规则：在整批样品中不合格果率超过 5% 时，判定不合格，允许降等或重新分级。感官特征和理化指标有一项不合格时，允许加倍抽样复检，如仍有不合格即判为不合格产品。卫生指标有一项不合格时即判为不合格产品。

7.3.2 交收检验

7.3.2.1 烟台苹果每批产品交收前，生产单位都应进行交收检验。交收检验合格并附合格证，产品方可交收。

7.3.2.2 交收检验项目为等级规格、感官特征、包装、标志。

7.3.2.3 判定规则：在整批样品中不合格果率超过 5% 时，判定等级规格和感官特征不合格，允许降等或重新分级。包装、标志若有一项不合格，判交收检验不合格。

8 标志、包装、运输、贮存

8.1 标志

烟台苹果的销售和运输包装均应标注地理标志产品专用标志，并标明产品名称、品种、等级规格、产地、包装日期、生产单位、数量或净含量、执行标准代号等。

不符合本标准的产品，其产品名称不得使用含有"烟台苹果"（包括连续或断开）的名称。

8.2 包装

按 GB/T 13607 执行。

8.3 运输

8.3.1 运输工具清洁卫生，无异味。不与有毒、有害物品混运。

8.3.2 装卸时轻拿轻放。

8.3.3 待运时，应批次分明、堆码整齐、环境清洁、通风良好。严禁烈日曝晒、雨淋。注意防冻、防热、缩短待运时间。

8.4 贮存

8.4.1 烟台苹果的冷藏按 GB/T 8559 执行。

8.4.2 烟台苹果的气调贮藏按 ISO 8682 执行。

8.4.3 库房无异味。不与有毒、有害物品混合存放。不得使用有损烟台苹果质量的保鲜试剂和材料。

附 录 A
（规范性附录）
烟台苹果地理标志产品保护范围图

烟台苹果地理标志产品保护范围图见图 A.1。

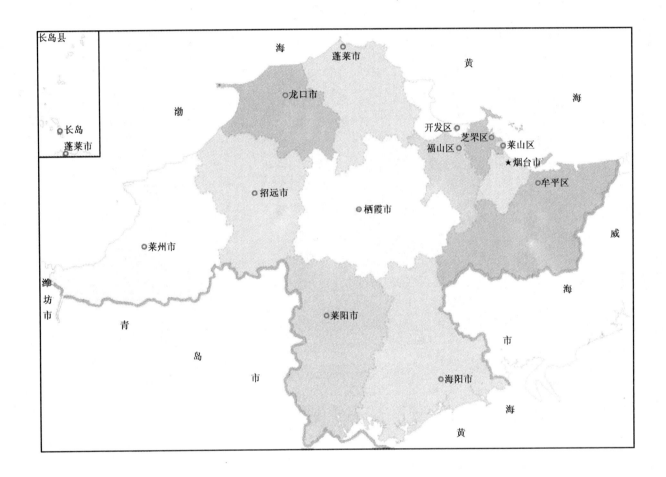

注：烟台苹果地理标志产品保护范围包括山东省烟台市全境。

图 A.1　烟台苹果地理标志产品保护范围图

ICS 67.080.10
B 31

中华人民共和国国家标准

GB/T 19051—2008
代替 GB 19051—2003

地理标志产品　南丰蜜桔

Product of geographical indication—
Nanfeng mandarin

2008-06-03 发布　　　　　　　　　　2008-12-01 实施

中华人民共和国国家质量监督检验检疫总局
中国国家标准化管理委员会　发布

前　言

本标准是根据《地理标志产品保护规定》和 GB 17924—1999《原产地域产品通用要求》而制定的。

本标准代替并废止 GB 19051—2003《原产地域产品　南丰蜜桔》。

本标准与 GB 19051—2003 相比主要变化如下：

——根据国家质量监督检验检疫总局颁布的《地理标志产品保护规定》，修改相关名称；

——由强制性改为推荐性；

——修改了南丰蜜桔定义；

——增加了土质要求；

——栽培密度中株行距改为(3.5 m～4.5 m)×(4.5 m～5.0 m)；

——病虫害的重点防治对象增加了黑点病；

——出厂检验、型式检验和判定规则进行简单文字修改。

本标准的附录 A 为规范性附录。

本标准由全国原产地域产品标准化工作组提出并归口。

本标准起草单位：江西省质量技术监督局、抚州市质量技术监督局、南丰县质量技术监督局、南丰县蜜桔产业局。

本标准主要起草人：涂建、王泽义、李跃进、王建平、余国平、严小芳。

本标准所代替标准的历次版本发布情况为：

——GB 19051—2003。

地理标志产品 南丰蜜桔

1 范围

本标准规定了南丰蜜桔的地理标志产品保护范围、术语和定义、要求、试验方法、检验规则、标志、包装、运输和贮存。

本标准适用于国家质量监督检验检疫行政主管部门根据《地理标志产品保护规定》批准保护的南丰蜜桔。

2 规范性引用文件

下列文件中的条款通过本标准的引用而成为本标准的条款。凡是注日期的引用文件,其随后所有的修改单(不包括勘误的内容)或修订版均不适用于本标准,然而,鼓励根据本标准达成协议的各方研究是否可使用这些文件的最新版本。凡是不注日期的引用文件,其最新版本适用于本标准。

GB/T 8210 出口柑桔鲜果检验方法

GB/T 8855 新鲜水果和蔬菜的取样方法(GB/T 8855—1988,eqv ISO 874:1980)

GB/T 10547 柑桔储藏

GB/T 12947 鲜柑桔

GB/T 13607 苹果、柑桔包装

NY 5014 无公害食品 柑桔

NY/T 5015 无公害食品 柑桔生产技术规程

3 地理标志产品保护范围

本标准适用于国家质量监督检验检疫行政主管部门根据《地理标志产品保护规定》批准的范围,见附录 A。

4 术语和定义

下列术语和定义适用于本标准。

4.1

南丰蜜桔 Nanfeng mandarin

产于本标准第 3 章范围内。果形扁圆形,果面色泽橙色或橙黄色,具有皮薄、肉质柔嫩、多汁、酸甜适口、香气浓郁、风味独特、少核或无核等特性。属宽皮柑桔乳桔类南丰地方小果型品种。

4.2

斑疤 speck

已愈合的病虫危害和生理病害、机械伤造成的果皮斑纹,如:网纹、锈壁虱褪色斑等。

4.3

串级果 neighbor grade fruits mixed

相邻两级的果实相混杂,其混杂程度用百分率表示。

4.4

隔级果 unneighbor grade fruits mixed

不相邻级别的果实相混杂,其混杂程度用百分率表示。

5 要求

5.1 种植环境

5.1.1 气候:年平均气温18.3℃,大于或等于10℃年有效积温5 500℃以上,最冷月均温6.1℃,极端低温不低于−7.0℃,历年平均极端低温在−4.7℃。

5.1.2 土壤:壤土、砂壤土和红色砂岩、紫色泥页岩、紫色砂岩、第四纪红粘土、河流冲积物等成土母质形成的土壤,有机质含量在1.5%以上,pH值在5.5~6.5之间的土壤,均宜南丰蜜桔种植。

5.2 品种特性

5.2.1 树体:常绿乔木,树势强,树冠呈自然圆头形,主枝开张。成年树树高3.5 m~4.5 m,冠径4 m~5 m,最大可达7.6 m。

5.2.2 枝梢:一年可抽发三次枝梢,按发生时间依次分为春梢、夏梢、秋梢。春梢抽发整齐,数量多,节间短,一般长5 cm~10 cm;夏梢抽发不整齐,枝条粗,节间长,叶片大,一般长20 cm~30 cm;秋梢长度、粗度和叶片大小介于春梢、夏梢之间,一般长约15 cm~25 cm。

5.2.3 叶片:单身复叶,翼叶小,叶柄较短。春叶狭长椭圆形,叶缘锯齿较浅,叶片小,平均长5.6 cm,宽2.7 cm,厚0.025 cm;夏叶广椭圆形,叶缘有明显波纹,皮端钝,叶片较宽大,平均长7.8 cm,宽4.3 cm,厚0.033 cm;秋叶形状、大小介于春、夏叶之间,平均长5.8 cm,宽3.4 cm,厚0.030 cm。

5.2.4 花:单生,完全花,花形小而具浓香。花蕾长椭圆形,水平花径2.2 cm~2.5 cm,花萼深绿色,5裂~6裂,具油腺。花瓣5片~6片;乳白色,舌形。雄蕊20枚左右,花丝长短不一,下部粘合成4组~5组。柱头扁圆形,具粘液,与花丝等高。

5.2.5 果实:果实扁圆形、橙色或橙黄色,横径30 mm~50 mm,属小型果。果顶平圆、微凹,基部微凹,常有放射沟4条~6条。果面平滑,有光泽,油胞小而密,一般平滑或微凸。果皮极薄,组织细密,厚约0.15 cm,柔软有韧性,易与果肉分离;囊瓣9片~12片,弯月形;中心柱小,空虚或半空;汁胞纺锤形、橙黄色,质脆嫩,果汁多,味浓甜,具香气;少核或无核。

5.2.6 物候期:3月上旬春芽萌动,4月上、中旬始花,4月中下旬盛花,11月上旬果实成熟(早熟南丰蜜桔成熟期在10月中下旬)。

5.2.7 抗逆性:抗逆性强,对溃疡病有较强的抵抗力,易感染疮痂病,有生理裂果现象。

5.3 苗木繁育

5.3.1 砧木苗培养

5.3.1.1 采种和播种:选优良的枳壳砧种,9月下旬至10月上旬采种,于12月上、中旬冬播或次年2月下旬至3月上旬春播或7月下旬至8月上旬采集枳嫩籽及时播种。

5.3.1.2 苗圃管理:3月至4月在枳壳高10 cm左右进行移栽,行距15 cm,株距6 cm。适时中耕除草、勤施薄施追肥,及时防治病虫害。

5.3.1.3 嫁接:凡生长发育充实的春、夏、秋梢,均可用作接穗。接穗宜从品质优良、丰产性能好、无检疫性病虫害的成年母树上采集。嫁接方法有切接法、芽接法、腹接法等。

5.3.2 嫁接苗培育

及时解膜、剪砧、除萌;勤施薄施追肥;及时病虫害防治;圃内整形,在春梢超过15 cm时摘心,促发夏梢,苗高在40 cm~45 cm时剪顶,以促发分枝,在离地25 cm以上不同方位选3个~4个壮梢留作主枝,其余全部抹除。

5.3.3 苗木出圃

嫁接苗木达到表1规定时出圃。

表 1　苗木规格

级别	苗高/cm ≥	苗粗（嫁接口以上3 cm处)/cm ≥	分枝数(苗高25 cm以上处)/条 ≥	骨干根长度/cm ≥	分枝长度/cm ≥	根系	
						侧根数量/条 ≥	须根
一级	45	0.6	3	15	20	3	发达
二级	45	0.5	2	15	15	2	较发达

5.4　栽培技术

5.4.1　栽植

选择土层厚 1 m 以上,肥沃疏松;地下水位 1 m 以下;保水保肥力强;pH 值 5.5～6.5;近水源,交通方便;土质为壤土、粘壤土、沙壤土的园地种植。栽植时间为 2 月下旬至 3 月中旬春植和 10 月上、中旬秋植。栽植密度为株行距(3.5 m～4.5 m)×(4.5 m～5.0 m),每公顷植 495 株～630 株(每亩植 33 株～42 株)。亦可实行计划密植和宽行密株栽植。

5.4.2　整形修剪

通常采用自然圆头形和自然开心形。修剪以解决通风透光和调节树体营养生长和生殖生长为原则。运用抹芽、摘心、拉枝、扭梢和短截、回缩、疏枝等修剪方法,使树冠枝梢稀密适度、分布有序,形成丰产稳产的良好树冠结构。修剪时期分休眠期修剪和生长期修剪。

5.4.3　土肥水管理

幼龄桔园行间应种植夏季绿肥和冬季绿肥。如桔园种植间作物,秸秆应还园。8 月下旬至 11 月中旬进行深翻扩穴,改良土壤。

幼龄树追肥在 2 月下旬至 8 月上旬进行,促发春、夏、秋三次梢,使迅速形成树冠。结果树追肥年施肥 4 次。春肥在春梢萌发前施入,施肥量占全年施肥的 15%～20%。夏肥在 5 月中、下旬施入,施肥量占 5%～10%。秋肥在 7 月中旬秋梢抽发前施入,施肥量占 40% 左右。冬肥在 11 月上、中旬采果前后施入,施肥量占 25%～30%。幼龄树氮、磷、钾施用比例为 1:0.5:0.5 左右;成年树氮、磷、钾施用比例为 1:0.6:0.8 左右。花期和幼果期应进行硼、锌、钼等微量元素的根外追肥。

雨季及时排水,旱季做好树盘覆盖、适时灌水,果实成熟期适当控水。

5.4.4　病虫害防治

病虫害防治采取预防为主,综合防治的原则,合理进行农业、生物、物理和化学等防治手段的综合应用。着重防治疮痂病、黑点病、炭疽病、红蜘蛛、锈壁虱、介壳虫、潜叶蛾、桔蚜等的病虫害。要掌握适期喷药,科学合理用药,治早、治小、治了。农药使用准则按照 NY/T 5015 实施,采摘前 30 d,禁止使用化学农药。

5.4.5　防止冻害

新建桔园要营造防护林。对未设防护林的桔园要补植防护林,或冬季在风口、西北向加设临时性风障。冬前,要做好主干刷白、包草、培土,小树搭三角棚,中等树束枝和树盘覆盖保护,同时,做好冻前灌水和喷施叶面抑蒸保温剂,根据天气预报,在霜冻来临前熏烟防冻,雪后摇落冰雪,做好冻后护理等工作。

5.5　规格

按照果实大小分为两个包装等级规格,即把果实横径在 30 mm～50 mm 范围内划分为 S、L 两种规格。大于 50 mm 的果实和小于 30 mm 的果实降一个质量等级对待,装箱时果实大小差异不能超过 10 mm 而混装。果品规格见表 2。

GB/T 19051—2008

表 2　果品规格

果品规格	S	L
果实横径(d)/mm	30≤d<40	40≤d≤50

每个规格按质量等级又分为优级果、一级果、二级果三个等级。

5.6　质量等级

5.6.1　分级

分为优级果、一级果、二级果,见表3。各级果实要求完整新鲜、果面洁净。

表 3　质量等级

等级	要　　求
优级果	果实均匀、端正,果面光洁,充分着色,疮痂病斑最大的不得超过 3 mm。斑疤总计不超过果皮总面积的 3%。不得有机械伤和其他伤害。到达目的地轻微枯水果不超过1%
一级果	果实均匀、端正,果面光洁,良好着色,疮痂病斑最大的不得超过 4 mm。斑疤总计不超过果皮总面积的 5%。不得有机械伤或其他伤害。到达目的地枯水果不超过3%
二级果	果实均匀、端正,果面尚光洁,基本着色,疮痂病斑最大的不得超过 5 mm。斑疤总计不超过果皮总面积的 10%。不得有严重的机械伤或其他伤害。到达目的地枯水果不超过5%

5.6.2　允许度

考虑等级质量之间出现的差异性,其允许差异限制在下列范围之内:

a)　等级差异:串级果不超过 10%,隔级果不得有。

b)　腐烂果:优级、一级果要求产地不允许有腐烂果,到达目的地不超过 3%,重伤不超过 1%。二级要求产地不超过 1%的腐烂果,到达目的地不超过 5%。

5.7　感官特性

果实扁圆形、橙色或橙黄色,果顶平圆微凹,果实横径 30 mm～50 mm,果皮香味浓,皮薄,少核或无核,酸甜适口,肉质柔嫩。

5.8　理化指标

理化指标应符合表4要求。

表 4　理化指标

项　　目		指　　标
可食率/%	≥	70.0
可溶性固形物/%	≥	10.5
总酸(以柠檬酸计)/%	≤	1.0

5.9　安全指标

安全指标应符合 NY 5014 和 GB/T 12947 中的有关规定。

6　试验方法

6.1　取样方法

按 GB/T 8855 有关规定执行。

6.2　果实规格

用分级板检验。分级板的眼洞,按本标准所列规格制作,眼洞直径分别为 φ3.0 cm、φ4.0 cm、φ5.0 cm。

6.3 感官特性

将样品放于洁净的瓷盘中,在自然光下用肉眼观察样品的形状、颜色、光泽和果实的均匀程度,并品尝。

6.4 质量等级

按照分级条件逐个检查,依级别分开,检查完毕后,清点各类级别果实数,计算各级所含百分比,按分级原则归等分级。

6.5 理化指标

6.5.1 可食率

按 GB/T 8210 规定执行。

6.5.2 可溶性固形物

按 GB/T 8210 规定执行。

6.5.3 总酸

按 GB/T 8210 规定执行。

6.6 安全指标

安全指标应按 NY 5014 和 GB/T 12947 中的有关规定执行。

6.7 检验期限

货到产地站台 24 h 以内检验,货到目的地 48 h 以内检验。

7 检验规则

7.1 组批规则

同一单位、同一品种、同一等级、同一包装、同一贮藏条件的南丰蜜桔作为一个检验批次。

7.2 抽样方法

按 GB/T 8855 规定执行。

7.3 出厂检验

每批产品应经生产单位质量检验部门检验合格并附有合格证方可出厂,出厂检验项目内容包括感官、净含量、包装和标志。

7.4 型式检验

型式检验项目为本标准 5.6~5.9 规定的全部项目。有下列情形之一者应进行型式检验:

a) 前后两次出厂检验结果差异较大时;

b) 因人为或自然因素使生产环境发生较大变化时;

c) 国家质量监督机构提出型式检验要求时。

7.5 判定规则

7.5.1 感官要求的总不合格品百分率不超过 7%,理化指标、安全指标均为合格,则该批产品判为合格。

7.5.2 感官要求的总不合格品百分率超过 7%,或理化指标、安全指标有一项不合格,或标志不合格,则该批产品判为不合格。

7.5.3 对包装、缺陷果容许度检验不合格者,允许生产单位进行整改后申请复检。

8 标志、包装、运输和贮存

8.1 标志

在外包装上应标明品名(南丰蜜桔)、产地、果实规格(S、L)、果品等级(优级、一级、二级)、净重(kg)、装箱日期、地理标志产品专用标志、执行标准编号、小心轻放、防晒防雨警示等内容。

8.2 包装

按 GB/T 13607 有关规定执行。

8.3 运输

8.3.1 运输工具

运输工具应清洁卫生、干燥、无异味。

8.3.2 堆放

按 NY 5014 有关规定执行。在运输途中应合理装卸和堆放。在通风、防晒和防雨的设施内,以品字形堆放为佳,且堆放不宜过高,应保留良好的通风道。

8.4 贮藏

在常温下贮藏按 GB/T 10547 规定执行。

附 录 A

（规范性附录）

南丰蜜桔地理标志产品保护范围图

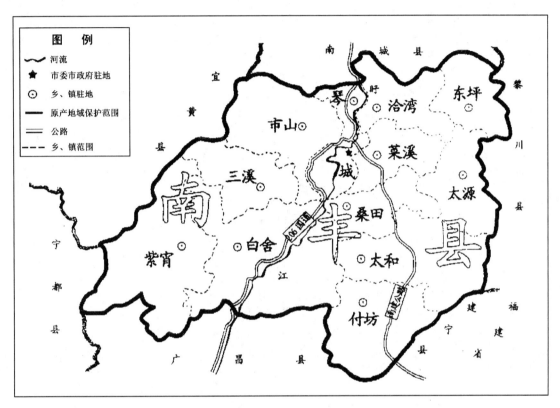

注：南丰蜜桔地理标志保护范围限于南丰县现辖行政区域内。

图 A.1　南丰蜜桔地理标志产品保护范围图

ICS 67.080.10
B 31

中华人民共和国国家标准

GB/T 19332—2008
代替 GB 19332—2003

地理标志产品　常山胡柚

Product of geographical indication—
Changshan huyou

2008-06-25 发布

2008-10-01 实施

中华人民共和国国家质量监督检验检疫总局
中国国家标准化管理委员会　发布

前　言

本标准根据国家质量监督检验检疫总局颁布的 2005 第 78 号令《地理标志产品保护规定》及 GB 17924—1999《原产地域产品通用要求》制定。

本标准代替 GB 19332—2003《原产地域产品　常山胡柚》。

本标准与 GB 19332—2003 相比主要变化如下：

——标准属性由强制性国家标准改为推荐性国家标准；

——按《地理标志产品保护规定》，修改标准名称"原产地域产品"改为"地理标志产品"；

——修改了栽培技术，如株行距、施肥等要求；

——将"质量等级"改为"分级"，删除了"等级容许度的试验方法"；

——修改了感官要求中的果径指标，增加了风味要求，对果面进行了分级，提高了对果实的外观
　要求；

——删除了果实的采收理化指标，增加了产品的理化指标；

——修改了判定规则。

本标准由全国原产地域产品标准化工作组提出并归口。

本标准起草单位：浙江省常山县质量技术监督局、浙江省常山县农业局。

本标准主要起草人：贝增明、叶杏元、施堂红、吴文明、胡俊、杨兴良、方荣春、苏辉芳。

本标准所代替标准的历次版本发布情况为：

——GB 19332—2003。

地理标志产品 常山胡柚

1 范围

本标准规定了常山胡柚的术语和定义、地理标志产品保护范围、要求、试验方法、检验规则和标志、标签、包装、运输和贮存。

本标准适用于国家质量监督检验检疫行政主管部门根据《地理标志产品保护规定》批准保护的常山胡柚。

2 规范性引用文件

下列文件中的条款通过本标准的引用而成为本标准的条款。凡是注日期的引用文件,其随后所有的修改单(不包括勘误的内容)或修订版均不适用于本标准,然而,鼓励根据本标准达成的协议的各方研究是否可使用这些文件的最新版本。凡是不注日期的引用文件,其最新版本适用于本标准。

GB/T 8210 出口柑桔鲜果检验方法

GB/T 8855 新鲜水果和蔬菜的取样方法

GB/T 10547 柑桔储藏

GB/T 13607 苹果、柑桔包装

GB 18406.2 农产品安全质量 无公害水果安全要求

GB/T 18407.2 农产品安全质量 无公害水果产地环境要求

NY/T 5015 无公害食品 柑桔生产技术规程

3 术语和定义

下列术语和定义适用于本标准。

3.1

常山胡柚 Changshan huyou（*Citrus paradis*.cv.changshan huyou）

原产浙江常山地理标志产品保护范围内的一种杂种柚,果实高扁圆形,较大,橙黄色或黄色,果面光滑,肉质细嫩多汁,味酸甜爽口,微苦。

3.2

绿叶层厚度 thickness of green leaf layer

树冠内膛有叶部位至树冠外围之间长有叶片那部分的厚度。

3.3

树高冠率 tree height/canopy diameter ratio

树体高度与树冠横径的比例。

3.4

树冠覆盖率 canopy projection/orchard area ratio

树冠投影面积与园地面积的比例。

3.5

风斑 wind bruise

果实与树枝发生摩擦引起的果皮表面伤痕。

3.6

烟煤病菌迹 sooty mould spot

病菌覆盖在果面上的一层似烟煤的黑色物。

4 地理标志产品保护范围

常山胡柚地理标志产品保护范围限于国家质量监督检验检疫行政主管部门根据《地理标志产品保护规定》批准的范围,限于常山县现辖行政区域内,见附录 A。

5 要求

5.1 环境

生产环境应符合 GB/T 18407.2 的规定。

5.2 苗木

采用嫁接繁殖,砧木为枳,接穗应来自优株母本园。苗木的质量要求应符合表 1 的规定。

表 1 苗木质量要求

级 别	指 标			
	苗木干粗(直径)/cm	苗 高/cm	根系	检疫性病虫害
一级	≥0.8	≥50	发 达	无
二级	≥0.6	≥40	较发达	无

5.3 栽培技术

5.3.1 栽植

5.3.1.1 山地应筑梯地,梯地梯面宽应在 3 m 以上,于秋冬挖定植沟,宽 1.0 m,深 0.8 m 为宜,下填有机肥每公顷 150 t～200 t,后覆土填实,高出地面 15 cm～20 cm。

5.3.1.2 平地可挖穴定植,定植穴长、宽各 1.0 m,深 0.5 m 以上,穴内分层施栏肥等有机肥 50 kg～70 kg。

5.3.1.3 栽植密度:山地株行距(3.5 m～4.0 m)×4.0 m 为宜;平地株行距 4.0 m×(4.0 m～4.5 m)为宜。

5.3.1.4 栽植时期:以春季定植为好。

5.3.2 整形修剪

5.3.2.1 整形

在苗木定干基础上,第一、二年培养主枝和选留副主枝,第三、四年继续培养主枝和副主枝的延长枝,合理布局侧枝群。每年培养 3 次～4 次梢,及时摘除花蕾。投产前一年树高冠率控制在 1.0～1.2 之间。

5.3.2.2 修剪

保持生长结果相对平衡,绿叶层厚度 120 cm 以上,树冠覆盖率 80%～85%。修剪因树制宜,删密留疏,控制行间交叉,保持侧枝均匀,冠形凹凸,上小下大,通风透光,立体结果。

5.3.3 保果(花)与疏果

5.3.3.1 保果(花):叶花比在 2∶1 以下的树应采取保果(花)措施。

5.3.3.2 疏果:按叶果比 60∶1～70∶1 进行疏果,疏除病虫果、畸形果、特大果和特小果。多果树应控果促梢,成年树在定果后按株产量 50 kg 留果 220 只～250 只。

5.3.4 水分管理

5.3.4.1 在花期、新梢生长期和果实膨大期要求土壤含水量保持 20%～30%,相当于田间持水量 60%～

80%,采前 20 d 内应适当控制水分供应。

5.3.4.2 旱季、旱冬及寒潮来临前应灌水。

5.3.4.3 雨季及台风季节,应注意排水。

5.3.5 合理施肥

5.3.5.1 幼龄树施肥

幼龄树在每年 3 月至 8 月上旬采取薄肥勤施,每月施一次稀薄人粪尿或 2%～3% 尿素液等速效肥,8 月下旬至 10 月停止施肥,11 月上旬施越冬肥。

5.3.5.2 成年树施肥

成年树按施肥方式一年施肥 1 次～3 次。施肥重点时期:芽前肥:2 月下旬至 3 月下旬;壮果肥:6 月下旬至 7 月中下旬;采果肥:采果后 3 d 至 7 d。

5.3.5.3 施肥重视有机肥的使用,注意平衡施肥,使氮、磷、钾及钙、镁、锌等微量元素供应全面,防止缺素症的发生。

5.3.6 病虫害防治

5.3.6.1 病虫害防治采取预防为主,综合防治的原则,合理采用农业、生物、物理和化学等防治措施。着重防治溃疡病、黄斑病、黑点病、红蜘蛛、锈壁虱、潜叶蛾、蚧类、黑刺粉虱、花蕾蛆等病虫害。

5.3.6.2 病虫害防治按 GB 18406.2 和 NY/T 5015 的规定执行,严禁使用国家明令禁止的高毒、高残留农药,采摘前 30 d 禁止使用化学农药。

5.4 采收

在正常的气候条件下,露地栽培的禁止在 10 月 30 日前采收,以 11 月中下旬采收为佳。

5.5 分级

分为特级、一级、二级。

5.6 感官要求

感官要求应符合表 2 规定。

表 2 感官要求

规 格	级 别		
	特级	一级	二级
果径/mm	≥85～≤95	≥75～≤95	≥65～≤105
果形	扁圆或球形,具有本品种固有的特征		
风味	甜酸适度、清凉爽口、微苦		
色泽	橙黄色或黄色		
果面	果面洁净,果皮光滑;无刺伤、碰压伤、日灼、干疤;允许在果面不显著位置有极轻微油斑、菌迹、药迹、风斑等缺陷	果面洁净,果皮较光滑;无刺伤、碰压伤;允许单个果有轻微日灼、干疤、油斑、菌迹、药迹、风斑等缺陷	果面光洁,无溃疡病斑,无明显影响果面美观的机械伤、日灼斑、病虫危害斑、风斑、烟煤病菌迹、药迹等缺陷

5.7 理化指标

理化指标应符合表 3 的规定。

表 3 理化指标

项 目	级 别		
	特级	一级	二级
可溶性固形物含量/% ≥	11.0	10.5	10.0
可滴定酸含量/% ≤	1.1	1.2	1.2

5.8 卫生安全指标

按照 GB 18406.2 有关规定执行。

6 试验方法

6.1 取样方法

按 GB/T 8855 有关规定执行。

6.2 环境

按 GB/T 18407.2 的规定执行。

6.3 苗木干粗和苗高

干粗以嫁接口上 3 cm～5 cm 处用游标卡尺测定苗木横径;苗高用卷尺测定从嫁接口至苗木顶端顶芽的高度。

6.4 感官检验

6.4.1 果径

用游标卡尺或分级板进行检验。

6.4.2 果形、色泽、风味、果面

果形、色泽、风味、果面等采用目测、口尝进行检验。

6.5 理化指标测定

6.5.1 可溶性固形物

按 GB/T 8210 规定执行。

6.5.2 总酸含量

按 GB/T 8210 规定执行。

6.6 卫生安全指标

按 GB 18406.2 有关规定执行。

7 检验规则

7.1 组批

同一生产销售单位、同一等级、同一包装、同一贮藏条件的产品作为一个检验批。

7.2 交收检验

产品交收时应按照本标准5.6、5.7进行检验。

7.3 型式检验

型式检验项目为本标准全部要求,有下列情况之一时应进行型式检验:

a) 前后两次抽样检验结果差异较大时;

b) 因人为或自然因素使生产环境发生较大变化时;

c) 国家质量监督机构提出型式检验要求时。

7.4 判定规则

7.4.1 感官要求的总不合格品百分率不超过5%,且理化指标、卫生指标均为合格,则该批产品判为合格。

7.4.2 感官要求的总不合格品百分率超过5%,或理化指标、卫生指标有一项不合格,或标志、标签不合格,则该批产品判为不合格。

7.4.3 对生产企业预包装检验不合格者,可按本标准要求允许复验,复验不合格的则判该批产品不合格。

8 标志、标签、包装、贮运

8.1 标志、标签

在外包装上应标明品名(常山胡柚)、产地、等级(特级、一级、二级)、净含量(千克或果数)、包装日期、地理标志产品专用标志、执行标准编号、"小心轻放"、"防晒防雨"等警示内容。

8.2 包装

按 GB/T 13607 有关规定执行。

8.3 运输

运输工具应清洁、卫生、干燥、无异味。

8.4 贮藏

在常温下贮藏,按 GB/T 10547 规定执行。

附　录　A

（规范性附录）

常山胡柚地理标志产品保护范围

常山胡柚地理标志产品保护范围见图 A.1。

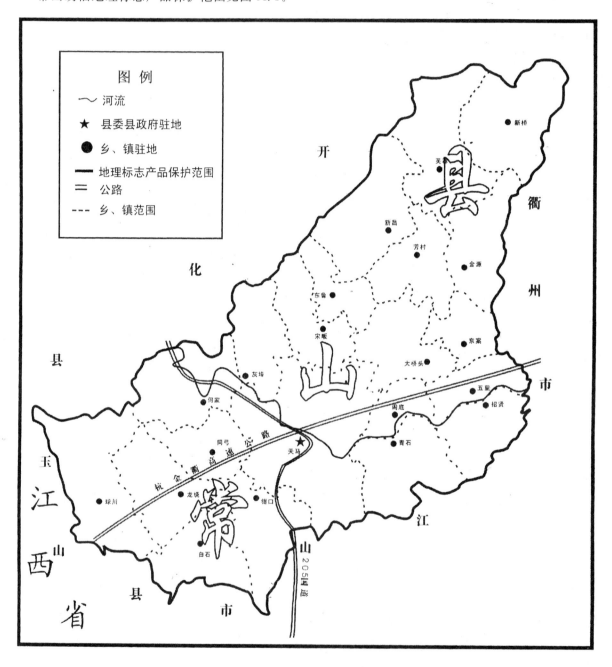

注：常山胡柚地理标志产品保护范围限常山县行政区域内。

图 A.1　常山胡柚地理标志产品保护范围图

ICS 67.080.10
B 31

中华人民共和国国家标准

GB/T 19585—2008
代替 GB 19585—2004

地理标志产品　吐鲁番葡萄

Product of geographical indication—
Turpan grape

2008-06-25 发布
2008-10-01 实施

中华人民共和国国家质量监督检验检疫总局
中国国家标准化管理委员会　发布

前　言

本标准根据国家质量监督检验检疫总局颁布的 2005 第 78 号令《地理标志产品保护规定》及 GB 17924—1999《原产地域产品通用要求》制定。

本标准代替 GB 19585—2004《原产地域产品　吐鲁番葡萄》。

本标准与 GB 19585—2004 相比主要变化如下：

——将标准由强制性改为推荐性；

——根据国家质量监督检验检疫总局颁布的《地理标志产品保护规定》，修改相关名称内容；

——增加了术语和定义"发育不良果"；

——修改了"栽培技术"中的株行距和采摘时间，规定了葡萄的单位亩产量，规定了激素的使用要求；

——提高了"理化指标"中的可溶性固形物指标，从而提高了产品品质。

本标准的附录 A、附录 B 和附录 C 为规范性附录。

本标准由全国原产地域产品标准化工作组提出并归口。

本标准起草单位：吐鲁番地区质量技术监督局。

本标准主要起草人：原建设、阿扎提江·皮尔多斯、杨文菊、方海龙、张金涛、卫建国、哈里旦。

本标准所代替标准的历次版本发布情况为：

——GB 19585—2004。

地理标志产品　吐鲁番葡萄

1　范围

本标准规定了吐鲁番葡萄的地理标志产品保护范围、术语和定义、要求、试验方法、检验规则及标志、标签、包装、运输和贮存。

本标准适用于国家质量监督检验检疫行政主管部门根据《地理标志产品保护规定》批准保护的吐鲁番葡萄。

2　规范性引用文件

下列文件中的条款通过本标准的引用而成为本标准的条款。凡是注日期的引用文件,其随后所有的修改单(不包括勘误的内容)或修订版均不适用于本标准,然而,鼓励根据本标准达成协议的各方研究是否可使用这些文件的最新版本。凡是不注日期的引用文件,其最新版本适用于本标准。

GB 7718　预包装食品标签通则

GB/T 8321(所有部分)　农药合理使用准则

GB/T 8855　新鲜水果和蔬菜的取样方法

GB 18406.2　农产品安全质量　无公害水果安全质量要求

3　地理标志产品保护范围

吐鲁番葡萄的产地保护范围为国家质量监督检验检疫行政主管部门根据《地理标志产品保护规定》批准保护的范围,见附录 A。

4　术语和定义

下列术语和定义适用于本标准。

4.1

吐鲁番葡萄　Turpan grape

在本标准第 3 章规定的范围内栽植的葡萄,以本标准栽培技术进行管理,果品质量符合本标准要求的葡萄。

4.2

整齐度　uniformity degree

果穗和果粒在形状、大小等方面的一致程度,分为整齐、比较整齐和不整齐。整齐:单穗、单粒的重量与其平均值误差小于 10%,形状一致或相近;比较整齐:单穗、单粒的重量与其平均值误差小于 20%,形状方面相似;不整齐:单穗、单粒的重量与其平均值误差大于 20%,形状不太一致或不一致。

4.3

紧密度　tightness degree

果穗的紧密程度。分为极紧、紧、适中、松、极松。极紧:果粒之间很挤,果粒发生变形;紧:果粒之间较挤,但果粒不变形;适中:果穗平放时,形状稍有改变;松:果穗平放时,显著变形;极松:果穗平放时,大部分分枝处于一个平面。

4.4

新鲜洁净　fresh and clean

果皮、果梗不皱缩,无污物。

4.5

霉烂果粒 mildew and metamorphose fruit particle

腐败变质,不能食用的果粒。

4.6

异常果 abnormal fruit

由于自然因素或人为机械的作用,在外观、肉质、风味方面有较明显异常的果实。异常果包括:破损果、日灼果、水罐子果、伤疤果等。

4.6.1

破损果 damaged fruit

机械损伤和果皮、果肉发生破裂的果实。

4.6.2

日灼果 sunburn fruit

由于受强日光照射在果实表面形成变色斑块的果实。

4.6.3

水罐子果 soft disease fruit

由于营养不良而造成果肉变软呈水渍状,不能正常成熟的果实。

4.6.4

伤疤果 fruit scar

由于机械原因形成表面疤痕的果实。

4.6.5

发育不良果 maldevelopment fruit

由于自然或人为的原因,到成熟时仍未达到标准要求的果实。

4.7

色泽 colour

本品种固有颜色。

5 要求

5.1 栽培环境

5.1.1 日照

年日照时数 2 912.3 h～3 062.5 h,年日照百分率 65%～69%。

5.1.2 气温

年气温 11.7 ℃～14.4 ℃,大于等于 10 ℃的积温 4 598.8 ℃～5 480.0 ℃,无霜期 205 d～236 d。

5.1.3 降水

年降水量 8.8 mm～27.6 mm。

5.1.4 水

天山冰雪融化水形成的地表水和地下水。

5.1.5 空气相对湿度

空气相对湿度 42%～44%。

5.1.6 土壤

土壤系灌耕土、灌淤土、风沙土、潮土和经过改良的棕色荒漠土,土壤通透性良好,含盐量低于 0.15%,土壤呈中性略偏碱。

5.2 特性

5.2.1 果树特性

a) 树势:生长势较强。

b) 枝:一年生枝较粗壮,成熟后为土黄色。

c) 叶:叶片近圆形,五裂,裂刻中深或浅,叶片上下表面光滑无茸毛。

d) 花:两性花,雄蕊较雌蕊长或等长,自花授粉结实良好。

e) 物候期:4月上、中旬萌芽,5月上、中旬开花,7月上旬果实开始成熟,8月下旬完全成熟,生长期为 140 d,11月份进入落叶期。

5.2.2 果实特性

果穗为双歧肩长圆锥形或长圆柱形,大小中等,穗重平均 300 g～500 g;果粒为椭圆形,无核,粒重为 1.5 g～3.0 g;黄绿色,果粉少,皮薄肉脆,不易与果肉分离,酸甜适口,含可溶性固形物 18%～23%,含酸量为 0.4%～0.8%。

5.3 苗木繁育

5.3.1 扦插苗培育

从优良种株上选一年生 3 节(长度 20 cm)以上的成熟枝条作为插条垄插。

5.3.2 出圃苗木规格

于 10 月下旬至 11 月初出圃。出圃前 4 d～7 d 浇透水,起苗时要保护好根系。

出圃苗木规格应符合表 1 规定。

表 1 出圃苗木规格

级别	茎粗(直径)/cm	成熟节数/节	根数(根直径≥2 mm)/条	根长/cm
一级	≥0.8	≥8	≥5	≥20
二级	≥0.6	≥5	≥4	≥15

按以上标准分级,每 20 株或者 30 株一捆,挂牌标明品种、等级、数量。

5.4 栽培技术

5.4.1 主要栽培管理技术措施

5.4.1.1 建园

选择土质疏松,排灌良好的土壤,采用小棚架,行距 5 m、株距 1 m～1.5 m,每 667 m² 定植 89 株～134 株,春季栽植。

5.4.1.2 整形修剪

一般采用多主蔓扇形或一条龙整枝法。多主蔓扇形秋剪采用中、长梢为主的混合修剪法,长、中、短结果母枝比例为 2∶2∶1,一条龙整枝以中、短梢修剪为主。夏季修剪时叶面积指数 4～5。

5.4.1.3 栽培措施

为了提高无核白葡萄的品质,在栽培中实施疏花措施,控制每公顷产量不得超过 37 500 kg,以 30 000 kg～37 500 kg 为宜(即亩产量不得超过 2 500 kg,以 2 000 kg～2 500 kg 为宜)。

5.4.1.4 激素的使用

采用激素的浓度,赤霉素≤0.15 mg/kg,不得使用乙烯利和萘乙酸等生长调节剂。

5.4.1.5 肥水管理

基肥秋施,以有机肥为主;生长期施用氮、磷、钾肥;灌水实行"前促、后控、中间足"的原则,浇足冬水,保墒防寒。

5.4.2 病虫害防治

病虫害防治以预防为主,综合防治为原则。应根据预测预报及时防治,在病虫害防治中宜用物理与生物防治。农药使用严格按 GB/T 8321(所有部分)执行。

5.5 采收

5.5.1 采收时间

7月中旬开始采收至9月下旬结束。

5.5.2 采收要求

采收时要求可溶性固形物含量达到16%以上,采收前停水7 d～20 d。

5.6 感官指标

感官指标应符合表2规定。

表 2 感官指标

项目	特级品	一级品	二级品
穗形和果形	具有本品种固有之特征		
果 面	新鲜洁净		
色 泽	黄绿色	黄绿色和绿黄色	
口 感	皮薄肉脆、酸甜适口、具有本品种特有的风味、无异味		
整齐度	整齐	比较整齐	
紧密度	适中	紧、适中或松	
异常果	≤1%	≤2%	
霉烂果粒	不得检出		

5.7 理化指标

理化指标应符合表3的规定。

表 3 理化指标

项目		特级品	一级品	二级品
粒重/g	≥	2.5	2.0	1.5
穗重/g		500～800	≥300	≥250
可溶性固形物/%	≥	20	18	16
总酸含量/%	≤	0.6	0.7	0.8

5.8 卫生指标

按 GB 18406.2 规定执行。

6 试验方法

6.1 感官指标

6.1.1 将样品放于洁净的白色瓷盘中,在自然光线下用肉眼观察葡萄果穗的形状、颜色和果粒的均匀程度、紧密度并品尝。

6.1.2 异常果

从试样中挑选出有异常的果粒称量,按式(1)计算出异常果的百分含量:

$$X = \frac{T_1}{T_2} \times 100 \qquad \cdots\cdots\cdots\cdots\cdots\cdots\cdots\cdots\cdots\cdots\cdots\cdots (1)$$

式中:

X——异常果的百分含量,%;

T_1——异常果的总质量,单位为克(g);

T_2——试样质量,单位为克(g)。

6.2　理化指标

6.2.1　粒重、穗重

粒重采用感量 0.1 g 的天平测定,穗重采用感量 1 g 的天平测定。

6.2.2　可溶性固形物

按附录 B 执行。

6.2.3　总酸量

按附录 C 执行。

6.3　卫生指标

按 GB 18406.2 规定执行。

7　检验规则

7.1　组批

同一等级、同样包装、在同一贮存条件下存放的葡萄为一批。

7.2　抽样方法

在每批产品中随机抽取不少于 3 kg 的样品为检样,取样方法按 GB/T 8855 执行。

7.3　检验分类

7.3.1　田间检验

产品包装前应按照本标准要求进行质量等级检验,按等级要求分别包装并将合格证附于包装箱内。

7.3.2　型式检验

有下列情况之一时应进行型式检验,型式检验项目为本标准全部技术要求:

　　a)　每年采摘初期;

　　b)　质量技术监督部门提出型式检验要求时。

7.4　交货验收

供需双方在交货现场按交售量随机抽取不少于 3 kg 的样品,按照本标准规定的质量等级进行分级。

7.5　判定规则

检验结果应符合相应等级的规定,当感官、理化指标出现不合格项时,允许降等或重新分级。理化指标有一项不合格时,允许加倍抽样复检,如仍有不合格项,则判为该批产品不合格。卫生指标有一项不合格,则判为不合格品,不得复检。

8　标志、标签、包装、运输、贮存

8.1　标志、标签

产品标签应按 GB 7718 规定执行。获准使用地理标志产品专用标志的生产者,应按地理标志产品专用标志管理办法的规定在其产品上使用防伪专用标志。

8.2　包装

包装材料要保证轻质牢固,不变形,无污染,对葡萄有一定的保护作用。

8.3　运输与贮存

可采用预冷运输、冷藏车或冷藏集装箱等多种运输方式,贮存时应采用冷藏。

附 录 A

（规范性附录）

吐鲁番葡萄地理标志产品保护范围图

吐鲁番葡萄地理标志产品保护范围见图 A.1。

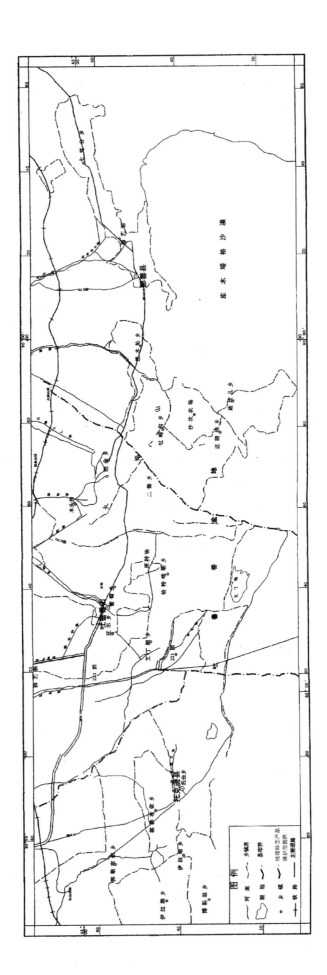

图 A.1 吐鲁番葡萄地理标志产品保护范围图

附　录　B
（规范性附录）
可溶性固形物的测定　折射仪法

B.1　范围

本附录规定了果蔬制品可溶性固形物的折射仪测定方法。

本附录适用于测定果蔬制品及新鲜果蔬可溶性固形物的含量,测定结果以蔗糖质量百分浓度表示,若制品中含有非蔗糖物质,其测定结果为近似值。

B.2　原理

在 20 ℃用折射仪测定试样溶液的折射率,从仪器的刻度尺上直接读出可溶性固形物的含量。

B.3　仪器设备

B.3.1　折射仪:刻度尺上的最小分度值,折射率(n_D)为 0.001,读数可估计至 0.000 3;糖量浓度最小分度值为 0.5%,读数可估计至 0.25%。

B.3.2　恒温水浴。

B.3.3　高速组织捣碎机:10 000 r/min～12 000 r/min。

B.3.4　架盘天平:感量 0.01 g。

B.3.5　烧杯:250 mL。

B.4　测定步骤

B.4.1　样液制备

注:需加水稀释的试样,应适当减少加水量,以避免扩大测定误差。

B.4.1.1　液体制品:如澄清果汁、糖液等,试样混匀后直接用于测定,混浊制品用双层擦镜纸或纱布挤出汁液测定。

B.4.1.2　新鲜果蔬、罐藏和冷冻制品:取试样的可食部分切碎、混匀(冷冻制品应预先解冻),称取 250 g,准确至 0.1 g,放入高速组织捣碎机捣碎,用两层擦镜纸或纱布挤出匀浆汁液测定。

B.4.1.3　酱体制品:如果酱、果冻等,称取 25 g～50 g,准确至 0.01 g,放入预先称量的烧杯中,加入 100 mL～150mL 蒸馏水,用玻璃棒搅匀,在电热板上加热至沸腾,轻沸 2 min～3 min,放置冷却至室温,再次称量,准确至 0.01 g,然后通过滤纸或布氏漏斗过滤,滤液供测定用。

B.4.1.4　干制品:把试样可食部分切碎,混匀,称取 10 g～20 g,准确至 0.01 g,放入称量过的烧杯,加入 5～10 倍蒸馏水,置沸水浴上浸提 30 min,不时用玻璃棒搅动。取下烧杯,待冷却至室温,称量,准确至 0.01 g,过滤。

B.4.2　测定

B.4.2.1　调节恒温水浴循环水温度在(20±0.5)℃,使水流通过折射仪的恒温器。循环水也可在 15 ℃～25 ℃范围内调节,温度恒定不超过±0.5 ℃。

B.4.2.2　用蒸馏水校准折射仪读数,在 20 ℃时将可溶性固形物调整至 0%;温度不在 20 ℃时,按表 B.1 的校正值进行校准。

表 B.1 折射仪测定可溶性固形物温度校正

温度/℃	可溶性固形物读数/%										
	0	5	10	15	20	25	30	40	50	60	70
应减去的校正值											
15	0.27	0.29	0.31	0.33	0.34	0.34	0.35	0.37	0.38	0.39	0.40
16	0.22	0.24	0.25	0.26	0.27	0.28	0.28	0.30	0.30	0.31	0.32
17	0.17	0.18	0.19	0.20	0.21	0.21	0.21	0.22	0.22	0.23	0.24
18	0.12	0.13	0.13	0.14	0.14	0.14	0.14	0.15	0.15	0.16	0.16
19	0.06	0.06	0.06	0.07	0.07	0.07	0.07	0.08	0.08	0.08	0.08
应加上的校正值											
21	0.06	0.07	0.07	0.07	0.07	0.08	0.08	0.08	0.08	0.08	0.08
22	0.13	0.13	0.14	0.14	0.15	0.15	0.15	0.15	0.16	0.16	0.16
23	0.19	0.20	0.21	0.22	0.22	0.23	0.23	0.23	0.24	0.24	0.24
24	0.26	0.27	0.28	0.29	0.30	0.30	0.31	0.31	0.31	0.32	0.32
25	0.33	0.35	0.36	0.37	0.38	0.38	0.39	0.40	0.40	0.40	0.40

B.4.2.3 将棱镜表面擦干后,滴加 2 滴~3 滴待测样液于棱镜中央,立即闭合上下两块棱镜,对准光源,转动消色调节旋钮,使视野分成明暗两部分,再转动棱镜旋钮,使明暗分界线适在物镜的十字交叉点上,读取刻度尺上所示百分数,并记录测定时的温度。

B.5 测定结果计算

B.5.1 温度校正

测定温度不在 20 ℃时,查表 B.1 将检测读数校正为 20 ℃标准温度下的可溶性固形物含量。

B.5.2 计算公式

未经稀释的试样,温度校正后的读数即为试样的可溶性固形物含量。稀释过的试样,可溶性固形物的含量按式(B.1)计算:

$$可溶性固形物含量（\%） = p \times \frac{m_1}{m_0} \quad\cdots\cdots（B.1）$$

式中:

p——测定液可溶性固形物含量(质量分数),%;

m_0——稀释前试样质量,单位为克(g);

m_1——稀释后试样质量,单位为克(g)。

B.5.3 结果表示

同一试样取两个平行样测定,以其算术平均值作为测定结果,保留一位小数。

B.5.4 允许差

两个平行样的测定结果最大允许绝对差,未经稀释的试样为 0.5%,稀释过的试样为 0.5% 乘以稀释倍数(即稀释后试样克数与稀释前试样克数的比值)。

B.6 折射率的温度校正及换算为可溶性固形物含量

如采用的折射仪不带有可溶性固形物百分数刻度,仪器校准和样液测定时,折射率的温度校正及换算为可溶性固形物含量的方法如下。

B.6.1 用蒸馏水校准折射仪读数,在 20 ℃时,折射率调至 1.333 0。温度在 15 ℃~25 ℃时,按表 B.2 中的折射率进行校准。

表 B.2　纯水的折射率

温度/℃	折射率	温度/℃	折射率
15	1.333 39	21	1.332 90
16	1.333 32	22	1.332 81
17	1.333 24	23	1.332 72
18	1.333 16	24	1.332 63
19	1.333 07	25	1.332 53
20	1.332 99	—	—

B.6.2 根据在 20 ℃时检测的样液折射率读数，由表 B.3 查得可溶性固形物百分数。测定时温度不在 20 ℃，需按式（B.2）先校正为 20 ℃时的折射率 n_D^{20}：

$$n_D^{20} = n_D^{t} + 0.000\ 13(t - 20) \quad \cdots\cdots\cdots\cdots\cdots\cdots\cdots\cdots\cdots\cdots\cdots（\text{B.2}）$$

式中：

t——测定时的温度，单位为摄氏度（℃）。

表 B.3　20 ℃折射率与可溶性固形物换算表

折光率	可溶性固形物/%	折光率	可溶性固形物/%	折光率	可溶性固形物/%	折光率	可溶性固形物/%	折光率	可溶性固形物/%	折光率	可溶性固形物/%	折光率	可溶性固形物/%
1.333 0	0.0	1.354 9	14.5	1.379 3	29.0	1.406 6	43.5	1.437 3	58.0	1.471 3	72.5
1.333 7	0.5	1.355 7	15.0	1.380 2	29.5	1.407 6	44.0	1.438 5	58.5	1.473 7	73.0
1.334 4	1.0	1.356 5	15.5	1.381 1	30.0	1.408 6	44.5	1.439 6	59.0	1.472 5	73.5
1.335 1	1.5	1.357 3	16.0	1.382 0	30.5	1.409 6	45.0	1.440 7	59.5	1.474 9	74.0
1.335 9	2.0	1.358 2	16.5	1.382 9	31.0	1.410 7	45.5	1.441 8	60.0	1.476 2	74.5
1.336 7	2.5	1.359 0	17.0	1.383 8	31.5	1.411 7	46.0	1.442 9	60.5	1.477 4	75.0
1.337 3	3.0	1.359 8	17.5	1.384 7	32.0	1.412 7	46.5	1.444 1	61.0	1.478 7	75.5
1.338 1	3.5	1.360 6	18.0	1.385 6	32.5	1.413 7	47.0	1.445 3	61.5	1.479 9	76.0
1.338 8	4.0	1.361 4	18.5	1.386 5	33.0	1.414 7	47.5	1.446 4	62.0	1.481 2	76.5
1.339 5	4.5	1.362 2	19.0	1.387 4	33.5	1.415 8	48.0	1.447 5	62.5	1.482 5	77.0
1.340 3	5.0	1.363 1	19.5	1.388 3	34.0	1.416 9	48.5	1.448 6	63.0	1.483 8	77.5
1.341 1	5.5	1.363 9	20.0	1.389 3	34.5	1.417 9	49.0	1.449 7	63.5	1.485 0	78.0
1.341 8	6.0	1.364 7	20.5	1.390 2	35.0	1.418 9	49.5	1.450 9	64.0	1.486 3	78.5
1.342 5	6.5	1.365 5	21.0	1.391 1	35.5	1.420 0	50.0	1.452 1	64.5	1.487 6	79.0
1.343 3	7.0	1.366 3	21.5	1.392 0	36.0	1.421 1	50.5	1.453 2	65.0	1.488 8	79.5
1.344 1	7.5	1.367 2	22.0	1.392 9	36.5	1.422 1	51.0	1.454 4	65.5	1.490 1	80.0
1.344 8	8.0	1.368 1	22.5	1.393 9	37.0	1.423 1	51.5	1.455 5	66.0	1.491 4	80.5
1.345 6	8.5	1.368 9	23.0	1.394 9	37.5	1.424 2	52.0	1.457 0	66.5	1.492 7	81.0
1.346 4	9.0	1.369 8	23.5	1.395 8	38.0	1.425 3	52.5	1.458 1	67.0	1.494 1	81.5
1.347 1	9.5	1.370 6	24.0	1.396 8	38.5	1.426 4	53.0	1.459 3	67.5	1.495 4	82.0
1.347 9	10.0	1.371 5	24.5	1.397 8	39.0	1.427 5	53.5	1.460 5	68.0	1.496 7	82.5
1.348 7	10.5	1.372 3	25.0	1.398 7	39.5	1.428 5	54.0	1.461 6	68.5	1.498 0	83.0
1.349 4	11.0	1.373 1	25.5	1.399 7	40.0	1.429 6	54.5	1.462 8	69.0	1.499 3	83.5
1.350 2	11.5	1.374 0	26.0	1.400 7	40.5	1.430 7	55.0	1.463 9	69.5	1.500 7	84.0
1.351 0	12.0	1.374 9	26.5	1.401 6	41.0	1.431 8	55.5	1.465 1	70.0	1.502 0	84.5
1.351 8	12.5	1.375 8	27.0	1.402 6	41.5	1.432 9	56.0	1.466 3	70.5	1.503 3	85.0
1.352 6	13.0	1.376 7	27.5	1.403 6	42.0	1.434 0	56.5	1.467 6	71.0		
1.353 3	13.5	1.377 5	28.0	1.404 6	42.5	1.435 1	57.0	1.468 8	71.5		
1.354 1	14.0	1.378 4	28.5	1.405 6	43.0	1.436 2	57.5	1.470 0	72.0		

附　录　C

（规范性附录）

总酸的测定

C.1　范围

本附录规定了果蔬制品可滴定酸度的两种测定方法，即电位滴定法和指示剂滴定法。

本附录适用于测定果蔬制品及新鲜果蔬的可滴定酸度。电位滴定法为仲裁法。指示剂滴定法为常规法。

指示剂滴定法不适用于浸出液颜色较深的试样。

C.2　样液制备

C.2.1　仪器

C.2.1.1　高速组织捣碎机：10 000 r/min～12 000 r/min。

C.2.1.2　架盘天平：感量0.01 g。

C.2.1.3　电热恒温水浴锅。

C.2.1.4　移液管：50 mL。

C.2.1.5　烧杯：100 mL、600 mL。

C.2.1.6　容量瓶：250 mL。

C.2.1.7　漏斗：直径7 cm。

C.2.1.8　锥形瓶：250 mL。

C.2.1.9　快速滤纸：直径12.5 cm。

C.2.2　制备方法

本试验用水应是不含二氧化碳的或中性蒸馏水，可在使用前将蒸馏水煮沸、放冷，或加入酚酞指示剂用0.1 mol/L氢氧化钠溶液中和至出现微红色。

C.2.2.1　液体制品（如果汁、罐藏水果糖液、腌渍液、发酵液等）：将试样充分摇匀，用移液管吸取50 mL，放入250 mL容量瓶中，加水稀释至刻度，摇匀待测。如溶液浑浊可通过滤纸过滤。

注1：含碳酸的液体制品需减压摇动3 min～4 min，以除去二氧化碳。

注2：液体试样也可称取50 g，准确至0.01 g。

C.2.2.2　酱体制品（如果酱、菜泥、果冻等）：将试样搅匀，分取一部分放入高速组织捣碎机内捣碎，称取捣匀的试样10 g～20 g，准确至0.01 g，用80 ℃～90 ℃热水洗入250 mL容量瓶，并加热水约至200 mL，放置30 min，冷却至室温，加水稀释至刻度，摇匀，通过滤纸过滤。

C.2.2.3　新鲜果蔬、整果或切块罐藏、冷冻制品：剔除试样的非可食部分（冷冻制品预先在加盖的容器中解冻），用四分法分取可食部分切碎混匀，称取250 g，准确至0.1 g，放入高速组织捣碎机内，加入等量水，捣碎1 min～2 min。每2 g匀浆折算为1 g试样，称取匀浆50 g～100 g，准确至0.1 g，用100 mL水洗入250 mL容器瓶，置75 ℃～80 ℃水浴上加热30 min，其间摇动数次，取出冷却，加水至刻度，摇匀过滤。

C.2.2.4　干制品：取试样的可食部分切碎混匀，称取50 g，准确至0.1 g，放入高速组织捣碎机内，加入450 g水，捣碎2 min～3 min。每10 g匀浆折算为1 g试样，称取试样匀浆50 g～100 g，准确到0.1 g，按C.2.2.3水浴浸提，定容过滤。

C.3 测定方法

C.3.1 电位滴定法

C.3.1.1 原理

试样浸出液用 0.1 mol/L 氢氧化钠标准溶液进行电位滴定,以 pH8.1 为滴定终点。

C.3.1.2 试剂

C.3.1.2.1 pH4.01 标准缓冲液(25 ℃)。

C.3.1.2.2 pH9.18 标准缓冲液(25 ℃)。

C.3.1.2.3 氢氧化钠(GB 629)标准溶液:$c(NaOH)=0.1$ mol/L,参照 GB/T 601 准确标定。

C.3.1.3 仪器

C.3.1.3.1 酸度计:用 pH4.01 标准缓冲液校正后,测定 pH9.18 标准缓冲液,测定误差不大于 0.05pH。

C.3.1.3.2 玻璃电极和甘汞电极。

C.3.1.3.3 磁力搅拌器。

C.3.1.3.4 搅拌棒。

C.3.1.3.5 移液管:50 mL、100 mL。

C.3.1.3.6 烧杯:100 mL、250 mL。

C.3.1.3.7 滴定管:碱式,10 mL、25 mL。

C.3.1.4 测定步骤

C.3.1.4.1 用 pH4.01 和 pH9.18 标准缓冲液按仪器说明书校正酸度计。

C.3.1.4.2 根据预测酸度,用移液管吸取 50 mL 或 100 mL 试样浸出液(见 C.2.2),放入适当大小的烧杯中,使氢氧化钠标准溶液的滴定体积不小于 5 mL。

C.3.1.4.3 将盛样液的烧杯置于磁力搅拌器上,放入搅拌棒,插入玻璃电极和甘汞电极,滴定管尖端插入样液内 0.5 cm~1 cm,在不断搅拌下用氢氧化钠溶液迅速滴定至 pH6,而后减慢滴定速度。当接近 pH7.5 时,每次加入 0.1 mL~0.2 mL,并于每次加入后记录 pH 读数和氢氧化钠溶液的总体积,继续滴定至少 pH8.3,在 pH8.1±pH0.2 的范围内,用内插法求出滴定至 pH8.1 所消耗的氢氧化钠溶液体积。

C.3.2 指示剂滴定法

C.3.2.1 原理

试样浸出液以酚酞为指示剂,用 0.1 mol/L 氢氧化钠标准溶液滴定。

C.3.2.2 试剂

C.3.2.2.1 氢氧化钠标准溶液:0.1 mol/L(见 C.3.1.2.3)。

C.3.2.2.2 酚酞指示剂:10 g/L 的 95%(体积分数)乙醇(GB 697)溶液。

C.3.2.3 仪器

C.3.2.3.1 移液管:50 mL、100 mL。

C.3.2.3.2 锥形瓶:150 mL、250 mL。

C.3.2.3.3 滴定管:碱式,10 mL、25 mL。

C.3.2.4 测定步骤

根据预测酸度,用移液管吸取 50 mL 或 100 mL 样液(见 C.2.2),加入酚酞指示剂 5 滴~10 滴,用氢氧化钠标准溶液滴定,至出现微红色 30 s 内不褪色为终点,记下所消耗的体积。

注:有些果蔬样液滴定至接近终点时出现黄褐色,这时可加入样液体积的 1 倍~2 倍热水稀释,加入酚酞指示剂 0.5 mL~1 mL,再继续滴定,使酚酞变色易于观察。

C.4 测定结果的计算

C.4.1 计算公式

C.4.1.1 试样的可滴定酸度以每 100 g 或 100 mL 中氢离子毫摩尔数表示,按式(C.1)计算:

$$可滴定酸度[\mathrm{mmol}/100\ \mathrm{g(mL)}] = \frac{c \times V_1}{V} \times \frac{250}{m(V)} \times 100 \quad\cdots\cdots\cdots\cdots\cdots (\ C.1\ )$$

式中:

c——氢氧化钠标准溶液浓度,单位为毫摩尔每克或毫摩尔每毫升[mmol/g(mmol/mL)];

V_1——滴定时所消耗的氢氧化钠标准溶液体积,单位为毫升(mL);

V_0——吸取滴定用的样液体积,单位为毫升(mL);

$m(V)$——试样质量或体积,单位为克或毫升[g(mL)];

250——试样浸提后定容体积,单位为毫升(mL)。

C.4.1.2 试样的可滴定酸度以某种酸的百分含量表示,按式(C.2)计算:

$$可滴定酸度(\%) = \frac{c \times V \times k}{V_0} \times \frac{250}{m(V)} \times 100 \quad\cdots\cdots\cdots\cdots\cdots (\ C.2\ )$$

式中:

k——换算为某种酸克数的系数(见表 C.1)。

注:其余字母符号同式(C.1)。

表 C.1 换算系数

酸 的 名 称	换 算 系 数	习惯用以表示的果蔬制品
苹果酸	0.067	仁果类、核果类水果
结晶柠檬酸(一结晶水)	0.070	柑桔类、浆果类水果
酒石酸	0.075	葡萄
草酸	0.045	菠菜
乳酸	0.090	盐渍、发酵制品
乙酸	0.060	醋渍制品

C.4.2 结果表示

同一试样取两个平行样测定,以其算术平均值作为测定结果。用每 100 g 或 100 mL 中氢离子毫摩尔数表示的,保留一位小数;用酸的百分含量表示的保留两位小数。

C.4.3 允许差

两个平行样的测定值相差不得大于平均值的 2%。

注:报告检验结果应注明所用的测定方法。

ICS 67.080.10
X 24

中华人民共和国国家标准

GB/T 19586—2008
代替 GB 19586—2004

地理标志产品 吐鲁番葡萄干

Product of geographical indication—
Turpan raisin

2008-06-25 发布

2008-10-01 实施

中华人民共和国国家质量监督检验检疫总局
中国国家标准化管理委员会 发布

前　言

本标准根据《地理标志产品保护规定》及 GB 17924—1999《原产地域产品通用要求》制定。

本标准代替 GB 19586—2004《原产地域产品　吐鲁番葡萄干》。

本标准与 GB 19586—2004 相比主要变化如下：

——将标准由强制性改为推荐性；

——根据国家质量监督检验检疫总局颁布的《地理标志产品保护规定》，修改相关名称内容；

——增加了术语和定义"发育不良果"；

——修改补充了"晾制方法"，使其更加明确，便于操作；

——降低了"分级指标"中的杂质指标，从而提高了产品品质。

本标准的附录 A 为规范性附录。

本标准由全国原产地域产品标准化工作组提出并归口。

本标准起草单位：吐鲁番地区质量技术监督局。

本标准主要起草人：原建设、阿扎提江·皮尔多斯、杨文菊、方海龙、张金涛、卫建国、哈里旦。

本标准所代替标准的历次版本发布情况为：

——GB 19586—2004。

地理标志产品　吐鲁番葡萄干

1　范围

本标准规定了吐鲁番葡萄干的术语和定义、地理标志产品保护范围、要求、试验方法、检验规则及标志、标签、包装、运输、贮存。

本标准适用于国家质量监督检验检疫行政主管部门根据《地理标志产品保护规定》批准保护的吐鲁番葡萄干。

2　规范性引用文件

下列文件中的条款通过本标准的引用而成为本标准的条款。凡是注日期的引用文件,其随后所有的修改单(不包括勘误的内容)或修订版均不适用于本标准,然而,鼓励根据本标准达成协议的各方研究是否可使用这些文件的最新版本。凡是不注日期的引用文件,其最新版本适用于本标准。

GB/T 5009.3　食品中水分的测定

GB/T 5009.7　食品中还原糖的测定

GB 7718　预包装食品标签通则

GB 16325　干果食品卫生标准

3　术语和定义

下列术语和定义适用于本标准。

3.1

吐鲁番葡萄干　Turpan raisin

以吐鲁番原产地域范围内的葡萄为原料,按本标准晾制,质量达到本标准要求的葡萄干。

3.2

破损果粒　damaged raisin particle

外形不完整的或加工过程中机械损伤的干果粒。

3.3

霉变果粒　mildew and metamorphose raisin particle

生霉变质不能食用的干果粒。

3.4

虫蛀果粒　worm-eaten raisin particle

被虫蛀蚀的干果粒。

3.5

杂质　impurity

夹杂在葡萄干中的穗轴、果梗。

3.6

果粒色泽度　colour and lustre degree

干果粒天然绿色色泽一致的程度。

3.7

果粒饱满度　satiation degree

干果粒饱满的程度。

3.8

果粒均匀度 uniformity degree

干果粒大小均匀的程度。

4 地理标志产品保护范围

吐鲁番葡萄干的产地范围为国家质量监督检验检疫行政主管部门根据《地理标志产品保护规定》批准保护的范围,即吐鲁番地区辖区内(吐鲁番市、鄯善县、托克逊县)种植区,见附录 A。

5 要求

5.1 自然环境

5.1.1 日照

年日照时数 2 912.3 h～3 062.5 h,年日照百分率 65%～69%。

5.1.2 气温

年气温 11.7 ℃～14.4 ℃,全年大于等于 10 ℃的积温 4 598.8 ℃～5 480.0 ℃,8 月、9 月大于等于 10 ℃的积温大于等于 1 000 ℃,无霜期 205 d～236 d。

5.1.3 降水

年降水量 8.8 mm～27.6 mm。

5.1.4 空气相对湿度

空气相对湿度值为:年平均 42%～44%,8 月～9 月平均 35%～40%。

5.1.5 土壤

土壤系灌耕土、灌淤土、风沙土、潮土和经过改良的棕色荒漠土,土壤通透性良好,含盐量低于 0.15%,土壤呈中性略偏碱性。

5.2 晾制

5.2.1 晾房要求

晾房应通风良好,以土坯或红砖砌成晾房。

5.2.2 晾晒方法

5.2.2.1 晾制方法

采用挂刺或帘式方法在晾房内自然晾干。

5.2.2.2 晒制方法

在地表覆盖物上,通过阳光直接晒制或机械风干。

5.2.3 分级加工

通过除梗、除杂、筛分,分级存放。

5.3 质量要求

5.3.1 分级指标

吐鲁番葡萄干分级指标应符合表 1 规定。

表 1 吐鲁番葡萄干分级指标

项 目		特级	一级	二级	三级
外观		粒大、饱满	粒大、饱满	果粒大小较均匀	
滋味		具有本品种风味,无异味			
总糖/%	≥	70		65	
水分/%	≤	15			

表 1（续）

项　目		特　级	一　级	二　级	三　级
果粒均匀度/%	≥	90	80	70	60
果粒色泽度/%	≥	95	90	80	70
破损果粒/%	≤	1	2	3	5
杂质/%	≤	0.1	0.3	0.5	0.8
霉变果粒		不得检出			
虫蛀果粒		不得检出			

5.3.2 卫生指标

按 GB/T 16325 规定执行。

6 试验方法

6.1 感官指标

将样品平铺在样品盘或检验台上,在室内面向自然光线下,用肉眼观察干果粒大小均匀程度和色泽度并品尝。

6.2 理化指标

6.2.1 总糖的测定

按 GB/T 5009.7 规定执行。

6.2.2 水分的测定

按 GB/T 5009.3 规定执行。

6.3 杂质

6.3.1 仪器用具

6.3.1.1 天平:感量 0.1 g。

6.3.1.2 金属规格套筛。

6.3.2 杂质

分别取 100 g 试样,在天平上称量后,置于筛孔直径为 0.2 mm 筛上。下接筛,上履筛盖,环行平筛 1 min,转速约 60 r/min。

筛毕倒出试样,将所有筛下物收集于洁净小皿内,再捡出筛上试样中各类杂质,合并筛下物称量,按式(1)计算杂质总含量。

$$A = \frac{H}{T} \times 100 \qquad \cdots\cdots\cdots\cdots\cdots\cdots\cdots\cdots\cdots (1)$$

式中:

A——杂质总含量,%;

H——筛上杂质加筛下物总质量,单位为克(g);

T——试样质量,单位为克(g)。

6.4 果粒色泽度

从试样捡出色泽相对一致的果粒合并称量,按式(2)计算果粒色泽度。

$$C = \frac{S}{T} \times 100 \qquad \cdots\cdots\cdots\cdots\cdots\cdots\cdots\cdots\cdots (2)$$

式中:

C——果粒色泽度,%;

S——色泽相对一致果粒总质量,单位为克(g);

T——试样质量,单位为克(g)。

6.5 果粒均匀度

从试样中挑选出大小相对一致的果粒称量,按式(3)计算果粒均匀度。

$$D = \frac{F}{T} \times 100 \qquad\qquad\qquad (3)$$

式中:

D——果粒均匀度,%;

F——大小相对一致果粒总质量,单位为克(g);

T——试样质量,单位为克(g)。

6.6 破损果粒

在检验筛上杂质的同时,从试样中捡出破损的果粒称量,按式(4)计算破损果粒含量百分比率。

$$J = \frac{E}{T} \times 100 \qquad\qquad\qquad (4)$$

式中:

J——破损果粒含量,%;

E——破损果粒质量,单位为克(g);

T——试样质量,单位为克(g)。

6.7 卫生指标

按 GB/T 16325 规定执行。

7 检验规则

7.1 组批

同一等级、同样包装、同一贮存条件下(或标注同一生产日期的小包装产品)存放的葡萄干为一批次。

7.2 抽样量

从每批产品中随机抽取不少于 1 kg 的样品为检样。

7.3 取样方法

在每批次葡萄干的不同部位按规定数量随机取大样,将已取的大样倾置于洁净的铺垫物上,充分混合均匀后,用四分法平分,取其中 2 份,1 份为检样,另 1 份为备检样。

7.4 检验分类

7.4.1 出厂检验

产品包装前应按照本标准要求进行质量等级检验,按等级要求分别包装并将合格证附于包装箱内。

7.4.2 型式检验

有下列情况之一时应进行型式检验,型式检验项目为本标准全部技术要求:

a) 每年加工初期;

b) 质量技术监督部门提出型式检验要求时。

7.4.3 交货验收

供需双方在交售现场按交货量随机抽取不少于 1 kg 的样品,按照本标准规定的质量等级进行分级。

7.5 判定

检验结果中如水分、总糖有一项指标达不到要求,则应加倍抽样进行复检,复检仍达不到要求的,则判定为等外品;在分级要求中,如有一项指标达不到要求,即按其实际等级定级;若两个以上项达不到要求的,则按低等级定级;若等级指标达不到三级要求的,则判为等外品或进行加工整理后重新定级;凡卫生指标不合格,均判定为不合格品。

8 标志、标签、包装、运输、贮存

8.1 标志、标签

产品标签应当符合 GB 7718 规定。获准使用地理标志产品专用标志的生产者,应按地理标志产品专用标志管理办法的规定在其产品上使用防伪专用标志。

8.2 包装

包装物材料应符合国家关于食品包装材料和卫生要求。

8.3 运输

在运输过程中严禁日晒、雨淋,防潮、防压,运输工具应清洁卫生,不得与有毒有害物品混装混运。

8.4 贮存

在低温、干燥、弱光或无光和通风良好条件下存放,应防潮隔湿,严禁与地面直接接触;不得与易燃、腐蚀、有毒有害物品共同存放。

附　录　A

（规范性附录）

吐鲁番葡萄干地理标志产品保护范围图

吐鲁番葡萄干地理标志保护范围见图 A.1。

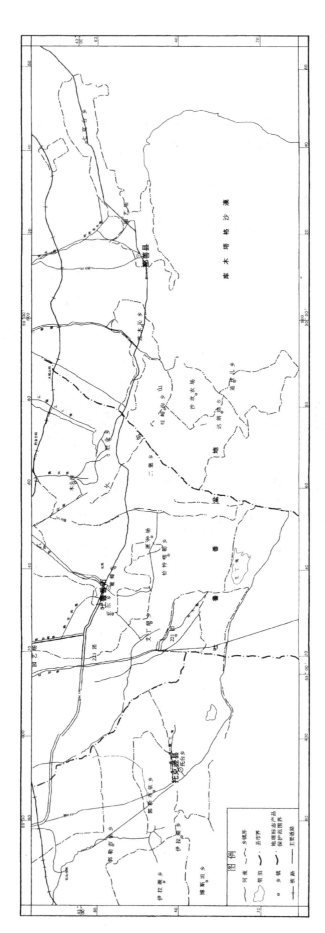

图 A.1　吐鲁番葡萄干地理标志产品保护范围图

ICS 67.080.10
B 31

中华人民共和国国家标准

GB/T 19690—2008
代替 GB 19690—2005

地理标志产品　余姚杨梅

Product of geographical indication—Yuyao bayberry

2008-06-25 发布　　　　　　　　　　　　2008-10-01 实施

中华人民共和国国家质量监督检验检疫总局
中国国家标准化管理委员会　发布

前　言

本标准根据国家质量监督检验检疫总局颁布的 2005 第 78 号令《地理标志产品保护规定》及 GB 17924—1999《原产地域产品通用要求》制定。

本标准代替 GB 19690—2005《原产地域产品 余姚杨梅》。

本标准与 GB 19690—2005 相比主要变化如下：

——标准属性由强制性国家标准改为推荐性国家标准；

——根据国家质量监督检验检疫总局颁布的《地理标志产品保护规定》，修改了标准中英文名称及相关表述；

——增加了杨梅品种"水晶种"、"粉红种"及相关技术参数；

——将卫生指标改为污染物限量指标与农药残留限量指标，并分别执行 GB 2762—2005《食品中污染物限量》和 GB 2763—2005《食品中农药最大残留限量》；

——理化指标中可溶性固形物改按 ISO 2173:2003(E)《水果和蔬菜制品　可溶性固形物含量的测定　折射计法》规定检测；

——修改了包装盒要求。

本标准的附录 A 为规范性附录。

本标准由全国原产地域产品标准化工作组提出并归口。

本标准起草单位：余姚市质量技术监督局、余姚市农林局、余姚市林业特产技术推广总站。

本标准主要起草人：汪国云、岑冠军。

本标准所代替标准的历次版本发布情况为：

——GB 19690—2005。

地理标志产品　余姚杨梅

1　范围

本标准规定了余姚杨梅的术语和定义、地理标志产品保护范围、要求、试验方法、检验规则及标志、标签、包装、运输和贮存。

本标准适用于国家质量监督检验检疫行政主管部门根据《地理标志产品保护规定》批准保护的余姚杨梅。

2　规范性引用文件

下列文件中的条款通过本标准的引用而成为本标准的条款。凡是注日期的引用文件,其随后所有的修改单(不包括勘误的内容)或修订版均不适用于本标准,然而,鼓励根据本标准达成协议的各方研究是否可使用这些文件的最新版本。凡是不注日期的引用文件,其最新版本适用于本标准。

GB 2762　食品中污染物限量

GB 2763　食品中农药最大残留限量

GB 4285　农药安全使用标准

GB 7718　预包装食品标签通则

GB/T 8321(所有部分)　农药合理使用准则

GB/T 8855　新鲜水果和蔬菜的取样方法

GB/T 12456　食品中总酸的测定方法

NY 5013　无公害食品　林果类产品产地环境条件

JJF 1070　定量包装商品净含量计量检验规则

国家质量监督检验检疫总局令[2004]第 66 号　零售商品称重计量监督管理办法

国家质量监督检验检疫总局令[2005]第 75 号　定量包装商品计量监督管理办法

ISO 2173:2003(E)　水果和蔬菜制品　可溶性固形物含量的测定　折射计法

3　术语和定义

下列术语和定义适用于本标准。

3.1

余姚杨梅　Yuyao bayberry

在地理标志产品保护范围内生产的,符合本标准要求的杨梅。

3.2

荸荠种杨梅　strain of biqi

余姚杨梅主栽品种。果实扁圆形,平均单果重约 9.0 g,果面淡紫红色至紫黑色,肉柱顶端圆钝,肉质细软,酸甜适口,汁液多,具香气,果核小。

早荸蜜梅、晚荸蜜梅系荸荠种选出的新品种,采收期相应早或迟约一星期。

3.3

水晶杨梅　strain of crystal

余姚杨梅主栽品种之一,又名西山白杨梅。果实球形,平均单果重约 11 g,果面白色或黄乳白色,有时稍带红色,肉柱圆钝,肉质柔软,多汁,味清甜而稍带酸,果核稍大。

3.4

粉红种杨梅　strain of pink

余姚杨梅主栽品种之一,又名西山杨梅,为地方名品。果实圆球形,平均单果重约10.5 g,果面粉红色或紫红色,肉柱圆钝,肉质柔软,多汁,味清甜而略带酸,果核中等大。

3.5

肉柱　flesh columniation

果实可食部分的多汁囊状体。

4　地理标志产品保护范围

限于国家质量监督检验检疫行政主管部门根据《地理标志产品保护规定》批准保护的范围,即北纬29°39′56″～30°21′58″,东经120°52′12″～121°25′15″的余姚市行政区域内,见附录 A。

5　要求

5.1　环境

应符合 NY 5013 的要求。

5.1.1　地理

在姚江流域两岸丘陵山麓,地势平缓,坡度一般在 25°以下,海拔在 500 m 以下,四周水资源丰富。

5.1.2　土壤

微酸性砂质壤土,利于排水,pH 值 4.5～6.5。

5.1.3　气候

全年日照充足,雨量丰富,气候温和,四季分明,为海洋性气候覆盖区,属典型的北亚热带季风气候区。

5.2　栽培技术

5.2.1　品种选择

宜选择早荠蜜梅、荸荠种、晚荠蜜梅、水晶种、粉红种等优良品种。

5.2.2　建园

新建杨梅基地宜选择砂性壤土、质地松软、排水良好的坡地。

5.2.3　苗木

应枝条健壮,芽眼饱满,根系发达,无病虫害及机械伤。

5.2.4　定植

时间宜在 2 月下旬至 3 月下旬,密度宜采用株行距(4 m～5 m)×(5 m～6 m)。

5.2.5　树体管理

适时、适度进行整形修剪,并采用摘心、疏枝、拉枝、撑枝等方法进行管理。

5.2.6　园地管理

秋冬以树干为中心逐年扩穴改土;秋冬或春季,取山地表土、草皮泥等进行培土。幼树宜在树盘直径 1 m 左右范围内,连续中耕除草,或者免耕生草,并地面覆草。

5.2.7　施肥

苗木栽种前定植穴施足基肥,覆 15 cm～20 cm 厚的肥沃表土。

幼树施速效肥,常年宜施 2 次～3 次。

成年树宜施壮果肥和基肥各 1 次。每年 5 月抽生夏梢前宜施壮果肥,10 月宜施基肥。

有大小年结果现象的成年树,结果大年应施追肥。一般宜在当年 6 月底至 7 月上旬施加。

5.2.8　花果量调节

宜采用修剪、疏花疏果等方法进行。

5.2.9 病虫害防治

根据病虫害发生规律,及时防治病虫害。病虫害防治中农药使用按 GB 4285、GB/T 8321(所有部分)的规定执行,不得使用国家明令禁止的农药,严格执行农药安全间隔期。

5.3 采收

果实成熟和采收日期因品种和立地条件而异,一般在6月上旬至7月上旬分批采收。

早荠蜜梅、荠荠种、晚荠蜜梅果实色泽由红转紫红或紫黑时采收;水晶杨梅转白色或黄乳白色时采收;粉红种杨梅转粉红色或紫红色时采收。

5.4 质量等级

分为特等品、一等品、二等品。

5.5 感官指标

感官指标应符合表1的规定。

表 1 感官指标

项目		特等品	一等品	二等品
果形		果形端正	果形基本端正,允许有轻微缺陷	果形允许有缺陷,不得有严重的畸形果
色泽	早荠蜜梅	淡紫红色至紫黑色		
	荠荠种晚荠蜜梅	紫红色至紫黑色		
	水晶杨梅	白色或黄乳白色		
	粉红种杨梅	粉红色至紫红色		
单果重/g	早荠蜜梅	>10.5	>9.5	>7.5
	荠荠种			
	晚荠蜜梅			
	水晶杨梅	>13.5	>10.5	>8.5
	粉红种杨梅			
肉柱		肉柱顶端呈圆钝形,无肉刺	肉柱顶端呈圆钝形或少量尖锐形,无肉刺	肉柱允许呈尖锐形,带轻微肉刺
风味		新鲜、酸甜适口、肉质柔软、多汁、无异味、无霉变		
病虫害		无		
伤果率/%		≤5.0	≤7.5	≤10.0
注:单个刺伤或碰压伤果面面积超过果面总面积1/10的杨梅果实,判为伤果。				

5.6 理化指标

理化指标应符合表2的规定。

表 2 理化指标

项目	特等品	一等品	二等品
可溶性固形物/%	>10.5		
总酸(以柠檬酸计)/%	≤1.5		

5.7 卫生指标

5.7.1 污染物限量指标

应符合 GB 2762 的有关规定。

5.7.2 农药最大残留限量指标

应符合 GB 2763 的有关规定。

5.8 净含量允许短缺量、净含量负偏差

5.8.1 定量包装产品净含量允许短缺量按国家质量监督检验检疫总局令[2005]第 75 号执行。

5.8.2 非定量包装产品净含量负偏差按国家质量监督检验检疫总局令[2004]第 66 号执行。

6 试验方法

6.1 感官指标

6.1.1 果实的果形、色泽、肉柱采用目测法检验。

6.1.2 风味采用品尝法检验。

6.1.3 病虫害检查借助 5 倍放大镜用目测进行。

6.1.4 单果重量用分辨率 0.1 g 的电子秤称量,随机取 30 个单果的平均重量作为单果重量。

6.1.5 伤果率采用目测法检验,随机检验 100 个单果。

6.2 理化指标

6.2.1 可溶性固形物按 ISO 2173:2003(E)规定执行。

6.2.2 总酸按 GB/T 12456 规定执行。

6.3 卫生指标

6.3.1 污染物限量指标

按 GB 2762 规定的方法检测。

6.3.2 农药最大残留限量指标

按 GB 2763 规定的方法检测。

6.4 净含量允许短缺量、净含量负偏差

按 JJF 1070 规定检测。

7 检验规则

7.1 组批

同一单位、同一品种、同一包装、同一贮存条件的产品作为一个检验批次。

7.2 抽样方法

按 GB/T 8855 规定执行。

7.3 检验分类

7.3.1 交货检验

每批产品应经交货方质量检验部门检验合格并附合格证方可交货。交货检验项目包括感官指标、包装和标志、净含量允许短缺量或净含量负偏差等。

7.3.2 型式检验

型式检验项目为第 5 章规定的全部项目。有下列情形之一时,应进行型式检验:

　　a) 前后两次抽样检验结果差异较大时;

　　b) 因人为或自然因素使生产环境发生较大变化时;

　　c) 国家质量监督检验机构提出型式检验要求时。

7.4 判定规则

7.4.1 理化指标、卫生指标、净含量允许短缺量或净含量负偏差均合格,感官指标的总不合格品百分率

不超过 10%,该批产品判为合格。

7.4.2 卫生指标或理化指标不合格,或感官指标的总不合格品百分率超过 10%,则该批产品判为不合格。

> 注:本标准 7.4.1、7.4.2 中的"感官指标的总不合格品百分率"指果形、色泽等项目检测后的不合格品百分率累计值。

7.4.3 包装不合格,或净含量不合格,可从同批产品中双倍抽样进行复验。复验不合格,该批产品判不合格。复验以一次为限。

8 标志、标签、包装、运输、贮存

8.1 标签、标志

8.1.1 应符合 GB 7718 的要求。

8.1.2 标签要整齐、清晰、完整无缺。

8.1.3 获准使用后,可在杨梅包装上使用地理标志产品保护专用标志。

8.2 包装

8.2.1 采用清洁、无毒、无异味的包装盒,包装盒应坚固抗压,清洁,具有良好的保护作用。

8.2.2 不同品种应分别包装。

8.3 运输

8.3.1 验收后的产品应迅速组织调运,长途运输宜冷藏保存。

8.3.2 运输时应做到轻装、轻卸,防机械损伤。选用减振性能好的运输工具。

8.3.3 应采用无污染的交通运输工具,不得与其他有毒有害物品混装混运。

8.4 贮存

8.4.1 场所应清洁卫生、通风,不得与有毒、有害、有异味、有污染的物品混放。

8.4.2 宜采用冷藏保存。

附 录 A

（规范性附录）

余姚杨梅地理标志产品保护范围

余姚杨梅地理标志产品保护范围见图 A.1。

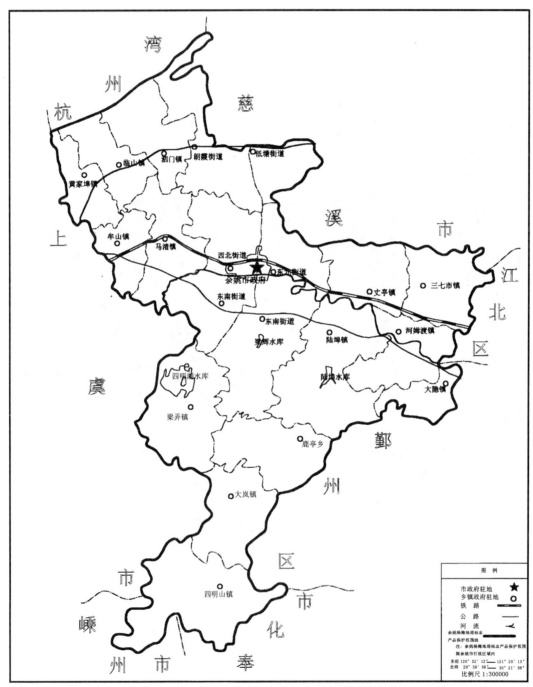

图 A.1 余姚杨梅地理标志产品保护范围图

ICS 67.080.10

B 31

中华人民共和国国家标准

GB/T 19697—2008

代替 GB 19697—2005

地理标志产品　黄岩蜜桔

Product of geographical indication—Huangyan mandarin

2008-06-25 发布

2008-10-01 实施

中华人民共和国国家质量监督检验检疫总局
中国国家标准化管理委员会　发 布

前　言

　　本标准根据国家质量监督检验检疫总局颁布的 2005 第 78 号令《地理标志产品保护规定》及
GB 17924—1999《原产地域产品通用要求》制定。

　　本标准代替 GB 19697—2005《原产地域产品　黄岩蜜桔》。

　　本标准与 GB 19697—2005 相比主要变化如下：

　　——根据国家质量监督检验检疫总局颁布的《地理标志产品保护规定》，修改相关名称和表述；

　　——标准属性由强制性改为推荐性；

　　——规范性引用文件中增加 GB 2762，并引用有关标准的最新版本；

　　——将可溶性固形物指标由原来的"≥10.5％"修订为"≥11.5％"；

　　——在安全指标中增加了 GB 2762 的要求。

　　本标准的附录 A 为规范性附录，附录 B 为资料性附录。

　　本标准由全国原产地域产品标准化工作组提出并归口。

　　本标准起草单位：浙江省台州市质量技术监督局黄岩分局、浙江省台州市黄岩区果树技术推广
总站。

　　本标准主要起草人：王立宏、孙曼宇、龚洁强、王允镔、赵灵飞、王春霞。

　　本标准所代替标准的历次版本发布情况为：

　　——GB 19697—2005。

地理标志产品 黄岩蜜桔

1 范围

本标准规定了黄岩蜜桔的地理标志产品保护范围、术语和定义、要求、试验方法、检验规则、标志、包装、运输和贮存。

本标准适用于国家质量监督检验检疫行政主管部门根据《地理标志产品保护规定》批准保护的黄岩蜜桔。

2 规范性引用文件

下列文件中的条款通过本标准的引用而成为本标准的条款。凡是注日期的引用文件,其随后所有的修改单(不包括勘误的内容)或修订版均不适用于本标准,然而,鼓励根据本标准达成协议的各方研究是否可使用这些文件的最新版本。凡是不注日期的引用文件,其最新版本适用于本标准。

GB 2762 食品中污染物限量

GB/T 8210 出口柑桔鲜果检验方法

GB/T 8855 新鲜水果和蔬菜的取样方法(GB/T 8855—1988,eqv ISO 874:1980)

GB/T 10547 柑桔储藏

GB/T 13607 苹果、柑桔包装

JJF 1070 定量包装商品净含量计量检验规则

NY 5014 无公害食品 柑果类果品

NY/T 5015 无公害食品 柑桔生产技术规程

国家质量监督检验检疫总局令[2005]第75号 《定量包装商品计量监督管理办法》

3 地理标志保护范围

限于国家质量监督检验检疫行政主管部门根据《地理标志产品保护规定》批准保护的范围,即黄岩区现辖行政区域内,见附录 A。

4 术语和定义

下列术语和定义适用于本标准。

4.1

黄岩蜜桔 Huangyan mandarin

原产于地理标志产品保护范围内的本地早、早桔、乳桔、橙桔、宫川温州蜜柑等特色品种。

4.2

斑疤 blemish

已愈合的病虫为害、生理病害、机械伤害等造成的果皮斑纹和疤痕。

4.3

串级果 neighbor grade fruits mixed

相邻两级的果实相混杂,其混杂程度用百分率表示。

4.4

隔级果 unneighbor grade fruits mixed

不相邻级别的果实相混杂,其混杂程度用百分率表示。

5 要求

5.1 种植环境

5.1.1 气候

年平均气温16.5℃～17.5℃,大于或等于10℃年有效积温(5 300～5 500)℃,1月平均温度≥4.0℃,极端低温不低于−7.0℃。

5.1.2 土壤

pH值6～7,含盐量<0.1%,有机质含量≥1.5%,土层深厚,活土层在60 cm以上的水稻土、潮土、红壤、黄壤等土壤,均宜种植。

5.2 栽培技术

栽培技术参见附录B。

5.3 果品规格和质量等级

5.3.1 果品规格

按果实横径大小划分为S、M、L三种规格,见表1。装箱时果实大小之间不能超过10 mm而混装。

表 1 果品规格 单位为毫米

品种	S	M	L
本地早	45≤D<50	50≤D<60	60≤D<65
早桔	50≤D<55	55≤D<65	65≤D<70
槾桔	55≤D<60	60≤D<70	70≤D<80
乳桔	30≤D<40	—	40≤D<50
宫川温州蜜柑	50≤D<60	60≤D<70	70≤D<75
注:D为果实横径。			

5.3.2 质量等级

每个规格分为优级果、一级果、二级果三个等级。各级果实要求完整新鲜、果面洁净、风味纯正,香甜可口,应符合表2的规定。

表 2 质量等级

等 级	要 求
优级果	果形端正、果面光洁,果实完全着色,果蒂完整,剪口平滑,斑疤最大的不得超过3 mm,斑疤总计不超过果皮总面积的3%。不得有机械伤,无腐烂果。串级果不超过10%,不得有隔级果
一级果	果形端正、果面光洁,果实90%以上着色,果蒂完整,剪口平滑,斑疤最大的不得超过4 mm,斑疤总计不超过果皮总面积的5%。不得有机械伤。无腐烂果。串级果不超过10%,不得有隔级果
二级果	果形端正、果面尚光洁,果实80%以上着色,果蒂完整,剪口平滑,斑疤最大的不得超过5 mm,斑疤总计不超过果皮总面积的10%。机械伤不超过5%。无腐烂果。串级果不超过10%,不得有隔级果

5.4 理化指标

理化指标应符合表3要求。

表 3 理化指标

项 目		指 标
可食率/%	≥	70.0
可溶性固形物/%	≥	11.5
总酸(以柠檬酸计)/%	≤	1.0

5.5 安全指标

安全指标应符合 NY 5014 和 GB 2762 的有关规定。

5.6 净含量

装箱时净含量应符合《定量包装商品计量监督管理办法》的规定。

6 试验方法

6.1 果品规格

用分级板检验。分级板的眼洞,按本标准所列规格制作。

6.2 质量等级

按照分级条件逐项检查,将样品放于洁净的瓷盘中,在自然光下用肉眼观察样品的形状、颜色、光泽和果实的均匀程度,并品尝。

6.3 理化指标

6.3.1 可食率

按 GB/T 8210 规定执行。

6.3.2 可溶性固形物

按 GB/T 8210 规定执行。

6.3.3 总酸

按 GB/T 8210 规定执行。

6.4 安全指标

按 NY 5014 和 GB 2762 有关规定执行。

6.5 净含量

按 JJF 1070 规定检验。

7 检验规则

7.1 组批规则

同一单位、同一品种、同一等级、同一包装、同一贮存条件的黄岩蜜桔作为一个检验批次。

7.2 抽样方法

按 GB/T 8855 规定执行。

7.3 交收检验

每批产品应经生产单位质量检验部门检验合格并附有合格证方可交收,交收检验项目包括果品规格、质量等级、可溶性固形物、净含量、包装和标志等。

7.4 型式检验

7.4.1 型式检验项目为本标准 5.3~5.6 规定的项目。

7.4.2 有下列情形之一者应进行型式检验:

    a) 前后两次抽样检验结果差异较大时;

    b) 因人为或自然因素使生产环境发生较大变化时;

    c) 国家质量监督机构提出型式检验要求时。

7.5 判定规则

7.5.1 果品规格、质量等级不合格品果占总果的百分率不超过 7%,且理化指标、安全指标、净含量、标志均为合格,则该批产品判为合格。

7.5.2 果品规格、质量等级不合格品果占总果的百分率超过 7%,或理化指标、安全指标、净含量、标志有一项不合格,或标志不合格,则该批产品判为不合格。

7.5.3 对果品规格、包装检验不合格的,允许生产单位进行整改后申请复检。

8 标志、包装、运输和贮存

8.1 标志

在外包装上应标明生产单位名称、地址、产品名称(黄岩蜜桔)、品种、果品规格(S、M、L)、果品等级(优级、一级、二级)、净含量、装箱日期、地理标志产品专用标志、执行标准编号、小心轻放、防晒防雨警示等内容。

8.2 包装

按 GB/T 13607 有关规定执行。

8.3 运输

8.3.1 运输工具

运输工具应清洁卫生、干燥、无异味。

8.3.2 堆放

按 NY 5014 有关规定执行。

8.4 贮存

在常温下贮存按 GB/T 10547 规定执行。

附　录　A
（规范性附录）
黄岩蜜桔地理标志产品保护范围图

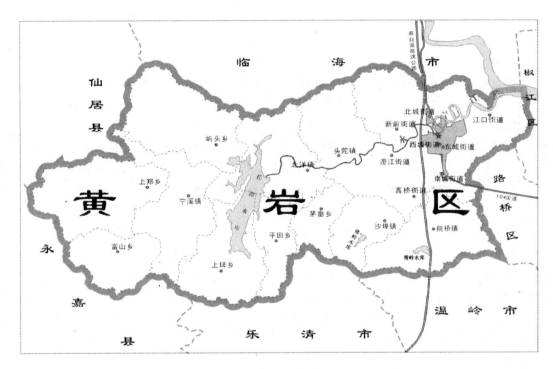

注：黄岩蜜桔地理标志产品保护范围限于黄岩区现辖行政区域内。

图 A.1　黄岩蜜桔地理标志产品保护范围图

附 录 B

（资料性附录）

栽培技术

B.1 品种特性

B.1.1 本地早

B.1.1.1 树性:树冠呈整齐的自然圆头形,树势强健,成龄树一般高 350 cm,冠径 500 cm,呈放射形;枝叶生长浓密,枝细软,富弹性。叶为单身复叶,春梢叶菱形,夏、秋梢叶长椭圆形。花单生,花梗细长,萼片较大,花瓣较厚,一般雌蕊略高于雄蕊,柱头扁而整齐。

B.1.1.2 果实:扁圆形,果皮橙黄色,果顶圆,囊瓣 7 瓣～10 瓣,中心柱狭长,囊壁柔软,味甜极芳香。果实纵径 3.5 cm～4.5 cm,横径 4.5 cm～6.5 cm,可食率 75％左右。种子肥圆,每果 10 粒左右,多胚性。已选育出少核本地早,单果种子数在 1 粒以下。11 月中下旬成熟,产量为 2 000 kg/667 m² 左右。

B.1.2 早桔

B.1.2.1 树性:树冠呈自然开心形;树势强健直立,枝梢较疏散,枝条较脆,内膛枝易抽发。叶为单身复叶,长椭圆形,叶翼线形。花略开展,有圆瓣花与尖瓣花两种,圆瓣花呈莲花状,尖瓣花呈钟状;花冠中大,花萼较小,柱头较扁平,雌雄蕊高度相同或雌蕊稍高,子房扁圆形。

B.1.2.2 果实:扁圆形,果皮橙黄色,光滑,皮薄,较坚韧;油胞较小,多凹下,且密生,果顶有洼痕,囊瓣 8 瓣～12 瓣,中心柱空虚;单果重 100 g 左右,可食率约 76％。种子每果 4 粒～10 粒,外种皮淡黄色,皱缩,多胚性。10 月上旬成熟,产量为 1 500 kg/667 m² 左右。

B.1.3 慢桔

B.1.3.1 树性:树冠圆头形,成龄树一般树高 300 cm,冠径 500 cm,骨干枝上多"骑马枝",枝粗壮而富弹性。叶广椭圆形,叶薄,翼叶线形,叶面两侧支脉间叶肉隆起,形成凹凸皱缩现象,尤其夏叶更为明显,此性状大别于其他品种。花较小,半开展,冠径 1.3 cm～1.5 cm,萼片较早桔和本地早小而狭,先端尖;花瓣长椭圆形,雌蕊高于雄蕊,花柱常弯曲,子房扁圆形。

B.1.3.2 果实:扁圆形或圆锥状扁圆形,果重 80 g～130 g。果皮浓橙黄色,粗糙,松脆,易剥,囊瓣 7 瓣～11 瓣,中心柱空虚,砂囊柔软多汁,味甜酸,风味浓。种子每果 10 粒左右,较小,单胚性。12 月上旬成熟,产量为 2 500 kg/667 m² 左右。

B.1.4 宫川温州蜜柑

B.1.4.1 树性:常绿小乔木,成年树高 2 m～4m,冠径 2.5 m～3.5 m,大枝开展,略显披垂,小枝粗长。叶为椭圆形或菱形,叶片长 4 cm～7 cm,宽 4 cm 左右,花较大,单生,花瓣 5 片,柱头扁平,子房椭圆形或倒圆锥形,蜜盘小,萼片裂刻浅,花柄细长,长 1 cm 左右。

B.1.4.2 果实:扁圆形、圆锥状扁圆形,果实横径 4.5 cm～7.5 cm,果面橙色,油胞粗大而突出,果皮厚 0.25 cm～0.3 cm ,汁胞短粗柔软,味甜少酸。无种子。10 月中下旬成熟,产量为 2 000 kg/667 m² 左右。

B.1.5 乳桔

B.1.5.1 树性:树冠中等大,半圆头形,树势强健,枝叶稠密,枝条细长开张。叶小,卵状椭圆形,先端较尖,色浓绿,着生较直立。花小,单生,完全花,花蕾长椭圆形,花瓣 5 片～6 片,柱头扁圆形。

B.1.5.2 果实:扁圆形,果小似金钱,重 25 g～30 g,果蒂部棱状突起,果顶部花柱痕迹明显,常有乳状突起。皮薄、橙黄色、油胞小而密,中心柱小,柔软多汁,风味浓甜,有香气,化渣。果实无种子或仅 1 粒～2 粒,单胚。11 月中下旬成熟,产量为 1 500 kg/667 m² 左右。

B.2 苗木繁育

B.2.1 砧木苗培养

B.2.1.1 采种和播种:选优良的构头橙或枳壳,9月下旬至10月上旬采种,于12月上、中旬冬播或次年2月下旬至3月上旬春播。

B.2.1.2 苗圃管理:3月~4月在枳高10 cm~20 cm进行移栽,行距20 cm~26 cm,株距10 cm。适时中耕除草、勤施薄施追肥,及时防治病虫害。

B.2.1.3 嫁接:凡生长发育充实的春、夏、秋梢,均可用于接穗。接穗宜从品质优良、丰产性能好、无检疫性病虫害的成年母树上采集。嫁接方法有切接法、芽接法、腹接法等。

B.2.2 嫁接苗培育

及时解膜、剪砧、除萌,勤施薄施追肥,及时进行病虫害防治。在春梢超过15 cm时摘心,以促发夏梢,在苗高40 cm~45 cm时剪顶,以促发分枝,在离地25 cm以上不同方位选3个~4个壮梢留作主枝,其余全部抹除。

B.2.3 苗木出圃

嫁接苗木达到表B.1规定时出圃。

表 B.1 苗木规格

级别	苗高/cm	苗粗(嫁接口以上3 cm处)/cm	分枝数(苗高25 cm以上处)/条	骨干根长度/cm	分枝长度/cm	根 系	
						侧根数量/条	须 根
一级	≥45	≥0.8	≥3	≥15	≥20	≥3	发 达
二级	≥35	≥0.6	≥2	≥15	≥15	≥2	较发达

B.3 栽培技术

B.3.1 栽植

选择土层深厚60 cm以上,肥沃疏松,地下水位1 m以下,保水保肥力强,pH值6~7,近水源,交通方便,土质壤土、粘壤土、沙壤土的园地种植。栽植时间为2月下旬至3月中旬春植和10月上、中旬秋植。栽植密度株行距(3 m~4 m)×(3.5 m~4.5 m),每公顷栽675株~825株(每亩栽45株~55株)。亦可实行计划密植和宽行密株栽植。

B.3.2 整形修剪

通常采用自然开心形。修剪以解决通风透光和调节树体营养生长和生殖生长为原则。运用抹芽、摘心、拉枝、扭梢和短截、回缩、疏枝等修剪方法,使树冠枝梢稀密适度、分布有序,形成丰产稳产的良好树冠结构。修剪时期分休眠期修剪和生长期修剪。

B.3.3 土肥水管理

幼龄桔园施种植夏季绿肥和冬季绿肥。如桔园种植间作物,秸秆应还园。8月下旬至11月中旬进行深翻扩穴,改良土壤。

幼龄树追肥在2月下旬至8月上旬进行,促发春、夏、秋三次梢,使之迅速形成树冠。5月下旬应施稳果肥,施肥量宜占全年施肥的10%~15%。对结果树,应一年施追肥四次。春肥在春梢萌发前施入,施肥量占全年施肥的15%~25%。秋肥在7月中旬秋梢抽发前施入,施肥量占30%~40%左右。冬肥在11月上、中旬采果前后施入,施肥量占30%~40%。幼龄树氮、磷、钾施用比例为1:0.3:0.5左右,成年树氮、磷、钾施用比例为1:(0.6~0.9):(0.8~1.1)左右,花期和幼果期应进行硼、锌、钼等微量元素的根外追肥。

雨季及时排水,旱季做好树盘覆盖、适时灌水,果实成熟期适当控水。

B.3.4　病虫害防治

虫害防治采取预防为主,综合防治的原则,合理采用农业、生物、物理和化学等综合防治手段,着重防治疮痂病、炭疽病、红蜘蛛、锈壁虱、介壳虫、潜叶蛾、桔蚜、吸果夜蛾等病虫害。应适期喷药,科学合理用药,做到治早、治少、治了。农药使用准则按照 NY/T 5015 执行,采摘前 30 d,禁止使用化学农药。

B.3.5　防止冻害

新建桔园要营造防护林。对未设防护林的桔园要补植防护林,或冬季在风口、西北向加设临时性风障。冬前,要做好主干刷白、包草、培土、小树搭三角棚,中等树束枝和树盘覆盖保护。同时,采取冻前灌水和喷施叶面抑蒸保温剂的措施,霜冻来临前熏烟防冻,雪后摇落积雪,做好冻后护理。

ICS 67.080.10
B 31

中华人民共和国国家标准

GB/T 19859—2005

地理标志产品　库尔勒香梨

Product of geographical indication—
Kuerle fragrant pear

2005-09-03 发布　　　　　　　　　　　　2006-01-01 实施

中华人民共和国国家质量监督检验检疫总局
　　　　　　　　　　　　　　　　　　　　　　发布
中 国 国 家 标 准 化 管 理 委 员 会

GB/T 19859—2005

前　言

本标准根据《地理标志产品保护规定》及 GB 17924—1999《原产地域产品通用要求》制定。

本标准的附录 A 为规范性附录,附录 B 为资料性附录。

本标准由全国原产地域产品标准化工作组提出并归口。

本标准起草单位:新疆巴音郭楞蒙古自治州质量技术监督局、新疆巴音郭楞蒙古自治州农业局、新疆巴音郭楞蒙古自治州农科所、新疆巴音郭楞蒙古自治州农业技术推广中心、新疆冠农果茸股份有限公司、新疆巴音职业技术学院。

本标准主要起草人:马静、于强、危远国、郭铁群、匡玉疆、吴忠华、李忠。

地理标志产品 库尔勒香梨

1 范围

本标准规定了库尔勒香梨产地范围、术语和定义、地域环境特点、栽培技术、要求、试验方法、检验规则及标志、包装、运输、贮存。

本标准适用于国家质量监督检验检疫行政主管部门根据《地理标志产品保护规定》批准保护的库尔勒香梨。

2 规范性引用文件

下列文件中的条款通过本标准的引用而成为本标准的条款。凡是注日期的引用文件，其随后所有的修改单（不包括勘误的内容）或修订版均不适用于本标准，然而，鼓励根据本标准达成协议的各方研究是否可使用这些文件的最新版本。凡是不注日期的引用文件，其最新版本适用于本标准。

GB 2763 食品中农药最大残留限量

GB/T 5009.11 食品中总砷及无机砷的测定

GB/T 5009.17 食品中总汞及有机汞的测定

GB/T 5009.18 食品中氟的测定

GB/T 5009.20 食品中有机磷农药残留量的测定

GB/T 8855 新鲜水果和蔬菜的取样方法

GB/T 12295 水果、蔬菜制品 可溶性固形物含量的测定 折射仪法

GB/T 12456 食品中总酸的测定方法

NY/T 585 库尔勒香梨

3 产地范围

库尔勒香梨的产地范围限于国家质量监督检验检疫行政主管部门根据《地理标志产品保护规定》批准保护的范围，即为新疆维吾尔自治区库尔勒市、阿克苏市、阿拉尔市、尉犁县、轮台县、库车县、沙雅县、新和县、阿瓦提县、温宿县现辖行政区域。见附录 A。

4 术语和定义

NY/T 585 确立的以及下列术语和定义适用于本标准。

4.1

库尔勒香梨 Kuerle fragrant pear

在第 3 章规定的范围内生产，果实广卵圆形或纺锤形。果梗近果部膨大呈半肉质化。果面蜡质较厚。成熟时果皮绿色或黄绿色，部分果实带有红晕。果皮较薄，果肉白色，质细嫩酥脆，汁多味甜，有芳香，果实极耐贮藏，果品质量符合本标准要求的梨。

5 地域环境特点

5.1 地理环境

本区域地处天山南麓、塔里木盆地北缘，海拔 850 m～1 125 m，属于内陆干旱温带气候，日照充足、降水量少、蒸发量大。

5.2 气候环境

5.2.1 气温

年平均气温为 10.5℃～11.5℃，≥10℃的有效积温 4 105℃～4 279℃，年平均无霜期 180 d～210 d，昼夜温差大。

5.2.2 光照

年平均总日照时数 2 873 h～2 899 h，年平均总辐射为 5 976 MJ/m²～6 343 MJ/m²。年平均日照百分率为 68.4%。

5.2.3 降水

年平均降水量 30 mm～80 mm。

5.2.4 蒸发量

年平均蒸发量 2 500 mm～2 730 mm。

5.2.5 光热资源组合

日平均气温≥0℃期间的光合辐射达 2 324 MJ/m²～2 731 MJ/m²，日平均气温稳定上升到 5℃以上至 10 月初霜冻出现期间的光合辐射达 2 081 MJ/m²～2 612 MJ/m²，日平均气温稳定在≥10℃期间的光合辐射 1 871 MJ/m²～2 255 MJ/m²。

5.3 土壤

土壤疏松、肥沃，有机质含量不低于 0.8%。土层厚度 1 m 以上，pH 7.5～8.7，总盐含量低于 0.3%，地下水位低于 1.5 m 的壤土和沙壤土。

5.4 水资源

水资源丰富，水质矿化度小于 1 g/L，pH 7.7～7.9。

6 栽培技术

库尔勒香梨的栽培技术参见附录 B。

7 要求

7.1 感官要求

应符合表 1 的规定。

表 1 品质要求

项　目	要　求		
	特级果	一级果	二级果
品质基本要求	具有本产品的典型特征。果形端正，果面光洁，果实新鲜，无病虫害和机械损伤		
果梗	完整	完整	允许轻微损伤，但保留长度不少于 1.0 cm
果面疤痕	不允许	允许轻微 2 处，单果面积不超过 0.8 cm²	允许轻微 3 处，但单果面积不超过 1.8 cm²
单果质量/g	≥120,<150	≥100,<120	≥80,<100

7.2 理化指标

应符合表 2 的规定。

表 2 理化指标

项 目		指 标
可溶性固形物/(%)	≥	11.5
总酸/(%)	≤	0.10
果实硬度/(N/cm²)		45～75

7.3 卫生指标

应符合 GB 2763 的规定。

8 试验方法

8.1 感官要求

采用目测评定,并将检出的不符合品质要求的果实称量。果梗及果面缺陷还应结合测量工具进行。

8.1.1 单果质量

用感量为 0.1 g 的天平逐个称取按相应等级抽取的样果。

8.2 理化指标

8.2.1 可溶性固形物

按 GB/T 12295 规定的方法测定。

8.2.2 总酸

按 GB/T 12456 规定的方法测定。

8.2.3 果肉硬度

在抽取样品中,随机抽取 15 个～20 个果实,在每个果实横径相对两面最大处,削去面积约 1 cm² 的果皮,使果实硬度计测头垂直触及去皮果肉,并缓慢加压,直至测头陷入果肉至规定标线(或档板)为止,直接读取游标数据(精确至 1 位小数),以被测样品算术平均值确定相应等级果肉去皮硬度。

8.3 卫生指标

按 GB 2763 规定执行。

9 检验规则

9.1 检验批次

同一产地、同一成熟度、同一等级、同一包装日期的产品为一个批次。

9.2 抽样方法

按 GB/T 8855 规定执行。

9.3 检验分类

9.3.1 型式检验

9.3.1.1 有下列情况之一时应进行型式检验:

    a) 每年采摘初期;

    b) 质量监督管理部门提出型式检验要求。

9.3.1.2 型式检验为第 7 章中规定的所有项目。

9.3.1.3 判定规则:在整批样品中不合格果率超过 5% 时,判定不合格,允许降等或重新分级。品质要求中有一项不合格时,允许加倍抽样复检,如仍有不合格即判为不合格产品。卫生指标中有一项不合格时即判为不合格产品。

9.3.2 交收检验

9.3.2.1 每批产品销售前,都应进行交收检验。交收检验合格并附合格证,产品方可交收。

9.3.2.2 交收检验项目为感官指标、理化指标中的可溶性固形物、包装和标志。

9.3.2.3 判定规则：在整批样品中不合格果率超过5％时，判定不合格，允许降等或重新分级。包装、标志若有一项不合格，判交收检验不合格。

注：将检出的各项不符合本等级品质要求的果实称量，按式（1）计算不合格果率：

$$P = \frac{m_1}{m} \times 100\%$$ ························（1）

式中：

P——不合格果百分率；

m——抽样样果总重，单位为克（g）；

m_1——不合格果总重，单位为克（g）。

10 标志、包装、运输、贮存

10.1 标志

10.1.1 用于销售的库尔勒香梨，其产品或包装上应标注地理标志产品专用标志，并标明产品名称、等级、产地、包装日期、生产单位、净含量、执行标准代号等。

10.1.2 不符合本标准的产品，其产品名称不可使用含有"库尔勒香梨"（包括连续或断开）的名称。

10.2 包装

10.2.1 产品外包装应使用库尔勒香梨地理标志产品专用包装箱，外包装应坚固耐压、清洁卫生、无毒无异味。外表及附属标志应清洁醒目，箱内应有必要的承压垫板和隔板，箱体内外无损伤果实或有碍搬运的尖突物。

10.2.2 产品内包装材料要求质地松软并有一定弹性和韧性，色泽大小一致，均匀适度，适用于被包装的果实。内包装材料和箱内垫衬物应清洁卫生，无毒无异味，具有吸潮性。

10.3 运输

10.3.1 运输工具应清洁卫生，无异味。

10.3.2 不得与有毒物品混运。

10.3.3 装卸时应轻拿轻放。

10.3.4 待运时，应批次分明、堆码整齐、环境清洁、通风良好。严禁烈日暴晒、雨淋。注意防冻、防热、防鼠，缩短待运时间。

10.4 贮存

库尔勒香梨贮藏保鲜应具备相应的贮藏条件，库内贮藏温度应为 -2℃～0℃，相对湿度保持在85％～90％为宜。应保证通风透气，防污染。

附 录 A
（规范性附录）
库尔勒香梨产地范围图

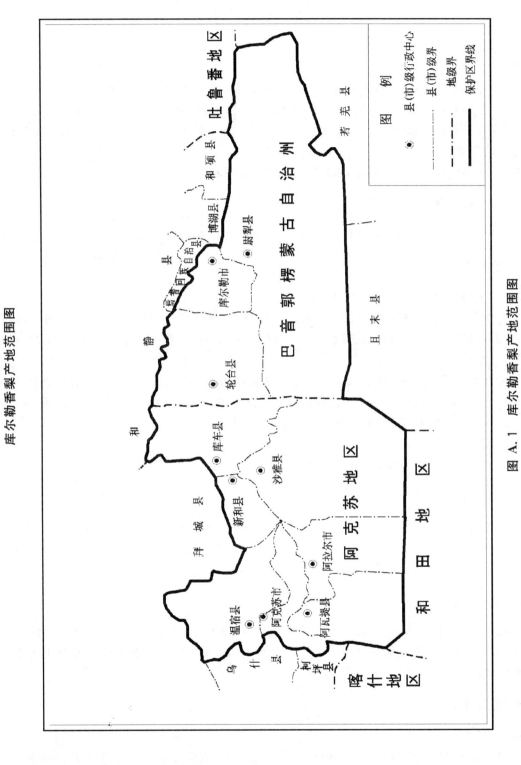

图 A.1 库尔勒香梨产地范围图

附　录　B

（资料性附录）

栽培技术规范

B.1　建园

B.1.1　土地平整，以南北行向栽植为宜。面积较大时要划分小区，小区面积 2 hm²～3 hm²。

B.1.2　建园时规划出路、渠、林、房屋的位置，在果树定植前完成。

B.1.3　定植前或定植同时，按当地自然条件和管理要求配置防风林，面积不得低于总面积的 10%，采用乔灌结合立体式林带。

B.1.4　选用健壮的杜梨作砧木，采用座地砧木嫁接建园。

B.2　授粉树配置

采用砀山酥梨、鸭梨等品种授粉，株数不得少于库尔勒香梨的 12%。

B.3　土肥水管理

B.3.1　土壤管理

可结合秋施基肥进行深翻，灌足冬水。树盘及时中耕除草，保持土壤疏松。行间提倡间作苜蓿、三叶草、扁茎黄芪等绿肥作物。行间不应种植高秆作物和与库尔勒香梨有相同病虫害或作为寄主的植物。

B.3.2　施肥

有机肥施量幼树为每株 20 kg～50 kg，盛果期树为每株 50 kg～100 kg。无机肥施量为当年产量的 2%～3%，氮磷钾化肥按 2∶1∶1 比例施用。结合花前、花后、幼果膨大期等物候期灌水时适量追肥，每株 1 kg～2 kg。根据树体营养情况适量施用微量元素。

B.3.3　水分

根据树体需要和土壤墒情合理灌水，后期控水，避免大水漫灌。

B.4　花果管理

精细修剪，人工辅助授粉，梨园放蜂；疏花疏果，控制单株负载量。疏花时应疏除串花、弱花、中心花，留边花，每花序留 2 朵～4 朵花。疏果时以单果为主，疏去小果、虫果、畸形果。花果偏少时应注意保花保果。

B.5　病虫害防治

病虫害以预防为主，综合防治为原则，根据预测、预报及时防治。主要防治苹果蠹蛾、螨类、介壳虫、梨木虱和腐烂病、黄化病等病虫害。注意保护利用天敌，保持农田生态平衡，减少环境污染，不应使用国家禁用农药。

B.6　整形修剪

B.6.1　整形

根据密度选定适宜树形。常用树形有基部三主枝疏散分层形、三主枝中干形、开心形。

B.6.2　修剪

B.6.2.1　幼树期的修剪应以定干、培养骨干枝、扩大树冠、使全树枝干主次分明、提早结果为原则。

B.6.2.2　盛果期的修剪：冬季调整或维持树形骨架结构，培养各级骨干枝，扩大树冠；优化结果枝组。

夏季疏除过密枝、徒长枝及过旺果台副梢。

B.6.2.3 衰老期的果树,应剪除中心干,疏除密挤枝,改造徒长枝,均衡配置,更新复壮。

B.7 采收

9月上中旬为库尔勒香梨成熟期,应适期采收。采摘时采果人员应戴线织手套,轻摘轻放,减少倒筐次数,采果筐需带有筐系和挂钩,内壁用柔软物衬垫。

ICS 67.080.10
B 31

中华人民共和国国家标准

GB/T 19908—2005

地理标志产品　塘栖枇杷

Product of geographical indication—
Tangqi loquat

2005-09-26 发布

2006-01-01 实施

中华人民共和国国家质量监督检验检疫总局
中国国家标准化管理委员会　　发布

前　言

本标准根据《地理标志产品保护规定》与 GB 17924—1999《原产地域产品通用要求》制定。

本标准的附录 A 为规范性附录,附录 B 为资料性附录。

本标准由全国原产地域产品标准化工作组提出并归口。

本标准起草单位:杭州市质量技术监督局余杭分局、余杭区农业局、杭州余杭塘栖枇杷专业合作社。

本标准主要起草人:何富泉、许亚新、朱如英、杨永华。

地理标志产品　塘栖枇杷

1　范围

本标准规定了塘栖枇杷的地理标志产品保护范围、术语和定义、要求、试验方法、检验规则及标志、标签、包装、运输和贮存。

本标准适用于国家质量监督检验检疫行政主管部门根据《地理标志产品保护规定》批准保护的塘栖枇杷。

2　规范性引用文件

下列文件中的条款通过本标准的引用而成为本标准的条款。凡是注日期的引用文件，其随后所有的修改单（不包括勘误的内容）或修订版均不适用于本标准，然而，鼓励根据本标准达成协议的各方研究是否可使用这些文件的最新版本。凡是不注日期的引用文件，其最新版本适用于本标准。

GB/T 8855　新鲜水果和蔬菜的取样方法

GB/T 13867　鲜枇杷果

GB 18406.2　农产品安全质量　无公害水果安全要求

GB/T 18407.2　农产品安全质量　无公害水果产地环境要求

NY/T 394　绿色食品　肥料使用准则

国家质量监督检验检疫总局令第75号　定量包装商品计量监督管理办法

3　地理标志产品保护范围

限于国家质量监督检验检疫行政主管部门根据《地理标志产品保护规定》批准保护的范围，即现杭州市余杭区塘栖镇、仁和镇、崇贤镇所辖地域。见附录A。

4　术语和定义

下列术语和定义适用于本标准。

4.1

塘栖枇杷　Tangqi loquat

在第3章规定范围内种植生产的，符合本标准规定的枇杷（*Eriobotrya japonica* Lindl.）。

5　要求

5.1　自然环境

塘栖枇杷产区地处钱塘江、苕溪的冲积平原，其成土相为江、河、湖、泊沉积相，土壤肥沃，富含磷、钾、钙，pH 6.9。产区内河成网，池塘如棋，遍布其中。年平均温度15.9℃，≥10℃的有效积温达4 930.5℃，无霜期243 d，年平均光照1 944.6 h，年平均降水量1 320.9 mm，年平均空气相对湿度78%，温暖多湿。产区内植被以桑、稻为主。产区环境符合GB/T 18407.2的规定。

5.2　主栽品种

白砂类：软条白砂等；红砂类：平头大红袍、宝珠、大叶杨墩、夹角（脚）等。

5.3　栽培技术

栽培技术见附录B。

5.4 果品质量

5.4.1 品质要求

各类枇杷应品种纯正,果实新鲜,具有本品种成熟时固有的色泽、风味及质地,果梗完整,鲜活,无病虫害和明显机械伤。不得有落地果。

5.4.2 分级规格

鲜枇杷果在上述品质要求范围内,按表1、表2规定,质量分为一级、二级两个等级。

5.4.3 感官指标

感官指标应符合表1的规定。

表 1 感官指标

项 目		指 标	
		一 级	二 级
果形		整齐端正饱满,具有该品种的特征	基本正常,无畸形果
果面色泽		着色良好,鲜艳,锈斑面积<3%	着色较好,锈斑面积<7%,基部允许少量绿斑点
果肉色泽	软条白砂	乳白色	
	平头大红袍	深橙红色	橙红色
	宝珠		
	大叶杨墩	浅黄橙色	浅橙黄色
	夹角(脚)		
果梗		完整,长≤15 mm	留存,长≤20 mm
外污物		不得有	允许少许不洁物,不得有异味物、有毒物
毛茸		基本完整	部分保留
生理障碍		不得有萎蔫、日灼、裂果	允许少许存在
病虫害		不得有	不得有
机械伤		无刺伤、压伤、擦伤等机械伤	无明显机械伤

5.4.4 理化指标

理化指标应符合表2的规定。

表 2 理化指标

项 目	品 种	指 标	
		一 级	二 级
单果重/g	软条白砂	≥30	25~29
	平头大红袍	≥35	30~34
	宝珠	≥25	20~24
	大叶杨墩	≥35	30~34
	夹角(脚)		

表 2（续）

项　目	品　种	指　标	
		一　级	二　级
可溶性固形物/（％）　≥	软条白砂	15	
	平头大红袍	13	12
	宝珠		
	大叶杨墩	12	11
	夹角（脚）		
总酸含量/（g/100 mL）≤	软条白砂	0.5	
	平头大红袍	0.6	
	宝珠		
	大叶杨墩	0.7	0.8
	夹角（脚）		
可食率/（％）　≥		65	60
净重或数量		按国家质量监督检验检疫总局令第 75 号规定	

5.4.5　卫生指标

卫生指标应符合 GB 18406.2 的规定。

6　试验方法

6.1　感官指标

按 GB/T 13867 规定执行。

6.2　理化指标

6.2.1　单果重

按 GB/T 13867 规定执行。

6.2.2　可溶性固形物

按 GB/T 13867 规定执行。

6.2.3　总酸含量

按 GB/T 13867 规定执行。

6.2.4　可食率

按 GB/T 13867 规定执行。

6.2.5　净重或数量

用感量为 50 g 的电子秤，去除外壳称量后或用计数法与明示值对比。

6.3　卫生指标

按 GB 18406.2 规定执行。

7　检验规则

7.1　组批

以同一生产单位、同品种、同等级、同一天采摘、同一包装日期的枇杷为一个检验批次。

7.2　抽样

按 GB/T 8855 规定执行。以一个检验批次为一个抽样批。应在一个抽样批的不同部位，随机抽取。

7.3 检验分类

检验分出场(交收)检验和型式检验。

7.3.1 出场(交收)检验

每批产品出场(交收)前生产单位都应进行检验,检验合格后方可出场(交收),并附产品合格证。出场(交收)检验的项目为感官指标、净重或数量、包装和标志。

7.3.2 型式检验

型式检验是对产品按5.4规定的全部技术指标进行检验。有下列情况之一时应进行型式检验:

a) 生产环境发生较大变化;

b) 质量技术监督机构提出型式检验要求时;

c) 申请使用地理标志产品保护标志时。

7.4 判定规则

7.4.1 感官指标的总不合格品率不超过7%,理化指标不合格项不超过两项,且卫生指标全部合格,判为合格产品。

7.4.2 感官指标的总不合格品率超过7%,或理化指标不合格项超过两项,或标志不合格,则判该产品为不合格。

7.4.3 当感官、理化指标不合格时,可从同一检验批中重复取样复检,复检后符合7.4.1规定时,判该产品为合格品,反之,判为不合格品。

7.4.4 卫生指标有一项不合格,则判为不合格产品,且不得复检。

7.4.5 对标志、包装检验不合格,允许整改后复检。

8 标志、包装、运输、贮存

8.1 标志

产品的销售包装上应标注产品名称、等级、净重或数量、产地、包装日期、生产单位、产品标准号、商标、地理标志产品专用标志。

8.2 包装

产品用盒装或托盘包装,包装盒应牢固,符合食品卫生的要求。

8.3 运输

运输工具应清洁卫生、无异味。不得与有毒物品混运。严禁烈日暴晒和雨淋,装卸时轻装轻卸。长途运输应采用冷藏运输工具。

8.4 贮存

产品应存放在清洁、干燥、通风的库房内,冷藏库温应控制在5℃~8℃,严禁与有毒、有异味物品混放。

附 录 A
（规范性附录）
塘栖枇杷地理标志产品保护范围图

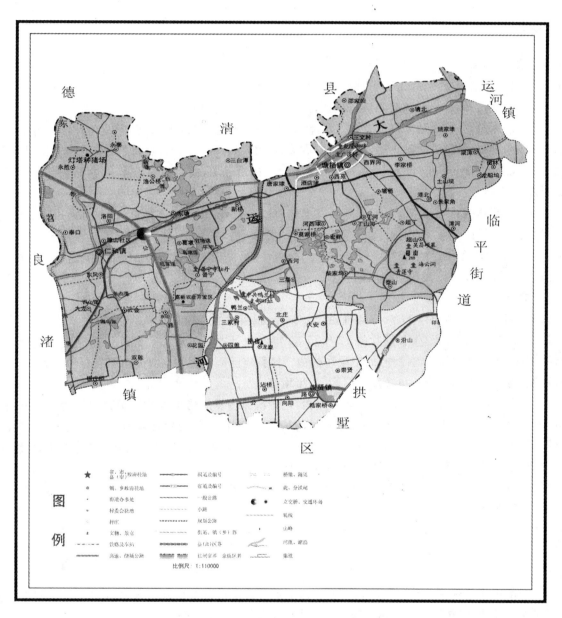

图 A.1 塘栖枇杷产地范围图

附　录　B

（资料性附录）

栽培技术

B.1　苗木

B.1.1　砧苗:本砧

B.1.1.1　种子:选粒重≥2.0 g 充分成熟的枇杷籽作种子。

B.1.1.2　圃地选择:选土地疏松肥沃、排灌两便、背阴的园地为圃地。

B.1.1.3　苗床整理:将圃地整理成宽 1.2 m,沟深 30 cm,土粒下粗上细,畦面略呈龟背形的苗床。

B.1.1.4　播种:将种子洗净晾干后立即播种,撒播、条播(条幅宽 10 cm,幅间距 25 cm)均可。播种量:撒播 150 kg/hm²(1 hm² = 667 m²),条播 60 kg/hm²。播后轻压,使半粒种子入土,再覆盖 1 cm 厚的松细有机质。

B.1.1.5　幼苗移栽:于当年 10 月或次年 3 月上旬将幼苗移栽,移栽前圃地施 4 000 kg/hm² 充分腐熟的有机肥。株行距 15 cm×25 cm。

B.1.1.6　砧苗培育:砧苗生长期,每月施一次 1‰复合肥(氮、磷、钾含量各 15%)液,及时中耕除草,防病治虫。7 月中旬至 8 月底覆盖遮阳网。

B.1.2　嫁接

B.1.2.1　砧木:第 1 侧根以上 8 cm 处直径≥0.8 cm,根系发达,健壮。

B.1.2.2　接穗:品种纯正,生长健壮的 12 年至 30 年生的母本树树冠中上部外围的充实早夏梢(大红袍)、春梢(除大红袍外的其他品种)的中段作接穗。接穗应随采随接,若要保存,必须保鲜。

B.1.2.3　嫁接:春、秋两季可嫁接。掘接、切接均可。

切接,砧苗离第 1 侧根 6 cm～10 cm 处截梢,选光滑侧将皮层略带木质部垂直向下切 2.5 cm 长的切口;于接穗上接芽左侧或右侧下端削 3 cm 长的长削面,再在长削面的背面削 0.5 cm 长的短削面,使其成锲形,留 2 个芽,在上接芽以上 0.5 cm 处截穗。长削面向内将接穗插入砧木切口,应使砧、穗两形成层对准密贴,然后用薄膜带包扎紧,至少露出 1 个芽。

嫁接后及时栽植苗圃,并浇透水。若要存放,应采取砂藏。

B.1.3　嫁接苗的培育

嫁接后 20 d～30 d 检查成活率,未成活者补接。成活后,阻碍接芽萌抽的薄膜及时挑破。及时除砧萌,除草,防病治虫,排水抗旱,3 月至 10 月每月施 1 次薄肥。7 月中旬至 8 月底覆盖遮阳网。

B.1.4　苗木出圃

B.1.4.1　苗木质量规格:合格苗分 2 级,不合格苗不得作生产性苗出圃。合格苗按表 B.1 规格分级,凡合格苗嫁接口均应愈合良好,无检疫对象,无其他病虫损害,无重机械伤。

表 B.1　塘栖枇杷嫁接苗分级规格

苗　龄	一　级				二　级				备　注
	苗高/cm	苗粗/cm	叶数/张	粗根数/条	苗高/cm	苗粗/cm	叶数/张	粗根数/条	
一年生	≥40	≥1.0	≥10	≥3	30～39	0.8～0.9	7～9	≥3	
二年生	≥60	≥1.3	≥15	≥4	50～59	1.1～1.2	10～14	≥3	有 3 条以上侧枝

B.1.4.2 起苗、包扎、运输：于3月上旬或10月起苗。带土球苗土球纵横径不小于苗木根颈部直径的25倍,单株稻草包扎。运输时须竖放;露根苗剪除90%叶片,仅留叶柄,用泥浆蘸根。一年生苗50株一捆,二年生苗25株一捆,内用农膜,外用编织袋将根部包严,并挂好内、外标签。标签上写明品种、等级、苗圃名称、起苗日期、地理标志产品专用标志。苗木交易时按表B.1规格检验,样品应为该批苗数的3%至5%。不合格苗和重伤苗不得计入成交数,次级苗(一级苗中的二级苗)可由供需双方协商解决。

B.2 建园

应选择近水体之高地,地下水位离地表1 m以下,全园深翻40 cm,三沟配套:即每40 m～48 m开一深50 cm的排水沟,每隔4 m挖一深40 cm的畦沟,每株枇杷树自根颈部至一侧畦沟挖深5 cm～10 cm的根颈沟。畦面整成明显的龟背形。株行距:树冠开张形品种(如大红袍等)4.5 m×4 m;树冠直立形品种(如宝珠等)4 m×4 m。在每个定植点上放10 kg基质(如煤渣、螺蛳壳等),然后筑成高40 cm(踏实后)、底径1 m的馒头形定植墩,将苗置于定植墩中央(露根苗舒展根系),培土至不露根时(带土球苗土球与墩泥平时),踏实,株施5 kg有机肥于距苗干15 cm的周围,再覆上5 cm厚细土。一园内至少栽两个品种,主栽品种与授粉品种的比例为4∶1。

B.3 肥水及土壤管理

B.3.1 肥培管理

B.3.1.1 基肥:于9月中旬深施腐熟有机肥,占全年施肥量的50%。

B.3.1.2 追肥:于3月下旬和果实采收前一周各追肥一次。浅施进口复合肥和尿素。分别占全年肥量的20%和30%。

B.3.1.3 叶面肥:于果实迅速膨长期和花芽形成期各喷一次0.2%的磷酸二氢钾和0.3%的尿素。

B.3.1.4 施肥量:每采100 kg果实施400 kg有机肥和8 kg复合肥、8 kg尿素。施肥准则按NY/T 394的规定。

B.3.2 水分管理

及时清沟排水,畦沟内达到雨停水干。

B.3.3 土壤管理

B.3.3.1 清沟时挖起的泥应放在畦背中央。

B.3.3.2 12月在树盘上加3 cm厚的客土。

B.3.3.3 梅雨期生草、伏期割草覆盖于树盘,其他时间清耕。

B.4 整形修剪

采用疏散自然形。

B.4.1 整形

B.4.1.1 选留辅养枝:在栽后第一春侧梢10 cm左右长时选留3个～4个强侧梢为辅养枝。将其余侧梢除去。

B.4.1.2 第2年3月中旬,在离地面60 cm～80 cm处选留三个方位合适(方位角120度)的强侧梢为第一层主枝,将多余侧梢除去。

B.4.1.3 第3年至第5年3月或6月上旬,在中心干上适当部位,不同方位选留5个～9个侧枝为主枝,主枝在中心干上的相邻距离35 cm～40 cm。将多余的侧枝除去,并在每一主枝上适当部位选留2个～3个副主枝,副主枝在主枝上的相邻距离40 cm～50 cm。当株高超过3.5 m时,截顶,并将附近侧枝吊起替代树顶。自截顶处萌生的强芽应及时去除。第6年采果后去除辅养枝。

B.4.2 修剪

B.4.2.1 春梢、夏梢、秋梢长至5 cm长时,主枝副主枝上仅留左右两个侧梢,将其余侧梢去除。

B.4.2.2 剪枝:主枝前端下垂时,于2月下旬回缩至较强侧枝处;与相邻树冠的距离不足30 cm时,采果后回缩至与相邻树冠距离50 cm的侧枝处;长度接近或超过主枝的副主枝,采果后回缩到较主枝短30 cm的侧枝处;徒长枝,若部位不适宜,可自基部除去,若部位适宜,可作更新主枝、副主枝和大侧枝用;及时疏除密生枝、病虫枝、倒挂枝;结过果的枝,在采果后将过弱枝自基部除去,过长枝留10 cm~15 cm截断。

B.5 花果管理

B.5.1 疏蕾疏果

B.5.1.1 疏蕾:于10月中下旬进行。对初果期树和衰弱树,疏除全部树冠顶部之蕾,其余部位在1/2的梢上留蕾;成年壮树,在全树总梢数的2/3的梢上留蕾。

B.5.1.2 疏果:3月下旬进行。大果形品种,如大红袍、大叶杨墩等,每个果穗留1个~2个果;小果形品种,如宝珠等,每个果穗上留2个~3个果;中果形品种,如软条白砂等,平均每个果穗上留2个果。

B.5.2 果实套袋

疏果后立即套袋,白肉品种套内黑外淡黄的双层超薄型牛皮纸袋,红肉品种套白色专用果袋纸单层袋。

B.5.3 防冻

于1月中旬将花(果)穗用纸袋套住,当气温将降至−5℃以下时,勤喷叶面肥;在2月20日以后,当气温在−3℃以下,并有浓霜时,应于凌晨2:00~6:00在园内生烟。

B.5.4 防日灼

5月中旬果实褪绿转色期,遇30℃以上、无云或少云、无风或微风天的上午,用遮阳网覆盖树冠,下午16:00时以后揭网。

B.5.5 防裂果

不实施套袋的,5月中下旬多日晴后遇大雨,雨前用农膜覆盖树冠,雨停揭膜。

B.6 防病治虫

B.6.1 防治原则

以农业综合防治为基础,积极采用生物防治和物理防治,适量适度化学防治。

B.6.2 防治措施

a) 提高栽培水平,增强树体抗性;
b) 使用生物制剂,保护天敌;
c) 用灯光诱杀具趋光性的害虫,机油乳剂灭蚧;
d) 化学防治包括防病和治虫。

ICS 67.080.10
B 31

中华人民共和国国家标准

GB/T 19958—2005

地理标志产品　鞍山南果梨

Product of geographical indication—
Anshan nanguo-pear

2005-11-17 发布　　　　　　　　　　　2006-03-01 实施

中华人民共和国国家质量监督检验检疫总局
中国国家标准化管理委员会　发布

前　言

本标准是根据《地理标志产品保护规定》和 GB 17924—1999《原产地域产品通用要求》而制定的。

本标准的附录 A 为规范性附录,附录 B 为资料性附录。

本标准由全国原产地域产品标准化工作组提出并归口。

本标准起草单位:鞍山市标准化协会、鞍山市质量技术监督局、鞍山市农村经济委员会、沈阳农业大学、鞍山师范学院、辽宁省农产品及食品安全质量监督检验站、海城市林业局、鞍山市千山区农村经济局、鞍山市千山区南果梨产业化协会、海城市南果梨协会。

本标准主要起草人:张宏录、高春华、李宝凡、马岩松、辛广、江忠文、齐宝利、王学密、贾金柱。

地理标志产品 鞍山南果梨

1 范围

本标准规定了鞍山南果梨的地理标志产品保护范围、术语和定义、种植环境和生产、要求、试验方法、检验规则和标志、标签、包装、运输、贮存。

本标准适用于国家质量监督检验检疫行政主管部门根据《地理标志产品保护规定》批准保护的鞍山南果梨(以下简称"南果梨")。

2 规范性引用文件

下列文件中的条款通过本标准的引用而成为本标准的条款。凡是注日期的引用文件,其随后所有的修改单(不包括勘误的内容)或修订版均不适用于本标准,然而,鼓励根据本标准达成协议的各方研究是否可使用这些文件的最新版本。凡是不注日期的引用文件,其最新版本适用于本标准。

GB 2762 食品中污染物限量

GB 2763 食品中农药最大残留限量

GB 7718 预包装食品标签通则

GB/T 10650 鲜梨

NY/T 442 梨生产技术规程

NY 475 梨苗木

NY 5101 无公害食品 梨产地环境条件

NY/T 5102 无公害食品 梨生产技术规程

SB/T 10060 梨冷藏技术

3 地理标志产品保护范围

鞍山南果梨产地保护范围限于国家质量监督检验检疫行政主管部门根据《地理标志产品保护规定》批准的范围,位于北纬 40°29′~41°12′,东经 122°18′~123°14′,总面积为 3232.1 km²,即辽宁省鞍山市千山区、海城市现辖行政区域。见附录 A。

4 术语和定义

GB/T 10650 确定的以及下列术语和定义适用于本标准。

4.1

鞍山南果梨 Anshan nanguo-pear

产于本标准第 3 章范围内,符合本标准规定的南果梨。属秋子梨系统中自然杂交优良实生品种,果形近似圆形或椭圆形;采收时果面黄绿色,部分带红晕,经后熟后底色转为黄色;果肉细腻、柔软多汁、甜酸适度、香气浓、风味浓厚。

5 种植环境和生产

5.1 自然环境

本地域位于东北松辽平原东南部边缘,长白山山脉千山余脉南麓,境内有平地,多山丘,四季分明,南果梨生长季节雨量适中,温度适宜,日照充足,属暖温带大陆性季风气候,海拔为 300 m~600 m。

5.1.1 气温与有效积温

年平均气温 9.6℃、无霜期 174 d,大于或等于 10℃年有效积温 3 000℃以上。

5.1.2 日照

年平均日照时数 2 521 h,南果梨生长季节平均日照 1 604.4 h。

5.1.3 降水

年平均降水量 710.3 mm,南果梨生长季节平均降水量 648.9 mm。

5.1.4 土壤

本区域属长岩或片岩和花岗岩混合岩为成土母岩地区,是南果梨生长的最佳区域。土壤类型是棕壤土类棕壤土亚类,腐殖质厚度 10 cm~40 cm,颜色浅灰色至黑色,质地为砂壤土至壤土,结构为粒状或小粒状。有机质含量 1.28%~11.60%,全氮量 0.068%~0.60%,全磷量 0.015 3%~0.36%,全钾量 1.050%~3.833%,pH6.5~7.0。

5.2 生产技术规程

南果梨的生产技术规程见附录 B。

5.3 果实采收

适宜采收期为 9 月上、中旬,采收应在晴天进行,精心手摘,保持果柄完整,避免损伤。

6 要求

6.1 感官指标

感官指标应符合表 1 的规定。

表 1 感官指标

项 目		指 标		
		优等品	一等品	二等品
果形		果形端正,近似圆形或椭圆形	果形比较端正	果形比较端正,允许稍有缺陷
果色		果面底色为黄绿色或黄色,带红晕	果面底色为黄绿色或黄色,略带红晕	果面底色为黄绿色或黄色
果梗		果梗完整	带果梗	带果梗
单果重/g		80~110	≥60	≥50
果面缺陷	机械损伤	无	允许有 1 处机械伤,总面积不得超过 0.2 cm²	允许有 1 处机械伤,总面积不得超过 0.5 cm²
	磨伤	无	允许有 1 处轻微磨伤,总面积不得超过 0.5 cm²	允许有 2 处轻微磨伤,总面积不得超过 2.0 cm²
	雹伤	无	无	允许有轻微雹伤,总面积不得超过 0.2 cm²
	果锈	无	无	允许有果锈,总面积不得超过 1.0 cm²
	水锈	无	无	允许有水锈,总面积不得超过 1.0 cm²
	日灼	无	无	无
	药斑	无	无	允许有药斑,总面积不得超过 0.5 cm²
	病虫害	无	无	无
果面缺陷允许度		无	允许 2 项	允许不超过 3 项

6.2 理化指标

理化指标应符合表 2 的规定。

表 2 理化指标

项 目		指 标
果实硬度/[N/cm²(kg/cm²)]	≤	147(15.0)
可溶性固形物/(%)	≥	11.0
总酸/(%)	≤	0.44

6.3 卫生指标

卫生指标应符合 GB 2762、GB 2763 的规定。

7 试验方法

7.1 感官指标

单果重用符合精度等级要求的通用计量器具进行称量,其余按 GB/T 10650 的规定执行。

7.2 理化指标

按 GB/T 10650 的规定执行。

7.3 卫生指标

按 GB 2762、GB 2763 的规定执行。

8 检验规则

8.1 组批规则

同一生产基地、同等级、同一包装日期的南果梨为一个检验批次。

8.2 抽样方法

按 GB/T 10650 的规定执行。

8.3 检验分类

8.3.1 交收检验

每批产品交收前应进行交收检验,交收检验内容包括包装、标志、标签、感官指标,检验合格后附合格证明方可交收。

8.3.2 型式检验

有下列情况之一时,应对本标准要求的全部项目进行检验,其中卫生指标的检测项目根据实际情况确定:

    a) 每年果实成熟时;

    b) 国家质量监督行政主管部门提出要求时。

8.4 判定规则

8.4.1 交收检验时,在整批产品中感官指标不符合等级果的比率超过 5% 时,判定其等级和感官指标不合格,允许降低等级或重新分等;包装、标志、标签若有一项不合格,则判交收检验不合格。

8.4.2 型式检验时,在整批产品中感官指标不符合等级果的比率超过 5% 时,判定等级和感官指标不合格,允许降等或重新分等;当感官指标、理化指标出现不合格项时,允许加倍抽样复验,若仍不合格,则判该批产品不合格;卫生指标有一项不合格,则判该批产品不合格。

9 标志、标签、包装、运输与贮存

9.1 标志、标签

9.1.1 获得批准的企业可在包装上使用地理标志产品保护专用标志。

9.1.2 标签应符合 GB 7718 的规定。

9.2 包装

按 GB/T 10650 的规定执行。

9.3 运输

9.3.1 运输工具应清洁卫生,无异味,不得与有毒、有害物品混运。

9.3.2 装卸时应轻拿、轻放。

9.3.3 待运时,应批次分明,堆码整齐,环境清洁,通风良好,严禁曝晒、雨淋。注意防冻、防热,缩短待运时间。

9.4 贮存

9.4.1 南果梨冷藏按 SB/T 10060 的规定执行。

9.4.2 库房应无异味,不得与有毒、有害物品混合存放,不得使用有损产品质量的保鲜剂和材料。

附 录 A

（规范性附录）

鞍山南果梨地理标志产品保护范围图

鞍山南果梨地理标志产品保护范围见图 A.1。

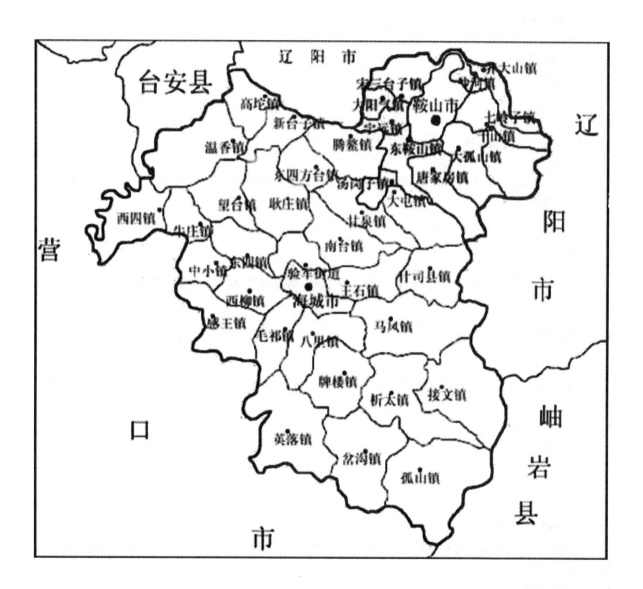

图 A.1 鞍山南果梨地理标志产品保护范围图

附　录　B

（资料性附录）

鞍山南果梨生产技术规程

B.1　园地选择与规划

B.1.1　园地选择

园地的环境条件按 NY 5101 和 NY/T 442 的规定执行。

B.1.2　园地规划

按 NY/T 442 的规定执行。

B.2　砧木选择

南果梨砧木以抗寒、抗病、抗旱的山梨为主。

B.2.1　整地

秋季挖长、宽、深各 80 cm 左右的栽植坑，坑底施适量有机物质和农家肥，回填表土。

B.2.2　栽植方式

按 NY/T 442 的规定执行。

B.3　栽植密度

根据立地条件、气候条件、土壤肥水和管理水平，确定栽植密度。株距×行距为（3 m～4 m）×（4 m～5 m）。

B.4　授粉树配置

B.4.1　授粉树

主要有秋白梨、花盖梨、洋红梨等授粉树。苗木质量按 NY 475 的规定执行。其余按 NY/T 442 的规定执行。

B.4.2　配置方式

授粉树不少于南果梨的八分之一。南果梨与授粉品种最大距离不超过 30 m。

B.5　苗木质量

按 NY 475 的规定执行。

B.5.1　苗木栽植前处理

先将苗木进行必要的根系修剪，然后将苗木根部放入水中浸泡 12 h～24 h。栽培前根系蘸泥浆或蘸生根粉。

B.5.2　栽植时间

春秋两季均可栽植，秋季在落叶后封冻前，春季在土壤解冻后苗木萌芽前栽植。

B.6　栽植技术

苗木栽植时，嫁接口应高于地面 5 cm～10 cm，枯桩剪口在背风面，踩实，灌足水，封埯，在苗高 60 cm～80 cm 处定干，配合覆膜、套袋。

B.7　土壤管理

结合施肥进行土壤深翻熟化。山地应修水平梯田，滩地客土压砂，粘土地掺砂改良。在梨园内种植多年生牧草、绿肥或利用杂草,定期刈割,在树冠下或整个果园覆盖杂草、秸秆。

B.8 施肥

B.8.1 施基肥

采收后,每 667 m² 施有机肥 3 000 kg 作为基肥。

B.8.2 追肥

开花前、花芽分化期、果实膨大期进行追肥,根据需要进行叶面喷肥。

B.8.3 穴贮肥水

土壤结冻后,成龄树沿树外缘挖 4 个～6 个穴,穴深 50 cm 左右,穴中央放入草把,每穴施堆肥 5 kg、过磷酸钙 150 g、尿素 100 g,回填表土,浇水 3 kg～5 kg,用地膜覆盖。以后从穴处施肥灌水。

B.9 水分管理

B.9.1 灌水

当果园田间持水量低于 60％时,尤其是花前、花后、果实膨大期等重点时期应及时灌水。越冬前全园灌透封冻水。

B.9.2 排水

修建排水系统,及时排除内涝。

B.10 整形修剪

B.10.1 适宜树形

(44 株～67 株)/667 m² 的果园宜采用小冠疏层形,密度高于此范围的果园宜采用纺锤形。

B.10.2 小冠疏层形

干高 60 cm 左右,树高 3.0 m～3.5 m。有 1 个中心干,5 个主枝,分两层。第一层 3 个主枝上各着生 2 个侧枝,第二层 2 个主枝上只着生枝组,层间距离 80 cm 左右,下层主枝基部开张角度 70°～80°,上层主枝基部开张角度为 60°左右。

B.10.3 纺锤形

干高 60 cm～80 cm,树高 2.5 m～3.0 m。有 1 个较直立的中心干,其上均匀着生 10 个～15 个主枝,主枝单轴延伸(角度 80°～90°)。均匀向四周分布,互相插空生长,下层主枝长度 1 m～2 m,上层依次递减。

B.11 修剪

B.11.1 幼龄期

以轻剪缓放、开张角度为主,除对中心干和主枝上的延长枝进行少量剪截外,其余枝条不剪截;疏去过密的直立徒长枝,对留下的枝条采用夏季修剪技术培养结果枝组。

B.11.2 结果期

对乔化梨树继续轻剪多留枝,盛果期要保持结果枝与营养枝适宜比例,一般维持在 1∶3 左右。对树体高大的植株,要及时落头,控制外围枝和树冠上层枝量。大小年树的修剪:大年树重剪结果枝;小年树重剪发育枝,轻剪结果枝。

B.11.3 衰老期

充分利用徒长枝更新树冠。对结果能力下降枝和枝龄老化的枝组要有计划地逐步疏除,采用回缩更新修剪的方法培养结果枝组。

B.12 花果管理

B.12.1 授粉

在自然授粉条件不佳的情况下,可采取人工辅助授粉。

B.12.2 疏花疏果

在开花后 1 个月内完成,每隔 20 cm 左右留一个花序,每个花序留 1 个～2 个果,其余疏除。

B.13 病虫害防治

B.13.1 主要病虫害

病害有梨黑星病、梨杆腐病、梨白粉病等;虫害有梨大食心虫、梨小食心虫、桃小食心虫、梨木虱、梨象甲、梨椿象、蚜虫等。

B.13.2 防治措施

B.13.2.1 农业防治

秋末落叶后,认真清扫果园,将落叶、病果等收集起来深埋或烧毁;早春梨树发芽前结合修剪剪除病虫梢,并喷布一次 5°Bé 石硫合剂;合理修剪,调节树体负载量(尤其大年应做好疏花、疏果);平衡施肥。

B.13.2.2 生物防治

采用性诱剂、糖醋液和杀虫灯诱杀害虫,在梨各种害虫卵发生初期,释放赤眼蜂。

B.13.2.3 化学防治

按 NY/T 5102 的规定执行。

B.13.3 防治规程

按 NY/T 5102 的规定执行。

ICS 67.080
B 31

中华人民共和国国家标准

GB/T 19970—2005

无 核 白 葡 萄

Thompson seedless

2005-11-04 发布　　　　　　　　　　　　2006-11-01 实施

中华人民共和国国家质量监督检验检疫总局
中国国家标准化管理委员会　发 布

前　言

无核白葡萄是葡萄中的一个优质品种,主要产自新疆的吐鲁番、甘肃、内蒙古,为提高和规范无核白葡萄的品质,特制定本标准。

本标准由新疆维吾尔自治区质量技术监督局提出。

本标准由国家标准化管理委员会归口。

本标准主要起草单位:新疆维吾尔自治区吐鲁番地区质量技术监督局、新疆维吾尔自治区吐鲁番地区农业局。

本标准主要起草人:原建设、杨文菊、方海龙、张金涛、张以和、卫建国、哈里旦。

无 核 白 葡 萄

1 范围

本标准规定了无核白葡萄的定义、要求、检验方法、检验规则及标志、标签、包装、运输和贮存。

本标准适用于无核白葡萄的生产、加工与交售。

2 规范性引用文件

下列文件中的条款通过本标准的引用而成为本标准的条款。凡是注日期的引用文件,其随后所有的修改单(不包括勘误的内容)或修订版均不适用于本标准,然而,鼓励根据本标准达成协议的各方,研究是否可使用这些文件的最新版本。凡是不注日期的引用文件,其最新版本适用于本标准。

GB/T 8855   新鲜水果和蔬菜的取样方法

GB/T 12293   水果、蔬菜制品   可滴定酸度的测定

GB/T 12295   水果、蔬菜制品   可溶性固形物含量的测定   折射仪法

GB 18406.2   农产品安全质量   无公害水果安全要求

3 术语和定义

下列术语和定义适用于本标准。

3.1

无核白葡萄   thompson seedless

别名无核露。原产中亚西亚,主要用于制干的无核、绿色葡萄品种。果穗为圆锥形,中等大小;果粒为椭圆形、较小,浅黄绿色;果肉浅绿色,汁少,肉质紧密而脆,味甜,无香味,品质上等。

3.2

霉烂果粒   mildew and metamorphose fruit particle

部分或全部腐败变质、不能食用的果粒。

3.3

整齐度   uniformity degree

果穗和果粒在形状、大小等方面的一致程度,分为整齐、比较整齐和不整齐。整齐:单穗、单粒的重量与其平均值误差小于 20%,形状一致或相近;比较整齐:单穗、单粒的重量与其平均值误差小于 30%,形状方面相似;不整齐:单穗、单粒的重量与其平均值误差大于 30%,形状不太一致或不一致。

3.4

紧密度   tightness degree

果穗的紧密程度。分为极紧、紧、适中、松、极松。极紧:果粒之间很挤,果粒发生变形;紧:果粒之间较挤,但果粒不变形;适中:果穗平放时,果穗形状稍有改变;松:果穗平放时,果穗显著变形;极松:果穗平放时,果穗大部分分枝处于一个平面。

3.5

新鲜洁净   fresh and clean

果皮、果梗不皱缩,无污物;果粒、果梗呈新鲜状态。

3.6

异常果   abnormal fruit

由于自然因素或人为机械的作用,在外观、肉质、风味方面有较明显异常的果实。异常果包括:破损

果、日灼果、水罐子果、伤疤果等。

3.7

破损果　damaged fruit

因机械损伤造成果皮、果肉发生裂口的果实。

3.8

日灼果　sunburn fruit

由于受强日光照射在果实表面形成变色斑块的果实。

3.9

水罐子果　soft disease fruit

由于营养不良而造成果肉变软并呈水状，不能正常成熟的果实。

3.10

伤疤果　fruit scar

由于机械等外界原因形成表面疤痕的果实。

3.11

色泽　colour

本品种固有颜色。

4　要求

4.1　感官指标

感官指标应符合表1规定。

表 1　感官指标

项　　目	特　　级	一　　级	二　　级
果面	新鲜洁净		
口感	皮薄肉脆、酸甜适口、具有本品特有的风味、无异味		
色泽	黄绿色	黄绿色和绿黄色	
紧密度	适中	较适中	偏松、偏紧

4.2　理化指标

理化指标应符合表2规定。

表 2　理化指标

项　　目		特　　级	一　　级	二　　级
粒重/g	≥	2.5	2.0	1.5
穗重/g		400~800	≥300	≥250
可溶性固形物/(%)	≥	18	16	14
总酸含量/(%)	≤	0.6	0.8	1.0
整齐度/(%)		≤20	≥20	
异常果/(%)	≤	1	2	3
霉烂果粒		不得检出		

4.3　卫生指标

按 GB 18406.2 规定执行。

5 检验方法

5.1 感官指标

将样品放于洁净的瓷盘中,在自然光线下用肉眼观察葡萄果穗、果粒的形状、色泽、紧密度并品尝。

5.2 理化指标

5.2.1 粒重、穗重

粒重采用感量 0.1 g 的天平测定,穗重采用感量 1 g 的天平测定。

5.2.2 可溶性固形物

按 GB/T 12295 执行。

5.2.3 总酸量

按 GB/T 12293 执行。

5.2.4 整齐度

从试样中随机抽出果穗 20 穗、果粒 200 粒,称量计算平均值,抽出最大、最小果穗各 5 穗,最大、最小果粒各 50 粒,称量计算平均值,按式(1)计算出整齐度(X),数值以％表示。

$$X = \left(\frac{A_1}{A_2} - 1\right) \times 100 \qquad \cdots\cdots\cdots\cdots\cdots\cdots (1)$$

式中:

A_1——最大、最小果穗、果粒平均值,单位为克(g);

A_2——试样平均穗重、粒重,单位为克(g)。

5.2.5 异常果

从试样中挑选出有异常的果粒称量,按式(2)计算出异常果的百分含量(Y),数值以％表示。

$$Y = \frac{T_1}{T_2} \times 100 \qquad \cdots\cdots\cdots\cdots\cdots\cdots (2)$$

式中:

T_1——异常果的总重量,单位为克(g);

T_2——试样重量,单位为克(g)。

5.3 卫生指标

按 GB 18406.2 规定执行。

6 检验规则

6.1 组批

同一产地、同一生产技术方式、同一等级、同期采收的葡萄,每 10 000 kg 为一组批,不足10 000 kg 视为一个组批。

6.2 抽样方法

抽样按每一批随机抽取三个检样,检样重量按 GB/T 8855 有关规定执行。其中一半样品作为制备实验室样品,另一半样品作为备样。

6.3 田间检验

产品包装前应按照本标准要求中感官指标和可溶性固形物进行质量等级检验,按等级要求分别包装并将合格证附于包装箱内。

6.4 交货验收

供需双方在交货现场按 GB/T 8855 有关规定执行。按照本标准规定的质量等级进行分级;如客户另有要求,可按交货验收协议执行。

6.5 判定规则

检验结果应符合相应等级的规定,当感官指标出现不合格项时,允许降等或重新分级。理化指标有一项不合格时,允许加倍抽样复检,如仍有不合格,则判为该批产品不合格。卫生指标若有一项不合格时,则判为该批产品不合格,不得复检。

7 标志、标签、包装、运输、贮存

7.1 标志、标签

每件(纸箱)外包装上应清晰标注以下内容:

a) 产品名称;

b) 重量、规格、净含量;

c) 产地、产址;

d) 质量等级;

e) 执行标准代号。

7.2 包装

葡萄的外包装要选择轻质牢固,清洁卫生,干燥完整,无毒性,无异味,对葡萄有保护作用的木箱、塑料箱和纸箱。

7.3 运输与贮存

运输可采用预冷运输、冷藏车或冷藏集装箱等多种运输方式。

贮存场所应清洁卫生,不得与有害有毒物品混存混放。

ICS 67.080.10
B 31

中华人民共和国国家标准

GB/T 20355—2006

地理标志产品　赣南脐橙

Product of geographical indication—Gannan navel orange

2006-05-25 发布　　　　　　　　　　　　　　2006-10-01 实施

中华人民共和国国家质量监督检验检疫总局
中国国家标准化管理委员会　发布

前　言

本标准根据《地理标志产品保护规定》与 GB 17924—1999《原产地域产品通用要求》制定。

本标准的附录 A 为规范性附录,附录 B 为资料性附录。

本标准由全国地理标志产品标准化工作组提出并归口。

本标准起草单位:江西省标准化协会、江西省赣州市果业局、江西省赣州市质量技术监督局。

本标准主要起草人:陈标强、涂建、廖德军、施大敏、叶松青、肖德源、陶家瑞。

地理标志产品 赣南脐橙

1 范围

本标准规定了赣南脐橙的地理标志产品保护范围、术语和定义、要求、试验方法、检验规则、标志、包装、运输和贮存。

本标准适用于国家质量技术监督检验检疫行政主管部门根据《地理标志产品保护规定》批准保护的赣南脐橙。

2 规范性引用文件

下列文件中的条款通过本标准的引用而成为本标准的条款。凡是注日期的引用文件,其随后所有的修改单(不包括勘误的内容)或修订版均不适用于本标准,然而,鼓励根据本标准达成协议的各方研究是否可使用这些文件的最新版本。凡是不注日期的引用文件,其最新版本适用于本标准。

GB/T 8210 出口柑桔鲜果检验方法

GB/T 8855 新鲜水果和蔬菜的取样方法(GB/T 8855—1988,eqv ISO 874:1980)

GB/T 10547 柑桔储藏

GB/T 13607 苹果、柑桔包装

NY 5014 无公害食品 柑果类果品

NY/T 5015 无公害食品 柑橘生产技术规程

JJF 1070 定量包装商品净含量计量检验规则

定量包装商品计量监督管理办法(国家质量监督检验检疫总局令[2005]第 75 号)

3 地理标志产品保护范围

限于国家质量监督检验检疫行政主管部门根据《地理标志产品保护规定》批准保护的范围,见附录 A。

4 术语和定义

下列术语和定义适用于本标准

4.1

赣南脐橙 Gannan navel orange

赣南脐橙指生产在地理标志产品保护范围内,具有果大形正,橙至橙红鲜艳,光洁美观,肉质脆嫩化渣,风味独特,浓甜芳香,无籽等特点的脐橙。

5 要求

5.1 种植环境

5.1.1 气候

年平均气温 18℃~19℃ ,≥10℃ 年有效积温 5 800℃~6 500℃,1 月平均温度≥7.0℃,极端低温≥−5.0℃,年降雨量 1 400 mm~1 600 mm,年日照时数为 1 780 h~1 820 h,无霜期长,空气相对湿度 70%~83%,果实成熟期昼夜温差大。

5.1.2 土壤

pH5.5~6.5,有机质含量≥1.5%,土层深厚 1 m 左右,活土层在 60 cm 以上,地下水位 1 m 以上的

GB/T 20355—2006

紫色土、红壤土、黄壤土等,均适宜种植。

5.2 栽培技术

栽培技术参见附录 B。

5.3 采摘

果实正常成熟,表现出本品种固有的品质特征,着色八成以上,可溶性固形物达到10%以上,方可采摘。

5.4 质量指标

5.4.1 感官指标

赣南脐橙根据其感官指标分为特级、一级、二级、三级。感官指标应符合表1规定。

表 1 感官指标

等级	品　种	规格(果实横径)/cm	果　形	色　泽	光　洁　度
特级	纽荷尔、奈维林娜等(果形短椭圆形至椭圆形)	7.5～8.5	椭圆形,无畸形果。	橙红,色泽均匀,着色率90%以上。	果面光洁,无日灼、伤疤、裂口、刺伤、虫伤、擦伤、碰压伤及腐烂果。不得有检疫性病虫果。油斑、药斑等其他附着物面积不得超过5%。
	朋娜、清家、华脐、奉节72-1等(果形圆球形或扁圆形)	7.5～8.5	圆球形,无畸形果,脐≤10 mm。	橙黄至橙红,色泽均匀,着色率90%以上。	
一级	纽荷尔、奈维林娜等(果形短椭圆形至椭圆形)	7.5～8.5	椭圆形,无畸形果。	橙红,色泽均匀,着色率85%以上。	果面光洁,无日灼、伤疤、裂口、刺伤、虫伤、擦伤、碰压伤及腐烂果。不得有检疫性病虫果。油斑、药斑等其他附着物面积不得超过10%。
	朋娜、清家、华脐、奉节72-1等(果形圆球形或扁圆形)	7.5～8.5	圆球形,无畸形果,脐≤10 mm。	橙黄至橙红,色泽均匀,着色率85%以上。	
二级	纽荷尔、奈维林娜等(果形短椭圆形至椭圆形)	7.0～9.5	椭圆形,无畸形果。	橙红,着色均匀,着色率80%以上。	果面光洁,无日灼、伤疤、裂口、刺伤、虫伤、擦伤、碰压伤及腐烂果。不得有检疫性病虫果。油斑、药斑等其他附着物面积不得超过15%。
	朋娜、清家、华脐、奉节72-1等(果形圆球形或扁圆形)	7.0～9.5	圆球形或扁圆形,无畸形果,脐≤15 mm。	橙至橙红,着色均匀,着色率80%以上。	
三级	纽荷尔、奈维林娜等(果形短椭圆形至椭圆形)	6.5～9.5	椭圆形,无严重影响外观的畸形果。	橙至橙红、着色尚好,着色率80%以上。	果面光洁,无日灼、伤疤、裂口、刺伤、虫伤、擦伤、碰压伤及腐烂果。不得有检疫性病虫果。油斑、药斑等其他附着物面积不得超过15%。
	朋娜、清家、华脐、奉节72-1等(果形圆球形或扁圆形)	6.0～9.5	圆球形,无严重影响外观的畸形果,脐≤20 mm。	橙至橙红,着色尚好,着色率80%以上。	

5.4.2 理化指标

理化指标应符合表2的规定。

424

表 2 理化指标

项　　目		指　　标
可溶性固形物/(%)	≥	10
总酸(以柠檬酸计)/(%)	≥	0.9
可食率/(%)	≥	70

5.4.3 卫生指标

卫生指标应符合 NY 5014 的有关规定。

5.4.4 净含量

装箱时净含量应符合国家质量监督检验检疫总局令[2005 年]第 75 号的规定。

6 试验方法

6.1 感官指标

6.1.1 规格(果实横径)

人工分级采用分级板检验。分级板的眼洞,按本标准所列规格制作。机械分级:按重量、横径大小进行分级。

6.1.2 果形、色泽、光洁度

将样品放于洁净的容器中,在自然光下用肉眼观察样品的形状、颜色、光泽和果实的均匀程度。

6.2 理化指标

6.2.1 可食率

按 GB/T 8210 的规定执行。

6.2.2 可溶性固形物

按 GB/T 8210 的规定执行。

6.2.3 总酸

按 GB/T 8210 的规定执行。

6.3 卫生指标

按 NY 5014 的有关规定执行。

6.4 净含量

按 JJF 1070 的规定检验。

7 检验规则

7.1 组批

同一生产单位、同一品种、同一等级、同一包装、同一贮存条件的赣南脐橙作为一个检验批次。

7.2 抽样方法

按 GB/T 8855 的规定执行。

7.3 交收检验

每批产品应经生产单位质量检验部门检验合格并附有合格证方可交收,交收检验项目包括感官指标、可溶性固形物、净含量、包装和标志。

7.4 型式检验

7.4.1 型式检验项目为本标准 5.4 规定的项目。

7.4.2 有下列情形之一者应进行型式检验:

　　a) 因人为或自然因素使生产环境发生较大变化;

　　b) 质量监督机构提出型式检验要求时。

7.5 判定规则

7.5.1 感官指标不合格品果占总果的百分率不超过7%,且理化指标、卫生指标、净含量、标志均合格,则判该批产品合格。

7.5.2 感官指标不合格品果占总果的百分率超过7%,或理化指标、卫生指标、净含量、标志有一项不合格,则判该批产品为不合格。

7.5.3 在采后处理过程中不得进行染色处理,否则为不合格产品。

7.5.4 对果品规格、包装检验不合格的,允许生产单位进行整改后申请复检。

8 标志、包装、运输和贮存

8.1 标志

外包装上应标明产品名称(赣南脐橙)、品种、产地、果品数量、果品等级(特级、一级、二级、三级)、净含量、地理标志产品专用标志、执行标准编号、小心轻放、防晒防雨警示等内容。

8.2 包装

按 GB/T 13607 有关规定执行。

8.3 运输

8.3.1 运输工具

运输工具应清洁卫生、干燥、无异味。

8.3.2 堆放

按 NY 5014 的有关规定执行。

8.4 贮存

在常温、冷藏下贮存,按 GB/T 10547 规定执行。

附 录 A

（规范性附录）

赣南脐橙地理标志产品保护范围

赣南脐橙地理标志产品保护范围见图 A.1。

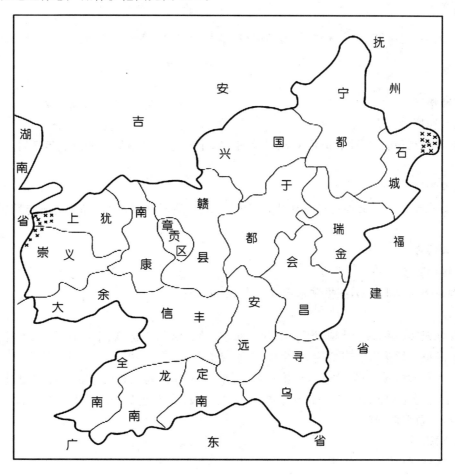

注：赣南脐橙地理标志产品保护范围限于赣州市现辖行政区域内。

图 A.1 赣南脐橙地理标志产品保护范围图

附　录　B

（资料性附录）

赣南脐橙栽培技术

B.1　品种选择

主要推广品种:纽荷尔、奈维林娜、华盛顿脐橙、奉节72-1、佛罗斯特、清家、卡拉卡拉、福本等。

B.2　苗木繁育

B.2.1　砧木苗培养

B.2.1.1　采种和播种

选优良的枳橙或枳壳,9月下旬至10月上旬采种,于12月上、中旬冬播或次年2月下旬至3月上旬春播。

B.2.1.2　苗圃管理

3月至4月在苗高10 cm左右进行移栽,行距20 cm。适时中耕除草、勤施薄施追肥,及时防治病虫害。

B.2.2　嫁接苗培育

B.2.2.1　嫁接口高度

枳壳砧木嫁接高度10 cm,枳橙砧木嫁接高度15 cm。

B.2.2.2　嫁接

凡生长发育充实的春、夏、秋梢,均可用于接穗。接穗宜从品质优良、丰产性能好、无检疫性病虫害的成年母树上采集。嫁接方法有切接法、芽接法、腹接法等。

苗木成活后及时解膜、剪砧、除萌、勤施薄施追肥,及时进行病虫害防治。在春梢超过15 cm时摘心,以促发夏梢,在苗高40 cm~45 cm时剪顶,以促发分枝,在离地25 cm以上不同方位选3个~4个壮梢留作主枝,其余全部抹除。

B.2.3　苗木出圃

嫁接苗木达到表1规定时出圃。

表 B.1　苗木规格

级　　别		苗高(距地面)/cm ≥	苗粗(嫁接口以上3 cm处)/cm ≥	分枝数(苗高25 cm以上处)/条 ≥	骨干根长度/cm ≥	分枝长度/cm ≥	根　系	
							侧根数量/条 ≥	须根
枳壳砧	一级	60	0.9	3	15	20	3	发达
	二级	50	0.7	2	15	15	2	较发达
枳橙砧	一级	70	1.0	3	15	20	3	发达
	二级	60	0.9	2	15	15	2	较发达

B.3　栽培管理

B.3.1　栽植

选择土层深厚80 cm以上,肥沃疏松,地下水位1 m以下,保水保肥力强,pH5.5~6.5,近水源,交通方便、土质壤土、粘壤土、沙壤土的园地种植。栽植时间：大田苗直接定植分为秋植和春植。秋植：一般在秋梢老熟后至11月上旬定植；春植：2月中、下旬春梢萌芽前定植。容器苗（营养袋和营养篓苗）栽植不受季节限制，2月至11月均可栽植。栽植密度株行距（3 m～4 m）×（3.5 m～4.5 m），每公顷栽675株～825株（即每亩栽45株～55株），坡地可密些，平地可稀些。

B.3.2 整形修剪

通常采用自然开心形或自然圆头形。修剪以解决通风透光和调节树体营养生长和生殖生长为原则。运用抹芽、摘心、拉枝、扭梢和短截、回缩、疏枝等修剪方法，使树冠枝梢稀密适度、分布有序，形成丰产稳产的良好树冠结构。修剪时期分休眠期修剪和生长期修剪。

B.3.3 土肥水管理

幼龄脐橙园种植绿肥。如脐橙园种植间作物，秸秆应还园。8月下旬至11月中旬进行深翻扩穴，改良土壤。

幼龄树追肥在2月下旬至8月上旬进行，促发春、夏、秋三次梢，使之迅速形成树冠。结果树提倡测土配方施肥，年施肥量二至四次。春肥在春梢萌发前施入，施肥量占全年施肥的15%～25%；秋肥在7月中旬秋梢抽发前施入，施肥量占30%～40%左右；冬肥在11月上、中旬采果前后施入，施肥量占30%～40%。幼龄树氮、磷、钾施用比例为1：0.3：0.5左右，成年树氮、磷、钾施用比例为1：0.6：（0.8～1）左右，花期和幼果期应进行硼、锌、钼、镁等微量元素的根外追肥。

雨季及时排水，旱季做好树盘覆盖，适时灌水，果实成熟期适当控水。

B.3.4 病虫害防治

病虫害防治采取预防为主，综合防治的原则，合理采用农业、生物、物理和化学等综合防治手段，着重防治炭疽病、红蜘蛛、锈壁虱、蚧壳虫、潜叶蛾、桔蚜等病虫害。应适时喷药，科学合理用药。农药使用准则按照NY/T 5015执行，采摘前30 d，禁止使用化学农药。

B.3.5 防止冻害

新建脐橙园要营造防护林。冬前，要做好主干刷白、包草、培土、熏烟造云等工作。

ICS 67.080.10
B 31

中华人民共和国国家标准

GB/T 20559—2006

地理标志产品　永春芦柑

Product of geographical indication—Yongchun ponkan

2006-09-18 发布　　　　　　　　　　　　　　　2007-02-01 实施

中华人民共和国国家质量监督检验检疫总局
中国国家标准化管理委员会 发布

前　言

本标准根据《地理标志产品保护规定》制定。

本标准的附录 A 为规范性附录,附录 B 为资料性附录。

本标准由全国地理产品标准化工作组提出并归口。

本标准起草单位:福建省永春县质量技术监督局、福建省永春县农业局、福建省永春县天马柑桔场、福建省永春县桃城镇七八柑桔场。

本标准主要起草人:陈跃飞、曾金贵、李南材、陈石榕、余永成、颜惠斌、林绍锋、林树林。

地理标志产品 永春芦柑

1 范围

本标准规定了永春芦柑地理标志产品保护范围、术语和定义、要求、试验方法、检验规则、标志、包装、运输、贮存。

本标准适用于国家质量监督检验检疫总局根据《地理标志产品保护规定》批准保护的永春芦柑。

2 规范性引用文件

下列文件中的条款通过本标准的引用而成为本标准的条款。凡是注日期的引用文件,其随后所有的修改单(不包括勘误的内容)或修订版均不适用于本标准,然而,鼓励根据本标准达成协议的各方研究是否可使用这些文件的最新版本。凡是不注日期的引用文件,其最新版本适用于本标准。

GB/T 8210 出口柑桔鲜果检验方法

GB/T 8855 新鲜水果和蔬菜的取样方法(GB/T 8855—1988,eqv ISO 874:1980)

GB/T 10547 柑桔储藏

GB/T 13607 苹果、柑桔包装

NY 5014 无公害食品 柑果类果品

定量包装商品计量监督管理办法 (国家质量监督检验检疫总局[2005]75号令)

3 地理标志产品保护范围

永春芦柑地理标志产品保护范围限于国家质量监督检验检疫总局根据《地理标志产品保护规定》批准的范围,即福建省泉州市永春县现辖行政区域,见附录A。

4 术语和定义

下列术语和定义适用于本标准。

4.1

永春芦柑 Yongchun ponkan

产于本标准第3章范围内,按本标准生产技术生产,符合本标准要求的芦柑鲜果。其果实较大,较紧实,易剥皮,耐贮藏;果形扁圆或高扁圆形;果皮橙黄色至深橙色;果肉质地脆嫩,汁多化渣,酸甜适度,风味浓郁。

4.2

串级果 neighbor grade mixed

相邻级别的混杂果实,其程度用百分率表示。

4.3

隔级果 neighbor grade setlided

不相邻级别的混杂果实,其程度用百分率表示。

5 要求

5.1 种植环境

5.1.1 气候

选择海拔600 m以下、年平均气温18℃～21℃、≥10℃年积温6 000℃～7 350℃区域为种植区。

5.1.2 土壤

土壤质地良好,疏松肥沃,土层深度≥80 cm,地下水位 80 cm 以下,有机质含量≥1.5%。

5.2 生产技术

生产技术见附录 B。

5.3 鲜果质量

5.3.1 等级规格划分

永春芦柑鲜果按果实感官和理化指标分为一等、二等两个等次,每个等次按果实规格不同分为 L(特级)、M（一级)、S（二级)。

5.3.2 质量要求

5.3.2.1 感官指标

感官指标见表 1。

表 1 感官指标

项 目	一 等	二 等
基本要求	果实完整、新鲜,具芦柑品种特征,无异常滋味和气味。不得有枯水、水肿和萎蔫现象。不得有未愈合的损伤、裂口,不得有腐烂果和显示腐烂迹象的果。	
果形	果形扁圆形或高扁圆形,整齐均匀,无畸形果。	
色泽	果皮橙黄色或深橙色,自然着色面积不少于80%。	果皮橙黄色或深橙色,自然着色面积不少于60%。
果皮缺陷	机械伤、病虫斑、日灼斑和一切非正常的斑迹、附着物,其分布面积合并计算,不超过果皮总面积的10%。	机械伤、病虫斑、日灼斑和一切非正常的斑迹、附着物,其分布面积合并计算,不超过果皮总面积的15%。

5.3.2.2 理化指标

理化指标见表 2。

表 2 理化指标

项 目		一 等	二 等
可溶性固形物/（%)	≥	11.0	10.5
总酸/（%)	≤	0.8	1.0
可食率/（%)	≥	70	65

5.3.2.3 果实规格

果实规格见表 3。

表 3 果实规格指标

规 格	果实横径(d)/mm
L(特级)	$80 < d \leqslant 90$
M(一级)	$70 < d \leqslant 80$
S(二级)	$60 < d \leqslant 70$

5.3.2.4 卫生指标

卫生指标应符合 NY 5014 的规定。

5.3.2.5 净含量

装箱时净含量应符合定量包装商品计量监督管理办法的规定。

6 试验方法

6.1 感官指标、理化指标、果实规格

按 GB/T 8210 规定执行。

6.2 卫生指标

按 NY 5014 有关规定执行。

7 检验规则

7.1 组批

同一生产单位、同一等级、同一包装日期的芦柑作为一个检验批次。

7.2 抽样

按照 GB/T 8855 规定执行。

7.3 交收检验

每批产品交收前,生产单位都应进行交收检验,检验内容包括感官指标、果实规格、净含量、包装、标志、标签,检验合格的产品方可交收。

7.4 型式检验

7.4.1 型式检验的内容为本标准中质量要求所规定的所有项目。

7.4.2 有下列情形之一者应进行型式检验:

    a) 前后两次抽样检验结果差异较大;

    b) 因人为或自然因素使生产环境发生较大变化;

    c) 国家质量监督机构提出型式检验要求时。

7.5 判定规则

7.5.1 感官指标不合格和串级果以个数合计不超过10%,没有出现隔级果,且理化指标、卫生指标、净含量均为合格,则该批产品判为合格。

7.5.2 感官指标不合格和串级果以个数合计超过10%,或出现隔级果,或理化指标、卫生指标、净含量有一项不合格,则该批产品判为不合格。

7.5.3 对感官指标、果实等级检验不合格的,允许生产单位进行整改后申请复检。

8 标志、包装、运输、贮存

8.1 标志

外包装上应标明永春芦柑、产地、果品等级规格、净含量、装箱日期、地理标志产品标志、执行标准编号等内容。

8.2 包装

按照 GB/T 13607 规定执行。

8.3 运输

8.3.1 运输工具

运输工具应清洁、干燥、卫生、无异味。

8.3.2 堆放

堆放场所注意通风、防晒、防冻与防雨;不得与有毒、有害、有污染、有异味物品混运、混放。

8.4 贮存

在常温下贮存按 GB/T 10547 规定执行。

附 录 A

（规范性附录）

永春芦柑地理标志产品保护范围图

永春芦柑地理标志产品保护范围见图 A.1。

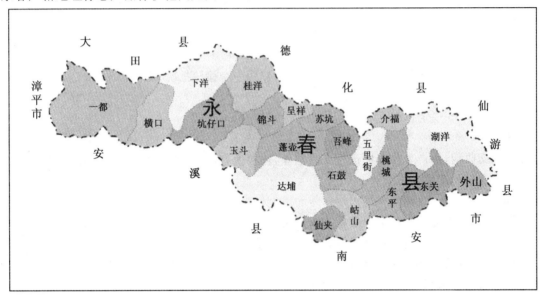

图 A.1 永春芦柑地理标志产品保护范围

附 录 B

(资料性附录)

生 产 技 术

B.1 苗木要求

B.1.1 育苗方法

采用嫁接育苗。

B.1.2 母树选择

母树应选品种纯正、生长健壮、丰产稳产、无检疫性病虫为害的成年结果树。

B.1.3 接穗

从健壮结果母树树冠中上部采集生长充实、芽眼饱满、粗细适中、枝面平直、叶片完整、叶色浓绿、无病虫害、已木质化但尚未萌发新芽的秋梢或春梢作接穗。

B.1.4 砧木

选用福桔、枳或其他适宜砧木。

B.1.5 苗木要求

B.1.5.1 苗木应品种纯正、生长健壮、无检疫性病虫害。

B.1.5.2 一年生嫁接苗分级指标见表 B.1。

表 B.1 一年生嫁接苗分级标准

砧木	级别	苗木高度/cm ≥	苗木径粗/cm ≥	每条主枝的长度/cm ≥	符合长度的主枝条数/条 ≥	根系
福桔	一级	75	1.0	20	3	根系发达,主根长20 cm以上,侧根3条以上。
	二级	50	0.8	15	3	
枳	一级	60	1.0	20	3	
	二级	45	0.8	15	3	

注1:苗木高度自地面量至苗木顶端。

注2:苗木径粗以卡尺测量嫁接口上方 2 cm 处最粗直径。

B.2 栽培技术

B.2.1 修筑梯田

坡地果园修筑等高梯田。

B.2.2 栽植

B.2.2.1 栽植时间

春植在春梢萌发前,或在春梢老熟后,秋植在秋梢老熟后进行。以春梢萌发前栽植为主。

B.2.2.2 栽植密度

永久性植株密度每公顷 600 株~750 株(即每亩 40 株~50 株)。

B.2.2.3 栽植穴

挖长、宽各 1 m,深 0.8 m~1.0 m 的定植穴或壕沟定植,施足基肥。

B.2.3 土壤管理

在果园深耕改土的基础上,实施自然生草栽培,每年或隔年对 15 cm~20 cm 的表层土壤进行中耕翻土。果园自然生草,选留浅根、矮生、与芦柑无共生性病虫害的良性草,铲除恶性草;在其旺盛生长季节和旱季到来之前,每年割草 3 次～4 次,覆盖树盘,控制生草高度。

B.2.4 施肥

施用有机肥,配合施用化肥。成年果园产量 37 500 kg/hm²～45 000 kg/hm²(即亩产 2 500 kg～3 000 kg),推荐年施纯氮 675 kg/hm²～900 kg/hm²(即每亩施 45 kg～60 kg),氮(N):磷(P_2O_5):钾(K_2O)=1:(0.3～0.4):(0.5～0.6),其中总氮量的 25% 应施用有机肥料。

B.2.5 水分管理

干旱时适时灌水,多雨季节或果园积水时及时排水,果实成熟时适当控水。

B.2.6 树冠管理

保持独立树冠,培育自然开心树形。

B.2.7 疏花疏果

首先在冬季通过修剪控制结果母枝数量;次年大年结果的树,冬季对树冠外围的部分枝条进行短截、回缩,减少花量,增加春梢营养枝。其次在生理落果结束,稳果后分期进行人工疏果,疏去病虫为害、机械损伤的幼果、畸形果、容易日烧部位的果实、树冠内部日照差没有商品价值的果实及过度密生的果实。盛产期果园以控制每公顷产 37 500 kg/hm²～45 000 kg/hm²(即亩产 2 500 kg～3 000 kg)为佳。

B.2.8 病虫害防治

加强植物检疫,优先采取农业措施,提倡生物防治、物理防治,化学防治时严格控制施药量、施用次数与安全间隔期,不得使用高毒、高残留农药。

B.3 采收时期与采后处理

B.3.1 采收时期

果实九成熟后采收。

B.3.2 采后处理

B.3.2.1 防腐保鲜药剂处理

长途运销或用于贮藏的果实,采收后及时进行防腐保鲜药剂处理,药剂使用应符合国家有关规定。

B.3.2.2 预贮

用于贮藏的果实药剂处理后在通风处预贮发汗,一般 5 d～7 d。

B.3.2.3 包装、贮藏

果实经预贮发汗,单果包装后,用容量不超过 25 kg 的木箱或塑料箱装果贮藏。

B.3.2.4 贮藏期限

单果包装常温贮藏,贮藏期限 4 个月以内。

GB/T 20559—2006《地理标志产品 永春芦柑》 国家标准第 1 号修改单

本修改单经国家标准化管理委员会于 2008 年 1 月 7 日批准,自批准之日起实施。

7.5.1 条款"感官指标不合格和串级果以个数合计不超过 10%……,则该批产品判为合格。"应改为"感官指标合格和串级果以个数合计不超过 10%……,则该批产品判为合格。"

ICS 67.080.10

B 31

中华人民共和国国家标准

GB/T 21488—2008

脐　　橙

Navel orange

2008-02-15 发布

2008-08-01 实施

中华人民共和国国家质量监督检验检疫总局
中国国家标准化管理委员会　发布

前　言

本标准由中华人民共和国国家质量监督检验检疫总局提出。

本标准起草单位：江西省赣州市果业局、江西省脐橙研究所、江西省赣州市质量技术监督局、江西省经济作物局。

本标准主要起草人：钟八莲、赖晓桦、陶家瑞、涂建、邱春娇、赖华荣、黄素婵。

脐　　橙

1　范围

本标准规定了脐橙的相关术语和定义、要求、检验方法、检验规则和标志、包装、运输与贮存。

本标准适用于脐橙果实的生产、收购和销售。

2　规范性引用文件

下列文件中的条款通过本标准的引用而成为本标准的条款。凡是注日期的引用文件，其随后所有的修改单（不包括勘误的内容）或修订版均不适用于本标准，然而，鼓励根据本标准达成协议的各方研究是否可使用这些文件的最新版本。凡是不注日期的引用文件，其最新版本适用于本标准。

GB/T 191　包装储运图示标志

GB 2762　食品中污染物限量

GB 2763　食品中农药最大残留限量

GB/T 8210　出口柑桔鲜果检验方法

GB/T 8855　新鲜水果和蔬菜的取样方法

GB/T 10547　柑桔储藏

GB/T 12947　鲜柑桔

GB/T 13607　苹果、柑桔包装

GB 18406.2　农产品安全质量　无公害水果安全要求

中华人民共和国植物检疫条例(1992年)

3　术语和定义

下列术语和定义适用于本标准。

3.1

脐橙　navel orange

柑橘属（*Citrus*）甜橙［*Citrus sinensis*（L.）Osbeck］类中的一个品种类型，因其果顶部附生有发育不全的次生小果而得名，随着果实的膨大，部分果实果顶开裂成脐状，脐的大小和显现程度不一。

3.2

外观质量　appearance quality

脐橙果实的果形、大小、色泽、着色率、果面光洁度、整齐度、新鲜度和果实缺陷等。

3.2.1

果形　fruit shape

果实具有该品种（系）应有的正常形状，一般呈圆球形或椭圆形。

3.2.2

大小　size

脐橙果实赤道部位的横径大小，单位为毫米（mm）。

3.2.3

色泽　colour and lustre

果实成熟时固有的自然色泽。

3.2.4

着色率 pigmentation ratio

果实着色面积与果实表面积之比,用百分率表示。

3.2.5

果面光洁度 cleanliness

果实表面的机械破损、病虫斑和其他污染物影响果品外观质量的程度。

3.2.6

整齐度 regularity

果实的形状、大小、色泽、果面光洁的均匀程度。

3.2.7

果实缺陷 fruit surface defect

病虫斑、伤疤、药迹斑、粒化枯水、水肿、腐果、异味等(具体参见 GB/T 12947)。

3.3

风味 flavor

果实成熟后,所具本品种(系)固有的内在口感质量,主要表现在其果肉风味、香气、质地和化渣程度等。

3.4

可溶性固形物 dissolved solid matter

果汁中能溶于水的糖、酸、维生素、矿物质、蛋白质和氨基酸等的量,单位为白利糖度(Brix),常用百分率表示。

3.5

可滴定酸 titrable acidity

以 100 mL 果汁中含有机酸的量,折合成柠檬酸的克数,用百分率表示。

3.6

固酸比 soluble solids to acidity ratio

果汁的可溶性固形物含量与其可滴定酸含量之比。

3.7

可食率 edible rate

果实可食用部分质量占全果质量之比,用百分率表示。

3.8

等级容许度 tolerance of defect fruit

在等级规定的范围内,允许出现的偏差。

4 要求

4.1 分等

按感官指标和理化指标分为特等、一等和二等,达不到二等指标的,视为等外级果,具体见表1。

表 1

项　　目		等　　别		
		特　　等	一　　等	二　　等
感官指标	果形	果形端庄,具该品种(系)典型特征,形状趋于一致	果形端庄,具该品种(系)果形特征,形状较一致	果形正常,具该品种(系)特征,无明显畸形

表 1(续)

项 目		等 别		
		特 等	一 等	二 等
感官指标	色泽	着色良好,色泽整齐,具有该品种(系)成熟时固有色泽,着色率≥90%	着色良好、均匀,具有该品种(系)成熟时固有色泽,着色率≥80%	
	果面	果面洁净,极少有伤疤、病虫斑和药迹等,斑痕合并面积≤1.0 cm²,最大单个斑点面积≤0.3 cm²。果皮光亮,果蒂平滑	果面洁净,可有轻微斑痕,斑痕合并面积≤2.0 cm²。最大单个斑点面积≤0.5 cm²	果面洁净,允许有少量斑痕,斑痕合并面积≤3.0 cm²,最大单个斑点面积≤1.0 cm²
	果皮厚度(赤道部)/mm	≤6.0	≤6.0	≤7.0
	风味	具该品种(系)固有风味和内质特征,无粒化枯水、水肿、异味等非正常风味	具该品种(系)风味和内质特征,不应有明显粒化枯水,无水肿,无异味	
理化指标	可溶性固形物/%	≥11.0	≥10.0	≥9.0
	固酸比	≥10.0	≥9.0	≥8.5
	可食率/%	≥70.0		

4.2 分级

同等别果依据果实横径大小分为 4L、3L、2L、L、M、S 六个级别,大于 4L 或小于 S 级均视为等外级果品,具体见表 2。

表 2

项 目	级 别					
	4L	3L	2L	L	M	S
横径/mm	90.0≤ϕ<100.0	85.0≤ϕ<90.0	80.0≤ϕ<85.0	75.0≤ϕ<80.0	70.0≤ϕ<75.0	60.0≤ϕ<70.0

4.3 安全卫生指标

应符合 GB 18406.2 规定。

4.4 植物检疫

按照《中华人民共和国植物检疫条例》执行。

5 检验方法

5.1 取样方法

按 GB/T 8855 规定执行。

5.2 感官检验

按 GB/T 8210 规定执行。

5.3 可溶性固形物含量测定

按 GB/T 8210 规定执行。

5.4 可滴定酸含量测定

按 GB/T 8210 规定执行。

5.5 固酸比

按式(1)计算：

$$固酸比 = \frac{可溶性固形物含量}{可滴定酸含量} \qquad\cdots\cdots\cdots\cdots\cdots(1)$$

5.6 可食率测定

分别称出全果质量和果皮质量，然后按式(2)计算可食率，数值以％表示：

$$可食率 = \frac{全果质量 - 果皮质量}{全果质量} \times 100 \qquad\cdots\cdots\cdots\cdots\cdots(2)$$

5.7 安全卫生检测

污染物、农药残留量分别按 GB 2762、GB 2763 规定的相应检验方法和标准执行。

6 检验规则

6.1 组批规则

同一生产单位、同品种、同等级、同一贮运条件、同一包装日期的脐橙作为一个检验批次。

6.2 交收检验

6.2.1 每批产品交收前，生产单位都应进行交收检验，其内容包括感官、净含量、包装、标志的检验。检验的期限，货到产地站台 24 h 内检验，货到目的地 48 h 内检验。检验合格并附合格证的产品方可交收。

6.2.2 检验等级差异：特等果允许混有的串级果不应超过总个数的 5％；一等、二等果允许混有的串级果不应超过总个数的 10％。

6.2.3 伤腐果：起运点不应有伤腐果，到达目的地时不应超过总个数的 3％。

6.3 型式检验

型式检验是对产品性状进行的全面检验，即对本标准规定的全部要求(指标)进行检验。有下列情形之一者，应进行型式检验：

    a) 前后两次出厂检验结果差异较大时；
    b) 因人为或自然因素使生产环境发生较大变化时；
    c) 国家质量监督机构或主管部门提出型式检验要求时。

6.4 判定规则

6.4.1 感官要求的总不合格品百分率不超过 7％，理化指标和安全卫生指标均为合格，则该批产品判为合格。

6.4.2 感官要求的总不合格品超过 7％，或理化指标不合格项超过两项，或安全卫生指标有一项不合格，或标志不合格，则该批产品判为不合格。

6.4.3 安全卫生指标出现不合格时，允许另取一份样品复检，若仍不合格，则判该项指标不合格；若复检合格，则需再取一份样品作第二次复检，以第二次复检结果为准。

对包装、缺陷果允许度检验不合格者，允许生产单位进行整改后申请复检。按 GB/T 12947 规定执行。

7 标志、包装、运输与贮存

7.1 标志

包装箱上应标明品名、产地、执行标准编号、果品质量等级(×等×级)、毛重(kg)、个数或净含量(kg)、装箱日期、体积。小心轻放、防雨、防压等相关储运图示标记应符合 GB/T 191 规定。

7.2 包装

7.2.1 包装箱

果箱应清洁、干燥、牢固,无毒、无害。其他应符合 GB/T 13607 之规定。

7.2.2 捆扎材料

选用宽度≥60.0 mm 的无水胶带。

7.2.3 包装物要求

装箱果品应排列整齐。衬垫材料应柔软、干净、无污染、轻便,有一定缓冲性。

纸箱应留有若干个 $\phi \geq 2$ cm 小通风孔,通风孔的总面积应不大于纸箱侧面总面积的 10%。

7.3 运输

7.3.1 不同型号包装箱应分别装运。运输工具应清洁、干燥。

7.3.2 装卸、搬运时要轻拿轻放,严禁乱丢乱掷。堆码不应过高,控制在 4 层~6 层。

7.3.3 交运手续力求简便、迅速,运输时严禁日晒、雨淋,注意防冻。不应与有毒有害物品混运。

7.4 贮存

7.4.1 常温贮存

按 GB/T 10547 规定执行。

7.4.2 冷库贮存

应经 2 d~3 d 预冷后达到最终冷藏温度,适宜温度为 4℃~8℃,并保持库内相对湿度为 85%~95%。

ICS 67.080.10
B 31

中华人民共和国国家标准

GB/T 22439—2008

地理标志产品　寻乌蜜桔

Product of geographical indication—Xunwu mandarin

2008-10-22 发布　　　　　　　　　　　2009-01-01 实施

中华人民共和国国家质量监督检验检疫总局
中国国家标准化管理委员会　　发 布

前　　言

本标准根据《地理标志产品保护规定》与 GB/T 17924—2008《地理标志产品标准通用要求》制定。

本标准的附录 A、附录 B 为规范性附录。

本标准由全国原产地域产品标准化工作组提出并归口。

本标准起草单位:江西省寻乌县果业局、江西省寻乌县质量技术监督局。

本标准主要起草人:曹纪端、陶家瑞、何石泉、钟伟金、邱云峰、吴仲仁、汪海波。

地理标志产品　寻乌蜜桔

1　范围

本标准规定了寻乌蜜桔的术语和定义、地理标志产品保护范围、要求、试验方法、检验规则、标志、包装、运输及贮存。

本标准适用于国家质量监督检验检疫行政主管部门根据《地理标志产品保护规定》批准保护的寻乌蜜桔。

2　规范性引用文件

下列文件中的条款通过本标准的引用而成为本标准的条款。凡是注日期的引用文件,其随后所有的修改单(不包括勘误的内容)或修订版均不适用于本标准,然而,鼓励根据本标准达成协议的各方研究是否可使用这些文件的最新版本。凡是不注日期的引用文件,其最新版本适用于本标准。

GB 2762　食品中污染物限量

GB 2763　食品中农药最大残留限量

GB/T 8210　出口柑桔鲜果检验方法

GB/T 8855　新鲜水果和蔬菜　取样方法(GB/T 8855—2008,ISO 874:1980,IDT)

GB/T 10547　柑桔储藏

GB/T 13607　苹果、柑桔包装

NY/T 973　柑橘无病毒苗木繁育规程

NY/T 974　柑橘苗木脱毒技术规范

NY/T 5015　无公害食品　柑桔生产技术规程

3　术语和定义

下列术语和定义适用于本标准。

3.1

寻乌蜜桔　Xunwu mandarin

生产在地理标志产品保护范围内的温州蜜柑品系宫本、市文、石子头一号、兴津、宫川、寻乌1-1-9、尾张,具有果大皮薄、色泽橙红、油胞细小、肉质细嫩、汁多味浓、无籽化渣或较化渣等特点的蜜桔。

4　地理标志产品保护范围

限于国家质量监督检验检疫行政主管部门根据《地理标志产品保护规定》批准保护的范围,即江西省寻乌县现辖行政区域,见附录A。

5　要求

5.1　种植环境

5.1.1　气候

年平均气温18 ℃～20 ℃,≥10 ℃年有效积温为5 700 ℃～6 800 ℃,1月平均温度≥8.5 ℃,极端低温≥−5 ℃。年降雨量1 600 mm～2 000 mm。年日照时数为1 700 h～1 850 h,无霜期280 d以上。

5.1.2 土壤

pH 值 5.0～6.5,有机质含量≥1.5％,土层深厚 0.8 m 以上,地下水位 1 m 以下的红壤土、黄壤土、沙壤土、紫色土等,均适宜种植。

5.2 品系类型

特早熟品系:宫本、市文;早熟品系:石子头一号、兴津、宫川;中熟品系:寻乌 1-1-9、尾张。

5.3 栽培技术

栽培技术见附录 B。

5.4 质量指标

5.4.1 感官指标及等级规格

寻乌蜜桔的感官指标应符合表 1 规定,等级规格应符合表 2 规定。

表 1 感官指标

等级	品系	果形	色泽	果面
一等	特早熟	果形端正,扁圆形或高扁圆形,无畸形果	果面浅绿色,有光泽,色泽均匀	果面光洁,无日灼、伤疤、刺伤、虫伤、压伤及腐烂果。不得有检疫性病虫果。擦伤、碰伤、斑点及其他附着物累计面积≤1％
	早熟		果面橙黄,70％以上果面均匀着色,有光泽	
	中熟		橙黄至橙红,80％以上果面均匀着色,有光泽	
二等	特早熟	果形较端正,扁圆形或高扁圆形,无畸形果	果面浅绿色,有光泽,色泽较均匀	果面光洁,无日灼、伤疤、刺伤、虫伤、压伤及腐烂果。不得有检疫性病虫果。擦伤、碰伤、斑点及其他附着物累计面积≤5％
	早熟		果面橙黄,60％以上果面均匀着色,有光泽	
	中熟		橙黄至橙红,70％以上果面均匀着色,有光泽	
三等	特早熟	果形较端正,扁圆形或高扁圆形,无畸形果	果面浅绿色,有光泽,色泽较均匀	果面光洁,无日灼、伤疤、刺伤、虫伤、压伤及腐烂果。不得有检疫性病虫果。擦伤、碰伤、斑点及其他附着物累计面积≤10％
	早熟		果面橙黄,50％以上果面均匀着色	
	中熟		果面橙黄,60％以上果面均匀着色	

表 2 等级规格

规格	品系	果实横径/cm
L	特早熟	6.5～7.5
	早熟	6.5～7.5
	中熟	7.0～8.0

表 2（续）

规　格	品　系	果实横径/cm
M	特早熟	6.0～6.5
	早熟	6.0～6.5
	中熟	6.0～6.9
S	特早熟	5.5～5.9
	早熟	5.5～5.9
	中熟	5.5～5.9

5.4.2 理化指标

应符合表 3 的规定。

表 3　理化指标

项　目		指　标
可溶性固形物/% ≥	特早熟	9.0
	早熟	10.0
	中熟	11.0
可滴定酸（以柠檬酸计）/% ≤	特早熟	
	早熟	0.9
	中熟	
可食率/% ≥	特早熟	80
	早熟	75
	中熟	75

5.4.3 卫生指标

污染物限量指标应符合 GB 2762 的有关规定。

农药最大残留限量指标应符合 GB 2763 的有关规定。

6 试验方法

6.1 感官指标

6.1.1 规格（果实横径）

人工分级采用分级板检验，机械分级按质量或横径大小进行分级。

6.1.2 果形、色泽、果面

将样品放于洁净的容器中，在自然光下用肉眼观察样品的形状、着色、光泽和果实的均匀程度。

6.2 理化指标

6.2.1 可食率

按 GB/T 8210 有关规定执行。

6.2.2 可溶性固形物

按 GB/T 8210 有关规定执行。

6.2.3 可滴定酸

按 GB/T 8210 有关规定执行。

6.3 卫生指标

按 GB 2762、GB 2763 有关规定执行。

7 检验规则

7.1 组批规则

同一生产单位、同一品种、同一等级、同一贮存条件的寻乌蜜桔作为一个检验批次。

7.2 抽样方法

按 GB/T 8855 规定执行。

7.3 交收检验

每批产品应由生产单位质量检验部门检验合格并附有合格证方可交收,交收检验项目包括感官指标、可溶性固形物、包装和标志等。

7.4 型式检验

7.4.1 型式检验项目为本标准 5.4 规定的项目。

7.4.2 有下列情形之一者应进行型式检验:

    a) 因人为或自然因素使生产环境发生较大变化;

    b) 有关行业管理部门提出型式检验要求时。

7.5 判定规则

7.5.1 感官指标不合格果占总果的百分率小于 7%,且理化指标、卫生指标、标志均为合格,则判该批产品为合格。

7.5.2 感官指标不合格果占总果的百分率大于等于 7%,或理化指标、卫生指标、标志有一项不合格,则判该批产品为不合格。

7.5.3 在采后处理过程中不得进行染色处理,否则为不合格产品。

7.5.4 对果品规格、包装检验不合格的,允许生产单位进行整改后申请复检。

8 标志、包装、运输、贮存

8.1 标志

外包装上应标明生产单位名称、地址、产品名称(寻乌蜜桔)、执行标准编号、地理标志产品专用标志、果品等级规格、净含量(个或 kg)、装箱日期、小心轻放、勿重压、防晒防雨警示等内容。

8.2 包装

按 GB/T 13607 有关规定执行。

8.3 运输

8.3.1 运输工具

运输工具应清洁卫生、干燥、无污染、无异味。

8.3.2 堆放

按 GB/T 13607 有关规定执行。

8.4 贮存

在常温、冷藏下贮存,按 GB/T 10547 规定执行。

附 录 A
（规范性附录）
寻乌蜜桔地理标志产品保护范围图

寻乌蜜桔地理标志产品保护范围见图 A.1。

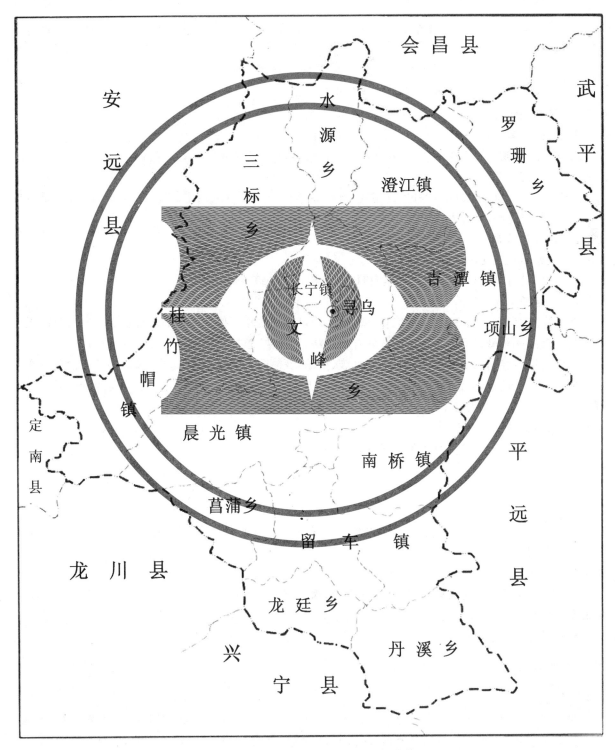

图 A.1 寻乌蜜桔地理标志产品保护范围图

附　录　B

（规范性附录）

寻乌蜜桔栽培技术

B.1　品种选择

主要推广品种:特早熟品系的宫本、市文;早熟品系的石子头一号、兴津、宫川;中熟品系的寻乌 1-1-9、尾张等。

B.2　苗木繁育

B.2.1　砧木苗培养

B.2.1.1　采种和播种

选优良的枳或枳橙,8月～10月采种,于8月秋播,12月冬播或翌年2月春播。

B.2.1.2　苗圃管理

2月～3月在苗高10 cm左右进行移栽,行距20 cm,株距10 cm以上。适时中耕除草,在施足有机 肥后,勤施薄施追肥,适时灌溉,及时防治病虫害。

B.2.2　嫁接苗培育

B.2.2.1　嫁接口高度

枳砧木嫁接口离地高度约10 cm,枳橙砧木嫁接口离地高度约15 cm。

B.2.2.2　嫁接

凡生长发育良好、充分老熟的春、夏、秋新梢,均可用于接穗。接穗宜从品质优良、丰产性能好、无检 疫性病虫害的成年母树上采集。嫁接方法有切接法、芽接法、腹接法等。

苗木成活后春梢(或第一次梢)老熟时解膜、剪砧,及时除萌,勤施薄施追肥,及时防治病虫害。在春 梢超过15 cm时摘心,以促发夏梢,在苗高40 cm～50 cm时剪顶,以促发分枝,在离地35 cm以上留不 同方位2个～3个壮梢作主枝,其余全部抹除。

B.2.3　苗木要求

苗木应符合NY/T 973和NY/T 974的规定。

B.3　建园

B.3.1　选地

选择海拔400 m以下,坡度30°以下的山坡丘陵地。要求土层深厚,肥沃疏松,地下水位低,排水通 气好,交通方便。

B.3.2　整地

山地留三分之一顶种带帽树,以下开成梯田,梯田宽为3 m以上。

B.3.3　营造防护林

新建桔园应营造防护林。

B.4　栽培管理

B.4.1　栽植

栽植时间:大田苗直接定植分为秋植和春植。秋植:一般在秋梢老熟后至11月上旬定植;春植: 2月至3月上旬春芽萌发前定植。容器苗(营养袋和营养篓苗)栽植不受季节限制,但种植时苗的末次 梢应老熟。2月～11月均可栽植。栽植密度:株行距(3 m～4 m)×(4 m～5 m),每公顷栽600株～

825 株(即每亩栽 40 株～55 株),坡地可适当密一些,平地可稀一些。

B.4.2　整形修剪

通常采用自然开心形或自然圆头形。修剪以解决通风透光和调节树体营养生长和生殖生长为原则。运用抹芽、摘心、拉枝、扭梢和短截、回缩、疏枝等修剪方法,使树冠枝梢稀密适度,分布有序,形成丰产稳产的良好树冠结构。修剪时期分休眠期修剪和生长期修剪。

B.4.3　土肥水管理

幼龄蜜桔园,种植绿肥或生草。如蜜桔园种植间作物,秸秆应还园。9 月～11 月进行深翻扩穴,增施有机肥,改良土壤。

幼龄树追肥在 2 月～8 月进行,促进枝梢生长,使之迅速形成树冠。结果树提倡测土配方施肥,年施肥量 2 次～4 次。春肥在春芽萌发前施入,施肥量占全年施肥量 30％～40％;秋肥在 7 月中旬秋梢萌发前施入,施肥量占全年用量 30％～40％;冬肥在 11 月上旬采果后施入,施肥量占全年用量 15％～20％ 及一次性施足有机肥。幼龄树氮、磷、钾施用比例为 1∶0.3∶0.5 左右,成年树氮、磷、钾施用比例为 1∶0.6∶0.8 左右,花期和幼果期进行锌、硼、镁等微量元素的根外追肥。

雨季及时排水,旱季做好树盘覆盖,适时灌水,果实成熟期适当控水。

B.4.4　病虫害防治

病虫害防治采用预防为主,综合防治的原则,合理采用农业、生物、物理和化学等综合防治手段,着重防治好炭疽病、疮痂病、红蜘蛛、蚧类、潜叶蛾、蚜虫、凤蝶、粉虱等病虫害。应适时喷低毒农药,科学合理用药。农药使用总则按照 NY/T 5015 执行,采摘前 30 d,禁止使用化学农药。

B.4.5　冬季护理

冬季应做好清园、主干刷白、包草、培土等工作。

B.5　采摘

果实正常成熟,表现出本品种(品系)固有的品质特征时,方可采摘。

ICS 67.080.10
B 31

中华人民共和国国家标准

GB/T 22440—2008

地理标志产品　琼中绿橙

Product of geographical indication—Qiongzhong-lvcheng orange

2008-10-22 发布

2009-01-01 实施

中华人民共和国国家质量监督检验检疫总局
中国国家标准化管理委员会　发布

前　言

本标准根据国家质量监督检验检疫总局颁布的《地理标志产品保护规定》和 GB/T 17924《地理标志产品标准通用要求》制定。

本标准的附录 A、附录 B 为规范性附录。

本标准由全国原产地域产品标准化工作组提出并归口。

本标准起草单位:中国热带农业科学院分析测试中心、海南大学食品学院。

本标准主要起草人:尹桂豪、刘四新、章程辉、谢德芳、刘洪升、李从发。

地理标志产品　琼中绿橙

1　范围

本标准规定了琼中绿橙的术语和定义、地理标志产品保护范围、要求、试验方法、检验规则及标志、包装、运输、贮存。

本标准适用于国家质量监督检验检疫行政主管部门根据《地理标志产品保护规定》批准保护的琼中绿橙。

2　规范性引用文件

下列文件中的条款通过本标准的引用而成为本标准的条款。凡是注日期的引用文件，其随后所有的修改单(不包括勘误的内容)或修订版均不适用于本标准，然而，鼓励根据本标准达成协议的各方研究是否可使用这些文件的最新版本。凡是不注日期的引用文件，其最新版本适用于本标准。

GB 2762　食品中污染物限量

GB 2763　食品中农药最大残留限量

GB/T 8210　出口柑桔鲜果检验方法

GB/T 8855　新鲜水果和蔬菜　取样方法

GB/T 10547　柑桔储藏

GB/T 12947　鲜柑橘

GB/T 13607　苹果、柑桔包装

NY/T 5015　无公害食品　柑桔生产技术规程

JJF 1070　定量包装商品净含量计量检验规则

国家质量监督检验检疫总局令[2005]第 75 号　《定量包装商品计量监督管理办法》

3　术语和定义

GB/T 12947 确立的以及下列术语和定义适用于本标准。

3.1

琼中绿橙　Qiongzhong-lvcheng orange

生产在地理标志产品保护范围内，具有果形近圆形，皮薄，果皮绿色至黄绿色，果肉橙色，果汁丰富，化渣，甜酸适宜等特点的改良橙。

4　地理标志产品保护范围

限于国家质量监督检验检疫行政主管部门根据《地理标志产品保护规定》批准保护的范围，即海南省琼中黎族苗族自治县现辖行政区域，见附录 A。

5　要求

5.1　种植环境

5.1.1　气候

年平均气温 20 ℃～22.8 ℃，年均日照 1 743 h，≥10 ℃年有效积温 8 180 ℃以上，最冷月均温 15.1 ℃～16.6 ℃，极端低温≥ －2 ℃，历年平均最高温在 24.5 ℃～26.6 ℃；年降雨量 2 000 mm～2 400 mm，降水集中在 5 月～11 月；年平均湿度在 80%～85%。

5.1.2 土壤

土壤主要为红壤、砖红壤和藻红土,pH值5.0～6.5,土层深厚,有机质含量≥1.0%,地下水位≥80 cm。坡度25°以下的山地、丘陵,均适宜种植。

5.2 树性

常绿乔木,树势较强,树冠呈自然圆头形,主枝开张。一年可抽3次～5次枝梢。春梢整齐,数量多,节间短;夏梢不整齐,枝条粗,节间大,叶片大;秋梢长度、粗度和叶片介于春梢和夏梢之间。2月上旬萌芽,3月上、中旬始花,3月下旬盛花,10月下旬至11月上旬果实成熟。

5.3 栽培技术

栽培技术见附录B。

5.4 质量要求

5.4.1 规格等级

琼中绿橙规格应符合表1规定。

表 1 果实规格

项目	规格		
	L	M	S
果实横径(d)/mm	75≤d≤85	65≤d<75	60≤d<65

5.4.2 感官要求

感官要求应符合表2的规定。

表 2 感官要求

项目	特等	一等	二等
基本要求	具有本品种特有的性状,无异味。不得有枯水、水肿、内裂和腐烂		
果形	近圆形,端正	近圆形,较端正	近圆形,较端正,无明显畸形
色泽	绿色至黄绿色,着色均匀	黄绿色,着色较均匀	绿黄色,黄色面积不超过果面总面积50%
果肉	橙色,果汁多,化渣,味甜,甜酸适口		
果面	光滑、洁净,无病虫斑、褐色油斑、机械伤和药迹等附着物	光滑、较洁净,病虫斑、褐色油斑、机械伤和药迹等附着物面积合并计算不超过果皮总面积的5%	较光滑、较洁净,病虫斑、褐色油斑、机械伤和药迹等附着物面积合并计算不超过果皮总面积的10%

5.4.3 理化指标

理化指标应符合表3要求。

表 3 理化指标

项目		指 标
可食率/%	≥	75
可溶性固形物/%	≥	10
总酸量/%	≤	0.40

5.4.4 卫生指标

污染物限量指标应符合 GB 2762 的有关规定。

农药最大残留限量指标应符合 GB 2763 的有关规定。

5.4.5 净含量

应符合国家质量监督检验检疫总局令[2005]第 75 号《定量包装商品计量监督管理办法》的规定。

6 试验方法

6.1 果实规格

按 GB/T 8210 规定执行。

6.2 感官要求

将样品放入洁净的容器中,在自然光下用肉眼观察,检查并测量果面相关指标;品尝果实。

6.3 理化指标

6.3.1 可食率

按 GB/T 8210 规定执行。

6.3.2 可溶性固形物

按 GB/T 8210 规定执行。

6.3.3 总酸

按 GB/T 8210 规定执行。

6.4 卫生指标

按 GB 2762、GB 2763 规定执行。

6.5 净含量

按 JJF 1070 的规定检验。

7 检验规则

7.1 组批

同一生产单位、同一产地、同一等级、同一包装、同一贮存条件的琼中绿橙作为一个检验批次。

7.2 抽样方法

按 GB/T 8855 的规定执行。

7.3 检验分类

7.3.1 交收检验

每批产品交收前,生产单位应进行交收检验,交收检验内容包括等级、规格、净含量、可溶性固形物、包装和标志。检验合格后方可交收。

7.3.2 型式检验

型式检验是对产品进行全面考核,即对本标准规定的全部要求进行检验,有下列情形之一者应进行型式检验:

    a) 申请对产品进行判定或进行年度抽查检验;

    b) 前后两次抽样检验结果差异较大;

    c) 因人为或自然因素使生产环境发生较大变化;

    d) 国家质量监督管理部门提出型式检验要求。

7.4 判定规则

7.4.1 邻级果以个计算不超过 10%,不得有隔级果。

7.4.2 感官要求的总不合格品的百分率不超过 7%,理化指标、卫生指标均为合格,则该批产品判为合格。

7.4.3 感官要求的总不合格品的百分率超过 7%,判定为不合格,允许降级或重新分级。感官要求和理化指标有一项不合格时,允许加倍抽样复检,如仍有不合格即判为不合格产品。卫生指标有一项不合格即判为不合格产品。

7.4.4 对包装检验不合格者,允许生产单位进行整改后申请复检。

7.4.5 每批受检样品,不合格品百分率按其所检单位(如每箱、每袋)的平均值计算,其值不应超过 5%。如同一批次某件样品允许误差范围超过规定的限度时,则任何包装允许误差范围的上限不应超过 10%。

8 标志、包装、运输、贮存

8.1 标志

外包装上应标明产品名称(琼中绿橙)、品种、产地、果品数量、果品等级、净含量、地理标志产品专用标志、执行标准编号、小心轻放、防晒防雨警示等内容。

8.2 包装

按 GB/T 13607 有关规定执行。

8.3 运输

运输工具应清洁、干燥、卫生、无异味。不得与有毒、有害、有污染、有异味物品混运。运输途中防止日晒雨淋,装卸时应轻拿轻放。

8.4 贮存

常温或冷库贮存,按 GB/T 10547 规定执行。

附　录　A

（规范性附录）

琼中绿橙地理标志产品保护范围图

琼中绿橙地理标志产品保护范围见图 A.1。

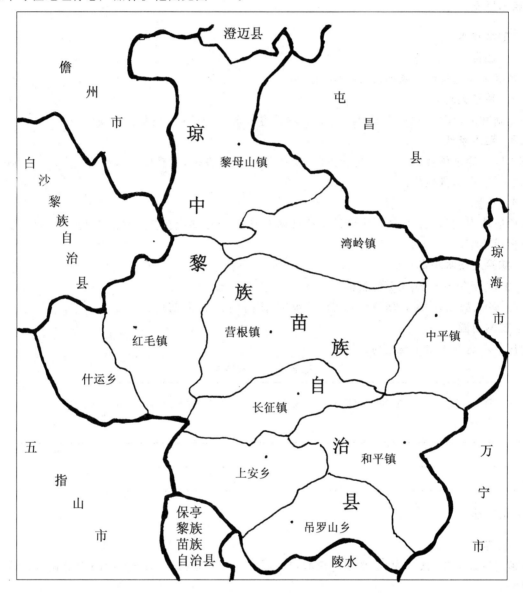

注：琼中绿橙地理标志产品保护范围限于琼中黎族苗族自治县现辖行政区域内。

图 A.1　琼中绿橙地理标志产品保护范围图

附 录 B
（规范性附录）
琼中绿橙栽培技术

B.1 苗木繁育

B.1.1 砧木培养

B.1.1.1 品种

砧木品种应选择红桔或酸桔,品种纯正。

B.1.1.2 种子处理

种子播种前,应用 50 ℃热水预浸 5 min,然后再用 55 ℃～56 ℃热水浸泡 50 min。

B.1.1.3 砧木条件

砧木应是经过移栽 1 a～2 a 生长健壮、根系完整、抗逆性强、无检疫病虫害的实生苗,不得使用老、弱、病砧,不宜采用自根苗。

B.1.1.4 接穗

接穗应从农业部门鉴定的母本园或采穗母树上采集;采接穗应在树冠外围中上部选取成熟、健壮饱满的秋梢或春梢。

B.1.2 嫁接及苗木培育

11 月中、下旬～2 月中、下旬腹接。

及时解绑、剪砧、除萌,薄肥勤施,防治病虫害,圃内整形,限制苗高。

B.1.3 苗木出圃

嫁接苗木达到表 B.1 规定时出圃。

表 B.1 苗木规格

级别	苗高/cm ≥	苗粗(嫁接口以上 3 cm 处)/cm ≥	分枝数(苗木高 25 cm 以上处)/支 ≥	根系
一级	45	1.0	3	发达
二级	35	0.8	2	较发达

B.2 栽培管理

B.2.1 栽植

栽植时间以春季、秋季为宜,平地应筑墩定植,每 667 m² 栽植 44 株～55 株;山地栽植应筑水平梯地或撩壕。

B.2.2 整形修剪

树形通常采用自然圆头形。修剪一般分冬季修剪和夏秋修剪,运用抹芽、短截和疏枝等修剪方法控制徒长枝,形成丰产稳产的良好树冠结构。植株封行后及时进行回缩。

B.2.3 土壤管理

深翻扩穴:一般在秋冬季进行,从树冠外围滴水线处开始,逐年向外扩展。挖深×宽为 0.4 m×0.5 m 的施肥沟,填入绿肥、秸秆或腐熟的人畜粪尿、堆肥、厩肥和饼肥等有机肥,盖上土壤,然后沟内灌足水分。

培土:在冬季进行,可用无污染的塘泥、河泥、沙土或园附近的肥沃土壤培土,厚度 8 cm～10 cm。

间作或生草：以豆科植物为主，要求与绿橙无共生性病虫害，浅根、矮秆，不间作的行间可让其自然生草；并适时割草覆盖于树盘内，厚度 10 cm～15 cm，覆盖物不应与树干接触。及时除去恶性杂草。

B.2.4 施肥

幼树施肥：以氮肥为主，配合施用磷肥、钾肥，少量多次使用。在每次枝梢萌芽期及老熟期各施肥 1 次（即"一梢二肥"）。1 a～3 a 生幼树单株施纯氮 0.2 kg～0.4 kg，氮、磷、钾比例以 1：0.3：0.6 为宜。

结果树施肥：以生产 100 kg 绿橙果施纯氮 0.6 kg～0.8 kg，氮、磷、钾比例以 1：（0.4～0.5）：（0.8～1.0)为宜。根据树体营养诊断适量施用微量元素。采后施足基肥，氮施用量占全年的 40 ％～50 ％，磷施用量占全年的 20 ％～25 ％，钾施用量占全年的 30 ％。

B.2.5 水分管理

遇干旱应及时灌溉，多雨季节应及时排除积水，疏通排灌系统。

B.2.6 病虫害防治

合理采用农业、生物、物理和化学等防治手段。重点防治疮痂病、流胶病、蚧类、蚜虫、潜叶蛾等病虫害。应适期喷药，科学用药。农药使用准则按照 NY/T 5015 实施，采摘前 30 d，禁止使用化学农药。

B.2.7 采摘

鲜销果在果实正常成熟，表现出本品种固有的品质特征时采收。贮藏果比鲜销果宜早 7 d～10 d 采收。采摘时轻拿轻放，避免机械损伤。

B.2.8 保鲜处理

批量采收运销、贮藏的果实，应通过采后处理，具体按 GB/T 10547 执行。

ICS 67.080.10
B 31

中华人民共和国国家标准

GB/T 22441—2008

地理标志产品 丁岙杨梅

Product of geographical indication—Ding-ao bayberry

2008-10-22 发布   2009-01-01 实施

中华人民共和国国家质量监督检验检疫总局
中国国家标准化管理委员会   发 布

前　　言

本标准根据国家质量监督检验检疫总局颁布的《地理标志产品保护规定》和 GB/T 17924《地理标志产品标准通用要求》制定。

本标准的附录 A、附录 B 为规范性附录。

本标准由全国原产地域产品标准化工作组提出并归口。

本标准起草单位：温州市质量技术监督局瓯海分局、温州市瓯海区农林渔业局。

本标准主要起草人：黄胜华、黄建珍、赵友淦。

地理标志产品　丁岙杨梅

1　范围

本标准规定了丁岙杨梅的术语和定义、地理标志产品保护范围、要求、试验方法、检验规则、标志、标签、包装、运输、贮存。

本标准适用于国家质量监督检验检疫行政主管部门根据《地理标志产品保护规定》批准保护的丁岙杨梅。

2　规范性引用文件

下列文件中的条款通过本标准的引用而成为本标准的条款。凡是注日期的引用文件,其随后所有的修改单(不包括勘误的内容)或修订版均不适用于本标准,然而,鼓励根据本标准达成协议的各方研究是否可使用这些文件的最新版本。凡是不注日期的引用文件,其最新版本适用于本标准。

GB 2762　食品中污染物限量

GB 2763　食品中农药最大残留限量

GB/T 8855　新鲜水果和蔬菜　取样方法

GB/T 12456　食品中总酸的测定

JJF 1070　定量包装商品净含量计量检验规则

国家质量监督检验检疫总局令[2005]第 75 号《定量包装商品计量监督管理办法》

ISO 2173:2003　水果和蔬菜制品　可溶性固形物含量的测定　折射计法

3　术语和定义

下列术语和定义适用于本标准。

3.1

丁岙杨梅　Ding-ao bayberry

在本标准第 4 章规定的范围内,按本标准生产技术生产,果实质量符合本标准要求的杨梅。其果实圆球形,中等大小;果柄较长,果蒂呈黄红色圆球形突起;成熟后果面紫红色至黑紫色,色泽鲜艳;肉柱顶端圆钝,肉质柔软多汁,甜酸适口。

3.2

肉柱　flesh columniation

果实可食部分的多汁囊状体。

4　地理标志产品保护范围

丁岙杨梅地理标志产品保护范围限于国家质量监督检验检疫行政主管部门根据《地理标志产品保护规定》批准保护的范围,为温州市瓯海区现辖行政区域,见附录 A。

5　要求

5.1　种植环境

5.1.1　气候

年平均气温 17 ℃～19 ℃,极端低温≥−5 ℃,极端高温≤38 ℃,≥10 ℃的年有效积温 5 500 ℃～6 000 ℃,年平均降水量 1 700 mm 以上。

5.1.2 土壤

海拔300 m以下,pH值4.5～6.5,有机质含量≥1.5%,土层厚度≥40 cm,疏松、排水良好的砂质红壤土,适宜种植丁岙杨梅。

5.2 生产技术

生产技术见附录B。

5.3 质量指标

5.3.1 分级

丁岙杨梅果实分为特级、一级、二级。

5.3.2 感官指标

感官指标应符合表1规定。

表 1 感官指标

项 目	指 标		
	特级	一级	二级
果形	圆球形,果形端正	圆球形,果形基本端正,允许有轻微缺陷	圆球形,果形基本端正,允许有缺陷,无严重影响外观畸形果
色泽	着色良好,鲜艳,黑紫色	着色良好,紫红色至黑紫色	着色良好,淡紫红色至黑紫色
单果重/g ≥	14	12	10
果面	果面洁净,无病虫为害症状		
肉柱	发育充实,顶端圆钝,组织紧密	顶端圆钝,组织较紧密	顶端圆钝,组织较紧密
风味、质地	酸甜适口、肉质柔嫩、多汁、无异味		

5.3.3 理化指标

理化指标应符合表2规定。

表 2 理化指标

项 目	指 标		
	特级	一级	二级
可溶性固形物/% ≥	10.5	10.0	
总酸(以柠檬酸计)/% ≤	1.0		

5.3.4 卫生指标

5.3.4.1 污染物限量指标

应符合GB 2762的有关规定。

5.3.4.2 农药最大残留限量指标

应符合GB 2763的有关规定。

5.3.5 净含量

应符合国家质量监督检验检疫总局令[2005]第75号的规定。

6 试验方法

6.1 感官指标

6.1.1 果形、色泽、果面、肉柱采用目测法检验,风味、质地采用品尝法检验。

6.1.2 单果重量用感量 0.1 g 的称量器称量,随机取 50 个单果的平均重量作为单果重量。

6.2 理化指标

6.2.1 可溶性固形物

按 ISO 2173:2003 的规定执行。

6.2.2 总酸

按 GB/T 12456 规定执行。

6.3 卫生指标

6.3.1 污染物限量指标

按 GB 2762 规定的方法检验。

6.3.2 农药最大残留限量指标

按 GB 2763 规定的方法检验。

6.4 净含量

按 JJF 1070 的规定检验。

7 检验规则

7.1 组批

同一生产单位、同一产地、同一等级、同一包装日期的丁岙杨梅作为一个检验批次。

7.2 抽样

按照 GB/T 8855 规定执行。

7.3 交收检验

每批产品交收前,生产单位都应进行交收检验,检验内容包括感官指标、净含量、包装和标志、标签,检验合格的产品方可交收。

7.4 型式检验

7.4.1 有下列情形之一者应进行型式检验:

    a) 前后两次抽样检验结果差异较大;

    b) 因人为或自然因素使生产环境发生较大变化;

    c) 国家质量监督机构提出型式检验要求时。

7.4.2 型式检验的内容为本标准 5.3 规定的项目。

7.5 判定规则

7.5.1 感官指标不合格个数和邻级果个数合计不超过 10%,没有隔级果,且理化指标、卫生指标、净含量均为合格,则该批产品判为合格。

7.5.2 感官指标不合格个数和邻级果个数合计超过 10%,或出现隔级果,或理化指标、卫生指标、净含量有一项不合格,则该批产品判为不合格。

7.5.3 对感官指标、果实等级检验不合格的,允许生产单位进行整改后申请复检。

8 标志、标签、包装、运输、贮存

8.1 标志、标签

外包装上应标明产品名称(丁岙杨梅)、产地、等级、净含量、装箱日期、地理标志产品专用标志、执行标准编号等内容。标签应整齐、清晰、完整无缺。

8.2 包装

内包装采用清洁、无毒、无异味的包装材料,外包装应坚固抗压、清洁卫生、干燥,对产品具有良好的保护作用。

8.3 运输

8.3.1 产品应迅速组织调运,宜采用冷链贮运。

8.3.2 运输时应做到轻装、轻卸,防机械损伤。选用减振性能好的运输工具。

8.3.3 应采用无污染的交通运输工具,不得与其他有毒有害物品混装混运。

8.4 贮存

8.4.1 场所应清洁卫生、通风,不得与有毒、有害、有异味、有污染的物品混存混放。

8.4.2 宜采用冷藏保存。

附 录 A

（规范性附录）

丁岙杨梅地理标志产品保护范围

丁岙杨梅地理标志产品保护范围见图 A.1。

注：丁岙杨梅地理标志产品保护范围限于温州市瓯海区现辖行政区域。

图 A.1 丁岙杨梅地理标志产品保护范围图

附　录　B

（规范性附录）

丁岙杨梅生产技术

B.1　苗木要求

B.1.1　从成年健壮植株上选取接穗,选用适宜砧木,嫁接繁殖培育优良苗木。

B.1.2　苗木达到表 B.1 规定时出圃。

表 B.1　苗木出圃要求

级别	苗高/cm ≥	干粗/cm ≥	根系	检疫性病虫害
一级	40	0.6	发达	无
二级	30	0.5	较发达	

注 1：苗高为从苗木嫁接口至植株顶芽的距离。

注 2：干粗为苗木新梢基部 3 cm~5 cm 处的最粗直径。

B.2　栽培技术

B.2.1　栽植

春植为 2 月中旬至 3 月中旬,秋植为 10 月~11 月。坡地采用水平梯田或鱼鳞坑栽植,栽植密度≤600 株/hm²。

B.2.2　土壤管理

以自然生草法栽培,果园逐年培土,每年采收前割草,采收后中耕松土。

B.2.3　肥水管理

根据树龄、结果量、生长势及立地条件确定施肥量。连年稳产树春肥以钾肥为主,配合适量氮肥。采后肥以有机肥为主,配合少量速效肥料。果实膨大期注意水分的均衡供应,有条件时进行避雨栽培。

B.2.4　树冠管理

适时、适度进行整形修剪。采用摘心、疏枝、拉枝、撑枝等方法开张树冠。

B.2.5　花果管理

5 月初起分 2 次~3 次进行疏果,每一结果枝留 1 果~3 果。

B.2.6　病虫害防治

加强植物检疫,宜采用生物防治、物理防治。化学防治时严格掌握安全间隔期。

B.3　采收

果实充分着色后分批采收,宜带柄采摘,轻采轻放。

ICS 67.080.10
B 31

中华人民共和国国家标准

GB/T 22442—2008

地理标志产品　瓯柑

Product of geographical indication—Ougan mandarin

2008-10-22 发布
2009-01-01 实施

中华人民共和国国家质量监督检验检疫总局
中国国家标准化管理委员会　发布

前　言

　　本标准根据国家质量监督检验检疫总局颁布的《地理标志产品保护规定》和 GB/T 17924《地理标志产品标准通用要求》制定。

　　本标准的附录 A、附录 B 为规范性附录。

　　本标准由全国原产地域产品标准化工作组提出并归口。

　　本标准起草单位:温州市质量技术监督局瓯海分局、温州市瓯海区农林渔业局。

　　本标准主要起草人:黄胜华、黄建珍、林显荣。

地理标志产品 瓯柑

1 范围

本标准规定了瓯柑的术语和定义、地理标志产品保护范围、要求、试验方法、检验规则、标志、标签、包装、运输、贮存。

本标准适用于国家质量监督检验检疫行政主管部门根据《地理标志产品保护规定》批准保护的瓯柑。

2 规范性引用文件

下列文件中的条款通过本标准的引用而成为本标准的条款。凡是注日期的引用文件,其随后所有的修改单(不包括勘误的内容)或修订版均不适用于本标准,然而,鼓励根据本标准达成协议的各方研究是否可使用这些文件的最新版本。凡是不注日期的引用文件,其最新版本适用于本标准。

GB 2762　食品中污染物限量

GB 2763　食品中农药最大残留限量

GB/T 8210　出口柑桔鲜果检验方法

GB/T 8855　新鲜水果和蔬菜　取样方法(GB/T 8855—2008,ISO 874:1980,IDT)

GB/T 13607　苹果、柑桔包装

NY/T 1189　柑橘贮藏

JJF 1070　定量包装商品净含量计量检验规则

国家质量监督检验检疫总局令[2005]第 75 号　《定量包装商品计量监督管理办法》

3 术语和定义

下列术语和定义适用于本标准。

3.1

瓯柑　Ougan mandarin

在本标准第 4 章规定的范围内,按本标准生产技术生产,果实质量符合本标准要求的宽皮柑橘。其果实较大,果实梨形或高圆形,果蒂部隆起,果皮黄色至橙黄色;果皮与果肉结合紧密,易于剥离;果肉质地细嫩,汁多化渣,酸甜适度,微苦;耐贮藏。

4 地理标志产品保护范围

瓯柑地理标志产品保护范围限于国家质量监督检验检疫行政主管部门根据《地理标志产品保护规定》批准保护的范围,为温州市瓯海区现辖行政区域,见附录 A。

5 要求

5.1 种植环境

5.1.1 气候

年平均气温 17 ℃～19 ℃,极端低温≥−5 ℃,极端高温≤38 ℃,≥10 ℃的年有效积温 5 500 ℃～6 000℃,年平均降水量 1 700 mm 以上。

5.1.2 土壤

海拔 300 m 以下,pH 值 5.5～7.0,有机质含量≥1.5%,土层厚度≥70 cm,地下水位≥80 cm 的水稻土或红壤土，均适宜种植瓯柑。

5.2 生产技术

生产技术见附录 B。

5.3 质量指标

5.3.1 分级

瓯柑果实按感官指标分为一级、二级。

5.3.2 感官指标

感官指标应符合表 1 规定。

表 1 感官指标

项 目	指 标	
	一级	二级
基本要求	具有本品种特有的性状，酸甜适度，微苦，无异味。果蒂完整。不得有枯水、浮皮、机械伤和腐烂果	
果实横径/mm	60～80	≥50
果形	果形端正，形状一致，果肩或果基允许有轻微倾斜	果形基本端正，果肩或果基允许有轻度倾斜
色泽	果皮金黄色至橙黄色，光滑	果皮黄色至橙黄色，光滑
果面	果面光洁，病虫斑、药迹、机械伤、日灼伤等一切非正常斑迹、附着物，其分布面积合并计算不超过果皮总面积的 7%	果面尚光洁，病虫斑、药迹、机械伤、日灼伤等一切非正常斑迹、附着物，其分布面积合并计算不超过果皮总面积的 15%

5.3.3 理化指标

理化指标应符合表 2 规定。

表 2 理化指标

项 目		指 标
可溶性固形物/%	≥	11.0
总酸含量/%	≤	1.0
可食率/%	≥	65

5.3.4 卫生指标

污染物限量指标应符合 GB 2762 的有关规定。

农药最大残留限量指标应符合 GB 2763 的有关规定。

5.3.5 净含量

应符合国家质量监督检验检疫总局令[2005]第 75 号的规定。

6 试验方法

6.1 感官指标、理化指标

按 GB/T 8210 规定执行。

6.2 卫生指标

6.2.1 污染物限量指标

按 GB 2762 规定的方法检验。

6.2.2 农药最大残留限量指标

按 GB 2763 规定的方法检验。

6.3 净含量

按 JJF 1070 的规定检验。

7 检验规则

7.1 组批

同一生产单位、同一产地、同一等级、同一包装日期的瓯柑作为一个检验批次。

7.2 抽样

按照 GB/T 8855 的规定执行。净含量检验按 JJF 1070 的规定抽样。

7.3 交收检验

每批产品交收前,生产单位都应进行交收检验,检验内容包括感官指标、净含量、包装、标志、标签,检验合格的产品方可交收。

7.4 型式检验

7.4.1 有下列情形之一者应进行型式检验:

a) 前后两次抽样检验结果差异较大;

b) 因人为或自然因素使生产环境发生较大变化;

c) 国家质量监督机构提出型式检验要求时。

7.4.2 型式检验的内容为本标准 5.3 规定的项目。

7.5 判定规则

7.5.1 感官指标不合格个数和邻级果个数合计不超过 10%,没有隔级果,且理化指标、卫生指标、净含量均为合格,则该批产品判为合格。

7.5.2 感官指标不合格个数和邻级果个数合计超过 10%,或出现隔级果,或理化指标、卫生指标、净含量有一项不合格,则该批产品判为不合格。

7.5.3 对感官指标、果实等级检验不合格的,允许生产单位进行整改后申请复检。

8 标志、标签、包装、运输、贮存

8.1 标志、标签

外包装上应标明产品名称(瓯柑)、产地、等级、净含量、装箱日期、地理标志产品专用标志、执行标准编号等内容。标签应整齐、清晰、完整无缺。

8.2 包装

按照 GB/T 13607 规定执行。

8.3 运输

运输工具应清洁、干燥、卫生、无异味。不得与有毒、有害、有污染、有异味物品混运。

8.4 贮存

在常温下贮存,按 NY/T 1189 规定执行。临时堆放场所应注意通风、防晒、防冻与防雨。

附 录 A

（规范性附录）

瓯柑地理标志产品保护范围图

瓯柑地理标志产品保护范围见图 A.1。

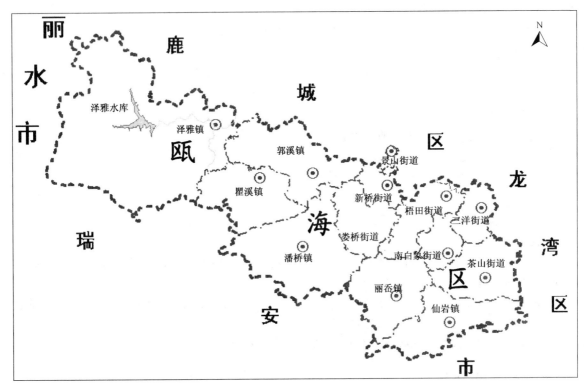

注：瓯柑地理标志产品保护范围限于温州市瓯海区现辖行政区域。

图 A.1 瓯柑地理标志产品保护范围图

附 录 B

（规范性附录）

瓯柑生产技术

B.1 苗木要求

B.1.1 从瓯柑成年健壮的植株上采集接穗，选择适宜砧木嫁接繁殖。

B.1.2 苗木达到表 B.1 规定时出圃。

表 B.1 苗木出圃要求

级别	苗高/cm ≥	干粗/cm ≥	根系	非检疫性病虫害	检疫性病虫害
一级	40	0.8	发达	轻	无
二级	30	0.6	较发达	轻	无

B.2 栽培技术

B.2.1 栽植

以 2 月中旬至 3 月下旬春植为宜。平地应筑墩定植，栽植密度≤1 600 株/hm²；山地栽植应筑水平梯地，栽植密度≤1 900 株/hm²。植株封行后及时进行回缩。

B.2.2 土壤管理

套种绿肥、豆科作物，实行生草栽培，每年定期中耕、加客土。

B.2.3 施肥管理

全年施肥 4 次～5 次。以有机肥为主，辅加无机肥，每年有机肥施用量不少于 30 t/hm²，无核瓯柑施肥量可酌情减少。

B.2.4 水分管理

干旱时适时灌水，多雨及台风季节及时排水，果实成熟期适当控水。

B.2.5 树冠管理

树形采用自然开心形，冬季修剪和夏季修剪相结合，平衡树冠，改善通风透光条件。

B.2.6 花果管理

适时疏花疏果，一般每公顷产量控制在 22 t～30 t。

B.2.7 病虫害防治

加强植物检疫，宜采用生物防治、物理防治。化学防治时严格掌握安全间隔期。

B.3 采收贮存

B.3.1 采收

一般采收期为 11 月下旬至 12 月上旬，采用专用剪果刀两剪法采摘。

B.3.2 贮存

果实经发汗等采后处理后，在常温下贮存，贮存期不超过 6 个月。

ICS 67.080.10
B 31

中华人民共和国国家标准

GB/T 22444—2008

地理标志产品　昌平苹果

Product of geographical indication—Changping apple

2008-10-22 发布
2009-03-01 实施

中华人民共和国国家质量监督检验检疫总局
中国国家标准化管理委员会　发布

前　言

本标准根据国家质量监督检验检疫总局颁布的《地理标志产品保护规定》和 GB/T 17924《地理标志产品标准通用要求》制定。

本标准的附录 A、附录 B 为规范性附录。

本标准由全国原产地域产品标准化工作组提出并归口。

本标准起草单位：北京市昌平区林业局、北京市鲜绿安果业有限公司、北京市昌平区质量技术监督局、北京市质量技术监督局。

本标准主要起草人：王思棣、刘惠平、周志军、马淑娥、邢国华、蒋瑞山、刘旭东、杨杰、冯术快、卢绪利、郑遵民、孙明传、牛秀会、张兵、杨立胜、陈言楷、吴惠敏、谢翔燕。

地理标志产品 昌平苹果

1 范围

本标准规定了昌平苹果的术语和定义、地理标志产品保护范围、要求、试验方法、检验规则、标志、包装、运输和贮存等技术要求。

本标准适用于地理标志产品昌平苹果。

2 规范性引用文件

下列文件中的条款通过本标准的引用而成为本标准的条款。凡是注日期的引用文件，其随后所有的修改单（不包括勘误的内容）或修订版均不适用于本标准，然而，鼓励根据本标准达成协议的各方研究是否可使用这些文件的最新版本。凡是不注日期的引用文件，其最新版本适用于本标准。

GB 2762 食品中污染物限量

GB 2763 食品中农药最大残留限量

GB/T 8321（所有部分） 农药合理使用准则

GB 8370 苹果苗木产地检疫规程

GB/T 8855 新鲜水果和蔬菜 取样方法

GB 9847 苹果苗木

GB/T 10651 鲜苹果

NY/T 856 苹果产地环境技术条件

NY/T 1075 红富士苹果

国家质量监督检验检疫总局公告 2006 年第 455 号

3 术语和定义

GB/T 10651、NY/T 1075 确立的以及下列术语和定义适用于本标准。

3.1

昌平苹果 Changping apple

在本标准规定的保护范围内，按照规定的生产技术规程生产并达到相应质量要求的富士系、王林、桑沙品种果实。

3.2

矮化中间砧 dwarfing interstock piece

把 SH6 矮化砧段嫁接在八楞海棠实生砧木上，再在矮化砧段上嫁接苹果品种培育苗木，这段矮化砧段称为矮化中间砧。

3.3

拉枝 fixing branches at a certain angle

用"E"型器等专用工具改变苹果枝条角度或方向的措施。

4 地理标志产品保护范围

昌平苹果地理标志产品保护范围限于国家质量监督检验检疫总局公告 2006 年第 155 号批准的范围，即北京市昌平区南邵、崔村、流村、兴寿、南口、马池口、阳坊、百善、长陵、十三陵、沙河、城南等 12 个镇、街道现辖行政区域，见附录 A。

5 要求

5.1 自然环境

昌平苹果保护区地处北京市北郊,属暖温带大陆性季风气候,境内形成的山前暖带区域,冬暖夏凉、昼夜温差大,年平均温度 12.1 ℃,年无霜期 200 d,平均年日照时数 2 764.7 h,地下水资源丰富,生态环境良好,年平均降水量 542.9 mm,降雨量多集中在 6 月～9 月,属苹果生产适宜区。

5.2 产地空气环境质量

产地环境空气质量应符合 NY/T 856 的规定。

5.3 产地农田灌溉水质量

产地农田灌溉水质应符合 NY/T 856 的规定。

5.4 产地土壤质量

海拔 40m～100m,土层厚度≥100cm,壤土或沙壤土,pH 6.5～7.8,土壤有机质含量 1.2％以上,其他按 NY/T 856 规定执行。

5.5 栽培技术

栽培技术见附录 B。

5.6 果品质量

5.6.1 等级规格

等级规格见表 1。

表 1 等级规格

项　目		特　级	一　级
感官要求		果形端正,果梗完整,果面新鲜洁净、具蜡质、有光泽; 富士系苹果果肉硬脆多汁、有香味; 王林苹果果肉硬脆多汁、乳黄色、香味浓郁; 桑沙苹果果肉硬脆多汁、乳黄色、有清香味	
色泽	富士系	片红或条红,果面着色比例≥95％	
	王林	果面黄绿色	
	桑沙	片红、果面着色比例≥90％	
单果重/g	富士系	≥300	≥250
	王林	≥300	≥250
	桑沙	≥250	≥220
果形指数	富士系	≥0.9	
	王林	≥0.95	
	桑沙	≥0.85	
果锈、果面缺陷		应符合 GB/T 10651 规定	
容许度[a]		容许3％的果实不符合本等级规定的等级规格。其中磨伤、碰压伤、刺伤不合格果之和不得超过1％	容许5％的果实不符合本等级规定的等级规格。其中磨伤、碰压伤、刺伤不合格果之和不得超过1％
[a] 容许度的测定以检验全部抽检包装件的平均数计算,容许度规定的百分率一般以重量或果数计算。			

5.6.2 理化要求

理化要求见表 2。

表 2 理化要求

项 目	富 士 系	王 林	桑 沙
可溶性固形物/%	≥14	≥14	≥12
糖酸比	35～40	40～45	30～35
硬度/(N/cm²)	≥7	≥6.5	≥7

5.6.3 卫生要求

果实的污染物限量应符合 GB 2762 的规定,农药最大残留限量应符合 GB 2763 及其他有关国家法律法规的规定。

6 试验方法

6.1 等级规格

6.1.1 按 GB/T 10651 的规定执行。

6.1.2 果形指数按式(1)计算:

$$K = \frac{L}{D} \qquad\qquad\cdots\cdots\cdots\cdots\cdots\cdots(1)$$

式中:

K——果形指数;

L——果实最大纵径,单位为毫米(mm);

D——果实最大横径,单位为毫米(mm)。

6.2 理化要求

6.2.1 可溶性固形物

按 GB/T 10651 的规定执行。

6.2.2 糖酸比

6.2.2.1 总酸量的测定

6.2.2.1.1 仪器

a) 天平:感量 0.1 mg、0.1 g;

b) 电烘箱;

c) 高速组织捣碎机或研钵;

d) 滴定管:刻度 0.05 mL 或半微量滴定管;

e) 容量瓶:1 000 mL、250 mL;

f) 量杯或量筒:100 mL;

g) 锥形瓶:250 mL;

h) 移液管:50 mL;

i) 玻璃漏斗、指示剂滴瓶等。

6.2.2.1.2 试剂

6.2.2.1.2.1 0.1 mol/L 氢氧化钠标准溶液

溶解化学纯氢氧化钠 4 g 于 1 000 mL 容量瓶中,加蒸馏水至刻度,摇匀,按下法标定溶液浓度。

将化学纯邻苯二甲酸氢钾放入 120 ℃ 烘箱中烘 1 h～2 h,待恒重冷却后,准确称取 0.3 g～0.4 g(精确至 0.1 mg),置于 250 mL 锥形瓶中,放入 100 mL 蒸馏水溶解后,摇匀,加酚酞指示剂 3 滴,用以上配制好的氢氧化钠溶液滴定至微红色。

氢氧化钠标准溶液的浓度按式(2)计算:

$$c = \frac{m}{V \times 0.204\ 2} \qquad\qquad\cdots\cdots\cdots\cdots\cdots\cdots(2)$$

式中：

    c——氢氧化钠标准溶液的浓度，单位为摩尔每升(mol/L)；

    V——滴定时消耗氢氧化钠标准溶液的体积，单位为毫升(mL)；

    m——邻苯二甲酸氢钾的质量，单位为克(g)；

0.204 2——与 1 mL 氢氧化钠标准溶液[c(HCl)＝1 mol/L]相当的邻苯二甲酸氢钾的质量，单位为克(g)。

6.2.2.1.2.2 酚酞指示剂(1%乙醇溶液)

称取酚酞 1 g 溶于 100 mL 的中性乙醇中。

6.2.2.1.3 测定方法

称取试样(果肉匀浆)20 g(精确至 0.01 g)于小烧杯中，用煮沸放冷的蒸馏水 50 mL～80 mL 将试样洗入 250 mL 容量瓶中，置 75 ℃～80 ℃ 水浴上加温 30 min，并摇动数次促使溶解，冷却后定容，摇匀，用脱脂棉过滤。吸取滤液 50 mL 于 250 mL 锥形瓶中，加入 1%酚酞指示剂 3 滴，用 0.1 mol/L 氢氧化钠标准溶液滴至微红色。

总酸量按式(3)计算：

$$B = \frac{V \times c \times 0.067 \times 5}{m} \times 100 \qquad\qquad (3)$$

式中：

    B——总酸量，%；

    V——滴定时消耗氢氧化钠标准溶液的体积，单位为毫升(mL)；

    c——氢氧化钠标准溶液的浓度，单位为摩尔每升(mol/L)；

    m——试样质量，单位为克(g)。

平行试验结果允许差为 0.05%，取其平均值。

6.2.2.2 糖酸比的计算

糖酸比按式(4)计算：

$$P = \frac{A}{B} \qquad\qquad (4)$$

式中：

    P——糖酸比；

    A——可溶性固形物，%；

    B——总酸量，%。

6.2.3 硬度

按 GB/T 10651 的规定执行。

7 检验规则

7.1 检验批次

同一生产基地、同一品种、同一成熟度、同一包装日期的苹果为一个批次。

7.2 抽样方法

按 GB/T 8855 的规定执行。

7.3 检验分类

7.3.1 交收检验

7.3.1.1 昌平苹果每批产品交收前，生产单位都应进行交收检验。交收检验合格并附合格证，产品方可交收。

7.3.1.2 交收检验项目为等级规格、包装、标志。

7.3.1.3 判定规则:在整批样品中不合格果率超过 5%时,判定等级规格不合格,允许降等或重新分级。包装、标志若有一项不合格,判定交收检验不合格。

7.3.2 型式检验

7.3.2.1 有下列情形之一者应进行型式检验:

a) 每年采摘初期;

b) 两次抽检结果差异较大时;

c) 因人为或自然因素使生产环境发生较大变化时;

d) 国家质量监督检验机构提出时。

7.3.2.2 型式检验为本标准规定的全部要求。

7.3.2.3 判定规则:在整批样品中不合格果率超过 5%时,判定不合格,等级规格不合格时,允许降等或重新分级。理化要求或卫生要求有一项不合格时,允许加倍抽样复检,如仍有不合格即判为不合格。

8 标志、包装、运输和贮存

8.1 标志

包装箱上应有地理标志产品专用标志,并标明产品名称、数量(个数或净含量)、等级、产地、包装日期、生产单位、执行标准号等。销售和运输包装均应标注昌平苹果地理标志。同一批货物的包装标志,在形式和内容上应完全统一。

8.2 包装、运输和贮存

按 NY/T 1075 的规定执行。

附　录　A
（规范性附录）
昌平苹果地理标志产品保护范围图

昌平苹果地理标志产品保护范围见图 A.1。

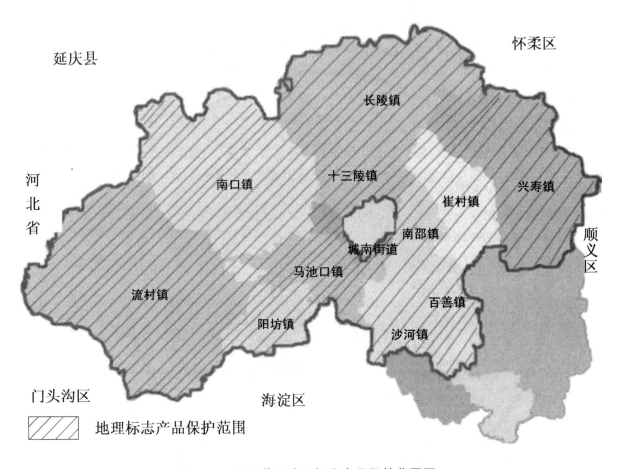

图 A.1　昌平苹果地理标志产品保护范围图

附　录　B

（规范性附录）

栽　培　技　术

B.1　苗木生产

B.1.1　品种

选择富士系、王林、桑沙等作为主栽或授粉品种。

B.1.2　苗圃的建立

苗圃地应选择土层深厚、肥力中等偏上，pH6.5～7.8，有浇水条件、排水良好的壤土或沙壤土地块，周边地区无危险性病虫害。苗圃区应包括母本园、采穗圃和繁育区。繁育区应合理规划出小区，对各小区繁育苗木建档，繁育过程中进行规划轮作，避免连作，繁殖同树种苗木至少间隔2年以上。

B.1.3　实生砧苗的繁育

用八棱海棠作基砧，要求繁育时种子纯度90％以上，发芽率85％以上，无检疫对象。种子经层积处理45d～65d，待自然萌芽率达10％左右即可播种。播种前繁育区施入腐熟有机肥60 t/hm² 以上，深耕20 cm～30 cm，耙碎土块，平整后做畦，灌水沉实。3月下旬至4月上旬播种为宜，采用条播时，播种量22.5 kg/hm²～30 kg/hm²，条播沟沟深2 cm～3 cm，在沟内撒匀种子，随即覆土覆膜，待种子萌发长出一片以上真叶时，刺破地膜放风，进行炼苗，3 d～5 d后揭去塑料膜。当幼苗长到2片～3片真叶时进行间苗、移栽和定苗，留苗量12万株/hm²～15万株/hm²。海棠苗生长季节应加强肥水管理，及时中耕除草和防治病虫害。

B.1.4　嫁接苗繁育

B.1.4.1　种穗采集和保存

选择优良品种树上当年生长充实的发育枝作为种穗，采穗母株应树势健壮、无检疫性病虫害。夏季嫁接的，接穗采集后，立即剪除叶片保留叶柄，注意保湿降温，宜随采随用。春季嫁接用的接穗，可在休眠期至萌芽前采集，接穗采好后，可用湿报纸、湿麻袋等包裹接穗，外面再包裹塑料膜保湿，保存于冰箱冷藏柜或冷库中待用。

B.1.4.2　嫁接时期、部位和方法

3月下旬至4月上旬：带木质部芽接或枝接，在砧木上距地面5 cm～10 cm间较光滑部位进行嫁接，嫁接成活后及时断砧，促接芽萌发。

8月中下旬：进行芽接，在砧木上距地面5 cm～10 cm间较光滑部位进行芽接，第二年春萌芽前断砧，促接芽萌发。

B.1.4.3　嫁接苗管理

嫁接成活后，及时除去砧木上的萌蘖。嫁接未成活的，进行补接。生长季加强中耕除草，及时防治病虫害。9月上中旬对幼苗摘心2次，促进苗木的成熟。越冬前浇足越冬水，保证苗木安全越冬。

B.1.5　苗木出圃质量指标

B.1.5.1　实生砧苗木的质量指标

实生砧苗木的质量指标见表B.1。

表 B.1 实生砧苗木的质量指标

项 目		一 级	二 级
品种与砧木		纯正	
根	侧根数量	6 条以上	4 条以上
	侧根茎部粗度	0.45 cm 以上	0.35 cm 以上
	侧根长度	20 cm 以上	
	侧根分布	均匀、舒展而不卷曲	
茎	砧段长度	5 cm～10 cm	
	高度	130 cm 以上	110 cm 以上
	粗度	1.2 cm 以上	1.0 cm 以上
	侧斜度	15°以下	
根皮与茎皮		无干缩皱皮;无新损伤处;老损伤处总面积不超过 1.0 cm²	
芽	整形带内饱满芽数	8 个以上	6 个以上
接合部愈合程度		愈合良好	
砧桩处理与愈合程度		砧桩剪除,剪口环状愈合或完全愈合	

B.1.5.2 矮化中间砧苗木的质量指标

矮化中间砧苗木的质量指标见表 B.2。

表 B.2 矮化中间砧苗木的质量指标

项 目		一 级	二 级
品种与砧木		纯正	
根	侧根数量	6 条以上	4 条以上
	侧根茎部粗度	0.45 cm 以上	0.35 cm 以上
	侧根长度	20 cm 以上	
	侧根分布	均匀、舒展而不卷曲	
茎	砧段长度	5 cm～10 cm	
	中间砧段长度	25 cm～30 cm,但同一苗圃的变幅不超过 5 cm	
	高度	130 cm 以上	110 cm 以上
	粗度	1.2 cm 以上	1.0 cm 以上
	侧斜度	15°以下	
根皮与茎皮		无干缩皱皮;无新损伤处;老损伤处总面积不超过 1.0 cm²	
芽	整形带内饱满芽数	10 个以上	8 个以上
接合部愈合程度		愈合良好	
砧桩处理与愈合程度		砧桩剪除,剪口环状愈合或完全愈合	

B.1.5.3 苗木检测方法、检测规则及保管、包装、运输

按 GB 9847 的规定执行。

B.1.5.4 苗木检疫

按 GB 8370 的规定执行。

B.2 果园建立

B.2.1 地形条件

昌平区适宜苹果栽植区主要分布在山前暖带区域,适宜选择背风向阳的小流域平原地、缓斜坡地建园。

B.2.2 土壤条件

以土层深厚的壤土和沙壤土为好,排灌水良好;pH6.5~7.8。

B.2.3 营造防护林

风大地区应营造防护林,宽度 10 m 以上,乔灌结合,以保持水土、涵养水源,以林保果。防护林主要树种,可选择杨树、臭椿、白蜡、紫穗槐、黄栌等。

B.2.4 苗木栽植

B.2.4.1 品种选择

苹果主栽品种选择富士系、王林、桑沙等优良品种,并根据果园面积、目标客户合理搭配主栽和授粉品种,统筹安排早、中、晚熟品种比例。

B.2.4.2 栽植密度

乔化苹果:(3 m~5 m)×(5 m~6 m)。

矮化中间砧苹果:(2 m~2.5 m)×(4 m~4.5 m)。

B.2.4.3 主栽品种与授粉品种的配置

一般为(2~4):1,不宜超过5:1。

B.2.4.4 栽植时期

春季萌芽前定植,一般在3月下旬至4月5日。

B.2.4.5 栽植前准备

新建果园:定植穴(沟)直径不小于80 cm,深60 cm左右,每穴(株)施腐熟有机肥30 kg~50 kg,将表土与底肥充分混匀,施入穴(株)下部至地表约20 cm处,然后回填一部分表土,灌水洇坑。

重茬果园:为预防重茬危害,应彻底清除原有果园内的残树、残根,并种植1年以上粮食或经济作物,进行轮作;种植果树前挖定植穴(沟),直径不小于80 cm,深60 cm以上,并增施腐熟有机肥,进行深翻改土。

B.2.4.6 栽植方法

栽植时,先将部分表土回填,踩实,将苗木放入,使根系充分舒展,苗木直立,然后继续回填穴土,边回填边提苗踩实,栽植深度为苗木根茎部与地面相平。栽后灌水,水渗后封穴,定植后隔10 d~15 d连续浇水2次~3次。

B.3 整形修剪

B.3.1 乔化苹果

B.3.1.1 幼树

树形:培养自然纺锤形为主的树形。该树形干高70 cm~80 cm,树高3.5 m~4 m,冠幅5 m左右。其结构为第一层主枝2个,枝向朝向东北、西南,第二层主枝2个,枝向朝向东南、西北,第三层主枝

2 个,枝向朝向南、北,第一、二层主枝斜向行间延伸,互为交叉,要求基角 85°左右,腰角 80°左右,梢角 70°左右,第三层主枝角度 85°左右;第一、二层主枝层间距 70 cm～80 cm,主枝间距 15 cm～20 cm,第二、三层主枝层间距 60 cm～70 cm,主枝间距 30 cm～40 cm,层间选留 7 个～8 个辅养枝,辅养枝角度 90°左右。

冬剪:一至三年生幼树主枝剪留长度为主枝长度的 3/5～4/5,连续短截 2 a～3 a,冬剪时疏除背上直立旺长枝和两侧 30 cm 以上强发育枝;辅养枝采用单轴延伸修剪方法,选留两侧斜生中庸枝,辅养枝的选留不得影响主枝的生长和光照,与主枝生长产生竞争的应予以疏除。

刻芽:3 月中下旬至 4 月上旬,对主干进行定向定位刻芽,对辅养枝粗度 1.2 cm 以上的所有芽进行刻伤,增加中短枝数量,实现提早结果。

夏剪:5 月下旬至 6 月上中旬,对辅养枝粗度 1.5 cm 以上的,在其基部距主干 10 cm～20 cm 处,进行环剥,剥宽为枝粗的 1/10～1/9;6 月上中旬至 7 月上中旬进行 1 次～2 次夏剪,疏除剪锯口萌蘖枝、长度 40 cm 以上的背上枝。

B.3.1.2 成龄树

冬剪:遵循"去强留弱、去直留斜、去大留小、去衰弱留中庸、去后留前"的修剪手法,主枝单轴延伸,背上、背下不留强旺枝,两侧不留大分枝,枝组呈"鱼刺状"或"叶脉状"造型。辅养枝上直接培养中小型结果枝组,根据空间情况适当保留或疏除。15 年生以上时进行小落头,主枝摆布俯视呈"米"字形。成龄树树形指标为树高 3 m～3.5 m,冠幅 5 m 左右,主枝数量 6 个,干高 70 cm～80 cm,有效枝量 52.5 万条/hm²～60 万条/hm²。

夏剪:6 月～7 月间对主枝上长度 30 cm 以上背上直立旺长新梢摘心 1/3、中短截 1/3、疏除 1/3。

B.3.2 矮化中间砧苹果

B.3.2.1 幼树

树形:培养细长纺锤形,定干高度 1.1 m～1.2 m,每隔 10 cm 左右选留一个主枝,做到主枝摆布均匀、螺旋状排列在主干上;幼树培养完成后主干上均匀分布 30 个左右主枝,树高 3.5 m～4 m,冠幅 1.8 m 以内。

冬剪:一年生、二年生时主干延长枝剪留 60 cm 左右;三年生主干延长枝轻剪长放,保持中心干生长优势;疏除枝干比大于 1∶3 的主枝和枝距过近、枝向重叠主枝;主枝剪留在盲节处,留 1 个～2 个半明芽;一年生幼树冬剪后要裹塑料条进行防寒。

刻芽:3 月中下旬至 4 月上旬,主干延长枝距顶端 10 cm 以下进行定向定位刻芽。

夏剪:第一次夏剪时,对主干上的 2 芽、3 芽竞争枝留 3 cm～5 cm 重短截,中心干延长枝剪留 25 cm 左右;主枝延长枝的新梢长度每长至 20 cm 以上时即进行摘心,生长季进行连续摘心;疏除主枝 2 芽、3 芽竞争枝、背上强旺枝;在新梢半木质化时用"E"型器开角,保持主枝角度 90°左右;及时更换"E"型器位置,保持主枝新梢角度在 90°左右。

B.3.2.2 成龄树

冬剪:疏除过密主枝,每年调减 1 个～2 个,最终主干保留主枝数量 15 个～18 个,干高 70 cm 左右,树高 3.5 m～4 m,冠幅 2 m 以内;疏除过密结果枝。

夏剪:疏除背上强旺枝,保持树姿均衡。

B.4 果园管理

B.4.1 肥水管理

B.4.1.1 施肥种类

增施充分腐熟有机肥或生物菌肥,保持或增加土壤肥力及土壤微生物活性。根据果园具体情况,可适量施入钙肥、铁肥、锌肥等,所施用的肥料不应对果园环境和果实品质产生不良影响。

B.4.1.2 施肥时期及方法

幼树时期8月底至9月初在根系第二次生长高峰期进行秋施基肥,施肥时距树干30 cm～50 cm外挖环状沟或放射沟,沟宽40 cm,深40 cm,将有机肥与土壤混匀后回填,然后充分灌水。成树可在苹果采摘后或春季树盘铺施腐熟有机肥,施肥后深翻。

B.4.1.3 果园覆盖

覆盖在春季施肥、灌水后进行。覆盖材料可以用麦秸、麦糠、玉米秸、干草等。把覆盖物覆盖在树冠下,厚度15 cm以上,上面压少量土。秋施基肥时可结合深翻开沟埋草,改良土壤,提高土壤肥力和蓄水能力。

B.4.1.4 行间免耕或生草

根据果园不同立地条件,提倡树下清耕、行间生草。行间生草时定期割刈,覆盖树盘,压绿肥土。

B.4.1.5 叶面喷肥

根据果树生长发育对微量元素需求,生长期间可叶面喷施光合微肥、钙肥、铁肥、锌肥、硼肥、营养液肥等。

B.4.1.6 灌水

及时灌溉萌芽水、花后水、果实膨大水和越冬水。

B.4.2 花果管理

B.4.2.1 花期授粉

可采取蜜蜂授粉、人工授粉。人工授粉在中心花朵开放达50%左右时进行,花粉发芽率要求60%以上,花粉与石松子(或滑石粉)混合使用,配比为1:(2～4),连授2次,间隔1 d～2 d。

B.4.2.2 疏花疏果

花序分离期至初花期可先疏去弱花芽花序、腋花芽花序,同时疏除健壮花序的边花,保留强壮中心花。花后疏果时根据树体可负载量,多留15%～20%。

B.4.2.3 定果

5月上中旬定果,根据土壤有机质水平、树龄、树势、花芽质量,做到因树定产,因枝留果。

B.4.2.4 套袋

富士系、王林、桑沙可于5月下旬开始套袋,6月15日前完成。

B.4.2.5 除袋

王林可采收时同果实一并采下。富士系、桑沙应采前30 d左右进行除袋,并分两次完成,先除外层袋,天气晴好时,3 d～5 d后除去内层红袋。连阴天可一次性除袋。

B.4.2.6 摘叶转果

摘叶分两次进行,第一次结合除袋,摘去梗洼处托叶、周边挡光叶片,占全树叶片的5%左右。7 d～10 d后第二次摘叶,主要摘除果实周边挡光叶片,同时转果,摘叶量占全树叶片30%左右。

B.4.2.7 铺反光膜

采前20d树下、树体两侧铺反光膜,可铺单或双幅,使膛内外果实均可接受反射光。

B.5 采收

桑沙8月下旬、王林10月中旬、富士系10月下旬开始采收。

昌平苹果周年生产管理历见表B.3。

表 B.3 昌平苹果周年生产管理历

时　　期	作业种类	主要作业内容
1月至3月上旬	冬剪	乔砧幼树:培养自然纺锤形为主的树形。该树形干高 70 cm～80 cm,树高 3.5 m～4 m,冠幅 5 m 左右。其结构为第一层主枝 2 个,枝向朝向东北、西南,第二层主枝 2 个,枝向朝向东南、西北,第三层主枝 2 个,枝向朝向南、北,第一、二层主枝斜向行间延伸,互为交叉,要求基角 85°左右,腰角 80°左右,梢角 70°左右,第三层主枝角度 85°左右;第一、二层主枝层间距 70 cm～80 cm,主枝间距 15 cm～20 cm,第二、三层主枝层间距 60 cm～70 cm,主枝间距 30 cm～40 cm,层间选留 7 个～8 个辅养枝,辅养枝角度 90°左右。一至三年生幼树主枝剪留长度为主枝长度的 3/5～4/5,连续短截 2 a～3 a,冬剪时疏除背上直立旺长枝和两侧 30 cm 以上强发育枝;辅养枝采用单轴延伸修剪方法,选留两侧斜生中庸枝,辅养枝的选留不得影响主枝的生长和光照,与主枝生长产生竞争的应予以疏除。
		矮化中间砧幼树:培养细长纺锤形树体结构,树高 3.5 m～4 m,冠幅 1.8 m 以内,每隔 10 cm 选留一个主枝,幼树培养完成后主干上均匀分布 30 个左右主枝,主枝摆布均匀、螺旋状排列在主干上
		乔砧成龄树:遵循"去强留弱、去直留斜、去大留小、去衰弱留中庸、去后留前"的修剪手法,主枝单轴延伸,背上、背下不留强旺枝,两侧不留大分枝,枝组呈"鱼刺状"或"叶脉状"造型。辅养枝上直接培养中小型结果枝组,根据空间情况适当保留或疏除。15 年生以上时进行小落头,主枝摆布俯视呈"米"字形。成龄树树形指标为树高 3 m～3.5 m,冠幅 5 m 左右,主枝数量 6 个,干高 70 cm～80 cm,有效枝量 52.5 万条/hm²～60 万条/hm²。
		矮化中间砧成龄树:苹果每年疏除 1 个～2 个过密主枝,并疏除过密结果枝组;结果树树形指标为树高 3.5 m～4 m,冠幅 2 m 以内,主枝数量 15 个～18 个,干高 70 cm 左右
3月中下旬	高接换优	采集优系种条,对市场淘汰品种进行改劣换优,采用枝接法,嫁接头数 60 个/株～80 个/株,做到当年嫁接当年恢复树形,第三年至第四年恢复树体原产量
	幼树拉枝刻芽	调整枝条角度到 80°左右。一年生缓放枝,用小钢锯条在芽上方 0.5 cm 处进行刻伤,提高萌发率,促中短枝形成
	定植	栽植后及时定干,定干高度乔砧苗 80 cm～90 cm,矮化中间砧苗 1.1 m～1.2 m
4月上旬	花前复剪	疏去过密枝,过多的弱花芽枝
	施肥灌水	未秋施基肥果园,幼树施腐熟有机肥 30kg/株～50kg/株,成树施 100 kg/株～125 kg/株,施肥结合深翻及时灌水
4月中下旬	疏花	大蕾期及时疏去弱花序和梢头花序(3 朵花/序～4 朵花/序)
	授粉	花期放蜂或人工授粉
5月上中旬	花后水	开花后一周及时浇好花后水
	除萌	疏除萌蘖枝
	中耕锄草	树盘中耕锄草,行间生草或免耕
	矮化幼树夏剪	一至二年生幼树中心干延长枝剪留 25 cm 左右;主枝新梢长至 20 cm 以上时进行轻剪或摘心

表 B.3（续）

时　期	作业种类	主要作业内容
5月下旬	疏果	疏去小果、偏形果、梢头果和病虫果
	定果	乔化 3 m×5 m 幼树平均 50 果/株～100 果/株,成树 150 果/株～200 果/株;5 m×6 m 平均 300 果/株～360 果/株。矮化幼树平均 30 果/株～100 果/株,成树 150 果/株～200 果/株
	套袋	将幼果套入袋中,富士系、桑沙用双层果袋,王林用单层果袋或双层果袋。套袋前要喷布杀菌剂
	乔化苹果夏剪	背上 30 cm 以上直立旺梢,疏去 1/3,短截 1/3,摘心 1/3,幼树及成树均采取此方法
	乔化苹果环剥	幼树辅养枝环剥,剥宽为枝粗的 1/9～1/10;成树主干环剥宽度为干粗的 1/9～1/10
	叶面喷肥	喷施多元光合微肥 800 倍液或自制有机营养液 7 次～8 次
6月	浇水、锄草	视天气情况,干旱时及时灌小水,做好割草覆盖工作
	夏剪	乔化苹果继续旺梢时应进行控制。矮化砧苹果幼树第一次夏剪后发出的新梢长至 20 cm 以上时,再进行轻剪或摘心
7月	锄草	树下清耕,行间免耕,并做好割草灭荒工作
	检查环剥口愈合情况	愈合差的要及时缠裹塑料薄膜
	夏剪	乔化苹果疏去部分密挤新梢,连续短截控制旺梢生长,减少养分消耗。矮化砧苹果幼树第二次夏剪后发出的新梢长至 20 cm 以上时,再次进行轻剪或摘心
8月	排涝	雨季前提前作好排涝工作
	拿枝、撑枝	做好对幼树一年生旺梢拿枝、撑枝开张角度工作
	秋剪	疏除、短截背上旺梢,改善光照
	采收	桑沙 8 月下旬采收
9月中旬	除袋	双层袋除去外层果袋,3 d～5 d 后再将内层红袋全部除掉
9月下旬	摘叶	结合除袋,摘去梗洼处托叶、周边挡光叶片,占全树叶片的 5% 左右
	铺膜	树下铺反光膜,有条件的树下两侧可铺双幅膜
	秋剪	乔化苹果幼树剪去新梢先端幼嫩的部分。乔化苹果结果树疏除部分遮光的枝条。矮化苹果要进行两次秋剪,第一次摘心,第二次对第一次秋剪萌发的新芽部分均剪除
10月上旬	摘叶转果	进行第二次摘叶,摘去全树总叶片量的 30% 左右,同时转果,将果实背阴面转为向阳面,使果面均匀着色
10月中下旬	采收	王林 10 月中旬、富士系 10 月下旬采收
11月上旬	施有机肥	挖环状施肥沟,宽 50 cm,深 40 cm,一层土一层肥均匀施入,幼树腐熟有机肥株施 30 kg～50 kg,成树株施 100 kg～125 kg
11月下旬	灌冻水	全园灌足冻水
12月	冬剪	进入冬剪工作
	幼树防寒	树下覆草或铺塑料薄膜,一年生幼树修剪后全树缠塑料条,二年生幼树主干裹缠塑料条,剪锯口需涂保护剂

B.6 病虫害防治

B.6.1 防治原则

以农业和人工防治为基础,大力推广物理、生物防治,按照病虫害的发生规律和经济阈值,科学使用化学防治,将病虫害控制在经济危害水平以下。

B.6.2 农业防治

采取剪除病虫枝、清除枯枝落叶、刮除树干翘裂皮、翻树盘、地面秸秆覆盖、合理疏定果、适当修剪、科学施肥等措施抑制病虫害发生。

B.6.3 人工防治

发现病虫,及时人工捏、拿、剪;对腐烂病发生较重的树及时进行桥接。

B.6.4 物理防治

根据害虫生物学特性,采取糖醋液、树干缠草绳和黑光灯等方法诱杀害虫;果实套袋,减少病虫对果实危害。

B.6.5 生物防治

人工释放赤眼蜂,助迁和保护瓢虫、草蛉、捕食螨等天敌,土壤施用白僵菌防治桃小食心虫,利用昆虫性外激素诱杀或干扰成虫交配。

B.6.6 化学防治

根据防治对象的生物学特性和危害特点,允许使用生物源农药、矿物源农药和低毒有机合成农药,有限度地使用中毒农药,不得使用剧毒、高毒、高残留及三致(致癌、致畸、致突变)农药。

昌平苹果生产不得使用任何植物生长调节剂。

B.6.7 科学合理使用的农药种类及技术

按 GB/T 8321(所有部分)相关规定执行。

昌平苹果病虫害综合防治技术见表 B.4。

表 B.4 昌平苹果病虫害综合防治历

时 期	防治对象	防治方法	备 注
1月~2月	越冬病虫源;预防病菌侵染伤口	(1)结合冬剪,剪除病虫枝(梢、芽),刮除粗翘皮。 (2)对冬剪造成的伤口涂杀菌剂保护,可选用高效愈合剂、治腐灵、21%果病康健 WC10 倍液等	对冬剪剪下的枝条清理到园外集中处理
3月上、中旬	腐烂病、轮纹病(粗皮病)等越冬病虫源	先刮净病斑再涂药,小病斑可用刀划纵道,然后涂抹药剂,药剂可选用石硫合剂 5°Bé~10°Bé、治腐灵、21%果病康健 WC3 倍液等。冬剪后及时清园	随见随刮治; 3月中旬前完成清园
3月下旬(萌芽前)	越冬病虫害	全树喷洒石硫合剂 1°Bé~3°Bé	在刮除粗翘皮后喷药;机油乳剂和石硫合剂不能同时用
	介壳虫等	全树喷洒95%蚧螨灵(机油乳剂)150 倍液	
4月上旬(花芽露蕾期)	出蛰的害虫如金纹细蛾、卷叶虫、蚜虫、红蜘蛛、金龟子等	(1)可选用 20%菊杀 EC1200 倍液,或30%禾安 EC1000 倍液,4.5%高效氯氰菊酯 EC1200 倍液等广谱性杀虫剂。 (2)每 2 hm² 挂 1 盏杀虫灯	上年"小叶病"树,可单喷硫酸锌 300 倍~500 倍液;山楂叶螨基数较大,可再加杀螨剂; 另外此前降中雨应加强锈病和斑点落叶病防治

表 B.4（续）

时 期	防治对象	防治方法	备 注
4月中旬（花期）	金龟子（苹毛、黑绒）	(1)人工捕捉。 (2)露蕾期或幼树发芽期喷50%辛硫磷EC800倍液	花期原则上不喷药
4月下旬至5月上旬（落花后）	多种害虫及叶、果病害	(1)药剂防治，杀虫用15%阿维毒EC1500倍液，或20%菊杀EC1200倍液等杀虫剂。杀螨用1.8%阿维菌素EC6000倍液，或8%中保杀螨EC2000倍液等杀螨剂。防病用70%甲基硫菌灵WP1000倍液，或50%多菌灵WP800倍液等杀菌剂。 (2)挂金纹细蛾、苹小卷叶蛾性诱剂（测报或诱杀）	如有降雨对常年有锈病发生的果园增喷20%粉锈宁1200倍液；诱芯每月更换一次
5月下旬	苹果黄蚜、金纹细蛾等害虫；果实、叶部病害，苦痘病等	(1)药剂防治，杀虫用10%吡虫啉WP3000倍液，或20%菊杀1200倍液等；防病用70%代森锰锌WP1000倍～1200倍液，或80%必得利WP800倍～1000倍液，80%普诺WP1000倍液等。 (2)补钙：喷得利钙宝600倍～800倍液，或氯化钙600倍液	补钙可同药剂混用，多喷果实。注意花前、花后杀虫剂轮换
5月底至6月（套袋期）	苹果黄蚜、红蜘蛛、卷叶虫、康氏粉蚧，叶、果病害	杀螨用15%哒螨灵EC2000倍～2500倍液，或8%中保杀螨EC2000倍液。杀虫用25%灭幼脲Ⅲ号SC1500倍液，或20%除虫脲SC5000倍～6000倍液，10%吡虫啉WP3000倍液，20%菊杀EC1200倍液等，防病用1.5%多抗霉素WP400倍液，或70%甲基硫菌灵WP1000倍～1200倍，40%多锰锌WP800倍～1000倍液等	注意果实多着药，继续补钙1次，套袋前1d喷药，间隔不超过5d，阴雨天不能套袋
7月	桃小食心虫、金纹细蛾、卷叶蛾、叶斑病、轮纹病、炭疽病等	防病用1∶3∶300倍波尔多液或铜制剂，40%多锰锌WP800倍～1000倍液，70%代森锰锌WP1000倍液交替用。杀虫用30%桃小灵EC1200倍～1500倍液，或15%阿维毒EC1500倍液，1.8%阿维菌素EC5000倍～6000倍液，20%果盛EC1200倍液等；增挂桃蛀螟、桃小食心虫诱芯	喷药要"掏、托、盖"，波尔多液属强碱性农药，不能与常规农药混用。雨季喷药时加展着剂
8月	桃小食心虫、金纹细蛾、卷叶蛾、舟形毛虫、叶斑病、烂果病（轮纹、炭疽、褐腐）等	防病用1∶3∶300倍波尔多液，或40%多锰锌WP800倍～1000倍液，70%代森锰锌WP1000倍交替用。杀虫用30%桃小灵EC1200倍～1500倍液，或15%阿维毒EC1500倍液，1.8%阿维菌素EC5000倍～6000倍液	同上
9月上、中旬（解袋期）	套袋苹果红点病、早期斑点落叶病	遇降雨天气和套袋果已出现病点时选用1.5%多抗霉素WP400倍液	如喷药要在摘袋2d～3d后喷药。中熟品种不能喷药

表 B. 4（续）

时　　期	防治对象	防治方法	备　　注
11 月～12 月	各种越冬病虫害	(1)清园。 (2)幼树树干保护	
注：WP 为可湿性粉剂,EC 为乳油,SC 为悬浮剂,WC 为水剂;上述防治时期和药剂在做好病虫预测预报的基础上执行,各种新农药使用应参照商品说明,同种化学农药年使用次数不超过两次。			

ICS 67.080.10
B 31

中华人民共和国国家标准

GB/T 22446—2008

地理标志产品　大兴西瓜

Product of geographical indication—Daxing watermelon

2008-10-22 发布　　　　　　　　　　　　2009-03-01 实施

中华人民共和国国家质量监督检验检疫总局
中国国家标准化管理委员会　发布

前　　言

本标准根据国家质量监督检验检疫总局颁布的《地理标志产品保护规定》和 GB/T 17924《地理标志产品标准通用要求》制定。

本标准的附录 A、附录 B、附录 C 为规范性附录。

本标准由全国原产地域产品标准化工作组提出并归口。

本标准起草单位：大兴区农业科学研究所、大兴区质量技术监督局、北京市质量技术监督局。

本标准主要起草人：芦金生、刘国栋、陈宗光、王坤、殷忠才、白树川、陈言楷、吴惠敏、谢翔燕。

地理标志产品 大兴西瓜

1 范围

本标准规定了地理标志产品大兴西瓜的术语和定义、地理标志产品保护范围、要求、试验方法、检验规则及标志、包装、运输、贮存。

本标准适用于地理标志产品大兴西瓜。

2 规范性引用文件

下列文件中的条款通过本标准的引用而成为本标准的条款。凡是注日期的引用文件,其随后所有的修改单(不包括勘误的内容)或修订版均不适用于本标准,然而,鼓励根据本标准达成协议的各方研究是否可使用这些文件的最新版本。凡是不注日期的引用文件,其最新版本适用于本标准。

GB 4285 农药安全使用标准

GB/T 5009.7 食品中还原糖的测定

GB/T 5009.8 食品中蔗糖的测定

GB/T 6195 水果、蔬菜维生素 C 含量测定法(2,6-二氯靛酚滴定法)

GB/T 8321(所有部分) 农药合理使用准则

GB/T 8855 新鲜水果和蔬菜 取样方法

GB/T 12143.1 软饮料中可溶性固形物的测定方法 折光计法

GB/T 12456 食品中总酸的测定

NY 5109 无公害食品 西甜瓜

国家质量监督检验检疫总局公告 2007 年第 49 号

3 术语和定义

下列术语和定义适用于本标准。

3.1

大兴西瓜 Daxing watermelon

在本标准第 4 章规定的范围内,按照本标准栽培技术生产的,符合本标准产品质量技术要求的,品种为京欣一号、京欣二号、京欣三号、航兴一号的西瓜果实。

4 地理标志产品保护范围

大兴西瓜地理标志产品保护范围限于国家质量监督检验检疫总局公告 2007 年第 49 号批准的范围,即北京市大兴区现辖行政区域内庞各庄镇、北臧村镇、安定镇、礼贤镇、魏善庄镇、榆垡镇,见附录 A。

5 要求

5.1 自然环境

5.1.1 环境特征

本区域地处北京市南郊,华北大平原北部。全境属永定河冲积、洪积平原,海拔 13 m～52 m,属暖温带半湿润大陆季风气候,四季分明,少雨,光照充足。

5.1.2 气温

年平均气温 12.1 ℃,年平均无霜期为 209 d。

5.1.3 日照

年平均日照时数 2 620.4 h。

5.1.4 降水量

年平均降水 552.9 mm。

5.1.5 土壤

砂壤土,土壤透气性好,有机质含量不低于 1.0%,pH 6.0～8.5。

5.2 栽培技术

应符合附录 B 的要求。

5.3 质量要求

5.3.1 感官要求

感官要求应符合表 1 的规定。

表 1 感官要求

项 目	指 标
果形	果实圆形或高圆形
果皮	厚度不超过 1.2 cm,皮色为绿底上覆墨绿色条带
果面	表面平滑,不起棱,无裂果,无腐烂、霉变、病虫斑和机械损伤
瓤色	粉红色至桃红色,色泽鲜艳
质地与风味	瓜瓤脆沙,甘甜多汁,爽口,无黄筋

5.3.2 理化要求

理化要求应符合表 2 的规定。

表 2 理化要求

项 目	指 标
单果重/kg	4～8
可溶性固形物/%	瓜瓤中心≥11;瓜瓤边缘≥8
糖酸比	45～50
番茄红素(鲜重)/(mg/100 g)	≥3.0
维生素 C(鲜重)/(mg/100 g)	≥6.0

5.3.3 卫生要求

按 NY 5109 执行。

6 试验方法

6.1 感官要求

感官要求中的果形、果皮、果面、瓤色以目测确定,质地与风味以品尝确定,果皮厚度以精确度 0.1 cm的刻度尺测量确定。

6.2 理化要求

6.2.1 单果重

单果重用分度值为 0.1 kg 的秤进行称量。

6.2.2 可溶性固形物

按 GB/T 12143.1 执行。

6.2.3 糖酸比

蔗糖的测定按 GB/T 5009.8 执行,还原糖的测定按 GB/T 5009.7 执行,总酸的测定按 GB/T 12456 执行。总糖与总酸的比值按式(1)计算:

$$A = \frac{B}{C} \qquad\qquad\qquad\cdots\cdots\cdots\cdots\cdots\cdots\cdots (1)$$

式中:

A——糖酸比;

B——总糖(为蔗糖、还原糖相加值),单位为克每百克(g/100 g);

C——总酸,单位为克每千克(g/kg)。

6.2.4 番茄红素

按附录 C 执行。

6.2.5 维生素 C

按 GB/T 6195 执行。

6.3 卫生要求

按 NY 5109 执行。

7 检验规则

7.1 检验批次

同一生产基地、同一品种、同一成熟度、同一包装日期的西瓜为一个批次。

7.2 抽样方法

按 GB/T 8855 执行。

7.3 检验分类

7.3.1 交收检验

7.3.1.1 每批产品交收前,生产单位都应进行交收检验,交收检验合格并附合格证,产品方可交收。

7.3.1.2 交收检验项目为感官要求、包装、标志。

7.3.2 型式检验

7.3.2.1 有下列情形之一者应进行型式检验:

    a) 每年采摘初期;

    b) 两次抽检结果差异较大时;

    c) 因人为或自然因素使生产环境发生较大变化时;

    d) 国家质量监督检验机构提出时。

7.3.2.2 型式检验项目为本标准规定的全部要求。

7.3.3 判定规则

在整批样品中,感官要求不合格时,允许整改后复检;理化要求和卫生要求有一项不合格时,允许加倍抽样复检,如仍有不合格即判该批产品为不合格。对包装、标志不合格产品,允许整改后复检。

8 标志、包装、运输、贮存

8.1 标志

销售和运输包装均应标注地理标志产品专用标志,并标明产品名称、品种、产地、包装日期、生产单位、数量或净含量、执行标准号等。

8.2 包装

产品可包装,包装物符合食品卫生的要求。

8.3 运输

8.3.1 运输工具应清洁卫生,无异味。不与有毒有害物品混运。

8.3.2 待运时,应批次分明、堆码整齐、环境清洁、通风良好。不得烈日曝晒、雨淋。注意防冻、防热、缩短待运时间。

8.4 贮存

8.4.1 大兴西瓜的贮存适宜温度12 ℃～15 ℃,相对湿度75%～80%。

8.4.2 库房无异味。不与有毒、有害物品混合存放。

附 录 A
（规范性附录）
大兴西瓜地理标志产品保护范围图

大兴西瓜地理标志产品保护范围见图 A.1。

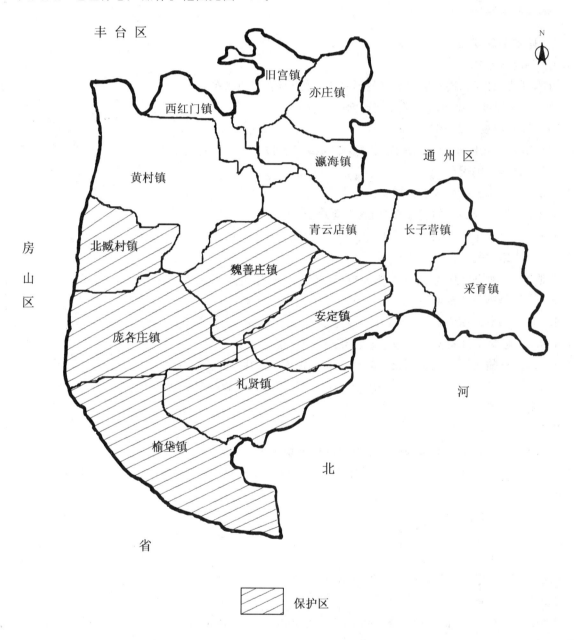

图 A.1 大兴西瓜地理标志产品保护范围图

附 录 B

（规范性附录）

栽 培 技 术

B.1 嫁接西瓜苗的培育

B.1.1 砧木苗床建立

B.1.1.1 苗床条件

苗床可建在保温、透光条件良好的温室内,并应具备以下条件:

a) 白天温度随出苗后苗龄不同可随时调整;

b) 夜间温度不低于 15 ℃;

c) 棚膜透光良好,无破洞,夜间加盖草苫或保温被。

B.1.1.2 营养土的配制

B.1.1.2.1 土质比较肥沃的砂壤土。

B.1.1.2.2 草炭或腐熟的优质有机肥(不含鸡粪)。

B.1.1.2.3 土与草炭比例为 3∶1 或土与有机肥比例为 5∶1。

B.1.1.3 苗床地面

平整地面,铺设电热线,每平方米需电热线 10 m 左右,电热线上覆土 1 cm~1.5 cm。

B.1.1.4 营养钵码放要求

B.1.1.4.1 温室北侧留 0.5 m~1.0 m 人行道。

B.1.1.4.2 温室南侧留 0.5 m 左右空间带,作为倒苗区。

B.1.1.4.3 每隔 2 m 做一道高出营养钵 10 cm 左右的田埂,便于管理。

B.1.1.4.4 将营养土装入直径 8 cm~10 cm 的营养钵中,并紧密码放在畦面上。

B.1.2 砧木准备

B.1.2.1 种子选择

B.1.2.1.1 砧木种子采用西瓜嫁接专用葫芦科植物种子。

B.1.2.1.2 种子纯度要求 90% 以上、种仁饱满、无植物检疫对象、有合格包装且是正规种子生产单位生产的种子。

B.1.2.1.3 三天内种子发芽率 85% 以上。

B.1.2.2 种子处理

B.1.2.2.1 晒种

播前选晴天,把种子拿到户外晒 2 h~3 h。

B.1.2.2.2 浸种催芽

用 30 ℃~35 ℃温水浸种 24 h~48 h,浸种后搓洗去掉种壳表面上的粘液,洗净控干水分,用浸湿的纱布包好,在 28 ℃~32 ℃环境下保湿催芽。

B.1.2.3 砧木播种

B.1.2.3.1 播种准备

播前一天浇透水。

B.1.2.3.2 播种要求

选择胚根长 0.5 cm 左右饱满正常的种子播种,播种时种子平放,胚根朝下,每个营养钵播一粒种子;播后覆细砂土 1.5 cm~2 cm,覆土后盖地膜。

B.1.3 砧木苗期管理

B.1.3.1 出苗

一般播后 5 d~6 d 出苗,出苗达到 70% 左右时,揭去地膜。

B.1.3.2 温度控制

B.1.3.2.1 播种至出苗气温控制在 30 ℃~35 ℃,地温控制在 20 ℃~25 ℃。

B.1.3.2.2 70% 出苗至真叶展开时,白天应降温至 20 ℃~25 ℃,夜间 15 ℃~18 ℃,防止出现高脚苗。

B.1.3.2.3 真叶生长期间白天温度控制在 25 ℃~28 ℃,夜间温度控制在 18 ℃~20 ℃。

B.1.3.3 水分调控

保持土壤下层潮湿,表土干燥,育苗期内不出现缺水症状时尽可能不浇水,防止出现徒长苗。

B.1.3.4 光照与通风

采取措施尽量增加光照,适当通风换气。空气相对湿度控制在 60%~70%。

B.1.3.5 倒苗

在育苗期通过移动营养钵倒苗,切断长出营养钵的根系,促发新根,使秧苗整齐一致,有利于培育壮苗,有利于定植后缓苗。

B.1.4 接穗准备

B.1.4.1 种子质量

种子发芽率 95% 以上,纯度 98% 以上,净度 99%,含水量低于 8%。

B.1.4.2 种子处理

B.1.4.2.1 晒种

播前选晴天,将种子在户外晒 2 h~3 h。

B.1.4.2.2 药剂浸种

可用 50% 多菌灵可湿性粉剂 1 000 倍液,浸种 2 h 左右。

B.1.4.2.3 浸种催芽

用 50 ℃~55 ℃ 温水烫种,不断搅拌至常温浸种 5 h~6 h,浸种后揉洗去掉种壳表面的粘液。洗净控干水分,用湿纱布包好,在 25 ℃~30 ℃ 环境中保湿催芽。

B.1.4.3 苗床准备

B.1.4.3.1 在栽培畦内铺设电热线。

B.1.4.3.2 将干净无菌无杂质的蛭石与草炭以 1∶1 的比例混合。

B.1.4.3.3 在栽培畦或育苗盘内铺 8 cm~10 cm 厚。

B.1.4.4 播种

B.1.4.4.1 播期

采用顶插接,一般应在砧木播种后第 7 d 进行播种,靠接法接穗提前 4 d~6 d 播种。

B.1.4.4.2 选种

选择催芽后胚根长 0.4 cm~0.5 cm 的饱满种子进行播种。

B.1.4.4.3 播种要求

每平方米播种 2 500 粒~3 000 粒,播后覆土 1 cm~1.2 cm,并盖膜保温。

B.1.4.5 接穗的苗期管理

B.1.4.5.1 播种后覆盖地膜,以保持水分。4 d~5 d 后出苗时揭去地膜。

B.1.4.5.2 白天温度控制:

    a) 播种至出苗控制在 30 ℃~35 ℃。

    b) 揭膜后温度控制在 25 ℃~30 ℃。

B.1.4.5.3 夜间温度控制在 15 ℃~20 ℃。

B.1.4.5.4 苗床基质相对含水量控制在 70%～80%。

B.1.5 嫁接

B.1.5.1 嫁接方法

B.1.5.1.1 顶插接法

当砧木苗以一叶一心,接穗苗以子叶充分展开时进行嫁接。用刀片削除砧木生长点,然后用粗度与接穗下胚轴相近的削成楔形的竹签在砧木刀口上斜面向下插深约 1 cm 的孔,将剪成楔形的接穗插入砧木孔中,用嫁接夹固定即可。需注意接穗子叶方向应与砧木子叶呈十字状,以利于砧木子叶的光合作用。

B.1.5.1.2 靠接法

在砧木下胚轴靠近子叶节约 1 cm 处,用刀片作 45°角向下削一刀,深过胚轴的一半左右,长约 1 cm。然后在接穗的相应部位向上作 45°角斜削一刀,深及胚轴的一半多,长度与砧木一致,将二者切口相互嵌入,用嫁接夹固定,将接穗根系埋入土壤中。

B.1.5.2 嫁接技术要求

B.1.5.2.1 时期确定

一般顶插接在砧木长出一片真叶,接穗子叶展开时进行。

B.1.5.2.2 嫁接要求

嫁接时接穗削面要光滑平整,砧木与接穗要紧密接触。

B.1.5.2.3 接后管理

靠接在接穗成活后要及时去掉固定夹。

B.1.6 嫁接苗的苗期管理

B.1.6.1 湿度控制

B.1.6.1.1 嫁接后及时扣上 2 m 拱棚,并加盖遮阳网,保湿避光。

B.1.6.1.2 嫁接后 2 d～3 d 内不通风,湿度保持在饱和状态。

B.1.6.1.3 3 d～4 d 后逐渐通风换气。

B.1.6.2 温度控制

B.1.6.2.1 嫁接初期 2 d～3 d,白天 26 ℃～28 ℃,夜间 24 ℃～25 ℃。

B.1.6.2.2 4 d～5 d 后开始逐渐通风降温,一周后白天 23 ℃～24 ℃,夜间 18 ℃～20 ℃。

B.1.6.2.3 接穗成活后按一般苗床管理。

B.1.6.3 光照的控制

B.1.6.3.1 嫁接当日和次日严密遮光、避免阳光直射。

B.1.6.3.2 第三天起,早晨和傍晚除去覆盖物,以散射光各照射 30 min～40 min,以后逐渐延长光照时间。

B.1.6.3.3 一周后只在中午遮光,10 d 后按一般苗床管理。

B.1.6.4 其他管理

B.1.6.4.1 摘除不定芽:嫁接苗成活后要及时摘掉砧木上长出的侧芽。

B.1.6.4.2 倒苗:同 B.1.3.5。

B.1.6.4.3 低温锻炼:定植前一周开始逐渐通风降温,保持白天 22 ℃～24 ℃,夜间 13 ℃～15 ℃。

B.1.6.4.4 断根:靠接法要在定植前去掉西瓜根系。

B.1.7 嫁接苗的质量指标

B.1.7.1 嫁接苗出床时应具有 3 片～4 片真叶,接穗不徒长。

B.1.7.2 叶片颜色浓绿,无病、虫危害。

B.1.7.3 茎基部粗壮。

B.1.7.4 根系发达。

B.2 自根西瓜苗的培育

B.2.1 苗床准备
同 B.1.1。

B.2.2 种子
同 B.1.4.1。

B.2.3 播种
同 B.1.2.3。

B.2.4 苗期管理
同 B.1.3。

B.2.5 自根苗的质量指标
B.2.5.1 自根苗出床时具有 3 片～4 片真叶。

B.2.5.2 叶片颜色浓绿,无病虫危害。

B.2.5.3 茎基部粗壮。

B.3 露地西瓜生产

B.3.1 定植前的准备

B.3.1.1 整地
冬前进行深翻、晾晒。

B.3.1.2 开沟施肥

B.3.1.2.1 单行种植
沟宽 0.4 m 左右,沟深 0.3 m 左右。

B.3.1.2.2 双行种植
沟宽 0.8 m 左右,沟深 0.3 m 左右。

B.3.1.3 沟施底肥
666.7 m² 施底肥量:

a) 充分腐熟的农家肥 2 000 kg～3 000 kg;有机肥 500 kg～1 000 kg。

b) 磷酸二铵 15 kg～20 kg;

c) 硫铵 30 kg～35 kg;

d) 硫酸钾 15 kg～20 kg。

B.3.1.4 做畦
B.3.1.4.1 单行种植:畦宽 0.6 m 左右,畦高 0.2 m 左右。

B.3.1.4.2 双行种植:畦宽 0.7 m 左右,畦高 0.25 m 左右。

B.3.1.5 加盖地膜
做畦后及时加盖地膜,保温保湿。

B.3.2 定植

B.3.2.1 定植时期
一般定植期为 4 月中旬至 5 月上旬,当瓜苗长到 3 片～4 片真叶时,地温稳定在 10 ℃以上,气温平均在 15 ℃以上,选择晴天无风天气定植。

B.3.2.2 栽培密度
西瓜栽培密度:600 株/666.7 m²～700 株/666.7 m²;

B.3.2.3 定植要求
B.3.2.3.1 定植前 2 d～3 d 苗床浇一次透水。

B.3.2.3.2 瓜苗移栽过程应轻拿轻放。

B.3.2.3.3 瓜苗放入定植穴后浇"定植水"。

B.3.2.3.4 浇过定植水后封埯,嫁接苗接口要高于畦面。

B.3.3 田间管理

B.3.3.1 浇水追肥

B.3.3.1.1 伸蔓水

缓苗后可浇水一次。

B.3.3.1.2 膨瓜水

在西瓜果实长到直径 4 cm～5 cm 左右时浇第一次膨瓜水;果实长到直径 12 cm～15 cm 左右时浇第二次膨瓜水,同时每 666.7 m² 追施硫铵 20 kg～25 kg,硫酸钾 10 kg～15 kg。膨瓜期,可叶面喷施 0.3% 的磷酸二氢钾 2 次～3 次。

B.3.3.2 整枝和授粉

B.3.3.2.1 整枝方式

三蔓式整枝。除主蔓以外,留基部两条侧蔓,全株留瓜 1 个。

B.3.3.2.2 留瓜节位

主蔓应选第二或第三雌花坐瓜,侧蔓应选第二雌花坐瓜。

B.3.3.2.3 人工授粉

    a) 在授粉期每天上午 7:30～10:30 选择正常开放的雄花。

    b) 人工用雄花在雌花柱头上轻抹,将花粉均匀抹到柱头上。

    c) 对不同日期授粉的雌花,分别做好标记,以确定采收日期。

B.3.3.3 果实管理

    a) 翻瓜,果实膨大期间,翻瓜 2 次～3 次;

    b) 垫瓜,选用隔热隔湿材料垫瓜。

B.3.3.4 其他管理

    a) 及时清除瓜田杂草。

    b) 摘瓜前一周停止浇水。

B.4 西瓜的采收

B.4.1 采收时期的确定

B.4.1.1 积温确定法

果实发育期累计有效积温 700 ℃～800 ℃。

B.4.1.2 外观鉴别法

B.4.1.2.1 果皮坚硬光滑,呈本品种固有皮色。

B.4.1.2.2 脐部和果蒂部位向里凹陷、收缩。

B.4.2 采收技术要求

B.4.2.1 采瓜时果实上带 4 cm～7 cm 左右的瓜蔓,增加耐贮能力。

B.4.2.2 避免雨天采收。

B.4.2.3 瓜温较低、瓜面无露水时采收,高温季节应傍晚采收。

B.4.2.4 采瓜和装运过程中要轻拿轻放。

B.5 病虫害防治

B.5.1 主要病虫害

病害以猝倒病、炭疽病、枯萎病、病毒病为主;虫害以瓜蚜、斑潜蝇为主。

B.5.2 农业防治

B.5.2.1 育苗期间尽量少浇水,加强增温保温措施,保持苗床较低的湿度和适合的温度,可预防苗期猝倒病和炭疽病。

B.5.2.2 重茬种植时采用嫁接栽培,可有效防止枯萎病的发生。

B.5.2.3 春季彻底清除瓜田内和四周的杂草,消灭越冬虫卵,减少虫源基数,可减轻瓜蚜危害。

B.5.2.4 及时防治蚜虫,拔除并销毁田间发现的重病株,防止蚜虫和农事操作时传毒,可有效预防病毒病的发生。叶面喷施0.3%磷酸二氢钾溶液,可以增强植株对病毒病的抗病性。

B.5.3 物理防治

B.5.3.1 糖酒液诱杀:按糖、醋、酒、水和90%敌百虫晶体3∶3∶1∶10∶0.6比例配成药液,放置在苗床附近诱杀种蝇成虫,并可根据诱杀量及雌、雄虫的比例预测成虫发生期。

B.5.3.2 选用银灰色地膜覆盖,可收到避蚜的效果。

B.5.4 生物防治

与麦田邻作,使麦田上的七星瓢虫等天敌迁入瓜田捕食蚜虫,可降低瓜蚜的虫口密度。

B.5.5 药剂防治

B.5.5.1 使用化学农药时,应执行GB 4285和GB/T 8321(所有部分)和其他法律法规的相关规定,农药混剂的安全间隔期执行其中残留性最大的有效成分的安全间隔期。

B.5.5.2 合理混用、轮换交替使用不同作用机制或具有负交互抗性的药剂,克服和推迟病、虫抗药性的产生和发展。

附　录　C

（规范性附录）

西瓜中番茄红素的测定方法

C.1　原理

采用高效液相色谱法，用有机溶剂提取西瓜中番茄红素，经色谱柱分离，最大吸收波长 470 nm 检测。

C.2　试剂

C.2.1　氯仿（分析纯）。

C.2.2　异丙醇（分析纯）。

C.2.3　石油醚（分析纯）。

C.2.4　乙酸乙酯（分析纯）。

C.2.5　三氯甲烷（色谱纯）。

C.2.6　乙腈（色谱纯）。

C.2.7　番茄红素标样。

C.3　仪器

C.3.1　实验室常规仪器。

C.3.2　高压液相色谱仪。

C.4　分析步骤

C.4.1　标准曲线的绘制

取番茄红素标样 1 mg，溶于 2 mL 乙酸乙酯中，此时溶液浓度相当于 0.5 mg/mL。将此溶液稀释 10 倍，浓度相当于 50 μg/mL，再将此溶液分别稀释 2 倍、4 倍、6 倍、8 倍，得到相当于番茄红素浓度分别为 25 μg/mL、12.5 μg/mL、6.25 μg/mL、3.125 μg/mL 的溶液。上机测定。以相对峰高为横坐标，以番茄红素浓度为纵坐标，由所得结果绘标准曲线。

C.4.2　西瓜中番茄红素的提取

取西瓜冷冻干燥样品 0.500 0 g 于 50 mL 三角瓶中，加入提取剂 20 mL 超声波提取 20 min，过滤于 50 mL 容量瓶中定容。取 20 mL 溶液于分液漏斗中，分两次加入 10 mL 石油醚摇匀，加入 10 mL 蒸馏水静置，分层；合并石油醚相，于旋转蒸发仪上减压蒸干，用 100 μL 三氯甲烷及异丙醇定容至 2 mL；过滤膜后上机测定。

C.4.3　测定

C.4.3.1　色谱柱：Nova-pak C18 (3.9 mm×300 mm)。

C.4.3.2　流动相：乙腈：三氯甲烷＝92：8。

C.4.3.3　检测波长：470 nm。

C.4.3.4　流速：1.0 mL/min。

C.4.3.5　进样量：10 μL。

C.4.3.6　柱温：35 ℃。

C.5　分析结果计算

将样品的测定值根据标准曲线按式（C.1）计算，可得知样品中的番茄红素含量。

$$C = \frac{\gamma \times V}{W} \times 100 \qquad \cdots\cdots\cdots\cdots\cdots\cdots\cdots\cdots\cdots\cdots\cdots\cdots (\text{C.1})$$

式中:

C——番茄红素含量,单位为毫克每百克(mg/100 g);

γ——从标准曲线中查得相同峰高时番茄红素样品的质量浓度,单位为毫克每毫升(mg/mL);

V——试样定容的最后体积,单位为毫升(mL);

W——样品的质量,单位为克(g)。

ICS 67.080.10
X 24

中华人民共和国国家标准

GB/T 22474—2008

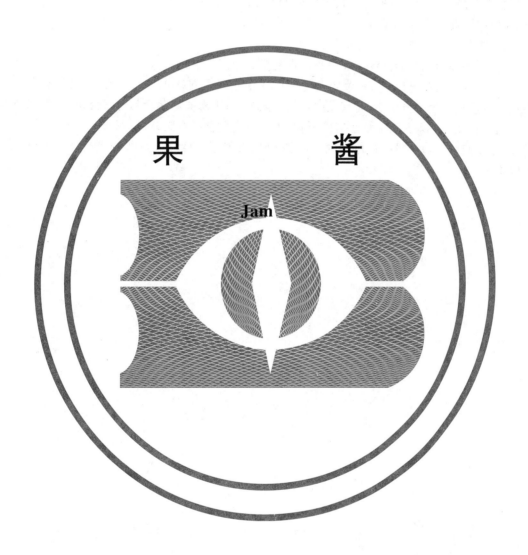

果　酱

Jam

2008-11-04 发布　　　　　　　　　　　　2009-06-01 实施

中华人民共和国国家质量监督检验检疫总局
中国国家标准化管理委员会　发布

前　言

　　本标准是在 SB/T 10058—1992《猕猴桃酱》、SB/T 10059—1992《山楂酱》、SB/T 10088—1992《苹果酱》、SB/T 10196—1993《果酱通用技术条件》国内贸易行业标准实施多年的基础上，结合当前的市场环境、消费需求及果酱生产企业的生产技术和加工工艺而制定的。

　　本标准由中国商业联合会提出。

　　本标准由中华人民共和国商务部归口。

　　本标准由中国商业联合会商业标准中心负责起草。

　　本标准主要参加起草单位：山东董老大食品有限公司、山西维之王食品有限公司、国家食品质量监督检验中心、卫生部卫生监督中心、北京丘比食品有限公司、上海味好美食品有限公司、咀香园健康食品（中山）有限公司、北京三乐元食品加工有限公司、上海立高敦食品有限公司、石家庄市永兴果脯厂。

　　本标准主要起草人：郑传钰、董超、宋永祥、宋全厚、石朝军、潘丽萍、张延杰、刘蕊、王伟雅、齐胜利、李里特、钱志先。

果　　酱

1　范围

本标准规定了果酱的相关术语和定义、产品分类、要求、检验方法和检验规则以及标识标签要求。

本标准适用于符合3.1、3.2定义的产品。

2　规范性引用文件

下列文件中的条款通过本标准的引用而成为本标准的条款。凡是注日期的引用文件,其随后所有的修改单(不包括勘误的内容)或修订版均不适用于本标准,然而,鼓励根据本标准达成协议的各方研究是否可使用这些文件的最新版本。凡是不注日期的引用文件,其最新版本适用于本标准。

GB 317　白砂糖

GB 1987　食品添加剂　柠檬酸

GB 2759.1　冷冻饮品卫生标准

GB 2760　食品添加剂使用卫生标准

GB/T 4789.24　食品卫生微生物学检验　糖果、糕点、蜜饯检验

GB/T 4789.26　食品卫生微生物学检验　罐头食品商业无菌的检验

GB/T 5009.8　食品中蔗糖的测定

GB/T 5009.11　食品中总砷及无机砷的测定

GB/T 5009.12　食品中铅的测定

GB/T 5009.16　食品中锡的测定

GB 5749　生活饮用水卫生标准

GB 7099—2003　糕点、面包卫生标准

GB 7718　预包装食品标签通则

GB/T 10786　罐头食品的检验方法

GB 11671—2003　果、蔬罐头卫生标准

GB 14880　食品营养强化剂使用卫生标准

GB 19302　酸乳卫生标准

JJF 1070　定量包装商品净含量计量检验规则

国家质量监督检验检疫总局令第75号　定量包装商品计量监督管理办法

国家质量监督检验检疫总局、国家工商行政管理总局联合发布令第66号　零售商品称重计量监督管理办法

国家质量监督检验检疫总局令第102号　食品标识管理规定

3　术语和定义

下列术语和定义适用于本标准。

3.1

果酱　jam

以水果、果汁或果浆和糖等为主要原料,经预处理、煮制、打浆(或破碎)、配料、浓缩、包装等工序制成的酱状产品。

3.2

果味酱 fruit-flavor jam

果味果酱

加入或不加入水果、果汁或果浆,使用增稠剂、食用香精、着色剂等食品添加剂,加糖(或不加糖),经配料、煮制、浓缩、包装等工序加工制成的酱状产品。

3.3

析水 sweating

放置一段时间后,从产品中渗出液体的现象。

4 产品分类

4.1 按原料分

4.1.1 果酱:配方中水果、果汁或果浆用量大于或等于 25%;

注:水果、果汁或果浆用量按鲜果计。

4.1.2 果味酱:配方中水果、果汁或果浆用量小于 25%。

4.2 按加工工艺分

4.2.1 果酱罐头:按罐头工艺生产的果酱产品。

4.2.2 其他果酱:非罐头工艺生产的果酱产品。

4.3 按产品用途分

4.3.1 原料类果酱:供应食品生产企业,作为生产其他食品的原辅料的果酱。

4.3.1.1 酸乳类用果酱:加入酸乳并在其中能够保持稳定状态的果酱。

4.3.1.2 冷冻饮品类用果酱:加入冰淇淋及其他冷冻甜品中的果酱。

4.3.1.3 烘焙类用果酱:加入烘焙类产品的果酱。

4.3.1.4 其他果酱:除上述外,作为生产其他食品原料的果酱。

4.3.2 佐餐类果酱:直接向消费者提供的,佐以其他食品一同食用的果酱。

5 要求

5.1 原辅料和包装材料

5.1.1 水果、果汁或果浆:应符合国家相关标准规定。

5.1.2 白砂糖:应符合 GB 317 的规定。

5.1.3 柠檬酸:应符合 GB 1987 的规定。

5.1.4 水:应符合 GB 5749 的规定。

5.1.5 包装材料和其他原辅料应符合国家相关法规和标准的规定。

5.2 感官要求

应符合表 1 的规定。

表 1 感官要求

项　目	要　求
色　泽	有该品种应有的色泽
滋味与口感	无异味,酸甜适中,口味纯正,具有该品种应有的风味
杂　质	正常视力下无可见杂质,无霉变
组织状态	均匀,无明显分层和析水,无结晶

5.3 理化指标

应符合表 2 的规定。

表 2　理化指标

项　目		果酱指标	果味酱指标
可溶性固形物(以 20 ℃折光计)	≥	25	—
总糖 /(g/100 g)	≤	—	65
总砷(以 As 计)/(mg/kg)	≤	0.5	
铅(Pb)/(mg/kg)	≤	1.0	
锡(Sn)/(mg/kg)	≤	250[a]	

注 1："—"表示不作要求。

注 2：总砷、铅、锡的指标参照 GB 11671—2003 设定,并与该标准相同。

[a]　仅限马口铁罐。

5.4　微生物指标

5.4.1　果酱罐头

应符合 GB 11671 商业无菌的规定。

5.4.2　原料类果酱

5.4.2.1　酸乳类用果酱：大肠菌群、霉菌、致病菌应符合 GB 19302 的规定；菌落总数应符合 GB 7099—2003 中"冷加工"的规定。

5.4.2.2　冷冻饮品类用果酱：菌落总数、大肠菌群、致病菌应符合 GB 2759.1 的规定；霉菌应符合 GB 7099—2003 中"冷加工"的规定。

5.4.2.3　烘焙类用果酱：菌落总数、大肠菌群、霉菌、致病菌应符合 GB 7099—2003 中"热加工"的规定。

5.4.2.4　其他果酱：菌落总数、大肠菌群、霉菌、致病菌应符合 GB 7099—2003 中"热加工"的规定。

5.4.3　佐餐类果酱

菌落总数、大肠菌群、霉菌、致病菌应符合 GB 7099—2003 中"热加工"的规定。

5.5　食品添加剂

应符合 GB 2760 的规定；营养强化剂应符合 GB 14880 的规定。

5.6　净含量

应符合《定量包装商品计量监督管理办法》的规定；采用称重方式销售的,应符合《零售商品称重计量监督管理办法》的规定。

6　检验方法

6.1　感官

用不锈钢匙取样品约 20 g,置于清洁的白瓷盘中。观察其色泽、组织形态、有无杂质,鼻嗅和口尝滋味和气味,做出评价。

6.2　理化指标

6.2.1　总糖

按 GB/T 5009.8 规定的方法测定。

6.2.2　可溶性固形物

按 GB/T 10786 规定的方法测定。

6.2.3　铅

按 GB/T 5009.12 规定的方法测定。

6.2.4　总砷

GB/T 5009.11 规定的方法测定。

6.2.5 锡

GB/T 5009.16 规定的方法测定。

6.3 微生物指标

6.3.1 商业无菌

按 GB/T 4789.26 规定的方法测定。

6.3.2 菌落总数、大肠菌群、霉菌和致病菌的检验

按 GB/T 4789.24 规定的方法测定。

6.4 净含量

按 JJF 1070 中规定的方法测定。

7 检验规则

7.1 批次

同批投料、同一班次、同一品种的产品为一批。

7.2 出厂检验

7.2.1 出厂前对产品进行检验,符合本标准要求,并出具质量合格证的方可出厂。

7.2.2 标签、净含量、感官要求、菌落总数、大肠菌群、可溶性固形物为每批必检项目;其他项目作定期检验,每年不少于两次。

7.3 型式检验

型式检验项目包括第 5 章规定的全部项目。正常生产时应每 12 个月进行一次型式检验。此外有下列情况之一时,应进行型式检验:

    a) 新产品试制鉴定时;

    b) 正式投产后,如原料、生产工艺有较大改变,可能影响产品质量时;

    c) 产品停产半年以上,恢复生产时;

    d) 检验结果与前一次检验结果有较大差异时;

    e) 国家质量监督部门提出要求时。

7.4 抽样方法和数量

7.4.1 出厂检验时,从每批次中随机抽取 3 件,每件取出大于或等于 100 g 的单件包装商品。

7.4.2 型式检验时,从每批次中随机抽取 3 件,每件取出大于或等于 300 g 的单件包装商品。

7.5 判定规则

7.5.1 出厂检验判定和复检

7.5.1.1 出厂检验项目全部符合本标准,判为合格品。

7.5.1.2 感官要求检验中如有异味、污染、霉变、外来杂质或微生物指标有一项不合格时,则判为该批产品不合格,并不得复检。其余指标不合格,可在同批产品中对不合格项目进行复检,复检后如仍有一项不合格,则判为该批产品不合格。

7.5.2 型式检验判定和复检

7.5.2.1 型式检验项目全部符合本标准,判为合格品。

7.5.2.2 型式检验项目不超过两项不符合本标准,可以加倍抽样复检。复检后仍有一项不符合本标准,则判定该批产品为不合格品。超过两项或微生物检验有一项不符合本标准,则判定该批产品为不合格品。

7.5.2.3 在检验和判定食品中食品添加剂指标时,应结合配料表各成分中允许使用的食品添加剂范围和使用量综合判定。

8 标识标签

8.1 应符合《食品标识管理规定》的规定。

8.2 定量预包装产品应符合 GB 7718 的规定。

8.3 应标示"果酱"或"果味酱"。

———————————

ICS 67.080.10
B 31

中华人民共和国国家标准

GB/T 22738—2008

地理标志产品　尤溪金柑

Product of geographical indications—Youxi kumquat

2008-12-28 发布　　　　　　　　　2009-06-01 实施

中华人民共和国国家质量监督检验检疫总局
中国国家标准化管理委员会　　发 布

前　言

本标准根据《地理标志产品保护规定》和 GB/T 17924—2008《地理标志产品标准通用要求》以及中华人民共和国质量监督检验检疫总局 2007 年第 60 号公告制定。

本标准的附录 A 为规范性附录,附录 B 为资料性附录。

本标准由全国原产地域产品标准化工作组提出并归口。

本标准起草单位:福建省尤溪县质量技术监督局、福建省尤溪县农业局、尤溪县富山金柑有限公司。

本标准主要起草人:吴长生、林盛洪、肖永广、詹有青。

地理标志产品　尤溪金柑

1　范围

本标准规定了尤溪金柑的术语和定义、地理标志产品保护范围、种植环境和生产技术、要求、试验方法、检验规则、包装、标志与标识、运输及贮藏。

本标准适用于国家质量监督检验检疫行政主管部门根据《地理标志产品保护规定》批准保护的地理标志产品尤溪金柑。

2　规范性引用文件

下列文件中的条款通过本标准的引用而成为本标准的条款。凡是注日期的引用文件,其随后所有的修改单(不包括勘误的内容)或修订版均不适用于本标准,然而,鼓励根据本标准达成协议的各方研究是否可使用这些文件的最新版本。凡是不注日期的引用文件,其最新版本适用于本标准。

GB 2762　食品中污染物限量

GB 2763　食品中农药最大残留限量

GB/T 8210　出口柑桔鲜果检验方法

GB/T 8855　新鲜水果和蔬菜　取样方法

JJF 1070　定量包装商品净含量计量检验规则

NY 5014—2005　无公害食品　柑果类果品

定量包装商品计量监督管理办法(国家质量监督检验检疫总局令〔2005〕第 75 号)

农产品包装和标识管理办法(中华人民共和国农业部〔2006〕第 70 号令)

3　术语和定义

下列术语和定义适用于本标准。

3.1

尤溪金柑　Youxi kumquat

在本标准第 4 章规定的范围内,按本标准生产技术生产,果实质量符合本标准要求的金弹。

4　地理标志产品保护范围

尤溪金柑地理标志产品保护范围限于国家质量监督检验检疫行政主管部门根据《地理标志产品保护规定》批准的范围,即福建省尤溪县现辖的行政区域内,见附录 A。

5　种植环境和生产技术

5.1　种植环境

5.1.1　气候

年平均气温 16 ℃～19 ℃,极端低温≥－7 ℃,≥10 ℃的年积温 4 800 ℃以上,年平均降水量 1 400 mm～1 800 mm。

5.1.2　立地条件

地域保护范围内海拔 700 m 以下的低山、丘陵地或平地;土层厚度≥70 cm,有机质含量≥1.0%,pH 值 5.0～6.5 的红黄壤土、紫色土等,均适宜种植尤溪金柑。

5.2 生产技术

生产技术参见附录 B。

6 要求

6.1 分等分级

6.1.1 分等

尤溪金柑果实按感官要求分为一等、二等,见表1。

表 1 果实分等

项 目		分 等 指 标	
		一 等	二 等
感官要求	果 形	椭圆形或倒卵形,果形端正,较均匀	椭圆形或倒卵形,果形较端正,基本均匀
	色 泽	橙黄色,着色均匀,具该品种成熟果实特征色泽	黄色至橙黄色,着色较均匀,具该品种成熟果实特征色泽
	果 面	光洁,无萎蔫、裂果,果面无明显斑点	较光洁,无萎蔫、裂果,果面明显斑点面积不超过果面总面积的3%
	风 味	果皮厚脆,略带金柑固有的辛辣味;酸甜可口,有香气,无异味	

6.1.2 分级

尤溪金柑按果实的单果重分为特级、一级、二级,见表2。

表 2 果实分级

项 目	分 级 指 标		
	特 级	一 级	二 级
单果重/g	≥22	≥18～<22	≥14～<18

6.2 理化指标

理化指标应符合表3规定。

表 3 理化指标

项 目		指 标
可溶性固形物/%	≥	11
总酸/%	≤	1.0
固酸比	≥	11

6.3 卫生指标

6.3.1 污染物限量指标

应符合 GB 2762 的有关规定。

6.3.2 农药最大残留限量指标

应符合 GB 2763 的有关规定。

6.4 净含量

应符合《定量包装商品计量监督管理办法》的规定。

7 试验方法

7.1 分等

取 20 个样果,对其感官要求采用目测、品尝进行评定。

7.2 分级

取 20 个样果，用感量为 0.1 g 的衡器称量测定单果重。

7.3 理化指标

按照 GB/T 8210 规定的相关方法检测。

7.4 卫生指标

污染物限量按 GB 2762 中规定的相关方法检测，农药最大残留限量按 GB 2763 中规定的相关方法检测。

7.5 净含量

按 JJF 1070 的规定检验。

8 检验规则

8.1 组批

同一产地、同一等级、同一包装方式、同一批交货的金柑作为一个检验批次。

8.2 取样方法

按 GB/T 8855 规定执行。

8.3 检验分类

8.3.1 出场（交收）检验

每批产品出场（交收）时应进行交收检验，出场（交收）检验内容包括包装、标志与标识、分等和分级。经检验合格并附有合格证方可出场（交收）。

8.3.2 型式检验

型式检验是对本标准第 6 章所规定的所有项目进行检验。有下列情况之一者应进行型式检验：

    a) 前后两次产品检验结果差异较大；

    b) 因人为或自然因素使生产环境发生较大变化；

    c) 国家质量监督机构或主管部门提出型式检验要求。

8.4 判定规则

8.4.1 分等、分级指标不合格果率（以质量分数计）小于 5%，且理化指标、卫生指标均合格时，判该批产品合格。

8.4.2 分等、分级指标不合格果率（以质量分数计）大于 5%，允许整改后复检。

8.4.3 理化指标、卫生指标出现不合格时，允许另取一份样品复检，若仍不合格，则判该批产品不合格。

9 包装、标志与标识

应按《农产品包装和标识管理办法》的规定执行。每一包装内只能装同一等级果，不得有隔级果。

10 贮藏、运输

10.1 贮藏

金柑采摘后可先入库预贮，经分级包装后，采用通风贮藏库或隔热、通风良好的仓库贮藏，仓库应清洁、无污染、无异味，不得与有毒有害物品混贮，尽可能减少库内温度变化。

10.2 运输

待运的金柑，应批次、等级分明，码堆整齐，环境清洁，堆放和装卸要轻搬轻放，运输工具应清洁卫生，码层不宜过多。不得与有毒有害物品混装、混运。

附 录 A

（规范性附录）

尤溪金柑地理标志产品保护范围图

尤溪金柑地理标志产品保护范围见图 A.1。

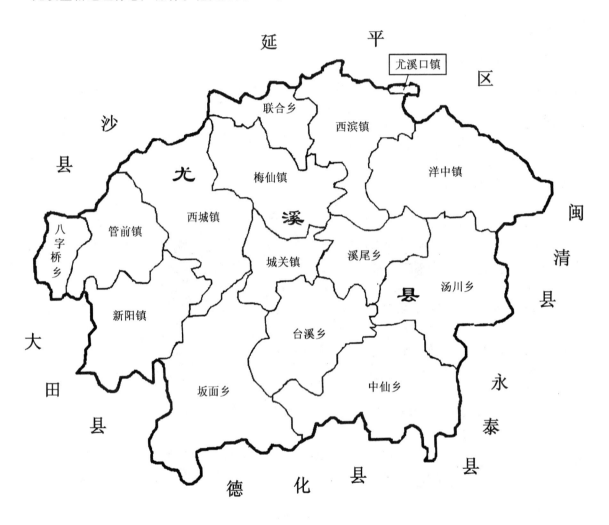

注：尤溪金柑地理标志产品保护范围限于福建省尤溪县现辖行政区域。

图 A.1 尤溪金柑地理标志产品保护范围图

附 录 B
（资料性附录）
尤溪金柑生产技术

B.1 品种

金弹，学名 *Fortunella crassifolia* Swingle。又称金柑、金桔，当地俗称绿桔。

B.2 生产技术

B.2.1 园地建设

宜选海拔 700 m 以下低山、丘陵地或平地建园。土壤质地以疏松肥沃、土层深厚的红黄壤或紫色土为好。园地应水源充足，交通方便。

修筑梯台，台面宽 2.5 m 以上，外筑梯埂，内修水沟，中间挖穴或开沟，沟穴深 80 cm 以上。沟或穴填充表土，施入绿肥、农家肥、钙镁磷、石灰等作为基肥。

园地应统筹安排道路、水利设施。应设 3 m～4 m 宽的干道及 2 m～3 m 宽的支路与乡村公路衔接。设置排灌管道或沟渠及水池，做到雨季可蓄可排，旱季能浇能灌。

B.2.2 种苗选择与栽植密度

实生苗或嫁接苗均可。种苗应种性纯正、生长健壮、根系发达，径粗 0.6 cm 以上，高 50 cm 以上。种植实生苗，通常每 667 m² 种植 40 株～60 株，株行距（3 m～4 m）×（4 m～4.5 m）。嫁接苗通常每667 m² 种植 60 株～80 株，株行距（2.5 m～3 m）×（3 m～4 m）。

B.2.3 土壤管理

幼龄金柑园应通过深耕改土，增施有机肥，促进土壤熟化。即在定植穴四周或定植沟两边开挖深度60 cm 以上的沟穴，分层施入有机肥。改土沟穴逐年向外扩展，直至全园完成。力求通过连年改土增肥，使果园土壤有机质含量达到 1.5% 以上。

果园土壤每年中耕 1 次～2 次，深度 15 cm～20 cm。5 月至 6 月除草 1 次。已通过改土熟化、质地疏松的果园提倡免耕，让其自然生草，年劈草或割草 3 次～4 次，覆盖树盘。

B.2.4 施肥

施肥应各种营养元素配合施用，多施有机肥，合理施用无机化肥。幼年树宜薄肥勤施，在 4 月至 9 月每月施一次。以氮肥为主，配合施用磷、钾肥。一至三年生幼树全年施纯氮 80 g～300 g，氮：磷：钾以1：0.3：0.4 左右为宜，施用量应从少到多逐年增加。

结果树通常施用春梢肥、花前肥、壮果肥。全年施肥量按产 100 kg 金柑果施用纯氮 1.0 kg～1.5 kg 掌握，其中有机氮应占 30% 以上，氮、磷、钾比 1：0.4：（0.7～1）。春梢肥在 2 月至 3 月施用，施入全年用量 50%～60% 的氮素肥料、50%～60% 的磷肥、30% 的钾肥，有机肥料全部在本次施用。花前肥在春梢自剪后的 5 月中下旬施入，施入全年用量的 20%～25%，氮、磷、钾三要素均衡配合。稳果壮果肥在 7 月至 8 月施用，施入全年用量 20%～25% 的氮素肥料、20%～25% 的磷肥、45%～50% 的钾肥。土质良好、树势强健的果园可不施花前肥。此外，9 月至 10 月间可根据树势、结果量，结合灌水酌情补肥。

施肥方法，化肥采用浅沟施、撒施等，有机肥开沟深施；幼年树宜多采用水肥浇施。沟施位置应选在树冠滴水线附近，位置应经常轮换。

B.2.5 灌溉排水

7 月份以后，如遭遇连续 10 d 以上未雨，果园应及时灌水，保持土壤湿润。可每树灌水 30 kg～80 kg，每周 1 次，直到采果前 20 d。梅雨季节及大雨，果园要及时清沟排水，以免积水闷根。

B.2.6 整形修剪

以培养矮壮自然开心形树形为目标,干高 25 cm～40 cm,树高控制在 230 cm～280 cm 以内。嫁接树宜在幼龄期通过抹芽、疏梢,控制分枝数,使养分相对集中于选留的骨干枝,促进形成较大的冠幅。实生树应在选留作为中央主干或主枝的枝梢抽生期间,留 40 cm～60 cm 摘心或短截,控制其高度,促进分枝。

初结果树宜轻剪,适当疏除骨干枝上过密的枝芽,尽量保持有效能的枝叶。树体长至设定的高度后,抹除顶端徒长性枝芽,采果后回缩顶端强枝,控制顶端优势。对结果后的枝组,适度疏删密枝、弱枝,回缩长枝,以促发强壮春梢。

盛果期的修剪以采果后至抽春梢前的冬春修剪为主。先根据树形要求,从内到外去除多余的大枝。修剪小枝时,以去密留疏、去弱留强为原则,剪除交叉枝、重叠枝、过密枝、病虫枝、枯弱枝等,使每个枝组先端保留若干强枝,作为再次抽生新梢的基枝;适当回缩短截生长较弱的枝组与枝梢,以增强其生长势。通过修剪,达成枝组不交叉重叠、树冠通风透光的效果。

B.2.7 病虫防治

坚持“以防为主,综合防治”原则。防治策略上,首先要把健生栽培作为防治的基础,通过合理施肥、修剪等农业耕作措施改善果园生态环境,增强树势,提高抗性;其次要注重保护天敌,积极应用生物防治措施,优先应用杀虫灯捕杀害虫等物理机械防治措施。在此基础上,再根据病虫发生与测报情况,适当喷用农药。喷药防治,重点掌握冬季清园消灭越冬病虫,控制春季第一代病虫,压低病虫基数。

为保障果品卫生安全,用药防治,应多选用生物源、矿物源农药,少用化学农药;选择高效、低毒和持效期长的农药。同时注意做好农药的轮用、混用,提高药效;限制同一种农药的使用次数,严格掌握用药安全间隔期,防止果实农药残留量超标。

B.3 采收

宜在 11 月中旬至 12 月下旬果实全面转色,达到品种固有色泽、风味和香气时采收。避免雨天以及露水未干、雾天采收。采摘时小心谨慎,搬运时轻拿轻放,防止机械损伤。

ICS 67.080.10
B 31

中华人民共和国国家标准

GB/T 22740—2008

地理标志产品 灵宝苹果

Product of geographical indication—Lingbao apple

2008-12-28 发布　　　　　　　　　　　2009-06-01 实施

中华人民共和国国家质量监督检验检疫总局
中国国家标准化管理委员会　　发 布

前　言

本标准根据《地理标志产品保护规定》与 GB/T 17924—2008《地理标志产品标准通用要求》制定。

本标准的附录 A 为规范性附录,附录 B 为资料性附录。

本标准由全国原产地域产品标准化工作组提出并归口。

本标准起草单位:三门峡市质量技术监督局、灵宝市园艺局。

本标准主要起草人:袁文忠、索继军、张孝民、李云昭、廖权虹、孟朝军、张玉君、王松森。

地理标志产品　灵宝苹果

1 范围

本标准规定了灵宝苹果的术语和定义、地理标志产品保护范围、要求、试验方法、检验规则及标志、包装、运输和贮藏。

本标准适用于国家质量监督检验检疫行政主管部门根据《地理标志产品保护规定》批准保护的灵宝苹果。

2 规范性引用文件

下列文件中的条款通过本标准的引用而成为本标准的条款。凡是注日期的引用文件,其随后所有的修改单(不包括勘误的内容)或修订版均不适用于本标准,然而,鼓励根据本标准达成协议的各方研究是否可使用这些文件的最新版本。凡是不注日期的引用文件,其最新版本适用于本标准。

GB/T 8321(所有部分)　农药合理使用准则

GB/T 8559　苹果冷藏技术

GB/T 8855　新鲜水果和蔬菜　取样方法

GB/T 10651　鲜苹果

GB/T 13607　苹果、柑桔包装

NY 5011　无公害食品　仁果类水果

NY 5012　无公害食品　苹果生产技术规程

ISO 8682　苹果气调贮藏

3 术语和定义

GB/T 10651确立的以及下列术语和定义适用于本标准。

3.1

灵宝苹果　Lingbao apple

在本标准第4章规定的范围内生产,符合本标准要求的苹果。

4 地理标志产品保护范围

灵宝苹果的地理标志产品保护范围限于国家质量监督检验检疫行政主管部门根据《地理标志产品保护规定》批准的范围,即河南省灵宝市现辖行政区域,见附录A。

5 要求

5.1 种植环境

5.1.1 气温

区域内年平均气温12.3 ℃～13.7 ℃,年极端最高气温42.7 ℃,年极端最低气温－21 ℃,6月至8月昼夜温差≥9 ℃,10月至11月上旬(果实成熟期)昼夜温差≥12 ℃,年平均无霜期为190 d～210 d。

5.1.2 光照

年平均日照时数2 270 h～2 400 h,年平均太阳辐射量504.4 MJ/cm²,光合有效辐射量为247.0 MJ/cm²。

5.1.3 降水量

年平均降水量 506 mm～719 mm。

5.1.4 土壤

棕壤土、褐土、潮土占总土地面积的 80% 左右，土壤有机质含量 0.8%～1.0%，pH 值 7.0～8.5。

5.1.5 海拔

灵宝苹果主要分布在海拔 520 m～1 200 m 的丘陵山区。

5.2 品种

富士系。

5.3 果园管理

果园管理参见附录 B。

5.4 等级规格指标

等级规格指标见表 1。

表 1 等级规格

项 目	等 级		
	特级	一级	二级
品质基本要求	果实完整良好、新鲜，无病虫害；具有本品种的特有风味；果面光洁、色泽艳丽，蜡质较厚；发育充分，具有适于市场或贮藏要求的成熟度；果形端正或较端正，果个整齐；果梗完整或统一剪除；果肉脆而多汁，酸甜适度		
着色面积比例/% ≥	90	80	70
果径(最大横切面直径)/mm ≥	80	75	70
果面缺陷	应符合 GB/T 10651		
容许度	容许 3% 的果实不符合本等级规定的等级规格。其中磨伤、碰压伤、刺伤不合格果之和不得超过 1%	容许 5% 的果实不符合本等级规定的等级规格。其中磨伤、碰压伤、刺伤不合格果之和不得超过 1%	
注：容许度的测定以检验全部抽检包装件的平均数计算，容许度规定的百分率一般以重量或果数计算。			

5.5 理化指标

理化指标见表 2。

表 2 理化指标

项 目		指 标
可溶性固形物/%	≥	13.5
总酸/%	≤	0.4
硬度(N/cm²)	≥	78.4

5.6 卫生指标

按 NY 5011 执行。

6 试验方法

6.1 等级规格、理化指标

按 GB/T 10651 执行。

6.2 卫生指标

按 NY 5011 执行。

7 检验规则

7.1 检验批次

同一生产基地、同一品系、同一成熟度、同一包装日期的苹果为一个批次。

7.2 抽样方法

按 GB/T 8855 执行。

7.3 检验分类

7.3.1 型式检验

7.3.1.1 有下列情形之一者应进行型式检验：

    a) 每年采摘初期；

    b) 国家质量监督管理部门提出型式检验要求。

7.3.1.2 型式检验为本标准规定的全部要求。

7.3.1.3 判定规则：在整批样品中不合格果率超过 5% 时，判定不合格，允许降等或重新分级。等级规格和理化指标有一项不合格时，允许加倍抽样复检，如仍有不合格即判为不合格产品。卫生指标有一项不合格时即判为不合格产品。

7.3.2 交收检验

7.3.2.1 灵宝苹果每批产品交收前，生产单位都应进行交收检验，交收检验合格并附合格证，产品方可交收。

7.3.2.2 交收检验项目为等级规格、包装、标志。

7.3.2.3 判定规则：在整批样品中不合格果率超过 5% 时，判定等级规格不合格，允许降等或重新分级。包装、标志若有一项不合格，判交收检验不合格。

8 标志、包装、运输、贮藏

8.1 标志

8.1.1 灵宝苹果的销售和运输包装均应标注地理标志产品专用标志，并标明产品名称、品种、等级规格、产地、包装日期、生产单位、数量或净含量、执行标准代号等。

8.1.2 不符合本标准的产品，其产品名称不得使用含有"灵宝苹果"（包括连续或断开）的名称。

8.2 包装

按 GB/T 13607 执行。

8.3 运输

8.3.1 待运时，应批次分明、堆码整齐、环境清洁、通风良好。严禁烈日曝晒、雨淋。注意防冻、防热、缩短待运时间。

8.3.2 装卸时轻拿轻放。

8.3.3 运输工具清洁卫生，无异味。不与有毒有害物品混运。

8.4 贮藏

8.4.1 灵宝苹果的冷藏按 GB/T 8559 执行。

8.4.2 灵宝苹果的气调贮藏按 ISO 8682 执行。

8.4.3 库房无异味。不与有毒、有害物品混合存放。不得使用有损灵宝苹果质量的保鲜试剂和材料。

附 录 A

（规范性附录）

灵宝苹果地理标志产品保护范围图

灵宝苹果地理标志产品保护范围见图 A.1。

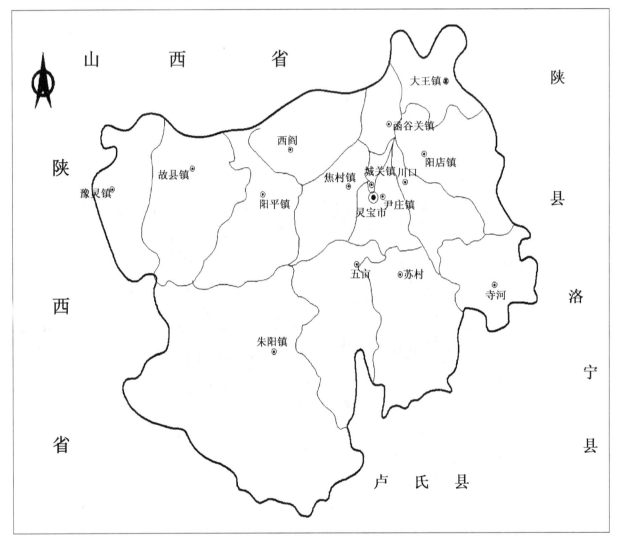

图 A.1 灵宝苹果地理标志产品保护范围图

附　录　B
（资料性附录）
果园管理

B.1　土肥水管理

B.1.1　土壤管理

按 NY 5012 执行。

B.1.2　施肥

每公顷施无害化处理的有机肥料 15 000 kg～60 000 kg,其他用有机复混肥补充。以秋施基肥为主,结合秋施基肥,花前、花后、幼果膨大期等物候期适量追肥,氮磷钾施肥比例为 1∶0.5∶1。根据树体营养诊断,适量施用微量元素。

B.1.3　水分管理

大力推广滴灌、微喷灌等灌溉技术,使果园土壤相对含水量保持在 60%～80%。禁止使用污染水。

B.2　花果管理

B.2.1　花前复剪

对花芽多的树进行花前复剪,调节花芽、叶芽的比例至(1∶3)～(1∶4)。

B.2.2　人工疏除花序

从花序分离期始,每间隔 20 cm～25 cm,选留一个健壮花序,其他多余的花序全部疏掉。

B.2.3　授粉

花期采用蜜蜂、壁蜂或人工授粉,提高果形指数。

B.2.4　疏果

谢花后 10 d 开始疏果,20 d 内结束。根据树势强弱、坐果多少确定适宜的留果间距,一般为 20 cm～25 cm,选留个大、端正的中心果,把多余的幼果全部疏除。每公顷留果量 180 000 个～225 000 个。

B.2.5　果实套袋

苹果谢花后 30 d～40 d 开始套用纸袋,6 月中旬结束。

B.2.6　摘袋

果实采收前 10 d～15 d 摘袋。

B.2.7　摘叶、转果、铺设反光膜

摘袋后立即在树冠下铺设反光膜,增加冠内下层反射光照,提高果实着色度。剪除遮光枝、叶,待果实向阳面着色后进行转果,使果实背阴面全部上色。

B.3　病虫害防治

按照"预防为主、综合防治"的原则,以农业和物理防治为基础,提倡生物防治,按照病虫害的发生规律和经济阈值,科学使用化学防治技术,有效控制病虫害危害。主要防治苹果树腐烂病、早期落叶病、苹果轮纹病和桃小食心虫、苹小卷叶蛾、苹果霉心病、红蜘蛛类、蚜虫类等病虫危害。使用的农药种类及要求按 GB/T 8321(所有部分)相关规定执行。

B.4 整形修剪

按 NY 5012 执行。

B.5 采摘

于 10 月中下旬采摘,采摘时轻拿轻放,避免碰伤、刺伤。

ICS 67.080.10
B 31

中华人民共和国国家标准

GB/T 22741—2008

地理标志产品　灵宝大枣

Product of geographical indication—Dried Lingbao jujube

2008-12-28 发布　　　　　　　　　　　　　2009-06-01 实施

中华人民共和国国家质量监督检验检疫总局
中国国家标准化管理委员会　发布

前　言

本标准根据《地理标志产品保护规定》和 GB/T 17924《地理标志产品标准通用要求》制定。

本标准的附录 A 为规范性附录,附录 B 为资料性附录。

本标准由全国原产地域产品标准化工作组提出并归口。

本标准起草单位:三门峡市质量技术监督局、三门峡市林业局、灵宝市林业局。

本标准主要起草人:袁文忠、李凯军、索继军、彭兴龙、郭焕政、孟朝军、赵波、张改香。

地理标志产品　灵宝大枣

1　范围

本标准规定了灵宝大枣的术语和定义、地理标志产品保护范围、要求、检验方法、检验规则、标志、包装、运输和贮存。

本标准适用于国家质量监督检验检疫行政主管部门根据《地理标志产品保护规定》批准保护的干制灵宝大枣。

2　规范性引用文件

下列文件中的条款通过本标准的引用而成为本标准的条款。凡是注日期的引用文件,其随后所有的修改单(不包括勘误的内容)或修订版均不适用于本标准,然而,鼓励根据本标准达成协议的各方研究是否可使用这些文件的最新版本。凡是不注日期的引用文件,其最新版本适用于本标准。

GB/T 5009.3　食品中水分的测定

GB/T 5009.7　食品中还原糖的测定

GB/T 5835　红枣

GB/T 6195　水果、蔬菜维生素C含量测定法(2,6-二氯靛酚滴定法)

GB/T 6543　运输包装用单瓦楞纸箱和双瓦楞纸箱

GB 7718　预包装食品标签通则

GB/T 8321(所有部分)　农药合理使用准则

GB/T 12456　食品中总酸的测定

GB/T 13607　苹果、柑桔包装

GB 18406.2　农产品安全质量　无公害水果安全要求

GB/T 18407.2　农产品安全质量　无公害水果产地环境要求

定量包装商品计量监督管理办法(国家质量监督检验检疫总局令[2005]第75号)

3　术语和定义

GB/T 5835确立的以及下列术语和定义适用于本标准。

3.1

灵宝大枣　dried Lingbao jujube

在本标准第4章规定的范围内生产,符合本标准要求的干制红枣。

4　地理标志产品保护范围

灵宝大枣的地理标志产品保护范围限于国家质量监督检验检疫行政主管部门根据《地理标志产品保护规定》批准的范围,包括河南省灵宝市的大王镇、阳店镇、川口乡、寺河乡、尹庄镇、城关镇、函谷关镇、苏村乡、五亩乡、朱阳镇、焦村镇、西闫乡、阳平镇、故县镇、豫灵镇共15个乡镇现辖行政区域,即灵宝市现辖行政区域,见附录A。

5　要求

5.1　品种

圆枣、屯屯枣以及由其选育并通过审定的新品种。

5.2 产地环境

区域内年平均气温 12.3 ℃～13.7 ℃,年极端最高气温 42.7 ℃,年极端最低气温－21 ℃,6月至8月昼夜温差≥9 ℃,年无霜期为 190 d～210 d。年日照时数 2 270 h～2 400 h,年平均太阳辐射量504.4 MJ/cm²,光合有效辐射量为 247.0 MJ/cm²,年降水量 506 mm～719 mm。土壤有机质含量0.8%～1.0%,pH 值7.0～8.5,并符合 GB/T 18407.2 要求。

5.3 栽培技术

参见附录 B。

5.4 等级规格

等级规格指标应符合表1规定。

表 1 等级规格

项　目	等　级			
	特等	一等	二等	三等
基本要求	果实呈圆屯形,底部和顶部凹陷,色泽深红,果皮薄,皱纹粗浅,味甘甜,身干,手握不粘个。无霉烂,杂质不超过 0.5%			
直径/mm	≥36	≥32	≥26	<26
果形	果形饱满,具有本品种应有的特征,个大、均匀	果形较饱满,具有本品种应有的特征,个大、均匀	果形较饱满,个头均匀	果形较饱满
品质	弹性好,有光泽,肉质肥厚	弹性好,有光泽,肉质肥厚	弹性好,肉质肥厚	肉质肥瘦不均,允许有不超过10%的果实色泽稍浅
损伤与缺陷	无浆头,无不熟果,无病果、虫果,破头不超过2%	无浆头,无不熟果,无病果、虫果,破头不超过4%	允许浆头不超过2%,不熟果不超过3%,病虫果、破头两项各不超过5%	允许浆头不超过5%,不熟果不超过5%,病虫果、破头两项不超过15%(其中病虫果不得超过5%)

5.5 理化指标

理化指标应符合表2规定。

表 2 理化指标

项　目		指　标
可溶性总糖(以还原糖计)/%	≥	70
维生素 C/(mg / 100 g)	≥	13
可食率(以质量计)/%	≥	92
总酸/%	≤	1.1
水分/%	≤	25

5.6 安全要求

按 GB 18406.2 规定执行。

6 检验方法

6.1 等级规格

直径以果实肩部直径为准,用游标卡尺测量。其余项目按 GB/T 5835 执行。

6.2 感官特征

用目测检查。

6.3 理化指标

6.3.1 可溶性总糖

按 GB/T 5009.7 规定检测。

6.3.2 维生素 C

按 GB/T 6195 规定检测。

6.3.3 可食率

称取样枣 200 g～300 g,称量后逐个切开,将枣肉与核分离,再称果肉质量按式(1)计算:

$$A = \frac{m_1}{m} \times 100\% \quad\quad\quad\quad\quad\quad\quad\quad\quad (1)$$

式中:

A——可食率,%;

m——全果质量,单位为克(g);

m_1——果肉质量,单位为克(g)。

6.3.4 水分

按 GB/T 5009.3 规定检测。

6.3.5 总酸

按 GB/T 12456 规定检测。

6.4 安全要求

按 GB 18406.2 的规定执行。

7 检验规则

7.1 组批

同一品种、同一等级、同一批销售的灵宝大枣作为一个检验批次。

7.2 取样

按 GB/T 5835 规定执行。

7.3 检验分类

7.3.1 交收检验

每批产品交收前应进行交收检验。检验项目包括等级规格、感官特征、包装和标志。

7.3.2 型式检验

型式检验包括本标准要求中规定的全部项目,有下列情形之一时,应进行型式检验:

　　a) 生产环境、栽培和加工技术有重大变化,可能影响产品质量时;

　　b) 国家质量监督部门按规定提出型式检验要求时。

7.4 判定规则

7.4.1 检验项目全部符合本标准的,判定为合格产品。

7.4.2 在整批样品中不合格果率超过 5% 时,判定等级规格和感官特征不合格,允许降等或重新分级。在检验中如有不合格项,允许复检一次,仍不合格则判该批产品为不合格产品。包装、标志若有一项不合格,判交收检验不合格。

7.4.3 净含量应与包装上明示的质量一致,允许误差按《定量包装商品计量监督管理办法》执行。

8 包装、标志、运输与贮存

8.1 包装

包装应符合 GB/T 6543 或 GB/T 13607 规定要求。

8.2 标志

按 GB 7718 和《地理标志产品保护规定》规定执行。

8.3 运输

运输工具应清洁卫生,无污染,不得与有毒有害物品混存混运,且应防雨防潮。

8.4 贮存

严禁与其他有毒有害、有异味、发霉以及其他易污染物混存混放,库房应保持通风干燥,并且有防潮、防虫、防鼠设施。

附　录　A
（规范性附录）
灵宝大枣地理标志产品保护范围图

灵宝大枣地理标志产品保护范围见图 A.1。

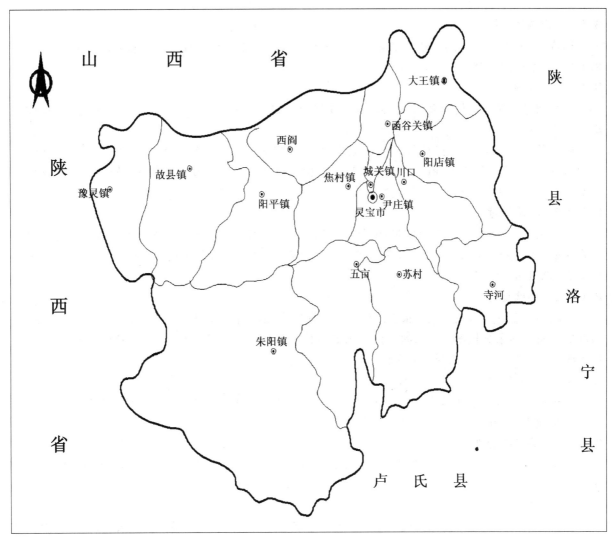

图 A.1　灵宝大枣地理标志产品保护范围图

附　录　B

（资料性附录）

灵宝大枣栽培技术

B.1　苗木繁育技术

B.1.1　育苗地选择

选背风、平坦、土层深厚、肥沃、排灌条件良好的沙壤土或壤土作为育苗地。忌重茬连作。

B.1.2　砧木苗的培育

B.1.2.1　整地

播种前进行耕翻和精细整地，每公顷施入腐熟农家肥 60 000 kg～75 000 kg，耙平做畦，灌水沉实。

B.1.2.2　播种

砧木种子用酸枣种仁，播种前用 60 ℃温水浸种，搅拌至常温浸泡 6 h～8 h。播种以 3 月下旬至 4 月中旬为宜，播种量每公顷 45 kg 左右，采用双行带状沟播，宽行行距 60 cm，窄行行距 30 cm，播种沟深 2 cm～3 cm，播种后覆土、耙平，然后覆地膜。

B.1.2.3　苗木管理

幼苗长出 5 片～7 片真叶时定苗，留苗量 9 株/m²～12 株/m²。定苗后结合浇水第一次追肥，每公顷施尿素 120 kg～150 kg，第二次追肥在 6 月下旬至 7 月上中旬，每公顷施复合肥 250 kg～300 kg。

B.1.3　嫁接苗木培育

B.1.3.1　接穗处理

选品种纯正，生长健壮，无病虫害的优质丰产树作采穗母树。选用生长充实的一年生枣头为接穗。落叶后至萌芽前采集接穗。采来的接穗剪成单芽枝段，封蜡，蜡温控制在 105 ℃～110 ℃，接穗在蜡中停留时间应不长于 2 s。蜡封接穗保存于 0 ℃～5 ℃的冷库或地窖中。

B.1.3.2　苗木嫁接

砧木地径应在 0.4 cm 以上。嫁接以 4 月上旬至 5 月初为宜。嫁接方法有合接、舌接和劈接等，嫁接部位距地表 3 cm～5 cm。

B.1.3.3　嫁接苗管理

嫁接后应及时除萌，一般需除萌 2 次～3 次。嫁接后 20 d～30 d 检查成活率，未成活的应及时补接。苗高 20 cm 左右时立防风柱绑缚新梢，苗高 40 cm 时解除绑缚物。

B.1.4　苗木出圃

在苗木落叶后至土壤封冻前或翌春土壤解冻后至萌芽前出圃。起苗前应浇透水，保证苗木主、侧根系完好。避免大风烈日下起苗。

B.2　建园

B.2.1　园地选择

选择土层深厚，土壤肥沃，pH 值 7.0～8.0，排水良好的沙壤土或壤土建园，丘陵山地建园坡度应在 30°以下，枣园周围没有严重污染源。

B.2.2　栽植

平地建园，应进行土地平整，沙荒地应进行土壤改良，山区或丘陵地应修筑水平梯田。栽植密度：平地建园株距 4 m～5 m，行距 5 m～6 m；山地建园株距 3 m～4 m，行距 4 m～5 m；枣粮间作株距 4 m～5 m，行距 10 m～15 m。栽植行向南北向，山区沿等高线栽植。秋栽在苗木落叶后至土壤封冻前进行。春栽在土壤解冻后至苗木芽体萌动期进行。栽植时挖长宽深各 1 m 的定植穴，每穴施腐熟农家肥

8 kg～10 kg,与表土拌匀后回填,栽植深度以苗木根颈与地面相平为宜。栽后踏实并浇透水,定干70 cm～80 cm,封土并覆盖地膜。

B.3 栽培管理

B.3.1 土、肥、水管理

B.3.1.1 土壤管理

每年春季及入冬前各进行枣园土壤深翻1次,深度为20 cm～30 cm,耕翻后耙平。生长季尤其是雨季树盘应及时中耕除草,松土保墒。枣粮间作园可间作小麦等矮秆作物,间作时应留出1 m以上的营养带。

B.3.1.2 施肥

基肥以腐熟的农家肥为主,可适量加入速效肥,果实采收后尽早施入,施肥量为每公顷30 000 kg～60 000 kg,环状沟施或放射状沟施。追肥时期为萌芽前、盛花初期、果实迅速膨大期,以复合肥为主,施肥方法为多点穴施,施肥后浇水。叶面喷肥,花蕾生长期可喷0.3%～0.4%的尿素;花期喷0.3%的尿素加0.2%的硼砂。有条件的枣园可应用树体营养诊断、配方平衡施肥等新技术,提高施肥效果。

B.3.1.3 灌水

在发芽前、开花前、果实膨大期和果实成熟期各浇水一次。一般采用畦灌、沟灌。干旱缺水地区及丘陵山区采用穴灌并盖膜保墒。提倡采用滴灌、喷灌等节水灌溉方法。

B.3.2 花果管理

B.3.2.1 枣园放蜂

每3.3 hm²(50亩)枣园放1箱、2箱蜜蜂,开花前2 d将蜂箱置于枣园中。采用放蜂授粉的果园,花期禁止喷洒对蜜蜂有害的农药。

B.3.2.2 花期喷水

喷水时间一般以下午近傍晚时为好。一般年份喷洒2次～3次,严重干旱的年份可喷洒3次～5次。一般隔1 d～3 d喷水一次。

B.3.2.3 花期喷肥

在盛花期喷15 mg/kg～30 mg/kg的赤霉素(GA₃)、0.05%～0.2%的硼砂、0.3%～0.4%的尿素混合水溶液。第一次喷后相隔5 d～7 d再喷一次。

B.3.2.4 预防裂果

在8月上旬前覆盖与树冠大小相同的地膜,在果实白熟期及时浇水。

B.3.3 整形修剪

休眠期修剪在落叶后至发芽前进行,生长期修剪在生长期进行。

B.3.3.1 常用树形

B.3.3.1.1 疏散分层形

全树有6个～8个主枝分2层～3层排布在中心主干上。第一层主枝3个,第二层主枝2个～3个,第三层主枝1个～2个;主枝与干夹角60°左右,每主枝着生2个～3个侧枝。

B.3.3.1.2 自然圆头形

全树有6个～8个主枝,错落排列在中心主干上,主枝之间的距离为50 cm～60 cm,主枝与中心主干的夹角为50°～60°;每个主枝上着生2个～3个侧枝,侧枝相互错开。

B.3.3.1.3 开心形

主干高80 cm～100 cm,树体没有中心主干;全树3个～4个主枝轮生或错落着生在主干上,每主枝着生2个～4个侧枝,侧枝在主枝上要按一定的方向和次序均匀分布。

B.3.3.2 幼树的修剪

通过定干和各种不同程度的短截促进枣头萌发而产生分枝,培养主枝和侧枝,迅速扩大树冠。将不作为骨干枝的其他枣头培养成辅养枝或健壮的结果枝组。

B.3.3.3 初果期枣树的修剪

当冠径已达要求,则对各级骨干枝的延长枝进行缓放或摘心,控制其延长生长。继续培养大、中、小各类结果枝组,结果枝组在树冠内的配置应合理。

B.3.3.4 盛果期枣树的修剪

采用疏缩结合的方法,打开光路,引光入膛,培养扶持内膛枝,防止或减少内膛枝条枯死和结果部位外移,维持树势稳定,适时进行结果枝组更新。

B.3.3.5 衰老期枣树的修剪

枣树刚进入衰老期应轻度回缩,一般剪除各主、侧枝总长的1/3左右;树体极度衰弱,应在原骨干枝上选向外生长的壮枣股处锯掉枝长的2/3或更多一些,刺激骨干枝中下部的隐芽萌发,重新培养树冠。

B.3.3.6 夏季修剪

夏季修剪主要方法是抹芽摘心。萌芽后对无生长空间的枣头进行抹芽。成龄树枣头留2个~6个二次枝进行摘心。二次枝随生长随摘心。

B.4 病虫害防治

防治应贯彻以预防为主、质量效益优先、无公害生产为目标的原则,以农业和物理防治为基础,提倡生物防治,按照病虫害的发生规律和经济阈值,科学使用化学防治技术,有效控制病虫害危害。主要防治枣锈病、枣炭疽病、枣尺蠖、枣粘虫、枣食象甲等病虫为害。使用的农药种类及要求按 GB/T 8321(所有部分)相关规定执行。

B.5 果实采收

应在果实完熟期采收,严禁早采。人工采摘或用杆震枝法采收。

B.6 制干

红枣采收后应及时清洗并按大小分级。红枣干制技术可分为日晒法、烘炕法。

B.6.1 日晒法

将清洗分级后的枣放在高粱箔或其他材料制成的箔上自然晾晒。每天翻动2次~3次,夜间将箔卷起,用席或塑料薄膜盖上,第二天日出时摊开,持续10 d~15 d 即可晒成。

B.6.2 烘炕法

烘炕法可分为"回笼式炕房"和"T字沟地炕"两种。一般烘炕30 h左右,出炕时枣的含水量约为30%。通过晾晒,使含水量达到25%以下即可。

ICS 67.080.10
B 31

中华人民共和国国家标准

GB/T 23398—2009

地理标志产品　哈密瓜

Product of geographical indications—Hami melon

2009-03-30 发布

2009-10-01 实施

中华人民共和国国家质量监督检验检疫总局
中国国家标准化管理委员会　发布

前　言

本标准根据国家质量监督检验检疫行政部门颁布的《地理标志产品保护规定》及 GB/T 17924《地理标志产品标准通用要求》制定。

本标准的附录 A、附录 B 为规范性附录。

本标准由全国原产地域产品标准化工作组提出并归口。

本标准主要起草单位：新疆农科院哈密瓜研究中心、吐鲁番地区农业局、哈密地区农业技术推广中心、吐鲁番地区质量技术监督局、哈密地区质量技术监督局。

本标准主要起草人：原建设、任敬和、阿扎提·皮尔多斯、许克田、冯炯鑫、方月华、郭艳霞、卫建国、张瑞春。

地理标志产品 哈密瓜

1 范围

本标准规定了哈密瓜的术语和定义、地理标志产品保护范围、要求、试验方法、检验规则及标志、标签、包装、运输、贮存。

本标准适用于国家质量监督检验检疫行政部门根据《地理标志产品保护规定》批准保护的哈密瓜。

2 规范性引用文件

下列文件中的条款通过本标准的引用而成为本标准的条款。凡是注日期的引用文件，其随后所有的修改单（不包括勘误的内容）或修订版均不适用于本标准，然而，鼓励根据本标准达成协议的各方研究是否可使用这些文件的最新版本。凡是不注日期的引用文件，其最新版本适用于本标准。

GB 4285 农药安全使用标准

GB 4862 中国哈密瓜种子

GB 7718 预包装食品标签通则

GB/T 8321（所有部分） 农药合理使用准则

GB/T 8855 新鲜水果和蔬菜 取样方法

NY 5179 无公害食品 哈密瓜

3 术语和定义

下列术语和定义适用于本标准。

3.1

哈密瓜 Hami melon

在本标准第4章规定的范围内种植，按本标准栽培、管理，产品质量符合本标准要求的脆肉型和软肉型厚皮甜瓜。

3.2

瓜形 melon shape

哈密瓜的外观形状，根据不同的品种分为圆形、椭圆形、卵圆形等多种形状。

3.3

色泽、条带 colour and scroll

哈密瓜成熟时瓜皮拥有的自然底色和复色，色泽有白色、黄色、绿色，条带有墨绿色、浅绿色、断续、斑点、斑块等。

3.4

洁净 lustration

瓜面无泥土、虫体、虫粪、病斑、严重的灰尘等影响外观或有碍卫生的污物、化学残留物。

3.5

成熟 maturation

果实的发育达到该品种固有的糖度、色泽、质地、风味特征。

3.6

碰压伤 injured from bump and press

采摘时或采摘前后由于外力碰撞或受压造成创伤。

3. 7

刺、划、磨伤 puncture,lacerate and gall

采摘前后各环节中受到刺、划、磨形成的创伤。

3. 8

裂纹 crack

果实表面皮层裂开,自然愈合形成的痕迹。

3. 9

病虫斑 spot of disease and inseck

果实受病虫害造成的损伤斑痕。

3. 10

中心糖 center sugar

果肉内缘中部可溶性固形物的含量。

4 地理标志产品保护范围

哈密瓜的地理标志产品保护范围限于国家质量监督检验检疫行政部门根据《地理标志产品保护规定》批准的范围,即哈密市、伊吾县、吐鲁番市、托克逊县、鄯善县等五个市、县,见附录 A。

5 要求

5.1 栽培环境

5.1.1 日照

平均年日照时数 2 700 h~3 500 h,年日照率 60%~80%以上。

5.1.2 气温

年平均气温 9.8 ℃以上,大于等于 10 ℃的积温 4 300.0 ℃以上,无霜期 170 d 以上。

5.1.3 降水

平均年降水量 35 mm 以下。

5.1.4 空气相对湿度

空气相对湿度 50%以下。

5.1.5 土壤

耕作土、灌淤土、风沙土、潮土或经过改良的荒漠土。

5.2 植物学特征

5.2.1 植株

a) 瓜蔓:生长势较强。粗壮,绿色。

b) 叶:叶片近圆形,有裂刻,叶片上下表面有茸毛。

c) 花:两性花,异花授粉。

5.2.2 果实

果实为椭圆形,卵圆形,大果型 3 kg 以上,中小果型 1 kg~3 kg,色泽正常,肉脆或软,口感好,香甜爽口,果肉呈桔红、白、青绿色。中心糖≥14%。

5.3 生产管理

见附录 B。

5.4 等级指标

应符合表 1 的规定。

表 1 等级指标

项　目		特等品(精品)	一等品
感官指标	基本要求	具有本品种固有外观特征,果肉细,风味浓郁,新鲜洁净	具有本品种固有外观特征,风味纯正,新鲜洁净,发育正常,具有符合市场要求的成熟度
	瓜形	具有本品种固有瓜型,均匀,瓜形误差<5%	具有本品种固有瓜型,瓜形基本均匀,瓜形误差<8%
	色泽、条带、网纹	具有本品种固有的色泽、条带与网纹,整齐一致,网纹品种的网纹率95%以上	具有本品种固有的色泽、条带与网纹,基本整齐,明显、清晰,网纹品种的网纹率≥90%
	碰压伤	不允许	不允许
	裂纹	不允许	无明显裂纹
	刺、划、磨伤	不允许	不允许
	病虫斑	不允许	不允许
理化指标	果重	大小一致,果重误差率<5%	大小基本一致,果重误差率≤8%
	中心糖/%	≥15	≥14

5.5　卫生指标

应符合 NY 5179 的规定。

6　试验方法

6.1　感官指标

6.1.1　基本要求、瓜形、色泽、条带与网纹、碰压伤、裂纹、刺、划、磨伤由目测结合测量进行检验。

6.1.2　病虫斑

除肉眼检查果实外表症状外,用水果刀进行切剖检验,如发现内部有病变时,应扩大切剖数量,严格检查。

6.2　理化指标

6.2.1　果实质量

使用小于千分之一的计量器具称量。

6.2.2　中心糖含量检验

6.2.2.1　仪器

糖量计。

6.2.2.2　测试方法

校正好仪器标尺的零点,将所抽检的样品逐个从果实阴阳交接处剖开,取中部内缘果肉挤出汁液1滴~2滴,仔细滴在棱镜平面中央,迅速关合辅助棱镜,朝向光源明亮处调节消色环。视野内出现明暗分界线与之相应的读数,即果实汁液在20℃下所含可溶性固形物的百分率。未经蒸馏水校正零点且检测环境不是20℃时,可根据说明书表示的加减法进行校正。

6.3　卫生指标

按 NY 5179 执行。

7　检验规则

7.1　组批

同一产地、同一品种、同一时间、同一包装采收的哈密瓜为一批。

7.2 抽样方法

按 GB/T 8855 规定执行。

7.3 检验分类

7.3.1 田间检验

种植者获准采证后进行采摘,产品包装前应按照本标准的等级指标检验,分别包装并将合格证附于包装箱内。

7.3.2 交货检验

供需双方在交货现场按交售量随机抽取样品,按照本标准规定的感官、标志和包装进行检验。

7.3.3 型式检验

型式检验对本标准规定的全部要求进行检验。有下列情形之一者应进行型式检验:

a) 每年采摘初期;

b) 产品质量行政主管部门提出型式检验要求时;

c) 因人为和自然因素使生产环境发生较大变化时。

7.4 判定规则

7.4.1 每批受检样品抽样检验时,对感官有缺陷的样品做记录,不合格百分率按有缺陷的果重计算。每批受检样品的平均不合格率不应超过5%。卫生指标有一项不合格,则判为不合格品,不得复检。

7.4.2 哈密瓜定等以中心糖为主实行各项指标综合评定,其中中心糖平均含量应达到规定等级,若只有中心糖达到规定等级而其他外观指标达不到时,应降一个等级。

7.4.3 同一果实上兼有两项及其以上不同缺陷者,只记录其影响较重的一项,详细记录并按式(1)计算百分率,精确至小数点后一位。

$$单项不合格率 = \frac{单项不合格果重(果数)}{检验总果重(果数)} \times 100\% \qquad\cdots\cdots\cdots\cdots\cdots\cdots\cdots\cdots(1)$$

各单项不合格百分率的总和即为该批哈密瓜不合格总果数的百分率。

8 标志、包装、运输、贮存

8.1 标志

产品标签应按 GB 7718 规定执行。地理标志产品专用标志的使用应符合《地理标志产品保护规定》。

8.2 包装

哈密瓜的包装箱应牢固,内壁及外表平整,预留通风孔;包装容器应保持干燥、清洁、无污染、无异味。

8.3 运输

运输时应做到轻装、轻卸,严防机械损伤。

运输工具应清洁、卫生、无污染、无异味,不得混装混运。

8.4 贮存

临时贮藏应在阴凉、通风、清洁、卫生的条件下,防日晒、雨淋、冻害及有毒有害物质的污染,防止挤压等损伤。

长期贮存,温度应保持在3℃～5℃,空气相对湿度不得高于55%。严禁与其他有毒、有异味、发霉散热及传播病虫的物品混合存放。

附　录　A
（规范性附录）
哈密瓜地理标志产品保护范围图

哈密瓜地理标志产品保护范围见图 A.1。

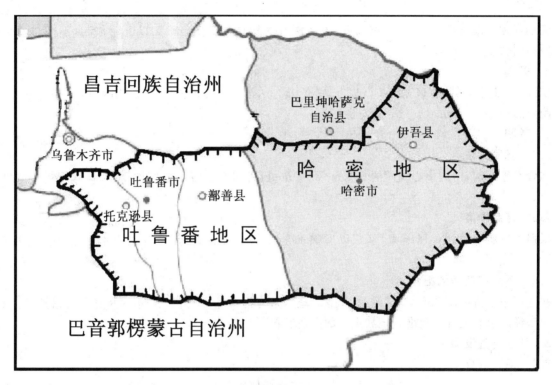

图 A.1　哈密瓜地理标志产品保护范围图

附 录 B

（规范性附录）

哈密瓜的生产管理

B.1 选地

应选择远离蔬菜产区，地下水位较低，土层深厚的地块。应实行 3 a 以上轮作制，不得与油料、蔬菜、烟草作物接茬。

B.1.1 开沟

瓜沟不宜过长，瓜沟上口宽 1.2 m 以上，底宽 0.3 m，沟深 0.4 m～0.6 m。沟距：早、中熟品种 3 m～4 m，晚熟品种 4 m～5 m。

B.1.2 基肥

B.1.2.1 基肥方法

结合整地开沟，沿沟中心线两侧 0.6 m～0.7 m 处，开深 0.3 m 的施肥沟，将肥料均匀施入沟内，然后覆土。

B.1.2.2 基肥种类

根据土壤肥力做到合理施肥，基肥以腐熟的羊粪、鸡粪、油渣为主，有机肥不足时可配施氮磷复合肥。

B.1.2.3 不允许使用的肥料

在生产中不得使用城市垃圾、污泥、工业废渣和带有污染物的有机肥，也不得使用硝态氮肥。不允许使用未经国家有关部门批准登记和生产的商业肥料。

B.1.3 种子处理及播种

B.1.3.1 品种选择

选用抗病、优质、丰产、耐储运、商品性好、适应市场要求的品种。小拱棚覆盖宜选早、中熟品种，露地栽培宜选用中、晚熟品种。

B.1.3.2 种子质量

常规品种应符合 GB 4862 中的二级良种以上要求。杂交种应符合杂交率≥95%、净度≥99%、发芽率≥85%、水分≤8% 的质量要求。

B.1.3.3 种子处理

播种前用水稀释 200 倍的福尔马林液浸种 2 h，清水洗 2 遍～3 遍后晾干待播。也可采用温烫水浸种。

B.1.3.4 播种

当土壤 5 cm 地温稳定在 15 ℃以上时开始播种，采用小拱棚覆盖栽培可提早播种期 10 d～15 d。

穴距：早熟品种 0.35 m～0.4 m，中、晚熟品种 0.4 m～0.5 m。

播种前先在瓜沟内灌足底水，沿水线扒平播种带铺地膜。在距沟沿 10 cm 处开穴点播，每穴 2 粒～3 粒，播种深度 1 cm～2 cm，覆土 3 cm。

B.1.4 苗期管理

B.1.4.1 拱棚覆盖

采用小拱棚覆盖的，从子叶期就要开始通风，瓜苗进入伸蔓期 8 片～10 片真叶时应拆棚。

B.1.4.2 查苗补种

出苗后 1 d～3 d 及时查苗，对连续缺苗 2 穴以上的，应补苗、补种。补苗可采取育苗补栽，也可催芽补种，补种穴与播种穴错开。瓜地周围注意灭鼠。

B.1.4.2.1 间定苗

1 片～2 片真叶时间苗,每穴留两株,3 片～4 片真叶时定苗,每穴一株,间定苗后培土,视土壤墒情蹲苗 15 d～20 d。

B.1.4.2.2 除草

采用人工除草为主,一般需 2 次～3 次,坐瓜后严禁除草。

B.1.4.3 整枝压蔓

B.1.4.3.1 整枝

早熟品种及早熟栽培的采用单蔓整枝法,7 节～8 节子蔓留瓜,中晚熟品种 9 节～11 节子蔓留瓜。也可用双蔓整枝法,子蔓 5 节～6 节的孙蔓留瓜。适当打掉部分子蔓和孙蔓,防止叶蔓过密,瓜坐稳封行后停止整枝,切忌整枝过度发生日灼。

B.1.4.3.2 压蔓

伸蔓后到果实充分膨大前,在瓜蔓上每隔 0.3m～0.5m 处压一较大土块防止风害,压蔓工作到瓜蔓封行为止。

B.1.4.4 肥水管理

B.1.4.4.1 追肥量及方法

在伸蔓后至开花前,每公顷施氮磷复合肥 150 kg～225 kg,钾肥 75 kg,禁止使用纯氮素化肥。方法是在瓜沟两侧沟壁上距瓜苗 15 cm 下方处,挖穴施入后覆土浇水。

B.1.4.4.2 灌溉

播前水要浇足浇透,以利出苗,开雌花、坐瓜至果实膨大期保证充足水分供应,成熟期控制少浇水,采收前 7 d～10 d 停水。

不得大水漫灌、串灌和淹根漫畦,尽可能用井水灌溉;生长后期浇半沟水为宜,高温期避免中午浇水或沟内积水。

B.1.4.5 坐瓜后的管理

B.1.4.5.1 选果定瓜

在幼瓜长到鸡蛋大小时,保留果形正常,无伤无病的幼瓜,去掉不符合要求的幼瓜。除特早熟、小果形品种外,每株留 1 个瓜。

B.1.4.5.2 翻瓜垫瓜

从瓜定个到成熟,要翻瓜 1 次～2 次,顺着一个方向,每次翻动角度不超过 90°,不得扭伤瓜柄。可用瓜蔓或草将瓜盖住,用草或干土块等将瓜垫起。

B.1.4.5.3 其他栽培方式

应执行相应的生产技术规程。

B.1.4.6 采收

当瓜生长发育已接近或达到本品种各项特征时,适时采摘,需长途运输的瓜可适当提早 1 d～2 d 采摘。采摘时要带 3 cm～5 cm 瓜柄,轻采轻放,避免机械损伤。采摘后防止曝晒和雨淋,尽快包装外运。

B.1.5 病虫害防治

B.1.5.1 主要病虫害

田间主要病虫害有:白粉病、叶枯病、蔓枯病、枯萎病、霜霉病、烟粉虱、疫霉病、病毒病、蚜虫、螨类及地下害虫。

B.1.5.2 防治原则

预防为主,综合防治,优先采用农业防治、物理防治、生物防治,配合科学合理地使用化学防治。

B.1.5.3 农业防治

严格轮作倒茬,清洁田园。选用抗病品种,瓜田远离蔬菜地,消灭蚜虫传染源,合理灌溉。

B.1.5.4 物理防治

黄板诱蚜、银灰膜驱避蚜虫,防虫网,小拱棚覆盖减少病虫害。

B.1.5.5 生物防治

保护天敌,蚜虫少量发生时利用天敌控制。优先选用生物农药。

B.1.5.6 主要病虫害药剂防治

使用药剂防治时,应执行 GB 4285 和 GB/T 8321(所有部分)的规定。

ICS 67.080.10
B 31

中华人民共和国国家标准

GB/T 23401—2009

地理标志产品 延川红枣

Product of geographical indication—
Yanchuan dried Chinese jujub

2009-03-30 发布　　　　　　　　　　2009-10-01 实施

中华人民共和国国家质量监督检验检疫总局
中国国家标准化管理委员会　发布

前　言

本标准依据国家质量监督检验检疫行政部门颁布的《地理标志产品保护规定》与 GB/T 17924《地理标志产品标准通用要求》制定。

本标准的附录 A 为规范性附录。

本标准由全国原产地域产品标准化工作组提出并归口。

本标准起草单位：陕西省延川县红枣协会、陕西省延川县质量技术监督局。

本标准主要起草人：蔡孟亨、刘玉忠、刘军。

地理标志产品 延川红枣

1 范围

本标准规定了延川红枣的术语和定义、地理标志产品保护范围、要求、试验方法、检验规则及包装、标志、运输、贮存要求。

本标准适用于地理标志产品延川红枣的生产、收购、销售及其食品加工原料要求的干制红枣。

2 规范性引用文件

下列文件中的条款通过本标准的引用而成为本标准的条款。凡是注日期的引用文件,其随后所有的修改单(不包括勘误的内容)或修订版均不适用于本标准,然而,鼓励根据本标准达成协议的各方研究是否可使用这些文件的最新版本。凡是不注日期的引用文件,其最新版本适用于本标准。

GB 2762 食品中污染物限量

GB 2763 食品中农药最大残留限量

GB/T 5009.3 食品中水分的测定

GB/T 5009.7 食品中还原糖的测定

GB/T 5835 红枣

GB/T 6543 运输包装用单瓦楞纸箱和双瓦楞纸箱

GB 7718 预包装食品标签通则

GB/T 8855 新鲜水果和蔬菜 取样方法

GB/T 13607 苹果、柑桔包装

GB/T 17924 地理标志产品标准通用要求

GB 18406.2 农产品安全质量 无公害水果安全要求

GB/T 18407.2 农产品安全质量 无公害水果产地环境要求

定量包装商品计量监督管理办法(国家质量监督检验检疫总局令[2005]第 75 号)

3 术语和定义

GB/T 5835 确立的以及下列术语和定义适用于本标准。

3.1

延川红枣 Yanchuan dried Chinese jujub

产自延川境内的大木枣、条枣、圆枣、狗头枣、骏枣的干制红枣。

4 地理标志产品保护范围

延川红枣的地理标志产品保护范围限于国家质量监督检验检疫行政部门根据《地理标志产品保护规定》批准的范围,包括陕西省延川县的眼岔寺乡、延水关镇、土岗乡、杨家圪台镇、马家河乡、延川镇、贺家湾乡、文安驿镇、贾家坪镇、关庄镇、禹居镇、冯家坪乡、永坪镇、高家屯乡共 14 个乡镇现辖行政区域,见附录 A。

5 要求

5.1 品种

主要品种:大木枣、条枣、圆枣、狗头枣、骏枣。

5.2 产地环境

按 GB/T 18407.2 的规定执行。

5.3 等级

延川红枣的等级应符合表1的要求。

表 1 等级

项　目		特　级	一　级	二　级
基本要求		果实发育充分,果形完整,大小均匀,无异味,无明显异物,无不正常的外来水分,具有本品种固有的特性		
色泽		具有本品种应有的色泽		
形状		果形正常		
损伤和缺陷		无霉烂,浆头果、病果、虫果、破头果不超过2%	无霉烂,浆头果、不完熟果、病虫果、破头果不超过5%,其中病虫果数不超过2%	无霉烂,浆头果、不完熟果、病虫果、破头果不超过8%,其中病虫果数不超过3%
单果重/g ≥	大木枣	8.0	7.0	6.0
	条枣	7.0	6.0	5.0
	圆枣	6.9	5.0	4.0
	狗头枣	7.0	6.0	5.0
	骏枣	12.0	10.0	9.0

5.4 理化指标

延川红枣理化指标应符合表2规定。

表 2 理化指标

项　目	指　标		
	总糖(以还原糖计)/% ≥	水分/% ≤	可食率(以质量计)/% ≥
大木枣	60	25	
条枣	60	25	
圆枣	65	25	90
狗头枣	61	25	
骏枣	62	25	

5.5 安全要求

按 GB 2762、GB 2763 规定执行。

6 试验方法

6.1 外观和等级

单果重用感量为不大于 0.01 g 的天平测定,其余项目按 GB/T 5835 执行。

6.2 理化指标

6.2.1 总糖

按 GB/T 5009.7 规定检测。

6.2.2 水分

按 GB/T 5009.3 规定检测。

6.2.3 可食率测定

称取样枣 200 g～300 g,将枣核分离,称取果肉质量并按式(1)计算:

$$A = \frac{m_1}{m} \times 100\% \qquad\qquad\cdots\cdots\cdots\cdots\cdots\cdots\cdots\cdots\cdots (1)$$

式中:

A——可食率,%;

m_1——果肉质量,单位为克(g);

m——全果质量,单位为克(g)。

6.3 安全要求

按 GB 18406.2 的规定执行。

7 检验规则

7.1 组批

同一品种、同一等级、同一批销售的红枣作为一个检验批次。

7.2 取样

按 GB/T 8855 规定执行。

7.3 检验分类

7.3.1 交收检验

每批产品交收前应进行交收检验。检验项目包括等级、包装和标志。

7.3.2 型式检验

型式检验包括本标准要求中规定的全部项目,有下列情形之一时,应进行型式检验:

a) 产品生产基地环境条件变化时;

b) 生产工艺改变,可能影响产品质量时;

c) 国家质量监督部门按规定提出型式检验要求时。

7.4 判定规则

7.4.1 在检验中如有不合格时,允许复检一次,仍不合格则判该批产品为不合格产品。

7.4.2 净含量应与包装上明示的质量一致,允许误差按《定量包装商品计量监督管理办法》执行。

8 标志、包装、运输、贮存

8.1 标志

应符合 GB 7718、GB/T 17924 的规定。

包装箱上应有地理标志产品专用标志,并标明产品名称、数量(个数或净含量)、等级、产地、包装日期、生产单位、执行标准编号等。

8.2 包装

包装箱应符合 GB/T 6543 规定要求,其他材料应符合 GB/T 13607 规定要求。

8.3 运输

运输工具应清洁卫生,无污染,且不得与有毒有害物品混存混运,运输过程中应防潮,防晒,防破损和防雨淋。

8.4 贮存

严禁与其他有毒有害、有异味、发霉以及其他易污染物混存混放,库房应保持通风干燥,并且有防蝇、防鼠设施。

附　录　A

（规范性附录）

延川红枣地理标志产品保护范围图

延川红枣地理标志产品保护范围见图 A.1。

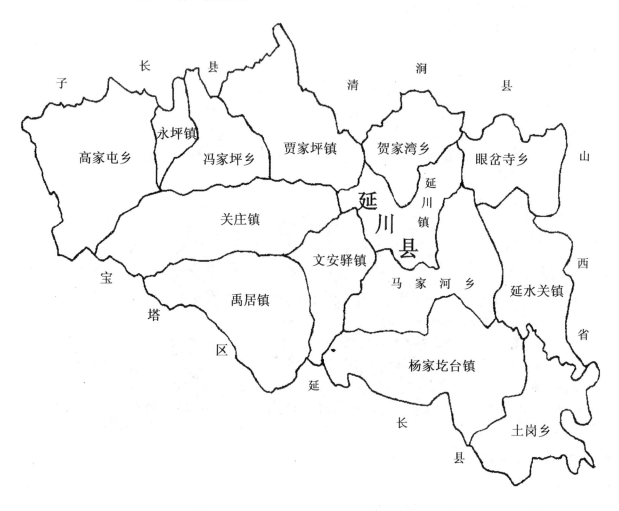

图 A.1　延川红枣地理标志产品保护范围图

ICS 67.080
X 10

中华人民共和国国家标准

GB/T 23787—2009

非油炸水果、蔬菜脆片

Non-fried vegetable and fruit crisp chips

2009-05-18 发布
2009-12-01 实施

中华人民共和国国家质量监督检验检疫总局
中国国家标准化管理委员会　发布

前　言

本标准由全国食品工业标准化技术委员会提出并归口。

本标准起草单位：国家果类及农副加工产品质量监督检验中心、河北东方绿树食品有限公司、河北省产品质量监督检验院。

本标准主要起草人：刘连太、刘铁拴、王成、张会军、赵炜、毛琏、孙伟、李里特。

非油炸水果、蔬菜脆片

1 范围

本标准规定了非油炸水果、蔬菜脆片的要求、试验方法、检验规则、标签标志、包装、运输及贮存。

本标准适用于非油炸水果、蔬菜脆片的生产、检验和销售。

2 规范性引用文件

下列文件中的条款通过本标准的引用而成为本标准的条款。凡是注日期的引用文件,其随后所有的修改单(不包括勘误的内容)或修订版均不适用于本标准,然而,鼓励根据本标准达成协议的各方研究是否可使用这些文件的最新版本。凡是不注日期的引用文件,其最新版本适用于本标准。

GB 2760 食品添加剂使用卫生标准

GB 2761 食品中真菌毒素限量

GB 2762 食品中污染物限量

GB 2763 食品中农药最大残留限量

GB/T 5009.6 食品中脂肪的测定

GB/T 6003.1 金属丝编织网试验筛(GB/T 6003.1—1997,eqv ISO 3310-1:1990)

GB 7718 预包装食品标签通则

GB/T 8858 水果、蔬菜产品中干物质和水分含量的测定方法

3 产品分类

按照是否添加调味料分为以下两类:

a) 原味非油炸水果、蔬菜脆片:以水果、蔬菜为原料,经(或不经)切片(条、块)后,采用非油炸脱水工艺制成的口感酥脆的水果、蔬菜干制品。

b) 调味非油炸水果、蔬菜脆片:在原味非油炸水果、蔬菜脆片中添加调味料后制成的口感酥脆的水果、蔬菜干制品。

4 要求

4.1 原料要求

4.1.1 原料水果、蔬菜的品种、成熟度、新鲜度应符合加工要求,并符合 GB 2762 和 GB 2763 规定,病虫害和变质水果、蔬菜在整批原料中所占比例不得超过 5%。

4.1.2 食品添加剂质量应符合相应的国家标准或行业标准。

4.2 感官特性

感官特性应符合表 1 的规定。

表 1 感官特性

项 目	特 性
色泽	具有该水果、蔬菜经加工后应有的正常色泽
滋味和口感	具有该水果、蔬菜经加工后应有的滋味与香气,无异味,口感酥脆
组织形态	块状、片状、条状或该品种应有的整形状,各种形态应基本完好
杂质	无正常视力可见外来杂质

4.3 理化指标

理化指标应符合表 2 的规定。

表 2 理化指标

项 目		指 标
水分/%	≤	5.0
筛下物/%	≤	5.0
脂肪/%	≤	5.0

4.4 真菌毒素指标

真菌毒素指标应符合 GB 2761 的规定。

4.5 污染物指标、农药残留指标、微生物指标

污染物指标、农药残留指标、微生物指标应符合相应的卫生标准的规定。

4.6 食品添加剂

食品添加剂的品种和使用量应符合 GB 2760 的规定。

5 试验方法

5.1 感官

将被测样品放在洁净的白瓷盘中,用肉眼直接观察色泽、组织形态和杂质,嗅其气味、品尝滋味和口感。

5.2 理化指标

5.2.1 水分

按 GB/T 8858 规定的方法测定。

5.2.2 筛下物

将总量不少于 100 g 的整包装试样拆除包装后,用感量 0.1 g 的天平称其质量(m_1),置于符合 GB/T 6003.1 中规格为 $\phi200\times50-2.8/1.12$ 的连同接收盘和盖一起使用的试验筛中,每次放入试验筛的试样不得超过试验筛体积的三分之一,双手握住试验筛沿水平方向摇动 8 圈至 10 圈(频率约每分钟 80 圈,摇动直径约 250 mm),倒掉筛上物,按以上要求继续筛分余下的试样,当全部试样经过筛分后称其筛下物的质量(m_2),按式(1)计算筛下物。

$$X = \frac{m_2}{m_1} \times 100 \quad\quad\quad\quad\quad\quad\cdots\cdots\cdots\cdots\cdots\cdots(1)$$

式中:

X——筛下物含量,%;

m_1——试样质量,单位为克(g);

m_2——筛下物质量,单位为克(g)。

5.2.3 脂肪

按 GB/T 5009.6 规定的方法测定。

6 检验规则

6.1 批

同一生产线、同一班次生产的同一品种的产品为一批次。

6.2 抽样方法和抽样量

在成品库同批产品的不同部位随机抽取规定的抽样件数,再从全部抽样件数中抽取不少于 2 kg(不少于 12 个最小销售包装)的样品,样品分为两份,一份检验,一份留样备查;抽样件数见表 3。

表 3 　抽样件数
单位为件

每批生产包装件数	抽样件数
200(含 200)以下	3
201～800	4
801～1 800	5
1 801～3 200	6
3 200 以上	7

6.3　出厂检验

出厂检验项目包括:感官、水分、筛下物及卫生指标中规定的菌落总数、大肠菌群。

6.4　型式检验

型式检验包括本标准规定的全部项目,一般情况下,每半年进行一次。有下列情况之一时,亦应进行型式检验:

a) 新产品的试制鉴定时;

b) 原料、工艺有较大改变,可能影响产品质量时;

c) 产品停产 6 个月以上,重新恢复生产时;

d) 出厂检验结果与上次型式检验结果有较大差异时;

e) 国家质量监督机构提出型式检验的要求时。

6.5　判定规则

6.5.1　出厂检验判定规则

6.5.1.1　出厂检验项目全部符合本标准,判该批产品为合格品。

6.5.1.2　出厂检验项目中微生物指标有一项不符合本标准,判该批产品为不合格品。

6.5.1.3　出厂检验项目中除微生物指标外,其他项目不符合本标准,可在原批次产品中加倍抽样复检,以复检结果为准,复检后仍有一项指标不符合本标准,判该批产品为不合格品。

6.5.2　型式检验判定规则

6.5.2.1　型式检验项目全部符合本标准,判该批产品为合格品。

6.5.2.2　型式检验项目中超过两项或微生物指标有一项不符合本标准,判该批产品为不合格品。

6.5.2.3　型式检验项目中除微生物指标外,其他项目不超过两项不符合本标准,可在原批次产品中加倍抽样复检,以复检结果为准,复检后仍有一项指标不符合本标准,判该批产品为不合格品。

7　标签标志、包装、运输及贮存

7.1　标签标志

预包装产品销售包装的标签应符合 GB 7718 的规定。

7.2　包装

7.2.1　内包装材料应清洁、干燥、无毒、无异味,且符合相应的卫生标准要求和有关规定。

7.2.2　外包装应牢固,确保内容物在运输和贮存过程中不受挤压。

7.3　运输

7.3.1　运输工具应清洁、干燥,有防晒、防雨措施。

7.3.2　运输过程中应轻装、轻卸,不得重压和挤压,不得和有毒、有腐蚀性、有异味、易挥发的物质混运。

7.4　贮存

7.4.1　应贮存于通风、干燥、阴凉、清洁的仓库内。

7.4.2　不得与有毒、有腐蚀性、有异味、易挥发的物质同库贮存。

7.4.3　堆放高度以不倒塌、不压坏外包装及产品为限。

ICS 67.080
X 24

中华人民共和国国家标准

GB/T 26150—2010

免 洗 红 枣

Exempts washes Chinese jujube

2011-01-14 发布

2011-06-01 实施

中华人民共和国国家质量监督检验检疫总局
中国国家标准化管理委员会 发 布

前　言

　　本标准由国家林业局提出并归口。

　　本标准起草单位:好想你枣业股份有限公司。

　　本标准主要起草人:石聚彬、石聚领、孙明相、贾文进、张俊娜、吕秀珠、沈松钦、张丽娟、王永斌、荆红彩。

免 洗 红 枣

1 范围

本标准规定了免洗红枣的术语和定义、分类、质量要求、生产加工过程的卫生要求、检验方法、检验规则、标签、标识和包装、运输、贮存等内容。

本标准适用于以成熟的鲜枣或干枣为原料,经挑选、清洗、干燥、灭菌、包装等工艺制成的无杂质可以食用的干枣。

2 规范性引用文件

下列文件中的条款通过本标准的引用而成为本标准的条款。凡是注日期的引用文件,其随后所有的修改单(不包括勘误的内容)或修订版均不适用于本标准,然而,鼓励根据本标准达成协议的各方研究是否可使用这些文件的最新版本。凡是不注日期的引用文件,其最新版本适用于本标准。

GB 5009.3　食品中水分的测定

GB/T 5009.8　食品中蔗糖的测定

GB/T 5835　干制红枣

GB 7718　预包装食品标签通则

JJF 1070　定量包装商品净含量计量检验规则

国家质量监督检验检疫总局第 75 号令　定量包装商品计量监督管理办法

国家质量监督检验检疫总局第 123 号令　食品标识管理规定

中华人民共和国农业部第 70 号令　农产品包装和标识管理办法

3 术语和定义

下列术语和定义适用于本标准。

3.1

免洗红枣　exempts washs Chinese jujube

以成熟的鲜枣或干枣为原料,经挑选、清洗、干燥、杀菌、包装等工艺制成的无杂质可以食用的干枣。

3.2

肉质肥厚　plump flesh

免洗红枣可食部分的百分率超过一定的数值为肉质肥厚。鸡心枣可食部分不低于 84%,其他品种可食部分达到 90% 以上者为肉质肥厚。

3.3

破头果　skin crack fruit

出现长度超过果实纵径 1/5 以上的裂口,但裂口处没有发生霉烂的果实。

4 分类

4.1 按水分分类

4.1.1 低含水量制品

低含水量制品水分不高于 25%。

4.1.2 高含水量制品

高含水量制品水分为大于 25% 且不高于 35%。

4.2 按品种分类

4.2.1 免洗小红枣(包括金丝枣、鸡心枣等)。

4.2.2 免洗大红枣[包括灰枣、板枣、郎枣、圆铃枣(核桃纹枣、紫枣)、长红枣、赞皇大枣、灵宝大枣(屯屯枣)、壶瓶枣、相枣、骏枣、扁核酸枣、婆枣、山西(陕西)木枣、大荔圆枣、晋枣、油枣、大马牙枣、圆木枣等]。

5 质量要求

5.1 原料要求

红枣应选用符合 GB/T 5835 规定的成熟鲜枣或干枣。

5.2 理化要求

理化要求应符合表 1 的规定。

表 1 理化要求

项 目	低含水量制品	高含水量制品
水分/%	≤25	25<水分≤35
总糖/%	≥50	

5.3 等级规格要求

5.3.1 免洗小红枣等级规格

免洗小红枣等级规格见表 2。

表 2 免洗小红枣等级规格

等级	指标		
	果型和大小	品质	损伤和缺点
特级	果型饱满,大小均匀,具有本品应有的特征,免洗小红枣每千克 450～500 粒。	果肉肥厚,具有本品应有的色泽,无肉眼可见外来杂质。	无霉烂果、不熟果,残次果(浆头、病果、虫果、破头果)不超过 3%。
一级	果型饱满,大小均匀,具有本品应有的特征,免洗小红枣每千克 501～600 粒。	果肉肥厚,具有本品应有的色泽,无肉眼可见外来杂质。	无霉烂果、不熟果,残次果(浆头、病果、虫果、破头果)不超过 3%。
二级	果型饱满,大小均匀,具有本品应有的特征,免洗小红枣每千克 601～800 粒。	果肉肥厚,具有本品应有的色泽,无肉眼可见外来杂质。	无霉烂果、不熟果,残次果(浆头、病果、虫果、破头果)不超过 5%。
三级	果型饱满,大小均匀,具有本品应有的特征,免洗小红枣每千克 801～1 000 粒。	果肉肥厚,具有本品应有的色泽,无肉眼可见外来杂质。	无霉烂果、不熟果,残次果(浆头、病果、虫果、破头果)不超过 5%。
等外果	具有本品应有的特征,粒数不限。	果肉肥厚,具有本品应有的色泽,无肉眼可见外来杂质。	无霉烂果、不熟果,残次果(浆头、病果、虫果、破头果)不超过 8%。

5.3.2 免洗大红枣等级规格

免洗大红枣等级规格见表 3。

表 3　免洗大红枣等级规格

等级	指标		
	果型和大小	品质	损伤和缺点
特级	果型饱满,大小均匀,具有本品应有的特征,免洗大红枣每千克170～200粒。	果肉肥厚,具有本品应有的色泽,无肉眼可见外来杂质。	无霉烂果、不熟果,残次果(浆头、病果、虫果、破头果)不超过3%。
一级	果型饱满,大小均匀,具有本品应有的特征,免洗大红枣每千克201～260粒。	果肉肥厚,具有本品应有的色泽,无肉眼可见外来杂质。	无霉烂果、不熟果,残次果(浆头、病果、虫果、破头果)不超过3%。
二级	果型饱满,大小均匀,具有本品应有的特征,免洗大红枣每千克261～320粒。	果肉肥厚,具有本品应有的色泽,无肉眼可见外来杂质。	无霉烂果、不熟果,残次果(浆头、病果、虫果、破头果)不超过5%。
三级	果型饱满,大小均匀,具有本品应有的特征,免洗大红枣每千克321～370粒。	果肉肥厚,具有本品应有的色泽,无肉眼可见外来杂质。	无霉烂果、不熟果,残次果(浆头、病果、虫果、破头果)不超过5%。
等外果	具有本品应有的特征,粒数不限。	果肉肥厚,具有本品应有的色泽,无肉眼可见外来杂质。	无霉烂果、不熟果,残次果(浆头、病果、虫果、破头果)不超过8%。

5.4　净含量允许短缺量

应符合国家质量监督检验检疫总局第 75 号令《定量包装商品计量监督管理办法》的规定。

5.5　卫生要求

按有关食品安全国家标准规定执行。

6　检验方法

6.1　理化检验

6.1.1　水分

按 GB 5009.3 规定的方法测定。

6.1.2　总糖

按 GB/T 5009.8 规定的方法测定。

6.2　等级规格检验

6.2.1　果型和个头

按四分法取样 1 000 g,用肉眼观察。有粒数规定的,应查点粒数。

6.2.2　品质

用不锈钢刀将上述样品切开,用肉眼观察果肉、色泽、杂质。

6.2.3　损伤和缺点

随机取样品 1 000 g,用肉眼观察,根据等级规格规定,分别检验霉烂果、不熟果,并查点残次果(浆头、病果、虫果、破头果)个数,按式(1)计算残次率:

$$X = \frac{N_1}{N} \times 100\% \quad\cdots\cdots\cdots\cdots\cdots（1）$$

式中：

X——残次率，%；

N_1——残次果个数，个；

N——样品总个数，个。

6.3 净含量

按 JJF 1070 规定执行。

6.4 卫生检验

按有关食品安全国家标准规定执行。

7 检验规则

7.1 批次

同品种、同一批原料生产的产品为一检验批次。

7.2 抽样方法和抽样量

7.2.1 抽样应具有代表性，在整批产品的不同部位，按规定件数随机抽取样品。

7.2.2 每批产品在 100 件以下时，抽样数量按 3% 抽取；超过 100 件时，每增加 100 件增抽 1 件，增加部分不足 100 件时按 100 件计算。

7.2.3 袋装及其他小包装产品，同批次 250 g 以上的包装，每件不得少于 3 个，250 g 以下的包装，每件不得少于 6 个。

7.2.4 从每个产品的上、中、下三部分分别取样，每个取样数量应基本一致，将全部样品充分混匀后，以四分法抽取 1 000 g 供做试样。

7.2.5 将所抽取样品装入清洁干燥的容器内供检验用，用做微生物检验的样品应按无菌操作程序进行取样。

7.3 出厂检验

7.3.1 每批产品出厂前应由生产厂家进行检验，合格后出具产品合格证方可出厂。

7.3.2 出厂检验项目包括感官、净含量、水分、二氧化硫残留量、菌落总数、大肠菌群。

7.4 型式检验

7.4.1 型式检验项目包括本标准规定的全部项目。

7.4.2 每半年应进行一次型式检验。

7.4.3 有下列情况之一时，应进行型式检验：

——更换原料时；

——更换工艺时；

——长期停产后恢复生产时；

——出厂检验与上次型式检验有较大差异时；

——质量监督机构要求进行型式检验时。

7.5 判定规则

7.5.1 检验结果全部项目符合本标准规定时，判该批产品为合格品。

7.5.2 检验结果中微生物指标中有一项不符合本标准规定时，判该批产品为不合格品。

7.5.3 检验结果中除微生物指标外，其他项目不符合本标准规定时，可以在原批次产品中双倍抽样复检一次，复检结果全部符合本标准规定时，判该批产品为合格品；复检结果中如仍有一项指标不合格，判该批产品为不合格品。

8 标签、标识和包装

8.1 标签

应符合 GB 7718 的规定。

8.2 标识

应符合中华人民共和国农业部第 70 号令《农产品包装和标识管理办法》和国家质量监督检验检疫总局第 123 号令《食品标识管理规定》的规定。

8.3 包装

包装分外包装和内包装,接触免洗红枣的包装容器和包装材料应符合国家食品安全卫生要求。

9 运输、贮存和保质期

9.1 运输

本产品运输过程中要轻装、轻卸、防晒,严禁雨淋,避免与有毒、有害、有腐蚀性物质混放、混运。运输工具应保持清洁,无异味。

9.2 贮存

存放仓库地面应铺设格板,距墙壁不小于 20 cm,使通风良好,防止底部受潮。仓贮温度不得高于25 ℃,严禁与有毒、有异味、发霉以及其他易于传播病虫的物品混合存放,并应加强防蝇、防鼠措施。

9.3 保质期

低含水量制品保质期为 9 个月,高含水量制品保质期为 6 个月。

ICS 67.080.10
B 31

中华人民共和国国家标准

GB/T 29572—2013

桑椹（桑果）

Mulberry fruit

2013-07-19 发布 2013-12-06 实施

中华人民共和国国家质量监督检验检疫总局
中国国家标准化管理委员会 发布

前　言

本标准按照 GB/T 1.1—2009 给出的规则起草。

本标准由中华人民共和国农业部提出。

本标准由全国桑蚕业标准化技术委员会(SAC/TC 437)归口。

本标准起草单位:苏州大学、苏州市蚕桑指导站、吴江市平望镇欣农蚕业合作社。

本标准主要起草人:陆小平、沈卫德、姚新华、李兵、朱伟新、许健儿、王友俊、何婀妮、李雪勤、石伟林。

桑 椹（桑 果）

1 范围

本标准规定了无公害食品桑椹的术语和定义、要求、采收和分级处理、检验方法、抽样方法、判定规则、标志以及包装、运输和贮存。

本标准适用于无公害食用鲜果——桑椹（桑果）的生产和流通。

2 规范性引用文件

下列文件对于本文件的应用是必不可少的，凡是注日期的引用文件，仅注日期的版本适用于本文件。凡是不注日期的引用文件，其最新版本（包括所有的修改单）适用于本文件。

GB 2763—2012 食品安全国家标准 食品中农药最大残留限量

GB/T 5009.146—2008 植物性食品中有机氯和拟除虫菊酯类农药多种残留的测定

GB/T 5009.218—2008 水果和蔬菜中多种农药残留量的测定

GB/T 8210—2011 柑桔鲜果检验方法

GB/T 8855—2008 新鲜水果和蔬菜 取样方法

3 术语和定义

下列术语和定义适用于本文件。

3.1

桑椹 mulberry fruit
桑果
桑树的果穗。

3.2

单果 simple fruit
由花被和子房构成的小果。

3.3

缺陷果 defect fruit
存在刺伤、碰伤、压伤、病虫危害、药斑、泥土污染等一种或多种缺陷单果的果穗。

3.4

果穗 fruits grown in clusters
聚生于花轴上的许多单果。

3.5

异常外部水分 abnormal external moisture
果实经雨淋或用水冲洗后表面残留的水分；或果实从冷库或冷藏车中取出，由于温差而形成的冷凝水。

3.6

容许度 tolerance
同一检验批次中，不同级别的桑椹允许存在的最大限度（不同级别中不符合规定的桑椹允许存在的最大限度),用不符合规定的果穗数占被检果穗数的百分比表示。

4 要求

4.1 感官要求

4.1.1 果形

果穗形态整齐,具该品种特征,各单果无干瘪现象。

4.1.2 色泽

具该品种成熟果实特征色泽:紫黑色、紫色、紫红色、红色、米白色。

4.1.3 果面

果面新鲜光洁,无刺伤、虫伤、擦伤、碰压伤、病斑及腐烂现象。

4.1.4 缺陷果容许度

同批次样品中缺陷果不超过5%。

4.2 理化指标及等级要求

根据感官指标将新鲜桑椹划分为2个等级。质量要求应符合表1的要求。

表 1 新鲜桑椹等级及其规格

内　　容		一级	二级
桑椹质量		紫色、紫红、红色椹≥3.0 g, 米白色椹≥1.0 g, 且大小开差≤5%	紫色、紫红、红色椹≥0.8 g, 米白色椹≥0.5 g,且大小开差≤10%
可溶性固形物/%		≥10.0	≥9.0
酸度(pH 计测定)		3.5～6.0	
可食用期限/h	室温存放	≤24	
	低温存放 (4 ℃～10 ℃)	≤36	
缺陷单果率/%	虫伤、碰压伤	≤6	≤10
	药斑	无	
	病果	无	
验收容许度		≤5%的次级果	
杂　　质		无肉眼可见的外来杂质	

4.3 安全卫生指标

桑椹的安全卫生指标应符合 GB 2763—2012 的规定。

5 采收和分级处理

5.1 采收时期

不同品种的桑椹应分批采收。果皮充分着色为采收的最好时期;选择晴天采收;宜在温度低的早上及傍晚采收,避免在雨天采果。

5.2 采收方法

采摘时戴符合卫生要求的薄膜手套,手指轻拨果柄,直接采落在洁净卫生的果篮或包装盒中。采摘时要轻采轻放,尽量避免擦伤果面;从果篮中转移时要轻拿轻放,以免碰伤果穗。

5.3 分级

桑椹采收时不摘伤果、畸形果、特小果和病虫果,按果实大小分别装篮,分级标准按表1规定执行。

6 检验方法

6.1 感官要求

用目测法检测。

6.2 检验批次

同一生产基地、同品种、同等级、同一包装日期的桑椹为一个检验批次。

6.3 可溶性固形物含量

按 GB/T 8210—2011 规定执行。

6.4 酸度

采用 pH 计测定时,随机抽取 20 个桑椹(果穗),挤出汁液,用 2 层纱布过滤,滤液收集于干净的小烧杯中,用 pH 计测定滤液的 pH 值。

6.5 桑椹质量

采用感度为 1/100 g 的天平测定被抽检桑椹的质量,并按式(1)计算出单个桑椹的平均质量(X)。

$$X = \frac{X_1 + X_2 + \cdots + X_n}{n} \qquad \cdots\cdots\cdots\cdots\cdots\cdots\cdots (1)$$

式中:

X——桑椹的平均质量,单位为克(g);

X_n——第 n 个桑椹的质量,单位为克(g);

n ——所检桑椹的个数,单位为个。

6.6 缺陷单果率检验时,随机抽取 10 个桑椹统计缺陷单果的数量,并按式(2)计算出缺陷单果率(Y)。

$$Y = \frac{Y_1 + Y_2 + \cdots + Y_n}{n} \times 100\% \qquad \cdots\cdots\cdots\cdots\cdots\cdots (2)$$

式中:

Y ——缺陷单果率,%;

Y_n——第 n 个桑椹的缺陷单果数,单位为个;

n ——所检桑椹的单果个数,单位为个。

6.7 安全卫生指标

测定按 GB/T 5009.146—2008 和 GB/T 5009.218—2008 规定执行。

7 抽样方法

桑椹的取样方法按 GB/T 8855—2008 规定执行。以一个检验批次为一个抽样批次。抽取的样品应具有代表性,应在全批货物的不同部位随机抽取,样品的检验结果适用于整个检验批次。抽样数量按表 2 规定随机取样。

表 2 抽检样品的取样数量

批量货物中同类包装产品的盒数	抽样盒数
≤100	5
101～300	7
301～500	9
501～1 000	10
≥1 000	≥15

8 判定规则

8.1 感官要求的总不合格品百分率不超过 5%,理化指标不合格项不超过 2 项,且安全卫生指标均为合格,则该批产品判为合格。

8.2 感官要求的总不合格品百分率超过 5%,或理化指标不合格项超过 2 项,或安全卫生指标有 1 项不合格,或标志不合格,则该批产品判为不合格。

8.3 卫生安全指标出现不合格时,允许另取 1 份样品复检,若仍不合格,则判该项指标不合格;若复检合格,则需再取 1 份样品做第 2 次复检,以第 2 次复检结果为准。

8.4 对包装、缺陷果容许度检验不合格者,允许生产单位进行整改后申请复检。

8.5 当一个桑椹(果穗)中缺陷单果率超过表 1 的标准,则该椹判定为缺陷果。

9 标志

9.1 桑椹的销售和运输包装应标注无公害食品标志。

9.2 桑椹的包装容器和材料应符合卫生标准,且注明产品名称、净含量、等级、产地、采收日期、包装日期、生产单位及详址等,标志上的字迹应清晰、完整、准确。

10 包装、运输和贮存

10.1 包装

10.1.1 桑椹包装场地应通风、防潮、防晒、防雨,干净整洁,无污染物,不能存放有毒、有异味物品。

10.1.2 包装箱、盒的结构应牢固适用,且干燥,洁净卫生,无霉变、污染。

10.2 运输

10.2.1 运输应做到快装、快运、快卸。严禁日晒雨淋,装卸、搬运时要轻拿轻放。

10.2.2 运输工具应清洁、干燥、无异味。

10.3 贮存

桑椹应随采、随装、随运、随销。不能立即销售的应置洁净、凉爽、有防虫和防鼠设施的地方存放。常温下贮放时间不超过 24 h;或低温(4 ℃～10 ℃)下贮放时间不超过 36 h。

ICS 67.080.10
X 24

中华人民共和国国家标准

GB/T 31318—2014

蜜饯　山楂制品

Preserved fruits—Hawthorn products

2014-12-05 发布

2015-06-01 实施

中华人民共和国国家质量监督检验检疫总局
中国国家标准化管理委员会　发 布

前　言

本标准按照 GB/T 1.1—2009 给出的规则起草。

本标准由全国食品工业标准化技术委员会(SAC/TC 64)提出并归口。

本标准起草单位:中国焙烤食品糖制品工业协会、潍坊市产品质量监督检验所、河北怡达食品集团有限公司、北京御食园食品股份有限公司、北京红螺食品有限公司、北京康贝尔食品有限责任公司、维之王食品有限公司、天喔(福建)食品有限公司、福建东方食品集团、杭州超达食品有限公司、广东佳宝集团有限公司。

本标准主要起草人:赵燕萍、许军、张斌、王树林、董立军、江玉霞、孙玉平、宋永祥、周志民、管俊祥、蔡冬梅、杨婉媛、林培生。

蜜饯　山楂制品

1　范围

本标准规定了蜜饯类山楂制品的产品分类、技术要求、试验方法、检验规则、标签、包装、贮存。

本标准适用于以山楂、白砂糖和/或淀粉糖为主要原料,经煮制、制浆、成型、干燥,或经糖渍、干燥等工艺加工制成的可直接食用的蜜饯山楂制品。

2　规范性引用文件

下列文件对于本文件的应用是必不可少的。凡是注日期的引用文件,仅注日期的版本适用于本文件。凡是不注日期的引用文件,其最新版本(包括所有的修改单)适用于本文件。

GB 317　白砂糖

GB 2760　食品安全国家标准　食品添加剂使用标准

GB 5009.3　食品安全国家标准　食品中水分的测定

GB 5009.4　食品安全国家标准　食品中灰分的测定

GB 7718　食品安全国家标准　预包装食品标签通则

GB 8956　蜜饯企业良好生产规范

GB/T 10782—2006　蜜饯通则

GB 14884　蜜饯卫生标准

GB 15203　淀粉糖卫生标准

GB 28050　食品安全国家标准　预包装食品营养标签通则

SB/T 10092　山楂

JJF 1070　定量包装商品净含量计量检验规则

国家质量监督检验检疫总局[2005]第75号令　定量包装商品计量监督管理办法

3　产品分类

按生产工艺分为以下四类。

3.1　山楂片类

以山楂、白砂糖为主要原料,经煮制、冷却、制浆、拌糖、刮片、烘烤、成型等工艺制成的山楂制品,包括干片型和夹心型。

3.2　山楂糕类

以山楂、白砂糖和/或淀粉糖为主要原料,经煮制、制浆、成型等工艺制成的制品。

3.3　山楂脯类

以山楂、白砂糖和/或淀粉糖为主要原料,经煮制、糖渍、干燥等工艺制成的制品。

3.4 果丹类

以山楂、白砂糖和/或淀粉糖为主要原料,经煮制、制浆、刮片、烘烤、成型等工艺制成的制品。如:果丹皮、蜜饯糖葫芦等。

4 技术要求

4.1 原、辅料要求

4.1.1 山楂

应符合 SB/T 10092 的规定。

4.1.2 白砂糖

应符合 GB 317 的规定。

4.1.3 淀粉糖

应符合 GB 15203 的要求。

4.1.4 食品添加剂及其他原辅材料

应符合相应国家标准或行业标准的规定。

4.2 感官要求

应符合表 1 的规定。

表 1 感官要求

项 目	要 求			
	山楂片类	山楂糕类	山楂脯类	果丹类
色泽	具有该产品应有的色泽			
组织形态	组织细腻,形状完整,厚薄较均匀。夹心软片要有韧性,干片有疏松感	组织细腻,软硬适度,略有弹性,呈糕状	颗粒完整,不流糖,不返砂	组织细腻,略有韧性
滋味及气味	具有原果风味,酸甜适口,无异味			
杂质	无正常视力可见外来杂质			

4.3 理化指标

应符合表 2 的规定。

表 2　理化指标

项　目	要　求				
	山楂片类		山楂糕类	山楂脯类	果丹类
	干片型	夹心型			
总糖(以葡萄糖计)/%　≤	85	75	70	70	75
水分/%　　　　　　≤	15	20	50	35	30
灰分/%　　　　　　≤	1.5				

4.4　卫生指标

应符合 GB 14884 的规定。

4.5　食品添加剂

应符合 GB 2760 的规定。

4.6　净含量

应符合《定量包装商品计量监督管理办法》的规定。

4.7　生产过程

应符合 GB 8956 的规定。

5　试验方法

5.1　感官指标

按 GB/T 10782—2006 中 6.2 规定的方法检测。

5.2　理化指标

5.2.1　总糖

按 GB/T 10782—2006 中 6.5 规定的方法检测。

5.2.2　水分

按 GB 5009.3 规定的方法检测。

5.2.3　灰分

按 GB 5009.4 规定的方法检测。

5.3　卫生指标

按 GB 14884 规定的方法检测。

5.4 净含量

按 JJF 1070 规定的方法检测。

6 检验规则

6.1 批次

同品种、同一批投料、同一生产日期的产品为一批次。

6.2 抽样

按 GB/T 10782—2006 执行。

6.3 出厂检验

6.3.1 出厂检验的项目包括感官指标、净含量、水分、总糖、菌落总数和大肠菌群。

6.3.2 每批产品应经生产厂检验部门按本标准的规定进行检验,并出具产品合格证后方可出厂。

6.4 型式检验

6.4.1 型式检验项目包括本标准中规定的全部项目。

6.4.2 每半年应对产品进行一次型式检验。

6.4.3 发生下列情况之一时亦应进行型式检验:

——更改原料时;

——更改工艺时;

——长期停产后恢复生产时;

——出厂检验与上次型式检验有较大差异时;

——国家质量监督机构提出进行型式检验的要求时。

6.5 判定规则

6.5.1 检验结果全部项目符合本标准规定时,判该批产品为合格品。

6.5.2 检验结果中微生物指标有一项及以上不符合本标准规定时,判该批产品为不合格品。

6.5.3 检验结果中除微生物指标外,其他项目不符合本标准规定时,可以在原批次产品中双倍抽样复验一次,复检结果全部符合本标准规定时,判该批产品为合格品;复检结果中如仍有一项指标不合格,判该批产品为不合格品。

7 标签

预包装产品的标签应符合 GB 7718、GB 28050 的规定。

8 包装

包装材料应符合相应国家标准或行业标准的规定。

9 贮存

应符合 GB 8956 的规定。

ICS 67.080.10
X 24

中华人民共和国林业行业标准

LY/T 1782—2008

无 公 害 干 果

Non-environmental pollution dry-fruits

2008-09-03 发布　　　　　　　　　　　　　　　2008-12-01 实施

国 家 林 业 局　　发 布

前　言

本标准由山东省林业局提出。

本标准由国家林业局归口。

本标准起草单位:山东省林业科学研究院、山东省经济林管理站、国家林业局科技发展中心。

本标准主要起草人:侯立群、公庆党、龚玉梅、李秀芬、赵春磊、孙蕾、王露琴、赵登超。

无 公 害 干 果

1 范围

本标准规定了无公害干果的术语和定义、产地环境要求、卫生要求、试验方法、检验规则以及包装、标志、标签、运输和贮存。

本标准主要适用于干果及干果加工果品。

2 规范性引用文件

下列文件中的条款通过本标准的引用而成为本标准的条款。凡是注日期的引用文件,其随后所有的修改单(不包括勘误的内容)或修订版均不适用于本标准,然而,鼓励根据本标准达成协议的各方研究是否可使用这些文件的最新版本。凡是不注日期的引用文件,其最新版本适用于本标准。

GB/T 5009.11 食品中总砷及无机砷的测定

GB/T 5009.12 食品中铅的测定

GB/T 5009.15 食品中镉的测定

GB/T 5009.17 食品中总汞及有机汞的测定

GB/T 5009.18 食品中氟的测定

GB/T 5009.19 食品中六六六、滴滴涕残留量的测定

GB/T 5009.20 食品中有机磷农药残留量的测定

GB/T 5009.38 蔬菜、水果卫生标准的分析方法

GB/T 5009.102 植物性食品中辛硫磷农药残留量的测定

GB/T 5009.103 植物性食品中甲胺磷和乙酰甲胺磷农药残留量的测定

GB/T 5009.104 植物性食品中氨基甲酸酯类农药残留量的测定

GB/T 5009.105 黄瓜中百菌清残留量的测定

GB/T 5009.110 植物性食品中氯氰菊酯、氰戊菊酯和溴氰菊酯残留量的测定

GB/T 5009.123 食品中铬的测定

GB/T 5009.144 植物性食品中甲基异柳磷残留量的测定

GB/T 5009.146 植物性食品中有机氯和拟除虫菊酯类农药多种残留的测定

GB 7718 预包装食品标签通则

GB/T 8855 新鲜水果和蔬菜 取样方法(GB/T 8855—2008,ISO 874:1980,IDT)

GB/T 15401 水果、蔬菜及其制品 亚硝酸盐和硝酸盐含量的测定(GB/T 15401—1994,idt ISO 6635:1984)

GB/T 18407.2—2001 农产品安全质量 无公害水果产地环境要求

SN 0148 出口水果中甲基毒死蜱残留量检验方法

SN 0154 出口水果中甲基嘧啶磷残留量检验方法

SN/T 0521 出口油籽中丁酰肼残留量检验方法

3 术语和定义

下列术语和定义适用于本标准。

3.1

干果 dry-fruits

成熟时干燥少汁的果实。干旱的果皮(或包括花托组织)在发育成熟过程中,细胞含水量逐渐减少,

原生质体解体,细胞壁增厚,以致形成干燥的膜质或革质结构;同时,果皮中往往还具有比较发达的机械组织,增强了保护作用。

3.2

无公害干果 non-environmental pollution dry-fruits

产地环境条件、生态条件符合本标准的规定,有毒、有害物质含量控制在标准规定限量范围内的干果及加工果品。

4 要求

4.1 产地环境要求

无公害干果产地应选择在无污染源,或不受污染源影响,或污染物限量控制在允许范围内的生产区域。

4.1.1 灌溉水质量

灌溉水质量符合 GB/T 18407.2—2001 中 3.2 的要求。

4.1.2 土壤质量

土壤质量符合 GB/T 18407.2—2001 中 3.3 的要求。

4.1.3 空气质量

空气质量符合 GB/T 18407.2—2001 中 3.4 的要求。

4.2 重金属及其他有害物质限量要求

重金属及其他有害物质限量应符合表 1 的规定。

表 1 重金属及其他有害物质限量

序 号	项 目	指标/(mg/kg)
1	砷(以 As 计)	≤0.5
2	铅(以 Pb 计)	≤0.2
3	镉(以 Cd 计)	≤0.03
4	汞(以 Hg 计)	≤0.01
5	铬(以 Cr 计)	≤0.5
6	氟(以 F 计)	≤0.5
7	亚硝酸盐(以 NaNO$_2$ 计)	≤4.0
8	硝酸盐(以 NaNO$_3$ 计)	≤400

4.3 农药最大残留限量要求

农药最大残留限量应符合表 2 的规定。

表 2 农药最大残留限量

序 号	项 目	指标/(mg/kg)
1	马拉硫磷(malathion)	不得检出
2	对硫磷(parathion)	不得检出
3	甲拌磷(phorate)	不得检出
4	甲胺磷(methamidophos)	不得检出
5	久效磷(monocrotophos)	不得检出
6	甲基对硫磷(parathion-methyl)	不得检出

表 2（续）

序 号	项 目	指标/(mg/kg)
7	氧化乐果(omethoate)	不得检出
8	克百威(carbofuran)	不得检出
9	六六六(HCH)	不得检出
10	滴滴涕(DDT)	不得检出
11	甲基异柳磷(isofenphos-methyl)	不得检出
12	涕灭威(aldicarb)	不得检出
13	敌敌畏(dichlorvos)	≤0.2
14	乐果(dimethoate)	≤1.0
15	倍硫磷(fenthion)	≤0.05
16	辛硫磷(phoxim)	≤0.05
17	杀螟硫磷(fenitrothion)	≤0.4
18	百菌清(chlorothalonil)	≤1.0
19	多菌灵(carbendazim)	≤0.5
20	氯氰菊酯(cypermethrin)	≤2.0
21	溴氰菊酯(deltamethrin)	≤0.1
22	氰戊菊酯(fenvalerate)	≤0.2
23	氯氟氰菊酯(cyhalothrin)	≤0.2
24	甲基毒死蜱(chlorpyrifos-methyl)	≤0.5
25	甲基嘧啶磷(pirimiphos-methyl)	≤2.0
26	比久(丁酰肼)(daminozide)	≤0.02

注：未列出的农药残留限量标准，按国家现行标准执行。国家规定禁止使用的农药，按相应国家标准执行。

5 试验方法

5.1 灌溉水质量检验

灌溉水质量指标检验按 GB/T 18407.2—2001 中 4.2 的规定执行。

5.2 土壤质量检验

土壤质量指标检验按 GB/T 18407.2—2001 中 4.4 的规定执行。

5.3 空气质量检验

空气质量指标检验按 GB/T 18407.2—2001 中 4.6 的规定执行。

5.4 重金属及其他有害物质限量测定

5.4.1 砷的测定按 GB/T 5009.11 的规定执行。

5.4.2 铅的测定按 GB/T 5009.12 的规定执行。

5.4.3 镉的测定按 GB/T 5009.15 的规定执行。

5.4.4 汞的测定按 GB/T 5009.17 的规定执行。

5.4.5 铬的测定按 GB/T 5009.123 的规定执行。

5.4.6 氟的测定按 GB/T 5009.18 的规定执行。

5.4.7 亚硝酸盐、硝酸盐的测定按 GB/T 15401 的规定执行。

5.5 农药最大残留限量测定

5.5.1 马拉硫磷、甲基对硫磷、氧化乐果、杀螟硫磷、乐果、敌敌畏、对硫磷、甲拌磷、久效磷、倍硫磷的测定按 GB/T 5009.20 规定执行。

5.5.2 六六六、滴滴涕的测定按 GB/T 5009.19 规定执行。

5.5.3 多菌灵的测定按 GB/T 5009.38 规定执行。

5.5.4 辛硫磷的测定按 GB/T 5009.102 规定执行。

5.5.5 甲胺磷的测定按 GB/T 5009.103 规定执行。

5.5.6 克百威、涕灭威的测定按 GB/T 5009.104 规定执行。

5.5.7 百菌清的测定按 GB/T 5009.105 规定执行。

5.5.8 氯氰菊酯、溴氰菊酯、氰戊菊酯的测定按 GB/T 5009.110 规定执行。

5.5.9 甲基异柳磷的测定按 GB/T 5009.144 规定执行。

5.5.10 氯氟氰菊酯的测定按 GB/T 5009.146 规定执行。

5.5.11 甲基毒死蜱的测定按 SN 0148 的规定执行。

5.5.12 甲基嘧啶磷的测定按 SN 0154 的规定执行。

5.5.13 比久(丁酰肼)的测定按 SN/T 0521 的规定执行。

5.5.14 其他未列出的农药残留限量测定方法,按国家现行标准的规定执行。国家规定禁止使用的农药,按相应国家标准执行。

6 检验规则

6.1 检验分类

6.1.1 型式检验

型式检验是对产地环境和产品进行全面考核,即对本标准规定的全部要求(指标)进行检验。有下列情形之一者应进行型式检验:

  a) 申请无公害食品标志或无公害食品年度抽查检验;

  b) 前后抽样检验结果差异较大;

  c) 因人为或自然因素使生产环境发生较大变化;

  d) 国家质量监督机构或主管部门提出型式检验要求。

6.1.2 交收检验

每批产品交收前,生产单位都应进行交收检验,交收检验内容包括对产品包装、标志、检查和检验合格并附合格证的产品方可交收。

6.2 抽样方法

6.2.1 灌溉水抽样

灌溉水抽样按 GB/T 18407.2—2001 中 4.1 的规定执行。

6.2.2 土壤抽样

土壤抽样按 GB/T 18407.2—2001 中 4.3 的规定执行。

6.2.3 空气抽样

空气抽样按 GB/T 18407.2—2001 中 4.5 的规定执行。

6.2.4 产品抽样

按 GB/T 8855 规定执行。同一生产基地面积 1 hm²、同一品种、同一成熟度、同一包装日期的产品为一个检验批次。以一个检验批次 2 kg 为一个抽样批次。抽取的样品应具有代表性,应在全批货物的不同部位随机抽取,样品的检验结果适用于整个检验批次。

6.3 判定规则

6.3.1 灌溉水质量指标

有一个项目不合格,即判定该产地样品不合格。

6.3.2 土壤质量指标

有一个项目不合格,即判定该产地样品不合格。

6.3.3 空气质量指标

有一个项目不合格,即判定该产地样品不合格。

6.3.4 卫生指标

有一个项目不合格,即判定该样品不合格。

6.4 复检

当样品检验不合格或对检验结果有争议时,允许进行复检。复检时,按本标准规定加 1 倍抽样,重新进行检测,以复检结果为准。

7 包装、标志、标签、运输和贮存

7.1 包装

无公害干果的包装应采用符合包装卫生标准的包装材料。包装容器内不得有枝、叶、砂、石、尘土及其他异物。内包装材料应清新、洁净、无异味。各包装件的表层干果在大小、色泽等各方面均应代表整个包装件的质量情况。

7.2 标签与标志

标签与标志按 GB 7718 的规定执行。

7.3 运输

无公害干果的运输应采用无污染的交通运输工具,不得与有毒有害物品混装混运。

7.4 贮存

贮存场所应清洁卫生,不得与有毒有害物品混存混放。

ICS 67.080
B 31

中华人民共和国林业行业标准

LY/T 1920—2010

2010-02-09 发布

2010-06-01 实施

国家林业局　发布

前　　言

本标准由国家林业局提出并归口。

本标准起草单位：山西省交城县林业科学研究所。

本标准主要起草人：宋丽英、田国启、王建生、刘桂兰、王海平、段春秀、常崇兵、高晋东。

梨　　　枣

1　范围

本标准规定了梨枣的要求、检验方法、检验规则、包装、标志以及运输、贮藏。

本标准适用于种源为山西临猗的梨枣($Ziziphus\ jujuba$ Mill 'LinYiLiZao')的收购、贮运和销售。

2　规范性引用文件

下列文件中的条款通过本标准的引用而成为本标准的条款。凡是注日期的引用文件，其随后所有的修改单(不包括勘误的内容)或修订版均不适用于本标准，然而，鼓励根据本标准达成协议的各方研究是否可使用这些文件的最新版本。凡是不注日期的引用文件，其最新版本适用于本标准。

GB/T 5835　干制红枣

GB 7718　预包装食品标签通则

GB/T 8855　新鲜水果和蔬菜　取样方法

GB/T 10651　鲜苹果

GB 18406.2　农产品安全质量　无公害水果安全要求

GB/T 22345　鲜枣质量等级

3　要求

3.1　感官要求

感官要求应符合表1的规定。

表 1　感官要求

项　目	特　等	一　等	二　等
基本要求	果实成熟、完整、洁净、无异味，无不正常外来水分，无裂果、病虫果、霉烂果，果皮无损伤		
色泽	色泽为浅红色(着色面积达到50%以上)		
果形	果形呈卵圆形或近圆形		
果实平均质量 m/g	$m \geqslant 28$	$20 \leqslant m < 28$	$13 \leqslant m < 20$
注：以 m 表示果实平均单果质量。			

3.2　理化指标

理化指标应符合表2的规定。

表 2　理化指标

项　目	指　标
可食率(以质量计)/%	$\geqslant 95$
硬度/(kg/cm²)	9～10
可溶性固形物/%	$\geqslant 22$

3.3　卫生、安全指标

卫生、安全指标按照 GB 18406.2 的规定执行。

4 检验方法

4.1 感官检验

取样量按 GB/T 8855 的规定执行。果实的果面、果形、色泽、成熟度、霉烂用目测法检测,单果重用单果称重法检测。

每批受检样品抽样检测时,对有缺陷的果实做记录,病虫害症状不明显而有怀疑者,应取样解剖检验,如发现内部症状,则成倍扩大样品数量。一个样品出现多种缺陷时,按一个缺陷计,不合格率按有缺陷样品个数计算。

4.2 理化指标检验

4.2.1 可食率

按 GB/T 5835 的规定执行。

4.2.2 硬度

按 GB/T 10651 的规定执行。

4.2.3 可溶性固形物

按 GB/T 10651 的规定执行。

5 检验规则

5.1 组批

同等级、同一批交售、调运、贮藏、销售的枣果作为一个检验批次。

5.2 抽样方法

按 GB/T 8855 的规定执行。

5.3 判定规则

检验结果应符合相应等级的规定,当单果重、色泽、病虫果、机械损伤出现不合格项时,允许对不合格项目进行加倍重新取样复检,复检仍有不合格项的,则判该批产品为不合格品。各等级果实中,允许有 5%的下级果。

6 包装、标志

6.1 包装

鲜枣的包装应符合 GB/T 22345 规定要求,包装时按等级分别进行包装。

6.2 标志

包装标志应符合 GB 7718 的要求。

7 运输、贮藏

7.1 运输

运输时不得与其他有毒有害物品混装、混运,应轻搬、轻放、防止挤压。

7.2 贮藏

7.2.1 冷库贮藏

鲜枣入库前应对贮藏场所进行消毒灭菌。将鲜枣适时采摘挑选分级后,装入保鲜膜袋中入 0 ℃±1 ℃库进行贮藏,袋的中部两侧要求打孔,孔径 1 cm(每千克要求打两个孔),也用微孔膜袋包装。

7.2.2 气调贮藏

7.2.2.1 贮藏条件

温度-1 ℃~0 ℃;相对湿度保持在 90%~95%;氧气含量 3%~5%,二氧化碳含量小于 0.5%。

7.2.2.2 贮藏方法

入库鲜枣应批次分明,堆码整齐。贮藏期间应进行定期检查,发现问题及时处理。

前　　言

为判定绿色食品鲜梨的质量和安全性,特制定本标准。

本标准由中国绿色食品发展中心提出并归口。

本标准起草单位:农业部食品质量监督检验测试中心(济南)。

本标准主要起草人:滕葳、柳琪、祁国栋、陈琦、张卉、张丽华。

中华人民共和国农业行业标准

绿色食品　鲜梨

NY/T 423—2000

Green food—Fresh pears

1　范围

本标准规定了绿色食品鲜梨的定义、要求、试验方法、检验规则、标志、标签、包装、运输和贮存。

本标准适用于 A 级绿色食品鲜梨的生产和流通。

2　引用标准

下列标准所包含的条文,通过在本标准中引用而构成为本标准的条文。本标准出版时,所示版本均为有效。所有标准都会被修订,使用本标准的各方应探讨使用下列标准最新版本的可能性。

GB/T 5009.11—1996　食品中总砷的测定方法

GB/T 5009.12—1996　食品中铅的测定方法

GB/T 5009.13—1996　食品中铜的测定方法

GB/T 5009.14—1996　食品中锌的测定方法

GB/T 5009.15—1996　食品中镉的测定方法

GB/T 5009.17—1996　食品中总汞的测定方法

GB/T 5009.18—1996　食品中氟的测定方法

GB/T 5009.19—1996　食品中六六六、滴滴涕残留量的测定方法

GB/T 5009.20—1996　食品中有机磷农药残留量的测定方法

GB 7718—1994　食品标签通用标准

GB/T 10650—1989　鲜梨

GB/T 14962—1994　食品中铬的测定方法

NY/T 391—2000　绿色食品　产地环境技术条件

NY/T 393—2000　绿色食品　农药使用准则

3　定义

本标准采用下列定义。

3.1　绿色食品　green food

见 NY/T 391—2000 中 3.1。

3.2　A 级绿色食品　A grade green food

见 NY/T 391—2000 中 3.3。

4　要求

4.1　分类

4.1.1　特大型果:苍溪雪梨、雪花梨、金华梨、茌梨等。

4.1.2　大型果:鸭梨、酥梨、黄县长把梨、栖霞大香水梨、山东子母梨、宝珠梨、苹果梨、早酥梨、大冬果

中华人民共和国农业部 2000-12-22 批准　　　　　　　　　　　　　　2001-04-01 实施

梨、巴梨、晚三吉梨等。

4.1.3 中型果:黄梨、安梨、秋白梨、胎黄梨、鸭广梨、库尔勒香梨、菊水梨、新世纪梨等。

4.1.4 小型果:绵梨、伏茄梨等。

4.2 产地环境要求

产地环境应符合 NY/T 391 要求。

4.3 感官要求

感官指标应符合表 1 规定。

表 1 鲜梨感官要求

项 目	要 求
基本要求	各品种的鲜梨都必须完整良好,新鲜洁净,无不正常的外部水分,无异嗅及异味,精心手采,发育正常,具有贮存或市场要求的成熟度
果 形	果形端正,具有本品种固有的特征,果梗完整
色 泽	具有本品种成熟时应有的色泽
果实横径,mm	特大型果≥80,大型果≥75,中型果≥65,小型果≥55
果面缺陷	基本上无缺陷,允许下列不影响外观和品质的轻微缺陷不超过 2 项
① 碰压伤	允许轻微者 1 处,其面积不超过 0.5 cm²,不得变褐
② 刺伤、破皮划伤	不允许
③ 磨伤(枝磨、叶磨)	允许轻微磨伤面积不超过果面的十二分之一,巴梨、秋白梨为八分之一
④ 水锈、药斑	允许轻微薄层总面积不超过果面的十二分之一
⑤ 日 灼	不允许
⑥ 雹 伤	不允许
⑦ 虫 伤	不允许
⑧ 病 果	不允许
⑨ 虫 害	不允许

4.4 理化要求

物理指标和化学成分应符合表 2 规定。

表 2 绿色食品鲜梨的物理指标和化学成分

指 标 / 品 种	果实硬度 N/cm² (kgf/cm²)	可溶性固形物 %	总 酸 %	固酸比
鸭梨	39～54 (4.0～5.5)	≥10.0	≤0.16	≥62.5:1
酥梨	39～54 (4.0～5.5)	≥11.0	≤0.16	≥110:1
茌梨	63.7～88 (6.5～9.0)	≥11.0	≤0.10	≥110:1
雪花梨	68.6～88 (7.0～9.0)	≥11.0	≤0.12	≥92:1
香水梨	58.8～73.5 (6.0～7.5)	≥12.0	≤0.25	≥48:1
长把梨	68.6～88 (7.0～9.0)	≥10.5	≤0.35	≥30:1

表 2（完）

项 目 指 标 品 种	果实硬度 N/cm² (kgf/cm²)	可溶性固形物 %	总 酸 %	固酸比
秋白梨	107.9～117.7 (11.0～12.0)	≥11.2	≤0.20	≥56：1
旱酥梨	69.6～76.5 (7.1～7.8)	≥11.0	≤0.24	≥46：1
新世纪梨	54～68.6 (5.5～7.0)	≥11.5	≤0.16	≥72：1
库尔勒香梨	54～73.5 (5.5～7.5)	≥11.5	≤0.10	≥115：1

注：未列入的其他品种，根据品种特性参照表内近似品种的规定掌握。

4.5 卫生要求

卫生指标应符合表3和表4规定。

表 3　绿色食品鲜梨的农药残留限量　　　　　　　　　　　mg/kg

项 目	指 标
六六六	≤0.05
滴滴涕	≤0.05
甲拌磷	不得检出
对硫磷	不得检出
马拉硫磷	不得检出
杀螟硫磷	≤0.02
倍硫磷	≤0.02
敌敌畏	≤0.02
乐果	≤0.02

注：其他农药施用方式及限量应符合 NY/T 393 的规定。

表 4　绿色食品鲜梨的重金属限量　　　　　　　　　　　mg/kg

检验项目	指 标
砷（以总 As 计）	≤0.1
铅（以 Pb 计）	≤0.1
铜（以 Cu 计）	≤10
锌（以 Zn 计）	≤5
镉（以 Cd 计）	≤0.03
汞（以 Hg 计）	≤0.01
氟（以 F 计）	≤0.5
铬（以 Cr 计）	≤0.5

5 试验方法

5.1 感官检验

感官检验按 GB/T 10650—1989 中 6.1 规定执行。

5.2 理化检验

5.2.1 物理指标和化学成分按 GB/T 10650—1989 中 6.2 规定执行。

5.2.2 砷的测定按 GB/T 5009.11 规定执行。

5.2.3 铅的测定按 GB/T 5009.12 规定执行。

5.2.4 铜的测定按 GB/T 5009.13 规定执行。

5.2.5 锌的测定按 GB/T 5009.14 规定执行。

5.2.6 镉的测定按 GB/T 5009.15 规定执行。

5.2.7 汞的测定按 GB/T 5009.17 规定执行。

5.2.8 氟的测定按 GB/T 5009.18 规定执行。

5.2.9 铬的测定按 GB/T 14962 规定执行。

5.2.10 六六六、滴滴涕残留量的测定按 GB/T 5009.19 规定执行。

5.2.11 有机磷农药残留量的测定按 GB/T 5009.20 规定执行。

6 检验规则

6.1 组批规则

同一生产基地、同品种、同等级、同一包装日期的鲜梨作为一个检验批次。

6.2 抽样方法

抽样方法可按 GB/T 10650—1989 中 7.4 抽样和 7.5 理化检验取样及 7.6 检重执行。

6.3 型式检验

型式检验是对产品进行全面考核,即对本标准规定的全部要求(指标)进行检验。有下列情形之一者应进行型式检验:

 a) 申请绿色食品标志或绿色食品年度抽查检验;

 b) 前后两次出厂检验结果差异较大;

 c) 因人为或自然因素使生产环境发生较大变化;

 d) 国家质量监督机构或主管部门提出型式检验要求。

6.4 交收检验

每批产品交收前,生产单位都应进行交收检验,交收检验内容包括包装、标志、标签、感官要求,卫生指标应根据土壤环境背景值及农药施用情况选测,检验合格并附合格证的产品方可交收。

6.5 判定规则

6.5.1 一项指标检验不合格,则该批产品为不合格产品。

6.5.2 当理化、卫生指标出现不合格项目时,允许另取一份样品复检,若仍不合格,则判该项目不合格。若复检合格,则应再取一份样品作第二次复检,以第二次复检结果为准。

6.5.3 对包装、标志、标签不合格的产品,允许生产单位进行整改后申请复检。

7 标志、标签

7.1 标志

绿色食品鲜梨的销售和运输包装均应标注绿色食品标志,具体标注按有关规定执行。

7.2 标签

绿色食品鲜梨的标签应符合 GB 7718。

8 包装、运输、贮存

8.1 包装

绿色食品鲜梨的包装应按 GB/T 10650—1989 中第 8 章包装标志的有关规定执行。

8.2 运输

8.2.1 梨在装卸运输中要注意爱护,轻装轻卸,轻拿轻放。运输工具必须清洁卫生,不得与有毒、有异味、有害的物品混装、混运。

8.2.2 箱装梨在站台、码头等待运场所的时间应尽量缩短,需暂存时,必须堆放整齐,批次分明,通风良好,环境清洁,严禁日晒雨淋,注意防冻防热。

8.3 贮存

8.3.1 梨果采收后,立即挑选符合本标准规定的品质条件的果实,尽快包装、交售、验收。

8.3.2 验收后的鲜梨必须根据果实的成熟度和品质情况,迅速组织调运或贮存。

8.3.3 果实贮存保鲜,不得使用任何化学合成食品添加剂。

8.3.4 中长期贮存保鲜应在常温或恒温库中进行。出售时应基本保持梨果实原有的色、香、味。

8.3.5 在贮存鲜梨的库房中,严禁与其他有毒、有异味、发霉、散热及易于传播病虫的物品混合存放。

8.3.6 在库内存放时不得直接着地或靠墙,码垛不得过高,垛间留有通道,注意防蝇防鼠。

中华人民共和国农业行业标准

绿色食品 鲜桃

NY/T 424—2000

Green food—Peach

---

1 范围

本标准规定了绿色食品鲜桃的定义、要求、试验方法、检验规则、标志、标签、包装、运输及贮存。

本标准适用于 A 级绿色食品鲜桃的生产和流通。本标准所指鲜桃品种包括极早熟品种、早熟品种、中熟品种、晚熟品种、极晚熟品种。

2 引用标准

下列标准所包含的条文,通过在本标准中引用而构成为本标准的条文。本标准出版时,所示版本均为有效。所有标准都会被修订,使用本标准的各方应探讨使用下列标准最新版本的可能性。

　　GB/T 5009.11—1996　食品中总砷的测定方法

　　GB/T 5009.12—1996　食品中铅的测定方法

　　GB/T 5009.15—1996　食品中镉的测定方法

　　GB/T 5009.17—1996　食品中总汞的测定方法

　　GB/T 5009.18—1996　食品中氟的测定方法

　　GB/T 5009.19—1996　食品中六六六、滴滴涕残留量的测定方法

　　GB/T 5009.20—1996　食品中有机磷农药残留量的测定方法

　　GB/T 5009.38—1996　蔬菜、水果卫生标准的分析方法

　　GB 7718—1994　食品标签通用标准

　　GB/T 8855—1988　新鲜水果和蔬菜的取样方法

　　GB/T 14929.4—1994　食品中氯氰菊酯、氰戊菊酯和溴氰菊酯残留量测定方法

　　GB/T 14962—1994　食品中铬的测定方法

　　NY/T 391—2000　绿色食品　产地环境技术条件

　　NY/T 393—2000　绿色食品　农药使用准则

　　SB/T 10090—1992　鲜桃

3 定义

本标准采用下列定义。

3.1　绿色食品　green food
　　见 NY/T 391—2000 中 3.1。

3.2　A 级绿色食品　A grade green food
　　见 NY/T 391—2000 中 3.3。

3.3　果形　fruit form
　　果实的形状,主要有近圆形、卵圆形、扁圆形、椭圆形和扁平形等。

3.4　虫伤　fruit hurt by insect

中华人民共和国农业部 2000-12-22 批准　　　　　　　　　　　　　2001-04-01 实施

果实被虫咬的伤。

3.5 容许度 permission

桃在采集分级以及在处理和贮运过程中可能产生品质的变化,为此给定了一个低于等级质的允许度。

3.6 清洁 clean

果实表面无泥土、灰尘虫卵、虫粪等影响外观的污物。

3.7 横径 maximum horizontal diameter

果实缝合线和背部水平面中的最长线段。

3.8 成熟度 maturity

果实已充分发育,表现出品种特征的程度。

3.9 充分发育 full growth

果实已长成应有大小和形状。

3.10 不正常的外来水分 abnormal outside water

经雨淋或用水冲洗后留在果实表面的水分。

4 要求

4.1 产地环境要求

产地环境要求应符合 NY/T 391 规定。

4.2 感官要求

感官要求应符合表 1 规定。

表 1 感官要求

项　目		指　标
质量		果实充分发育,新鲜清洁,无异常气味或滋味,不带不正常的外来水分,具有适于市场或贮存要求的成熟度
果形		果形具有本品种应有的特征
色泽		果皮颜色具有本品种成熟时应具有的色泽
横径 mm		极早熟品种≥60 早熟品种≥65 中熟品种≥70 晚熟品种≥80 极晚熟品种≥80
果面		无缺陷(包括刺伤、碰压、磨伤、雹伤、裂伤、病伤)
容许度	产地验收,%	≤3
	发货站验收,%	≤5
注:某些品种果形小,如白凤桃,横径等级的划分不按此规定。		

4.3 理化要求

理化要求应符合表 2 规定。

表 2　理化要求

项　目 ＼ 品　种	极早熟品种	早熟品种	中熟品种	晚熟品种	极晚熟品种
可溶性固形物(20℃),%	≥8.5	≥9.0	≥10.0	≥10.0	≥10.0
总酸(以苹果酸计),%	≤2.0	≤2.0	≤2.0	≤2.0	≤2.0
固酸比	≥10	≥10	≥10	≥10	≥10

4.4　卫生要求

卫生要求应符合表 3 规定。

表 3　卫生要求

项　目	指　标
砷,mg/kg	≤0.1
铅,mg/kg	≤0.05
镉,mg/kg	≤0.03
汞,mg/kg	≤0.005
氟,mg/kg	≤0.5
铬,mg/kg	≤0.1
六六六,mg/kg	≤0.05
滴滴涕,mg/kg	≤0.05
敌敌畏,mg/kg	≤0.1
乐果,mg/kg	≤0.5
多菌灵,mg/kg	≤0.2
溴氰菊酯,mg/kg	≤0.05
氯氰菊酯,mg/kg	≤1.0
氰戊菊酯,mg/kg	≤0.1
杀螟硫磷	不得检出
倍硫磷	不得检出
马拉硫磷	不得检出
对硫磷	不得检出
甲拌磷	不得检出
氧化乐果	不得检出
注:其他农药残留限量应符合 NY/T 393 的规定。	

5　试验方法

5.1　感官要求按 SB/T 10090—1992 中 6.1 执行。

5.2　理化要求按 SB/T 10090—1992 中 6.2.1 执行。

5.3　砷的测定按 GB/T 5009.11 执行。

5.4　铅的测定按 GB/T 5009.12 执行。

5.5　镉的测定按 GB/T 5009.15 执行。

5.6　汞的测定按 GB/T 5009.17 执行。

5.7 氟的测定按 GB/T 5009.18 执行。

5.8 铬的测定按 GB/T 14962 执行。

5.9 六六六、滴滴涕的测定按 GB/T 5009.19 执行。

5.10 敌敌畏、乐果、杀螟硫磷、倍硫磷、马拉硫磷、对硫磷、甲拌磷、氧化乐果的测定按 GB/T 5009.20 执行。

5.11 溴氰菊酯、氯氰菊酯、氰戊菊酯的测定按 GB/T 14929.4 执行。

5.12 多菌灵的测定按 GB/T 5009.38 执行。

5.13 固酸比按式(1)计算：

$$X = \frac{S}{A} \quad\quad\quad\quad\quad\quad\quad\quad\quad\quad (1)$$

式中：X——固酸比,计算结果值小数点后保留一位；

S——可溶性固形物含量,%；

A——总酸,%。

6 检验规则

6.1 组批规则

按 GB/T 8855 执行。

6.2 抽样方法

按 GB/T 8855 执行。

6.3 型式检验

型式检验是对产品进行全面考核,即对本标准的全面要求(指标)进行检验,有下列情形之一者应进行型式检验：

　　a) 申请绿色食品标志的产品；

　　b) 前后两次交收检验结果差异较大；

　　c) 因人为或自然因素使生产环境发生较大变化；

　　d) 国家质量监督机构或主管部门提出型式检验要求。

6.4 交收检验

每批产品交收前,生产单位都应进行交收检验,交收检验内容包括包装、标志、标签、缺陷果允许度、感官及果实横径。卫生指标应根据土壤背景值及农药施用情况选测。检验合格后并附合格证的产品方可交收。

6.5 判定规则

6.5.1 一项指标不合格,则该产品为不合格产品。

6.5.2 为确保理化、卫生项目不受偶然误差影响,凡某项目检验不合格,应另取一份样品复检,若仍不合格,则判定该项目不合格。若复检合格,则应再取一份样品作第二次复检,以第二次复检结果为准。

6.5.3 对包装、标志、标签、缺陷果容许度不合格的产品,允许生产单位进行整改后申请复检。

7 标志、标签

7.1 标志

包装箱上应有绿色食品标志,具体标注按有关规定执行。

7.2 标签

按 GB 7718 执行。

8 包装、运输、贮存

8.1 包装

8.1.1 单果用包果纸,包装材料应清洁,质地细致柔软。

8.1.2 果品装箱应排列整齐,内衬垫箱纸,垫箱纸质量与包果纸相同,果箱用瓦楞纸箱,结构应牢固适用,材料须良好、干燥、无霉变、虫蛀、污染。

8.2 运输

8.2.1 鲜桃易碰伤、腐烂,运输应做到快装、快运、快卸,并尽量缩短运输时间,严禁日晒雨淋,装卸搬运时要轻拿放,堆码整齐,严禁与有毒、有腐蚀、有异味物品混运。

8.2.2 运输工具应清洁、干燥、无异味,应有防雨防晒设施,并防止虫蛀、鼠咬。

8.3 贮存

8.3.1 存放库房应清洁干燥、通风良好、库温适中,短期露天存放应加防雨防晒设施,同时注意防蝇防鼠。

8.3.2 库房码入箱体应距墙壁地面 20 cm 以上,垛层不宜过高,并且以品种、等级进行分门别类堆放。

前　言

为判定绿色食品猕猴桃产品的质量和安全性,特制定本标准。

本标准由中国绿色食品发展中心提出并归口。

本标准起草单位:农业部食品质量监督检验测试中心(成都)。

本标准主要起草人:胡述楫、傅绍清、郭灵安、雷绍荣、刘亚铭。

中华人民共和国农业行业标准

绿色食品 猕猴桃

NY/T 425—2000

Green food—Actinidia

1 范围

本标准规定了绿色食品猕猴桃的定义、要求、试验方法、检验规则、标志、标签、包装、运输及贮存。

本标准适用于 A 级绿色食品猕猴桃的生产和流通。本标准所指的猕猴桃包括猕猴桃属的各品种、变种及变型。

2 引用标准

下列标准所包含的条文,通过在本标准中引用而构成为本标准的条文。本标准出版时,所示版本均为有效。所有标准都会被修订,使用本标准的各方应探讨使用下列标准最新版本的可能性。

GB/T 5009.11—1996 食品中总砷的测定方法

GB/T 5009.12—1996 食品中铅的测定方法

GB/T 5009.15—1996 食品中镉的测定方法

GB/T 5009.17—1996 食品中汞的测定方法

GB/T 5009.18—1996 食品中氟的测定方法

GB/T 5009.19—1996 食品中六六六、滴滴涕残留量的测定方法

GB/T 5009.20—1996 食品中有机磷农药残留量的测定方法

GB 7718—1994 食品标签通用标准

GB/T 8855—1988 新鲜水果和蔬菜的取样方法

GB/T 12293—1990 水果、蔬菜制品 可滴定酸度的测定

GB/T 12295—1990 水果、蔬菜制品 可溶性固形物含量的测定 折射仪法

GB/T 12392—1990 蔬菜、水果及其制品中总抗坏血酸的测定方法 荧光法和 2,4-二硝基苯肼法

GB/T 13108—1991 植物性食品中稀土的测定方法

GB/T 14929.4—1994 食品中氯氰菊酯、氰戊菊酯和溴氰菊酯残留量测定方法

NY/T 391—2000 绿色食品 产地环境技术条件

NY/T 393—2000 绿色食品 农药使用准则

3 定义

本标准采用下列定义。

3.1 绿色食品 green food
见 NY/T 391—2000 中 3.1。

3.2 A 级绿色食品 A grade green food
见 NY/T 391—2000 中 3.3。

3.3 生理成熟 physiological ripe
果实已达到能保证正常完成熟化过程的生理状态。

中华人民共和国农业部 2000-12-22 批准　　　　　　　　　　　　2001-04-01 实施

3.4 后熟 full ripe

达到生理成熟的果实采收后,经一定时间的贮存使果实达到质地变软,出现芳香味的最佳食用状态。

3.5 斑迹 spot

果面的各种病斑、变色斑、疤痕、蚧痕、菌迹、药迹等。

3.6 损伤 damage

果实的各种碰压伤、摩擦伤、日灼伤、冻伤、发育性裂口等。

3.7 腐烂果 decay fruit

果实遭受病原物的侵染,细胞的中胶层被病原物分泌的酶所分解,导致细胞分离、内部组织溃败,丧失食用价值的果实。

3.8 畸形果 deformity fruit

果实明显变形,不具有本品种果形的固有特征。

3.9 缺陷果 defect fruit

果面有斑迹,或果实有损伤、畸形、腐烂的果实。

3.10 洁净 clean

果实上无污染物、尘土及其他外来杂质。

3.11 果形良好 fruit formal good

果形具有本品种的固有特征,但允许有部分轻度凸凹或粗糙,而不影响外观。

4 要求

4.1 产地环境要求

应符合 NY/T 391 规定。

4.2 感官要求

4.2.1 果形:具该品种特征果形,果形良好,无畸形果。

4.2.2 色泽:全果着色,色泽均匀,具该品种特征色泽。

4.2.3 果面:果面洁净,无损伤及各种斑迹。

4.2.4 果肉:多汁,软硬适度,具该品种特征颜色。

4.2.5 风味:酸甜适度,香或清香。

4.2.6 成熟度:应达到生理成熟,或完成后熟。

4.2.7 缺陷果容许度。

4.2.7.1 批次产品中缺陷果不超过 4%,其中腐烂果不超过 1%。

4.2.7.2 缺陷果百分数(%)以果实个数为单位进行计算。

4.2.7.3 腐烂果在产品提供给消费者前应剔除。

4.3 理化要求

理化要求应符合表 1 规定。

表 1 理化要求

项 目		指 标
可溶性固形物,%	生理成熟果	≥6
	后熟果	≥10
总酸量(以柠檬酸计),%		≤1.5

表 1（完）

项 目		指 标
固酸比	生理成熟果	≥6：1.5
	后熟果	≥10：1.5
维生素 C,mg/kg		≥1 000
果实纵径,mm		≥50
单果重,g		≥80

4.4 卫生要求

卫生要求应符合表 2 规定。

表 2 卫生要求   mg/kg

项 目	指 标
砷(以 As 计)	≤0.2
铅(以 Pb 计)	≤0.2
镉(以 Cd 计)	≤0.01
汞(以 Hg 计)	≤0.01
氟(以 F 计)	≤0.5
稀土	≤0.7
六六六	≤0.05
滴滴涕	≤0.05
乐果	≤0.5
敌敌畏	≤0.1
对硫磷	不得检出
马拉硫磷	不得检出
甲拌磷	不得检出
杀螟硫磷	≤0.2
倍硫磷	≤0.02
氯氰菊酯	≤1
溴氰菊酯	≤0.02
氰戊菊酯	≤0.1
注：其他农药施用方式及其限量应符合 NY/T 393 的规定。	

5 试验方法

5.1 感官试验

从样品中随机抽取 100 枚猕猴桃,按 4.2 的要求作感官检验。缺陷果容许度按下述方法:从样品中随机抽取 100 枚猕猴桃,检出缺陷果,计数,计算缺陷果百分数。再从缺陷果中检出腐烂果,计数,计算腐烂果百分数。

5.2 可溶性固形物测定

按 GB/T 12295 规定执行。

5.3 总酸度测定

按 GB/T 12293 规定执行。

5.4 固酸比计算

固酸比按式(1)计算：

$$X = \frac{S}{A} \qquad \cdots\cdots\cdots\cdots\cdots\cdots\cdots(1)$$

式中：X——固酸比,计算结果值小数点后保留一位数;

S——可溶性固形物含量,%;

A——总酸量,%。

5.5 维生素 C 测定

按 GB/T 12392 规定执行。

5.6 单果重测定

从样品中随机取 10 个单果,用感量 0.1 g 的天平称重,称量结果保持小数点后一位数,测定结果以单果重范围表示,即"最小值～最大值"。

5.7 果实纵径测量

从样品中随机抽取 10 个单果,用水果刀将果实从果蒂至果顶破开,用游标卡尺测量果蒂至果顶的距离(精确至 1 mm),即为果实纵径。测定结果以果实纵径范围表示,即"最小值～最大值"。

5.8 砷的测定

按 GB/T 5009.11 规定执行。

5.9 铅的测定

按 GB/T 5009.12 规定执行。

5.10 镉的测定

按 GB/T 5009.15 规定执行。

5.11 汞的测定

按 GB/T 5009.17 规定执行。

5.12 氟的测定

按 GB/T 5009.18 规定执行。

5.13 稀土的测定

按 GB/T 13108 规定执行。

5.14 六六六、滴滴涕的测定

按 GB/T 5009.19 规定执行。

5.15 乐果、敌敌畏、对硫磷、马拉硫磷、甲拌磷、杀螟硫磷、倍硫磷的测定

按 GB/T 5009.20 规定执行。

5.16 氯氟菊酯、溴氰菊酯、氰戊菊酯的测定

按 GB/T 14929.4 规定执行。

6 检验规则

6.1 组批规则

按 GB/T 8855 规定执行。

6.2 抽样方法

按 GB/T 8855 规定执行。

6.3 型式检验

型式检验是对产品进行全面考核,即对本标准规定的全部要求(指标)进行检验。有下列情形之一者应进行型式检验：

  a）申请绿色食品标志的产品；

  b）前后两次出厂检验结果差异较大；

  c）因人为或自然因素使生产环境发生较大变化；

  d）国家质量监督机构或主管部门提出型式检验要求。

6.4　交收试验

  每批产品交收前，生产单位都应进行交收检验。交收检验内容包括包装、标志、标签、缺陷果容许度、感官及单果重。安全卫生指标应根据土壤环境背景值及农药施用情况选测。检验合格并附合格证的产品方可交收。

6.5　判定规则

6.5.1　无论交收检验或型式检验，一项指标检验不合格，则该批产品为不合格产品。单果重及果实纵径以最小值为判定数据。

6.5.2　为确保理化、卫生项目检验不受偶然误差影响，凡某项目检验不合格，应另取一份样品复检，若仍不合格，则判该项目不合格，若复检合格，则应再取一份样品做第二次复检，以第二次复检结果为准。

6.5.3　对包装、标志、缺陷果容许度不合格的产品，允许生产单位进行整改后申请复检。

7　标志、标签

7.1　标志

7.1.1　包装箱或包装盒上应标注绿色食品标志，具体标注按有关规定执行。

7.1.2　包装箱或包装盒上应标注产品名称、数量、产地、包装日期、保存期、生产单位、储运注意事项等内容。字迹应清晰、完整、勿错。

7.2　标签

  应按照 GB 7718 的规定执行，在标签上标注绿色食品标志、产品名称、单果重、果实个数或净重、包装日期、保存期、产地、生产单位、执行标准代号等内容。

8　包装、运输、贮存

8.1　包装

8.1.1　包装分箱装与盒装，箱装用于大批量（5～10 kg）果实包装，盒装用于小批量（0.5～1 kg）果实包装。

8.1.2　箱装用瓦楞纸箱，内衬垫箱纸，垫箱纸质地应细致柔软。果实应排列整齐，分层排放，每层用垫箱纸分隔。

8.1.3　盒装的盒子用厚皮纸制作，内有一种塑料薄膜巢，巢内平铺果实一层，套上水果保鲜袋，再盛入纸盒中。

8.2　运输

8.2.1　猕猴桃易碰伤、腐烂，故应冷藏运输，做到快装、快运、快卸。严禁日晒雨淋，装卸、搬运时要轻拿轻放，严禁乱丢乱掷。

8.2.2　运输工具的装运舱应清洁、无异味，水运时应防止水油入舱中。防止虫蛀、鼠咬。

8.3　贮存

  猕猴桃果实宜在冷凉湿润的条件下贮存，在温度 0～2℃，湿度 90% 以上时可贮存 3～6 个月。常温下仅可存放约 20 天。

ICS 67.080
B 31

中华人民共和国农业行业标准

NY/T 697—2003

锦　　橙

Jincheng sweet orange

2003-12-01 发布　　　　　　　　　　　　　2004-03-01 实施

中华人民共和国农业部　　发 布

前　言

本标准由中华人民共和国农业部提出并归口。

本标准起草单位:重庆市经济作物技术推广站、西南农业大学。

本标准主要起草人:王少成、杨灿芳、阎玉章、黄贵川、蒋建国、张才建、周优良。

锦　　橙

1　范围

本标准规定了锦橙的要求、检验方法、检验规则、标志、包装、运输和贮存。

本标准适用于锦橙鲜果。

2　规范性引用文件

下列文件中的条款通过本标准的引用而成为本标准的条款。凡是注日期的引用文件,其随后所有的修改单(不包括勘误的内容)或修订版均不适用于本标准,然而,鼓励根据本标准达成协议的各方研究是否可使用这些文件的最新版本。凡是不注日期的引用文件,其最新版本适用于本标准。

GB/T 5009.12　食品中铅的测定

GB/T 5009.15　食品中镉的测定

GB/T 5009.17　食品中总汞及有机汞的测定

GB/T 5009.20　食品中有机磷农药残留量的测定

GB/T 5009.110　植物性食品中氯氰菊酯、氰戊菊酯和溴氰菊酯残留量的测定

GB/T 8210　出口柑桔鲜果检验方法

GB/T 8855　新鲜水果和蔬菜的取样方法(GB/T 8855—1988,eqv ISO 874:1980)

GB/T 10547　柑桔储藏

3　要求

3.1　感官

3.1.1　基本要求

——同一品种或相似品种,果形呈椭圆形,果蒂完整,果蒂平齐,形状整齐。

——果面清洁,果实新鲜饱满,无萎蔫现象。

——肉质细嫩化渣,种子平均数小于八粒,风味正常。

——无腐果、裂果、重伤果。

3.1.2　分等

果实等级划分按表1规定执行。

表 1　果实等级

项　目	优　等　品	一　等　品	二　等　品
果形	果形端正。	果形较端正。	果形尚端正、无严重影响外观的畸形。
色泽	橙红色或橙色,色泽均匀。	橙红色或橙色,色泽较均匀。	橙红色、橙色或橙黄色。
果面	果面光洁,无机械伤、日灼斑及锈壁虱危害斑,其他斑疤及药迹等附着物的面积合并计算不超过0.5 cm²。最大斑块直径不超过0.2 cm。	果面较光洁,无未愈合的机械伤,其他斑疤及药迹等附着物的面积合并计算不超过1.5 cm²	无未愈合的机械伤,其他斑疤及药迹等附着物的面积合并计算不超过3.0 cm²

3.1.3　规格

果实规格划分按表2规定执行。

表 2 果实规格

项 目	LL	L	M	S	SS
果实横径/mm	75～80	70～<75	65～<70	60～<65	55～<60

3.2 理化指标

果实理化指标要求按表3规定执行。

表 3 果实理化指标

项 目	指 标
可溶性固形物/(%)	≥9.5
固酸比	≥8∶1

3.3 卫生指标

果实卫生指标要求按表4规定执行。

表 4 卫生指标

序号	检测项目	最高残留限量/(mg/kg)
1	铅(以 Pb 计)	≤0.2
2	镉(以 Cd 计)	≤0.03
3	汞(以 Hg 计)	≤0.01
4	乐果(dimethoate)	≤1
5	溴氰菊酯(deltamethrin)	≤0.05
6	氰戊菊酯(fenvalerate)	≤2

3.4 容许度

考虑等级规格中可能出现的差异性,其允许差异限制在下列范围内。

3.4.1 质量差异:产地交接,每件净重误差为标示质量的±3%。

3.4.2 等级差异:隔级果不允许有,邻级果以个数计算优等品中不超过3%,一级果中不超过5%,二级果中不超过8%。

3.4.3 规格差异:隔规格果不允许有,邻规格果以个数计算不超过5%。

3.4.4 腐果:腐果起运点不允许有。

4 检验方法

4.1 感官检验

4.1.1 仪器与用具

检验台、样品盘、开箱钳、放大镜、台秤(精度 5 g)、尺子(精度 1 mm)、游标卡尺(精度 0.1 mm)、不锈钢水果刀。

4.1.2 检验

——果实的品种、果形、果蒂、整齐度、果面色泽和光洁度用目测法检验;

——果实新鲜度用手压;

——肉质细嫩程度用口尝;

——风味用口尝和鼻嗅;

——种子数用刀剖后计数;

——腐果、裂果、机械伤、斑疤及药迹用目测和尺子测量;

——果实横径用游标卡尺测量。

4.2 理化指标检验

4.2.1 可溶性固形物检验

按 GB/T 8210 规定执行。

4.2.2 固酸比检验

按 GB/T 8210 规定执行,计算出可溶性固形物含量和总酸量。

固酸比按式(1)计算。

$$X = S/A \quad\quad\quad \cdots\cdots\cdots\cdots\cdots\cdots\cdots (1)$$

式中:

X——固酸比,计算结果保留一位数;

S——可溶性固形物含量;

A——总酸量。

4.3 卫生指标检测

4.3.1 铅的测定

按 GB/T 5009.12 规定执行。

4.3.2 镉的测定

按 GB/T 5009.15 规定执行。

4.3.3 汞的测定

按 GB/T 5009.17 规定执行。

4.3.4 乐果的测定

按 GB/T 5009.20 规定执行。

4.3.5 溴氰菊酯、氰戊菊酯的测定

按 GB/T 5009.110 规定执行。

5 检验规则

5.1 检验分类

5.1.1 型式检验

型式检验是对产品进行全面考核,即对本标准规定的全部要求进行检验。有下列情形之一者应进行型式检验。

a) 申请对产品进行判定或进行年度抽查检验;

b) 前后两次抽样检验结果差异较大;

c) 因人为或自然因素使生产环境发生较大变化。

5.1.2 交收检验

每批产品交收前,生产单位应进行交收检验,交收检验内容包括等级、规格、标志和包装。检验合格后方可交收。

5.2 批检验

同产地、同品种和同包装的产品作为一个检验批次。

5.3 抽样方法

按 GB/T 8855 规定执行。以一个检验批次为一个抽样批次,抽取的样品应具有代表性,应在整批货物的不同部位随机抽取,样品的检验结果适用于整个检验批次。

5.4 判定规则

5.4.1 感官判定

5.4.1.1 每批受检产品进行抽样检验时,对不符合感官要求的产品做记录。如果单个果实同时出现多种缺陷,选择一种主要的缺陷,按一个残次品计算。不合格品的百分率按式(2)计算。

$$X = \frac{m_1}{m_2} \times 100\%$$ ·······························(2)

式中：

X——单项不合格果的百分率；

m_1——单项不合格果的数量，单位为千克或个（kg 或个）；

m_2——检验样本果的数量，单位为千克或个（kg 或个）。

不合格果百分率即为各单项不合格果的百分率之和。

5.4.1.2 限度范围：每批受检样品，不合格率按其所检单位的平均值计算，其值不应超过规定限度。

每批受检样品不合格果百分率不超过 10%，即判定该批样品为合格。反之则判定该批样品为不合格。

5.4.2 理化指标

每批受检样品有一项理化指标不合格，即判定该批样品为不合格。

5.4.3 卫生指标

每批受检样品有一项卫生指标不合格，即判定该批样品为不合格。

5.5 复检

对受检样品标志、包装、净含量不合格者，允许生产单位进行整改后申请复验一次。感官、理化指标和卫生指标不合格者不进行复检。

6 标志

包装箱上标志应标明产品名称、等级、数量、产地、包装日期、生产单位、贮存注意事项等内容。要求文字准确、清晰、完整。

7 包装、运输与贮存

7.1 包装

7.1.1 单果用包装材料包装，包装材料应清洁，无毒无害，质地细致柔软。

7.1.2 果品装箱应排列整齐，果箱内衬垫果材料，垫果材料应清洁，无毒无害，质地柔软。果箱结构应牢固，内壁平滑，材料应干燥，无霉变、虫蛀和其他污染。

7.2 运输

7.2.1 运输要求快捷、通风，严禁日晒雨淋，防受潮、虫蛀、鼠咬。装卸时应轻拿轻放。

7.2.2 运输工具的装运舱应清洁、干燥、无异味、无毒。

7.3 贮存

7.3.1 常温贮存按 GB/T 10547 规定执行。

7.3.2 冷库贮存要求经 2 d～3 d 预冷，达到最终温度，冷库最适温度 6℃～8℃，相对湿度 85%～90%。

ICS 67.080.10
X 24

中华人民共和国农业行业标准

NY/T 700—2003

板枣

Jishan jujube

2003-12-01 发布　　　　　　　　　　　2004-03-01 实施

中华人民共和国农业部　　发 布

前　言

本标准的附录 A、附录 B 为规范性附录。

本标准由中华人民共和国农业部提出并归口。

本标准起草单位:山西省稷山县枣树科学研究所、山西省农业科学院。

本标准主要起草人:姚彦民、李捷、杨富斗、薛春泰、王改娟、王美刚。

板　枣

1　范围

本标准规定了板枣的术语和定义、要求、试验方法、检验规则、标志、包装、运输和贮存。

本标准适用于板枣干制品的收购和销售。

2　规范性引用文件

下列文件中的条款通过本标准的引用而成为本标准的条款。凡是注日期的引用文件,其随后所有的修改(不包括勘误的内容)或修订版均不适用于本标准,然而,鼓励根据本标准达成协议的各方研究是否可使用这些文件的最新版本。凡是不注日期的文件,其最新版本适用于本标准。

GB/T 5009.12　食品中铅的测定

GB/T 5009.15　食品中镉的测定

GB/T 5009.17　食品中总汞及有机汞的测定

GB/T 5009.18　食品中氟的测定

GB/T 5009.102　植物性食品中辛硫磷农药残留量的测定

GB/T 5009.110　植物性食品中氯氰菊酯、氰戊菊酯和溴氰菊酯残留量的测定

GB/T 5835—1985　红枣

GB 7718　食品标签通用标准

《定量包装商品计量监督规定》

《中华人民共和国农药管理条例》

3　术语和定义

下列术语和定义适用于本标准。

3.1

身干　dryness

板枣果肉的干燥程度,以含水率不超过 25% 为身干。

3.2

虫果　insect fruit

系桃小食心虫为害的结果,在板枣果上存有直径 1 mm～2 mm 的虫口,在果核外围存有大量沙粒状的粪,味苦,不适于食用。

3.3

浆头　starch head

板枣在生长期或干制过程中因受雨水影响,板枣的两头或局部未达到适当干燥,含水率高,色泽发暗,进一步发展即成霉烂枣。

3.4

不熟果　not ripe fruit

未着色的鲜枣干制后即为不熟果,颜色偏黄,果形干瘦,果肉不饱满,含糖量低。

3.5

干条　dried strip

由未着色,不成熟的鲜枣自然脱落后干制而成,果形细瘦,色泽黄暗,质地坚硬,无食用价值。

3.6

破口 crevasse

由于生长期间自然裂果或碰撞挤压,造成板枣果皮出现长达果长 1/10 以上的破口,凡破口不变色、不霉烂者称为破口枣。

3.7

油头 oil head

由于在干制过程中翻动不匀,枣上有的部分受温过高,引起多酚类物质氧化,使外皮变黑,肉色加深。

3.8

病果 diseases fruit

由细菌或真菌引起枣果病变,造成部分外果皮收缩,变黑、凹陷,果肉变黄、变褐,质硬味苦,失去食用价值。

4 要求

4.1 感官

板枣的感官要求应符合表 1 的规定。

表 1 板枣感官等级指标

项 目	特 级	一 级	二 级	三 级
基本要求	具有板枣应有的特征,色泽光亮,果皮呈黑红色至暗红色,身干,手握不粘个,无霉烂,可食率≥92%。			
果形	果形饱满	果形饱满	果形较饱满	果形正常
肉质	肉质肥厚	肉质肥厚	肉质较肥厚	肉质肥厚不均
每千克果数/粒	≤170	171～220	221～270	≥271
均匀度	个头大小均匀	个头大小均匀	个头大小较均匀	个头大小不均匀
允许度	杂质不超过 0.2%,破口、油头两项不超过 2%。	杂质不超过 0.5%,虫果不超过 1%,破口、油头两项不超过 3%。	杂质不超过 0.5%,浆头不超过 2%,不熟果不超过 3%,病虫果、破口两项不超过 5%。	杂质不超过 0.5%,浆头不超过 5%,不熟果不超过 5%,病虫果、破口两项不超过 5%。

4.2 理化要求

板枣的理化要求应符合表 2 的规定。

表 2 板枣的理化指标

项 目	总糖/(%)	水分/(%)
指标	≥70	≤25

4.3 卫生要求

板枣卫生要求应符合表 3 的规定。

表 3 板枣的卫生指标　　　　　　　　　单位为毫克每千克

序号	名 称	指 标
1	铅(Pb)	≤1.0
2	镉(Cd)	≤0.05
3	汞(Hg)	≤0.01
4	氟(F)	≤1.0

表 3(续)　　　　　　　　　　　　　　　　单位为毫克每千克

序号	名　称	指　标
5	溴氰菊酯	≤0.1
6	辛硫磷	≤0.05

注：根据《中华人民共和国农药管理条例》，剧毒和高毒农药不得在果品类产品生产中使用。

5　试验方法

5.1　感官检验

5.1.1　果形及色泽：将样枣铺放在洁净的平面上，用肉眼观察样枣的形状及色泽，记录观察结果。

5.1.2　个头：于样枣中按四分法取样 1 000 g，注意观察枣粒大小及其均匀程度。如有粒数规定者，应查点枣粒的数量按数记录，并检验有无不符合标准规定的特小枣。

5.1.3　肉质：板枣果肉的干湿和肥瘦程度，以板枣水分和可食部分的百分率，作为评定的根据。

5.1.4　不合格果：于混合的枣样中，随机取样 1 000 g，用肉眼检查，根据标准规定分别拣出不成熟果、病虫果、霉烂及浆头果、破头、油头、其他损伤果及非枣物质，记录粒数。按式(1)计算各项不合格果的百分率：

$$A = \frac{m_1}{m_0} \times 100 \quad\cdots\cdots\cdots\cdots\cdots\cdots\cdots(1)$$

式中：

A——单项不合格果，%；

m_1——单项不合格果质量，单位为克(g)；

m_0——试样质量，单位为克(g)。

各单项不合格果及杂质百分率的总和即为该批板枣不合格的百分率。

5.1.5　可食率(按标准含水率换算)：称取具有代表性的样枣 200 g～300 g，逐个切开，将枣肉与枣核分离，分别称量，按式(2)计算可食部分的百分率：

$$B = \frac{m_2}{m_3} \times 100 \quad\cdots\cdots\cdots\cdots\cdots\cdots\cdots(2)$$

式中：

B——可食率，%；

m_2——肉果质量，单位为克(g)；

m_3——全果质量，单位为克(g)。

5.2　理化检验

5.2.1　总糖的测定

按附录 A 规定执行。

5.2.2　含水率的测定

按附录 B 规定执行。

5.3　卫生指标检验

5.3.1　铅

按 GB/T 5009.12 规定执行。

5.3.2　镉

按 GB/T 5009.15 规定执行。

5.3.3　汞

按 GB/T 5009.17 规定执行。

5.3.4 氟

按 GB/T 5009.18 规定执行。

5.3.5 溴氰菊酯

按 GB/T 5009.110 规定执行。

5.3.6 辛硫磷

按 GB/T 5009.102 规定执行。

6 检验规则

6.1 组批

同一生产基地、同一包装日期的板枣作为一个批次。

6.2 抽样方法

按 GB/T 5835—1985 中第 3 章检验规则规定执行。

6.3 检验分类

交收检验的项目为感官要求的所有项目。

6.3.1 交收检验

交收检验的项目为感官要求的所有项目。

6.3.2 型式检验

型式检验的项目为要求中的全部项目。有下列情况之一时,应进行型式检验:

a) 正式生产后,如原料、工艺有较大变化,可能影响产品品质质量时;

b) 产品长期停产后,恢复生产时;

c) 交收检验结果与上次型式检验有较大差异时;

d) 国家质量监督机构提出进行例行检查的要求时。

6.4 判定

检验项目全部合格者判为合格产品。当理化检验结果出现不合格项目时,可在原批产品中加倍抽样复检,一次为限;感官和卫生指标要求不得复检;复检结果有一项不合格者判为不合格产品。

7 标志

销售包装上应有食品的标识、标签,标签的标注内容应符合 GB 7718 的规定。

8 包装、运输和贮存

8.1 包装

8.1.1 包装材料应符合食品卫生要求。

8.1.2 净含量:单件定量包装产品的净含量负偏差应符合《定量包装商品计量监督规定》。

8.2 运输

8.2.1 运输时应遮篷布,防止日晒雨淋。

8.2.2 装卸应轻拿轻放,防止机械损伤包装,运输工具应清洁卫生,不得与有毒、有害物品混装运输。

8.3 贮存

8.3.1 板枣在存放过程中应注意防潮,堆放板枣的仓库地面应铺设木条或格板,使通风良好。码垛不得过高、垛间留有通道。

8.3.2 贮存板枣的库房中,禁止使用剧毒、高毒的化学合成熏蒸剂杀虫、鼠、菌。禁止其他有毒、有异味、发霉以及易于传播病虫的物品混合存放。

8.3.3 板枣入库后要在库房中加强防蝇、防鼠措施。

8.3.4 板枣中长期贮存时不得使用化学合成添加剂。

附　录　A

（规范性附录）

总糖的测定

A.1　原理

样品糖类经盐酸水解后全部转成单糖,当其完全与定量的费林氏试剂反应后,再多加入一滴单糖溶液,使氧化型的亚甲蓝(蓝色)变成还原型(无色),溶液蓝色消失,黄色刚出现时,即为终点。然后与标准葡萄糖滴定结果比较定量。

A.2　试剂

除非另有说明,在分析中仅使用确认为分析纯的试剂和蒸馏水或去离子水或相当纯度的水。

A.2.1　石油醚,沸程 $60℃\sim90℃$ 。

A.2.2　盐酸溶液: $c(HCl)=6$ mol/L。

A.2.3　氢氧化钠溶液,400 g/L:取 40 g 氢氧化钠加水溶解并稀释至 100 mL。

A.2.4　氢氧化钠溶液,100 g/L:取 10 g 氢氧化钠加水溶解并稀释至 100 mL。

A.2.5　甲基红指示剂:取 0.2 g 甲基红溶于 100 mL 酒精中。

A.2.6　乙酸铅溶液,200 g/L:取 20 g 乙酸铅加水溶解并稀释至 100 mL。

A.2.7　硫酸钠溶液,200 g/L:取 10 g 无水硫酸钠加水溶解并稀释至 100 mL。

A.2.8　费林氏试剂 A 液:称取分析纯硫酸铜($CuSO_4·5H_2O$)15 g,亚甲蓝 0.05 g,加水溶解并稀释至 1 000 mL。

A.2.9　费林氏试剂 B 液:称取分析纯酒石酸钾钠 50 g,分析纯氢氧化钠 54 g,亚铁氰化钾 4 g,加水溶解并稀释至 1 000 mL。

A.2.10　葡萄糖标准溶液:准确称取在 $100℃\sim105℃$ 烘至恒重的分析纯无水葡萄糖 1 g,加少量水溶解,移入 1 000 mL 容量瓶中,加入 5 mL 浓盐酸,以水稀释至刻度,摇匀,此溶液浓度为 1 g/L,置冰箱中保存。

A.3　仪器

A.3.1　带塞锥形瓶,250 mL。

A.3.2　分液漏斗,125 mL。

A.3.3　容量瓶,50、100、500 mL。

A.3.4　酸式滴定管,25 或 50 mL。

A.3.5　量筒,50、100 mL。

A.3.6　水浴锅。

A.3.7　可调电炉:800 W 或 1 000 W,附石棉网。

A.4　试样制备

将板枣按 1+2 加水打成匀浆,称取 10 g 于 125 mL 分液漏斗中,每次加 30 mL 石油醚振摇提取三次。静置分层,用橡皮头滴管弃去石油醚。将样品全部移入 250 mL 带锥形瓶中,和少量水洗涤原容器,加盐酸(A.2.2)30 mL 加水至 100 mL,然后盖住瓶口,置沸水中煮沸 2 h。煮沸结束后,立即置流水中冷却。

A.4.1 中和剩余盐酸

样品水解液冷却后,于样品液中加入甲基红指示剂(A.2.5)1滴,用400 g/L氢氧化钠溶液(A.2.3)滴定至黄色。过量的氢氧化钠再用盐酸(A.2.2)校正,样液转红。再滴加氢氧化钠溶液(A.2.4)1滴~3滴使样液红色刚退为宜。若水解液本身颜色较深,可用精密pH试纸测试,使溶液pH约为7。

A.4.2 沉淀蛋白质

样液调至中性后加入乙酸铅溶液(A.2.6)20 mL,摇匀,放置10 min,再加入硫酸钠溶液(A.2.7)20 mL,以除去过多的铅,用中速滤纸滤入500 mL容量瓶中,待滤液流干后,不断加去离子水,洗涤残渣数次,直至滤液接近500 mL为止。若滤液呈浑浊,应再过滤一次,弃去残渣,将糖溶液定容至500 mL,置冰箱保存,临用时稀释适当倍数即可。

A.5 费林氏试剂标定

准确吸取费林氏试剂A(A.2.8)、B(A.2.9)液各5 mL,置于125 mL三角烧瓶中,加水10 mL放入玻璃珠2粒,将三角烧瓶置800 W电炉上加热,使其2 min内沸腾,沸腾30 s后,立即用葡萄糖标准溶液(A.2.10)在电炉上趁沸滴定至蓝色消失,溶液呈浅黄色。记录消耗标准葡萄糖溶液总体积V_1,进行平行测定,取其平均值。

A.6 样品水解液滴定

准确吸取费林氏试剂A(A.2.8)、B(A.2.9)液各5 mL,加水10 mL,加入玻璃珠2粒,从滴定管中加入一定量样品水解稀释液(加入该液的数量,应在正式滴定前的预备滴定试验确定),将三角烧瓶置800 W电炉上加热,使其2 min内沸腾,沸腾30 s后,立即继续用样品水解稀释液趁沸在电炉上滴定至蓝色消失,溶液呈浅黄色,即为终点。记录消耗样品水解稀释液总体积V_2。注意调节样品水解液中糖的浓度,滴定时消耗体积数量最好在10 mL左右,太浓太稀误差大,影响结果。也可采用回滴法。

A.7 结果计算

$$Y = \frac{V_1 \times 0.001 \times V_2 \times D}{V_3 \times m \times (1-X)} \times 100 \quad\cdots\cdots\cdots\cdots\cdots\cdots\cdots\cdots\cdots\cdots (A.1)$$

式中:

Y——总糖,%;

V_1——标定费林氏试剂时消耗标准葡萄糖溶液的体积,单位为毫升(mL);

V_2——滴定费林氏试剂消耗样品水解稀释液的体积,单位为毫升(mL);

V——样品定容体积,单位为毫升(mL);

D——样品稀释倍数;

m——样品质量,单位为克(g);

0.001——1 mL葡萄糖标准液中葡萄糖质量,单位为克(g);

X——样品含水量,%。

A.8 允许差

取平行测定结果的算术平均值作为测定结果,保留小数点后两位。
平行测定结果的绝对差值不大于1.00%。

附　录　B
（规范性附录）
含水率的测定

B.1　原理

将样品放入与水互混溶的甲苯中一起蒸馏,水分将与甲苯(沸点 110.6℃)一起馏出,冷凝后在接收管中分层(甲苯比重 0.866),由接收管的刻度可读取样品中蒸馏出的水量。

B.2　试剂

除非另有说明,在分析中仅使用确认为分析纯的试剂和蒸馏水或去离子水或相当纯度的水。

B.2.1　甲苯:以水饱和后分去水层,蒸馏后备用(沸点 100℃～111.5℃)。

B.3　仪器

B.3.1　水分蒸馏器:包括 40 cm 直形回流冷凝管,蒸馏液接收管(10 mL,0.1 刻度,内径 1.6 cm～1.7 cm)连接 500 mL 的圆底烧瓶。

B.3.2　天平:感量 0.01 g。

B.4　试样的制备

称取去核板枣 250 g,带果皮纵切成条,然后横切成碎片(每片厚约 0.5 mm),混合均匀,作为含水率的待分析试样。

B.5　分析步骤

称取 25 g 试样(精确到 0.001 g),放入洗净并完全干燥的水分蒸馏器烧瓶中,加入甲苯(B.2.1) 100 mL～120 mL(以浸没样品为度),连接好水分接收管、冷凝管。从冷凝管顶端注入甲苯,装满水分接收管。加热缓慢蒸馏,使馏出液保持每秒两滴的速度馏出。待大部分水分蒸出后,加速蒸馏,使馏液每秒 4 滴,待接收管内水分不再增加时,从冷凝管顶端加入甲苯冲洗。如冷凝管壁附有水滴,可用附有小橡皮头的铜丝擦下,再蒸馏片刻,至冷凝管及接收管上部完全没有水滴为止,读取接收管中水层容积 V,按式(B.1),算出样品中水分含量(%)。

B.6　计算

$$X = \frac{V}{m} \times 100 \qquad\qquad \cdots\cdots\cdots\cdots\cdots\cdots\cdots\cdots\cdots (\,B.1\,)$$

式中:

X——样品含水率,%;

V——接收管内水的体积,单位为毫升(mL);

m——样品质量,单位为克(g)。

计算结果表示到小数点后两位。

B.7　允差

平行试验的绝对差值不大于 0.50%。

ICS 67.080.10
X 24

中华人民共和国农业行业标准

NY/T 705—2003

无 核 葡 萄 干

Seedless raisins

2003-12-01 发布   2004-03-01 实施

中华人民共和国农业部   发 布

前　言

本标准对应于 Codex Stan 67:1981《无核葡萄干法规标准》。本标准与 Codex Stan 67:1981 的一致性程度为非等效,主要差异如下:

——增加了分级指标,增加了重金属污染、生物学要求、农药残留限量指标;

——水分指标严于 Codex Stan 67:1981。

本标准由中华人民共和国农业部提出并归口。

本标准起草单位:农业部食品质量监督检验测试中心(石河子)、新疆农垦科学院特产开发研究所、新疆生产建设兵团农业建设第十三师。

本标准主要起草人:罗小玲、李冀新、张莉、刘树蓉、李建国。

无 核 葡 萄 干

1 范围

本标准规定了无核葡萄干的术语和定义、要求、试验方法、检验规则、标志、包装、运输和贮存。

本标准适用于以无核葡萄为原料,经自然干燥或人工干燥而制成的无核葡萄干。

2 规范性引用文件

下列文件中的条款通过本标准的引用而成为本标准的条款。凡是注日期的引用文件,其随后所有的修改单(不包括勘误的内容)或修订版均不适用于本标准,然而,鼓励根据本标准达成协议的各方研究是否可使用这些文件的最新版本。凡是不注日期的引用文件,其最新版本适用于本标准。

GB/T 4789.4 食品卫生微生物学检验 沙门氏菌检验

GB/T 4789.10 食品卫生微生物学检验 金黄色葡萄球菌检验

GB/T 4789.11 食品卫生微生物学检验 溶血性链球菌检验

GB/T 5009.3 食品中水分的测定

GB/T 5009.11 食品中总砷及有机砷的测定

GB/T 5009.12 食品中铅的测定

GB/T 5009.15 食品中镉的测定

GB/T 5009.17 食品中总汞及有机汞的测定

GB/T 5009.34 食品中亚硫酸盐的测定

GB/T 5009.126 植物性食品中三唑酮残留量的测定

GB 7718 食品标签通用标准

GB/T 8855 新鲜水果和蔬菜的取样方法(GB/T 8855－1988,eqv ISO 874:1980)

3 术语和定义

下列术语和定义适用于本标准。

3.1

饱满度 replete rate

葡萄干颗粒饱满的程度。

3.2

绿色果粒 green berry

主色调为绿色或黄绿色的果粒。

3.3

黄色果粒 yellow berry

主色调为黄色的果粒。

3.4

劣质果粒 bum berry

霉烂、破损、褐色或黑褐色、渗糖和干瘪的果粒。

3.5

褐色果粒 brown berry

主色调为褐色或黑褐色的果粒。

3.6

渗糖果粒　juice leaking berry

果内糖汁外渗或被其他果粒渗出的糖汁污染的果粒。

3.7

霉烂果粒　rotten berry

部分或全部发霉腐败的果粒。

3.8

破损果粒　broken berry

由机械损伤造成的破损果粒。

3.9

干瘪果粒　wizened berry

明显小而干瘪的果粒。

3.10

虫蛀果粒　insect berry

被虫蛀食的果粒。

3.11

杂质　impurity

葡萄穗轴、果梗、石砾、土粒、尘土、干花蕾和枯枝败叶等非可食部分的统称。

3.12

主色调　main colour

样品除去劣质果粒后呈现的总体颜色。

4　要求

4.1　等级

无核葡萄干分为特级、一级、二级和三级四个等级。产品等级应符合表1的规定。

表 1　无核葡萄干等级要求

项　目	特　级	一　级	二　级	三　级
外观	果粒饱满,具有本品固有的风味,无异味,质地柔软,大小均匀整齐,色泽一致,无虫蛀果粒。		果粒较饱满,具有本品固有的风味,无异味,质地较柔软,大小基本均匀整齐,色泽基本一致,无虫蛀果粒。	
主色调	翠绿色	绿色	黄绿色	黄绿色
杂质/(%)	≤0.3	≤0.5	≤1.0	≤1.5
劣质果率/(%)	≤2.0	≤5.0	≤7.5	≤10.0
注:果粒主色调仅适用于绿色葡萄干。				

4.2　理化

水分≤15%。

4.3　卫生

卫生指标应符合表2的规定。

表 2　无核葡萄干卫生指标　　　　　　　单位为毫克每千克

项　目	指　标
二氧化硫(以 SO₂ 计)	≤1 500
砷(以 As 计)	≤0.5
铅(以 Pb 计)	≤0.5
汞(以 Hg 计)	≤0.01
镉(以 Cd 计)	≤0.3
三唑酮(triadimefon)	≤0.5
沙门氏菌	不得检出
葡萄球菌	不得检出
溶血性链球菌	不得检出

注 1：二氧化硫指标仅适用于熏硫法制成的金黄色葡萄干。
注 2：三唑酮即粉锈宁。

5　试验方法

5.1　外观和颜色

均匀度和色泽采用目测方法进行检验,风味及口味采用鼻嗅和口尝方法进行检验。

5.2　等级检测

5.2.1　杂质

用感量 0.01 g 的天平随机称取样品 100 g 左右,记录其质量为 m_1,将样品置于洁净的台面上,拣出试样中各类杂质,称量,记为 m_2 杂质含量按式(1)计算,结果以三次测定的平均值计,保留一位小数。

$$X_1 = \frac{m_2}{m_1} \quad\cdots\cdots\cdots\cdots\cdots\cdots\cdots\cdots（1）$$

式中：

X_1——样品中杂质含量,%；

m_1——样品质量,单位为克(g)；

m_2——样品中杂质质量,单位为克(g)。

5.2.2　劣质果率

用感量为 0.01 g 的天平随机称取 100 g 左右样品,记录其质量为 m_3,从中挑选出劣质果粒并称量,记为 m_4,劣质果率按式(2)计算,结果以三次测定的平均值计,保留一位小数。

$$X_2 = \frac{m_4}{m_3} \quad\cdots\cdots\cdots\cdots\cdots\cdots\cdots\cdots（2）$$

式中：

X_2——劣质果率,%；

m_3——样品质量,单位为克(g)；

m_4——样品中劣质果质量,单位为克(g)。

5.3　理化指标检测

水分按 GB/T 5009.3 的规定执行。

5.4　卫生指标检测

5.4.1　二氧化硫

按 GB/T 5009.34 的规定执行。

5.4.2 砷

按 GB/T 5009.11 的规定执行。

5.4.3 铅

按 GB/T 5009.12 的规定执行。

5.4.4 汞

按 GB/T 5009.17 的规定执行。

5.4.5 镉

按 GB/T 5009.15 的规定执行。

5.4.6 三唑酮

按 GB/T 5009.126 的规定执行。

5.4.7 沙门氏菌

按 GB/T 4789.4 的规定执行。

5.4.8 葡萄球菌

按 GB/T 4789.10 的规定执行。

5.4.9 溶血性链球菌

按 GB/T 4789.11 的规定执行。

6 检验规则

6.1 检验分类

6.1.1 型式检验

型式检验是对产品进行全项检验。有下列情形之一时应进行型式检验：

a) 人为或自然因素使生产环境发生较大变化时；

b) 国家质量监督机构或主管部门提出型式检验要求时；

c) 前后两次抽样检验结果差异较大时。

6.1.2 交收检验

每批产品交收前,生产单位都应进行交收检验。交收检验的内容包括等级要求、水分、标志和包装。

6.2 组批

同等级、同一批交售、调运、销售的葡萄干为一个组批。

6.3 抽样

按 GB/T 8855 中的有关规定执行。

6.4 判定规则

6.4.1 每批受检样品抽样检验时,对有缺陷的样品做记录,不合格百分率按有缺陷的果重计算。每批受检样品的平均不合格率不应超过 5%。

6.4.2 限度范围:每批受检样品,不合格率按其所检单位(如每箱、每袋)的平均值计算,其值不得超过所规定限度。

同一批次某件样品不合格品百分率超过规定的限度时,为避免不合格率变异幅度太大,规定如下：

规定限度总计不超过 10%,则任何包装不合格品百分率的上限不得超过 15%。

6.4.3 水分指标不合格,可加倍抽样复检,若仍不合格,则判该批产品不合格。

6.4.4 标志未明示等级的,按最低等级进行判定。

6.4.5 卫生要求中有一项不合格,或检出水果上禁止使用的农药,则判该批产品为不合格产品,并且不得复检。

7 标志

产品标志应符合 GB 7718 的规定。

8 包装、运输和贮存

8.1 包装

8.1.1 无核葡萄干的包装(箱、袋)应牢固,内外壁平整。包装容器保持干燥、清洁、无污染。

8.1.2 每批无核葡萄干其包装规格、单位净含量应一致。

8.1.3 包装检验规则:逐件称量抽取的样品,每件的净含量不应低于包装标识的净含量。

8.2 运输

运输工具应清洁、无污染,不应与有毒、有害物品混装、混运。运输过程中应防止雨淋,装卸车时不应抛甩。

8.3 贮存

产品应在低温(最好在 0℃左右)、干燥、通风良好的条件下贮存并避免阳光直晒,堆垛应离墙、离地不少于 20 cm,应有防鼠、防虫措施,不得与易燃、腐蚀、有毒、有害物品共同存放。

ICS 67.080.10
X 10

中华人民共和国农业行业标准

NY/T 709—2003

荔 枝 干

Dried lichi

2003-12-01 发布   2004-03-01 实施

中华人民共和国农业部   发 布

前　言

本标准由中华人民共和国农业部提出。

本标准起草单位：福建省乡镇企业产品质量监督检所、农业部乡镇企业系统莆田产品质量监督检测站、福建省莆田市先达食品有限公司。

本标准主要起草人：邹以强、张仁雨、陈元水、吴金春、武飞轮、何晖、林志高、陈福林。

荔 枝 干

1 范围

本标准规定了荔枝干的要求 试验方法、检验规则、标志、标签、包装、运输和贮存。

本标准适用于以新鲜荔枝经焙烘干燥而制成的带壳荔枝干。

2 规范性引用文件

下列文件中的条款通过本标准部分的引用而成为本标准的条款。凡是注明日期的引用文件,其随后所有的修改单(不包括勘误的内容)或修订版均不适用于标准,鼓励根据本标准达成协议的各方研究是否使用这些文件的最新版本。凡是不注明日期的引用性文件,其最新版本适用于本标准。

GB/T 191 包装储运图示标志

GB/T 4789.2 食品卫生微生物学检验 菌落总数测定

GB/T 4789.3 食品卫生微生物学检验 大肠菌群测定

GB/T 4789.4 食品卫生微生物学检验 沙门氏菌检验

GB/T 4789.5 食品卫生微生物学检验 志贺氏菌检验

CB/T 4789.10 食品卫生微生物学检验 金黄色葡萄球菌检验

GB/T 4789.11 食品卫生微生物学检验 溶血性链球菌检验

GB/T 4789.15 食品卫生微生物学检验 霉菌和酵母计数

GB/T 5009.11 食品中总砷及无机砷的测定

GB/T 5009.12 食品中铅的测定

GB 7718 食品标签通用标准

GB/T 11860 蜜饯食品理化检验方法

GB 16325—1996 干果品食品的卫生要求

NY 5173 无公害食品 荔枝

JJH 1070 定量包装商品净含量计量检验规则

国家技术监督局令第 43 号《定量包装商品计量监督规定》

3 要求

3.1 原料

荔枝果应选用成熟的,无裂果、无污垢、无腐烂、无异味、无病虫害的去梗鲜果。

3.2 感官要求

感官应符合表1规定。

表 1 感官要求

项 目	等 级		
	一 级	二 级	三 级
规格/(粒/kg)	≤160	161～199	200～240
破壳率/(%)	≤3	≤5	≤8

表 1（续）

项 目		等 级		
		一 级	二 级	三 级
色 泽	果 壳	色泽均匀,呈红褐色,有光泽。	色泽较均匀,呈褐色。	
	果 肉	色泽均匀,呈浅褐色,有光泽。	色泽较均匀,呈棕色至深棕色。	
外 观		果粒完整,大小均匀,果壳表面粗糙,可有凹陷,不应附着药迹、泥浆等不净之物,不应有无蒂果、霉变和虫蛀。		
风 味		具有本品应有的风味,无异味。		
杂 质		无		

3.3 理化指标

理化指标应符合表 2 规定。

表 2 理化指标　　　　　　　　　　　　　　　　　　　　　　　　%

项 目	指 标
果肉含水率	≤25
总 糖	≥50
总酸(以柠檬酸计)	≤1.5

3.4 卫生指标

卫生指标应符合表 3 规定。其他的卫生指标按 NY 5173 的要求执行。

表 3 卫生指标　　　　　　　　　　　　　　　　　　单位为毫克每千克

项 目	指 标
砷(以 As 计)	≤0.5
铅(以 Pb 计)	≤0.2

3.5 微生物指标

微生物指标应符合表 4 的规定。

表 4 微生物指标

项 目	指 标
菌落总数/(cfu/g)	≤750
大肠菌群/(MPN/100 g)	≤40
霉菌(cfu/g)	≤50
致病菌(系指肠道致病菌和致病性球菌)	不得检出

3.6 净含量要求

净含量应符合《定量包装商品计量监督规定》。

4 试验方法

4.1 感官检验

4.1.1 色泽、外观、风味和杂质的检验

随机抽取 1 kg 样品,将被测样品置于自然光下的检验盘上,用眼看、鼻嗅、品尝、手感等方法进行

检验。

4.1.2 规格检验

随机称取 1 kg 样品,数颗粒数进行检验。

4.1.3 破壳率测定

称取 1 kg 试样,摊放在检验盘上,挑出破壳干果。破壳率为挑出的破壳干果除以试样质量乘以100%,有效数字保留小数点后一位。即为破壳率。

4.2 理化指标的检验

4.2.1 水分的测定

按 GB 16325—1996 中附录 A 规定执行。

4.2.2 总酸的测定

按 GB 16325—1996 中附录 B 规定执行。

4.2.3 总糖的测定

按 GB/T 11860 规定执行。

4.3 卫生指标的检测

4.3.1 砷的测定

按 GB/T 5009.11 规定执行。

4.3.2 铅的测定

按 GB/T 5009.12 规定执行。

4.4 微生物指标的检测

4.4.1 菌落总数的测定

按 GB/T 4789.2 规定执行。

4.4.2 大肠菌群的测定

按 GB/T 4789.3 规定执行。

4.4.3 霉菌的测定

按 GB/T 4789.15 规定执行。

4.4.4 致病菌的测定

分别按 GB/T 4789.4、GB/T 4789.5、GB/T 4789.10 和 GB/T 4789.11 规定执行。

4.5 净含量测定

按 JJF 1070 规定执行。

5 检验规则

5.1 批次

同产地、同品种、同等级采收加工或收购的产品为一个检验批次。

5.2 抽样方法

抽样以同一批次为一个检验单位,按批次总数的 3% 随机取样,其数量不应少于 1 kg。

5.3 型式检验

型式检验是对产品进行全面考核,即对本标准规定的全部要求(指标)进行检验。有下列情况之一者应进行型式检验:

    a) 新产品试制鉴定时;

    b) 原料和工艺有较大变化,可能影响产品质量时;

    c) 产品长期停产后,恢复生产时;

    d) 出厂检验与上次检验型式检验有差异较大时;

    e) 国家质量监督机构或主管部门提出型式检验要求。

5.4 出厂检验

每批次产品出厂前,生产单位都应进行出厂检验,检验内容包括感官要求、理化指标、微生物指标、标签、标志、包装的要求。卫生指标由交易双方根据合同选测,检验合格方可出厂。

5.5 判定规则

5.5.1 按标准进行检验,全部项目均符合要求的,判该批次产品合格。

5.5.2 每批受检样品抽验时,对感官要求的小不均匀度、果附有药迹规定为缺陷。对感官有缺陷的样品作记录,不合格百分率按有缺陷的样品重量计算。每批受检样品的平均不合格率应符合容许度要求。

5.5.3 对微生物指标中有一项达不到本标准要求的,判该批次产品不合格,且不复检。

5.5.4 对理化指标、卫生指标达不到本标准要求的,可以加倍抽样复验,复验后指标仍达不到要求的,则判该批次产品不合格。

5.5.5 标签、包装不符合要求规定的产品,则判该批次产品为不合格。

5.5.6 容许度:

按质量计,在任一批产品中,一级、二级的产品有以下允许度:

a) 一级,允许不超过5%的产品不符合该级的要求,但要符合二级。

b) 二级,允许不超过10%的产品不符合该级的要求。

6 标志、标签

6.1 标志

产品运输包装上应有标志,标志的内容包括标签上标注主要内容,还应符合 GB/T 191 的规定。

6.2 标签

产品销售包装上应有食品标签,标签应符合 GB 7718 的规定。

7 包装、运输和贮存

7.1 包装

7.1.1 包装材料应干燥、清洁、无异味、无毒无害。

7.1.2 包装要牢固、防潮、整洁,能保护荔枝干不受挤压,便于装卸、仓储和运输。

7.1.3 产品应按同一产地、同一等级进行包装。

7.2 运输

7.2.1 运输时轻装、轻卸,避免机械损伤。

7.2.2 运输工具要清洁、卫生、无污染物。

7.2.3 应有防晒、防雨设施、不应裸露运输。

7.2.4 不应与有毒、有害、有异味物品一起混运。

7.3 贮存

产品应在避光、阴凉、清洁、干燥、防潮、无异味处贮存。

ICS 67.080.10
X 24

中华人民共和国农业行业标准

NY/T 710—2003

橄榄制品

Olive products

2003-12-01 发布

2004-03-01 实施

中华人民共和国农业部　发布

前　言

本标准由中华人民共和国农业部提出并归口。

本标准起草单位:福建省乡镇企业局产业指导处、福州大世界橄榄有限公司。

本标准主要起草人:吴小平、陈峰、王念峰、郑金营、何元栋。

橄 榄 制 品

1 范围

本标准规定了橄榄制品的产品分类、要求、试验方法、检验规则和标志、包装、运输、贮存等要求。

本标准适用于以青橄榄为原料,以白砂糖、食用盐及食品添加剂等为辅料,经加工后制成的橄榄制品。

2 规范性引用文件

下列文件中的条款通过本标准的引用成为本标准的条款。凡注日期的引用文件,其随后的修改单(不包括勘误的内容)或修订版均不适用于本标准,然而,鼓励根据本标准达成协议的各方研究是否可使用这些文件的最新版本。凡是不注日期的引用文件,其最新版本适用于本标准。

GB/T 191　包装储运图示标志

GB 317　白砂糖

GB 2760　食品添加剂使用卫生标准

GB/T 4789.2　食品卫生微生物学检验　菌落总数测定

GB/T 4789.3　食品卫生微生物学检验　大肠菌群测定

GB/T 4789.4　食品卫生微生物学检验　沙门氏菌检验

GB/T 4789.5　食品卫生微生物学检验　志贺氏菌检验

GB/T 4789.10　食品卫生微生物学检验　金黄色葡萄球菌检验

GB/T 4789.11　食品卫生微生物学检验　溶血性链球菌检验

GB/T 4789.15　食品卫生微生物学检验　霉菌和酵母计数

GB/T 5009.11　食品中总砷及无机砷的测定

GB/T 5009.12　食品中铅的测定

GB/T 5009.13　食品中铜的测定

GB/T 5009.28　食品中糖精钠的测定

GB/T 5009.29　食品中山梨酸、苯甲酸的测定

GB/T 5009.33　食品中亚硝酸盐的测定

GB/T 5009.34　食品中亚硫酸盐的测定

GB 5461　食用盐

GB 7718　食品标签通用标准

GB/T 10782—1989　蜜饯产品通则

GB/T 11860—1989　蜜饯食品理化检验方法

GB 15198　食品中亚硝酸盐限量卫生标准

3 产品分类

产品按加工工艺及配方分为三类。

3.1 甜橄榄类

以青橄榄为原料,以白砂糖、食用盐、香料等为辅料,经浸泡腌制加工而成的橄榄制品。按其含糖量分为高糖型、中糖型、低糖型。

3.2 咸橄榄类

以青橄榄为原料,以食用盐、调味料等为辅料,经浸泡腌制后加工而成的橄榄制品。

3.3 冰橄榄类

以青橄榄为原料,以甜味剂等为辅料,经－18℃以下低温急冻后制成的橄榄制品。

4 要求

4.1 原辅料要求

4.1.1 青橄榄:成熟度、新鲜度应符合加工要求,无虫蛀、无畸型、无腐烂、无污染。

4.1.2 白砂糖:按 GB 317 的规定执行。

4.1.3 食用盐:按 GB 5461 的规定执行。

4.2 感官要求

感官要求应符合表1的规定。

表 1　橄榄制品感官要求

项　目	要　求		
	甜橄榄类	咸橄榄类	冰橄榄类
色　泽	呈该品种应有的色泽	绿黄色或橄榄煮制后的本色	呈青黄色或新鲜橄榄去除腊质后的本色
组织与形态	组织饱满,渗糖透心,表面略带湿润,果肉柔软,同包装的产品大小较一致,呈该制品应有的形态	组织较饱满,表面带有皱纹,皱纹粗细均匀,果肉柔嫩且有脆感,同包装的产品大小较一致,呈该制品应有的形态	组织饱满,果肉柔嫩,表面带有冰晶,同包装的产品大小较一致,呈该制品应有的形态
滋味与气味	呈酸甜味,稍带原果味,无异味	味咸,稍带原果味,无异味	口感凉爽,原果风味突出,略带清甜,无异味
杂　质	无肉眼可见外来杂质存在		

4.3 理化指标

理化指标应符合表2的规定。

表 2　橄榄制品理化指标

项　目	指　标				
	甜橄榄类			咸橄榄类	冰橄榄类
	高糖型	中糖型	低糖型		
水分/(%)	25～40	35～55	35～75	50～85	50～75
总糖(以转化糖计)/(%)	55～70	40～55	<40	—	—
食盐(以氯化钠计)/(%)	≤4			3～8	≤4
亚硝酸盐(以 $NaNO_2$ 计)/(mg/kg)	—			≤20	—
砷(以 As 计)/(mg/kg)	≤0.5				
铜(以 Cu 计)/(mg/kg)	≤10.0				
铅(以 Pb 计)/(mg/kg)	≤1.0				
二氧化硫残留量(以游离 SO_2 计)/(g/kg)	≤0.5				
苯甲酸、苯甲酸钠(以苯甲酸计)/(g/kg)	≤0.5				
山梨酸、山梨酸钾(以山梨酸计)/(g/kg)	≤0.5				
糖精钠/(g/kg)	≤0.15				
食品添加剂	GB 2760 规定				

4.4 微生物指标

微生物指标应符合表3的规定。

表3 橄榄制品微生物指标

项 目	指 标		
	甜橄榄类	咸橄榄类	冰橄榄类
菌落总数/(个/g)	≤750 ≤1 000	—	≤3 000
大肠菌群/(个/100 g)	≤30	≤30	≤100
致病菌(系指肠道致病菌及致病性球菌)	不得检出	不得检出	不得检出
霉菌计数/(个/g)	≤50	≤100	—

4.5 净含量要求

4.5.1 单件定量包装产品的净含量与标签标注的质量(g)之差不得超过表4规定的负偏差。

表4 净含量负偏差指标

净含量/g	负偏差/(%)
5~50	9
51~100	9
101~200	4.5
201~300	4.5
301~500	3
501~1 000	3

4.5.2 每批定量包装产品的净含量平均偏差应当大于或者等于零,并且单件定量包装产品的净含量超出计量负偏差件数应符合表5规定。

表5 净含量超出负偏差允许数

批量,N	抽样件数	允许负偏差件数
≤10	全抽	0
11~250	10	1
>250	30	3

4.5.3 公式

平均偏差计算见式(1):

$$\Delta Q = \frac{\sum_{i=1}^{n}(Q_i - Q_0)}{n} \quad \cdots\cdots\cdots\cdots\cdots(1)$$

式中:

ΔQ——抽样产品的平均偏差;

Q_i——定量包装产品的标注净含量;

Q_0——定量包装产品净含量;

n——抽样件数。

5 试验方法

5.1 理化指标检验

5.1.1 水分

按 GB/T 11860—1989 中 4.3 规定执行。

5.1.2 总糖

按 GB/T 11860—1989 中 4.4 规定执行。

5.1.3 食盐

按 GB/T 11860—1989 中 4.7 规定执行。

5.1.4 亚硝酸盐的测定方法

按 GB/T 5009.33 规定执行。

5.1.5 砷

按 GB/T 5009.11 规定执行。

5.1.6 铜

按 GB/T 5009.13 规定执行。

5.1.7 铅

按 GB/T 5009.12 规定执行。

5.1.8 二氧化硫残留量

按 GB/T 5009.34 规定执行。

5.1.9 苯甲酸、苯甲酸钠、山梨酸、山梨酸钾

按 GB/T 5009.29 规定执行。

5.1.10 糖精钠

按 GB/T 5009.28 规定执行。

5.2 微生物指标检验

5.2.1 菌落总数

按 GB/T 4789.2 规定执行。

5.2.2 大肠菌群

按 GB/T 4789.3 规定执行。

5.2.3 霉菌

按 GB/T 4789.15 规定执行。

5.2.4 致病菌

按 GB/T 4789.4、GB/T 4789.5、GB/T 4789.10、GB/T 4789.11 规定执行。

5.3 净含量检验

每批取 10 个单元包装的样品,用最大允许误差优于或等于被检的定量包装产品的计量负偏差的三分之一的衡器称其净含量后取算术平均值。

6 检验规则

6.1 组、批

同类别、同一次投料生产的产品为一检验批。

6.2 抽样

6.2.1 抽样必须具有代表性,应在全批产品的不同部位,按规定件数随机抽取样品。

6.2.2 每批产品的抽样数量 100 件以下者,按 3% 抽取,100 以上者每增 100 件增抽 1 件,增加部分不足 100 件按 100 件计算。

6.3 出厂检验

每批产品经生产企业检验部门按照本标准进行出厂检验,检验合格并签发产品合格证后出厂。出厂检验的项目包括:感官、净含量、水分、总糖、食盐、菌落总数、大肠菌群、霉菌和致病菌。

6.4 型式检验

6.4.1 型式检验每年至少进行一次,有下列情况之一时也应进行型式检验:

  a) 改变主要辅料、更改关键工艺、配方时;

  b) 产品停产后恢复生产时;

  c) 出厂检验结果与上次例检验结果差异较大时;

  d) 国家质量监督机构提出进行型式检验的要求时。

6.4.2 型式检验项目包括感官要求、净含量要求、理化要求和微生物指标中规定的全部项目。

6.5 判定规则

6.5.1 检验结果全部符合本标准规定的产品判为合格品。

6.5.2 若检验结果中微生物学指标不符合本标准,不得复验,判为不合格;若其他项目不符合本标准,可以加倍抽样复验,复验后仍有一项或一项以上指标不符合本标准,判为不合格。

6.5.3 当供需双方对产品质量发生争议时,可由双方协商解决或委托仲裁单位复验及判定。

7 标志、包装、运输、贮存

7.1 标志

7.1.1 产品销售包装标签应符合 GB 7718 的规定。

7.1.2 外包装储运标志应符合 GB/T 191 的规定。

7.2 包装

按 GB 10782—1989 中 8.1 的规定执行。

7.3 运输与贮存

7.3.1 甜橄榄、咸橄榄类按 GB 10782—1989 中第 9 章规定执行。

7.3.2 冰橄榄类:

  a) 运输工具必须采取保温措施,以使产品冰晶不致溶化;

  b) 产品应贮存在保持温度 −18℃ 以下的冷冻贮存设备内;

  c) 其他按 GB/T 10782—1989 的规定执行。

7.4 保质期

产品在符合 7.3 条件下,保质期:

  a) 甜橄榄类不低于 12 个月;

  b) 咸橄榄类不低于 6 个月;

  c) 冰橄榄类不低于 12 个月。

中华人民共和国商业行业标准

SB/T 10092—1992

山　楂

1　主题内容与适用范围

本标准规定了山楂的等级规格、检验方法、检验规则、包装、运输与保管。

本标准适用于山楂鲜果的收购、销售。

2　引用标准

GB 2762　食品中汞允许量标准

GB 2763　粮食、蔬菜等食品中六六六、滴滴涕残留量标准

GB/T 10651　鲜苹果

3　术语

3.1　红果类型山楂

果皮为红色(含浅红或橙红)的山楂。

3.2　黄果类型山楂

果皮为黄色(含浅黄至橙黄)的山楂。

3.3　果实均匀度指数

果皮大小均匀程度的数量指标。随机取样 60 个果,以其中 20 个小果重量除以 20 个大果重量所得的商数。

3.4　洁净

果实表面无土、药物残留和污物。

3.5　碰压伤

果实受碰撞或外界压力,对果实造成损伤。果皮未破,伤面凹陷。

3.6　刺伤

果实采收或采后果皮被刺或划破,伤及果肉而造成的损伤。

3.7　锈斑

果面上的铁锈色或煤灰状斑。

3.8　虫果

昆虫为害的果实。主要指桃小、白小、梨小及桃蛀螟等食心虫为害的果实。

3.9　病果

由致病性微生物或外界环境造成的病块、病斑、畸形等的果实。

主要指轮纹病、炭疽病、褐腐病、锈病及日灼病果。

3.10　大型果

每千克果实个数等于或少于 130 个的果实。

3.11　中型果

每千克果实个数在 130～180 个的果实。

3.12 小型果

每千克果实个数在181～300个的果实。

4 技术要求

4.1 规格等级指标

规格等级指标见表1。

表 1 山楂质量规格等级指标

规格等级指标 项目	大型果			中型果			小型果		
	优等品	一等品	合格品	优等品	一等品	合格品	优等品	一等品	合格品
每千克果个数	≤110	≤120	≤130	≤150	≤160	≤180	≤220	≤260	≤300
果实均匀度指数	>0.65	>0.65	>0.60	>0.65	>0.65	>0.60	>0.65	>0.65	>0.60
果皮色泽	达本品种成熟时固有色泽	同优等品	同优等品	同大型果优等品	同大型果一等品	同大型果合格品	同大型果优等品	同大型果一等品	同大型果合格品
果肉颜色	红色类型：红、粉红或橙红 黄果类型：浅黄至橙黄	同优等品	红果类型：粉白或绿白 黄果类型：黄白至绿白	同大型果优等品	同大型果一等品	同大型果合格品	同大型果优等品	同大型果一等品	同大型果合格品
风味	无苦味、异味	红果类型：无苦味、异味 黄果类型：可微苦	同一等品	无苦味、异味	红果类型：无苦味、异味 黄果类型：可微苦	同一等品	无苦味、异味	红果类型：无苦味、异味 黄果类型：可微苦	同一等品
碰压刺伤果率，%	<5	<8	<10	<5	<8	<10	<5	<8	<10
锈斑超过果面1/4果率，%	<3	<5	<5	<3	<5	<5	<3	<5	<5
虫果率，%	<3	<5	<8	<3	<5	<8	<3	<5	<8
病果率，%	0	<3	<5	0	<3	<5	0	<3	<5
腐烂、冻伤果率，%	0	0	0	0	0	0	0	0	0
碰压刺伤、锈斑、病虫果率合计，%	<6	<10	<15	<6	<10	<15	<6	<10	<15

4.2 理化指标

4.2.1 山楂果实的总糖、总酸和维生素C含量指标见附录B。

4.2.2 理化指标不作为检验项目,在对规格等级有争议时可作为参考。

4.3 卫生指标

按 GB 2762 和 GB 2763 的规定执行。对果品的检疫按国家植物检疫有关规定执行。

5 检验方法

5.1 规格等级检验

5.1.1 检验用具

    a. 检验台;

    b. 低倍(5～10 倍)放大镜;

    c. 不锈钢水果刀;

    d. 台秤、盘秤、粗天平(感量 0.1 g)。

5.1.2 检验程序

将扦取的样品称重后,逐件铺放在检验台上,按标准规定项目检出不合格果,以件为单位分项记录,每批样果检验完毕后,计算检验结果,判定该批山楂的规格等级。

5.1.3 操作和评定

5.1.3.1 果实大小,随机取样三次称重,每次 1 000 g,计算平均每 1 000 g 果实个数。

5.1.3.2 果实均匀度指数,称重计算。

5.1.3.3 果实外观及果肉颜色、风味等项以感官检验为准。

5.1.3.4 果实的碰压刺伤、病虫果,由目测或测量确定。

5.1.3.5 每批检验后,检出的不合格果,按记录单记载的各项,分别计算其百分比(见下式),精确到小数点后一位。

$$M = \frac{P_1}{P} \times 100$$

式中:M——单项不合格果率,%;

    P_1——单项不合格果重,g 或 kg;

    P——检验批总果重,g 或 kg。

5.2 理化检验

理化指标测定方法见附录 B。

6 检验规则

6.1 同品种、同等级、同时出售的山楂作为一个检验批次。

6.2 出售山楂时必须分品种、规格等级,按规定定量包装,写明件数和重量。报验单填写的项目应和实物完全相符。凡货单不符、品种等级混淆不清、包装不合格或残损者,应由售方整理后再行报验。

6.3 扦取样品必须有代表性,应随机取样,在全批货物的不同部位按规定数量扦样,样品检验结果适用于所报验的整批货物。

6.4 每批山楂扦样数量 50 件以内的扦取 2 件;51 件至 100 件的扦取 4 件;100 件以上的,以 100 件为基数,超出部分增扦 1%。

6.5 重验规定:经检验不符合本等级质量标准的山楂,应按其实际品质等级验收。如出售一方不同意变更等级时,货主可整理后申请扦样重验,确定等级。重验以一次为限。

6.6 容许度

6.6.1 各等级果内,容许不合格果只限邻级果,不容许隔级。

6.6.2 容许度规定的百分率以重量计算。

6.6.3 优等品容许 3%、一等品容许 5% 的果实符合邻级质量标准。

7 包装及标志

7.1 山楂采取果筐、果箱包装,每件净重不超过 30 kg。

7.2 果筐和果箱同苹果包装筐和箱的规格,按 GB/T 10651 规定的包装容器规格及技术要求执行。

7.3 衬垫物:筐内衬蒲包或稻草帘,箱内四周衬包装纸,衬垫物应清洁、干燥、无异味、无霉烂变质。

7.4 包装容器应坚固耐压、捆扎牢固。

7.5 每果筐或果箱内只能装同品种、同等级的果实。

7.6 每果筐或果箱内外都应放置或挂商品卡片,表明品种、等级、净重、产地、包装日期,挑选人员或代号,填写卡片必须内容齐全,字迹清晰。

8 运输与保管

8.1 在存放和运输过程中必须轻拿轻放,并要快装、快运。严禁烈日曝晒、雨淋,必须注意防冻、防热。

8.2 严禁与有毒、有异味、发霉、散热及易于传播病虫的物品混合存放和装载。

8.3 在空气畅通阴凉地方存放,码垛不宜过高,要分品种、等级保管,注意质量变化情况,发现问题及时处理。

附 录 A
山楂主要品种果实大小分类
（补充件）

A1 大型果

大金星、大绵球、白瓤绵、敞口、大货、豫北红、滦红、雾灵红、泽洲红、艳果红、面楂、金星、磨盘、集安紫肉、宿迁铁球、大白果、鸡油、大湾山楂等。

A2 中型果

辽红、西丰红、紫玉、寒丰、寒露红、大旺、叶赫、通辽红、太平、早熟黄等。

A3 小型果

秋金星、秋里红、伏里红、灯笼红、秋红等。

未列出的其他品种可比照上面品种果实大小分类。

附 录 B
山楂果实主要理化指标及其测定方法
（参考件）

B1 山楂果实主要理化指标

见表B1。

表 B1 山楂果实主要理化指标

规格等级 指标 项目		大 型 果			中 型 果			小 型 果		
		优等品	一等品	合格品	优等品	一等品	合格品	优等品	一等品	合格品
总糖 %	红果类型	>7.0	>7.0	>7.0	>7.0	>7.0	>7.0	>7.0	>7.0	>7.0
	黄果类型	>6.0	>6.0	>6.0	>6.0	>6.0	>6.0	>6.0	>6.0	>6.0
总酸 %	红果类型	>2.0	>2.0	>2.0	>2.0	>2.0	>2.0	>2.0	>2.0	>2.0
	黄果类型	>1.5	>1.5	>1.5	>1.5	>1.5	>1.5	>1.5	>1.5	>1.5
维生素C mg/100 g	红果类型	>50	>40	>40	>50	>40	>40	>50	>40	>40
	黄果类型	>25	>20	>20	>25	>20	>20	>25	>20	>20

B2 果实主要理化指标的测定

B2.1 总糖含量的测定

B2.1.1 仪器：

B2.1.1.1 高速捣碎机或研钵；

B2.1.1.2 电炉；

B2.1.1.3 石棉铁丝网；

B2.1.1.4 电热恒温水浴锅；

B2.1.1.5 锥形瓶、容量瓶、滴定管、移液管、量筒、漏斗等。

B2.1.2 试剂：

B2.1.2.1 0.1%标准葡萄糖液：精确称取分析纯葡萄糖 1 g 于 100 mL 容量瓶中，加水至刻度，吸取 1%标准葡萄糖溶液 25 mL 于 250 mL 容量瓶中，加水稀释至刻度，摇匀待用(此溶液 1 mL 相当葡萄糖 1 mg)。

B2.1.2.2 斐林试剂 A：称取化学纯硫酸铜 15 g，次甲基兰 0.05 g 溶于少量蒸馏水中，再移入 1 000 mL 容量瓶中，加水至刻度，摇匀后备用。

B2.1.2.3 斐林试剂 B：称取化学纯酒石酸钾钠 50 g，氢氧化钠 54 g，亚铁氯化钾 4 g，分别溶于少量蒸馏水中，待充分溶解后，再将三种溶液混合移入 1 000 mL 容量瓶中，加水至刻度，摇匀后备用。

B2.1.2.4 10%乙酸铅溶液：称取乙酸铅 20 g，加水至 200 mL，待溶液澄清，过滤后，保存于密封试剂瓶中。

B2.1.2.5 饱和硫酸钠溶液：称取硫酸钠 16.5 g，溶解于 100 mL 蒸馏水中。

B2.1.2.6 0.1 酚酞指示剂：称取酚酞 50 mL，先溶于 30 mL 95%的乙醇中，然后加水至 50 mL。

B2.1.2.7 6 mol/L 氢氧化钠溶液：称取氢氧化钠 48 g，加水至 200 mL。

B2.1.2.8 6 mol/L 盐酸溶液：量取浓盐酸(比重 1.19)99 mL，加水至 200 mL。

B2.1.3 测定方法：

B2.1.3.1 样品的制备：取扦取的果实样品 1 kg，将果实洗净，选取中等大小具有代表性果实 50 个，除去果梗，用不锈钢水果剜刀去萼洼处不可食部分，将果实横切一刀，挤除种子，将可食部分用不锈钢水果刀切成小块或片，以对角线取样法取 100 g，加蒸馏水 100 mL，置于高速组织捣碎机中捣成匀浆，或用研钵迅速研磨成 1∶1 匀浆，装入洁净瓶内备用。

B2.1.3.2 样品提取液的配制：精确称取试样浆状物 50 g(相当于试样 25 g)，通过漏斗移入 250 mL 容量瓶中，用蒸馏水冲洗烧杯、漏斗，一起并入容量瓶中，待瓶内物体积约 150 mL 左右，用 6 mol/L 氢氧化钠中和有机酸，每加 1～2 滴摇匀溶液，直至将瓶中溶液调至中性为止，将容量瓶置于 80℃±2℃水浴中，使瓶内外液面高度相同，每隔 5 min 摇动一次，加热半小时，取下冷却至室温，然后用点滴管加入 10%醋酸铅溶液沉淀蛋白质和色素，边加边摇，至溶液清亮，停止加入，静至 3～5 min，再加饱和硫酸钠溶液沉淀过量的铅离子，至不出现白色沉淀为止，加水至刻度，摇匀后过滤至锥形瓶中备用。

B2.1.3.3 非还原糖的转化：吸取上述提取液 50 mL 于 100 mL 容量瓶中，加 6 mol/L 盐酸 5 mL 摇匀，将瓶置于 80℃水浴中加热 10 min，取出容量瓶迅速冷却至室温，加入 0.1%酚酞指示剂 2 滴，以 6 mol/L 氢氧化钠溶液中和，加水至刻度，摇匀待用。

B2.1.3.4 斐林试剂滴定度(T)的校正，分二次滴定。

预备滴定：吸取斐林试剂 A、B 各 5 mL 于 100 mL 锥形瓶中，在电炉石棉网上加热至沸，开始滴定时以每秒 4 滴速度，将 0.1 x 标准糖液滴入斐林试剂液中，滴定时应使斐林试剂保持沸腾，直至瓶内溶液由紫红色变为白色或淡黄色为止。记录消耗糖液的毫升数。

正式滴定：吸取斐林试剂 A、B 各 5 mL 于 100 mL 锥形瓶中，用滴定管先放入较预备滴定消耗量少 1 mL 的 0.1%标准糖液，置电炉上加热沸腾 1 min，待瓶内溶液由蓝色变紫红色，然后趁沸腾继续滴入标准溶液，直至恰现白色或淡黄色为止，记录消耗糖液毫升数。两次滴定所消耗的标准糖液的差数应在 1 mL 以下。

$$T = a \times b \quad \quad \cdots\cdots\cdots\cdots\cdots\cdots\cdots\cdots(B1)$$

式中：T——斐林试剂滴定度，g；

　　　a——滴定斐林试剂所消耗的标准糖液数，mL；

　　　b——1 mL 标准糖液中含有葡萄糖的量，g。

B2.1.3.5 总糖的测定：用制备的试样溶液，注入滴定管，吸取斐林试液 A、B 各 5 mL 于 100 mL 锥形瓶中，按上述斐林试液滴定度校正的同样方法进行滴定，至瓶中溶液恰现淡黄色为止，记录所消耗试样溶液的毫升数。

$$总糖量（\%）=\frac{T\times250\times100}{W\times V\times50} \quad\cdots\cdots\cdots\cdots\cdots\cdots\cdots（B2）$$

式中：T——斐林试剂的滴定度，g；

  W——试样重量，g；

  V——滴定所消耗试样溶液毫升数，mL。

B2.2 总酸含量的测定

B2.2.1 仪器：

B2.2.1.1 天平，感量 0.1 mg；

B2.2.1.2 电烘箱；

B2.2.1.3 滴定管（刻度 0.05 mL 或半微量滴定管）；

B2.2.1.4 容量瓶（250 mL、1 000 mL）；

B2.2.1.5 锥形瓶（250 mL）；

B2.2.1.6 移液管（50 mL）；

B2.2.1.7 漏斗；

B2.2.2 试剂：

B2.2.2.1 0.1 mol/L 氢氧化钠标准溶液：溶解化学纯氢氧化钠 4 g 于 1 000 mL 容量瓶中，加蒸馏水至刻度，摇匀，按下法标定规定浓度。

将分析纯邻苯二钾酸氢钾放入 120℃ 烘箱中烘约 1 h 至恒重，冷却 25 min，称取 0.3～0.4 g（精确至 0.000 1 g，准确记录用量），置于 250 mL 锥形瓶中，加入 100 mL 蒸馏水溶解后，摇匀，加酚酞指示剂 3 滴，用以上配制好的氢氧化钠溶液滴定至微红色。

$$M=\frac{W}{V\times0.204\,2} \quad\cdots\cdots\cdots\cdots\cdots\cdots\cdots（B3）$$

式中：M——氢氧化钠标准溶液的浓度，mol/L；

  W——邻苯二钾酸氢钾的质量，g；

  V——滴定时消耗氢氧化钠标准溶液的体积，mL；

  0.204 2——与 1 mL 0.1 mol/L 氢氧化钠标准溶液相当的邻苯二钾酸氢钾的质量，g。

B2.2.2.2 酚酞指示剂：称取酚酞 1 g，用乙醇溶解后加水定容至 100 mL。

B2.2.3 测定方法：

样品的制备同总糖含量的测定。

称取试样液 20 g（相当于实际样品 10 g）于小烧杯中，用无 CO_2 水 100 mL 洗入 250 mL 容量瓶中，置 80℃ 水浴中加热提取 30 min，并摇动数次使其溶解。取出，冷却。用无 CO_2 水定容至刻度，摇匀，用脱脂棉过滤，吸取滤液 10～50 mL（如果滤液中有颜色可加 100 mL 蒸馏水稀释），于 250 mL 锥形瓶中，加入 1% 酚酞指示剂 3～5 滴，用 0.1 mol/L 氢氧化钠标准溶液滴至微红色，30 s 不退为终点。

$$总酸量（\%）=\frac{V\times M\times K}{W}\times100 \quad\cdots\cdots\cdots\cdots\cdots\cdots\cdots（B4）$$

式中：V——滴定时消耗氢氧化钠标准溶液的体积，mL；

  M——氢氧化钠标准溶液的浓度，mol/L；

  K——换算为适当酸的系数（以柠檬酸计，$K=0.064$）；

  W——滴定所取滤液含样品重，g。

平行试验结果，容许差为 0.05%，取其平均值。

B2.3 维生素 C 含量的测定

采用 2,6-二氯靛酚滴定法（测定还原型维生素 C），或 2,4-二硝基苯肼比色法测定。从略。

附加说明：

本标准由中华人民共和国商业部提出并归口。

本标准由辽宁省农科院园艺所等六单位负责起草。

本标准主要起草人曹震、张育明、丰宝田、冯力、侯凤云、于耀。